住房和城乡建设部"十四五"规划教材

全国住房和城乡建设职业教育教学指导委员会规划推荐教材

建筑工程质量与安全管理

（第四版）

张瑞生　主　编

申海洋　副主编

危道军　主　审

中国建筑工业出版社

图书在版编目（CIP）数据

建筑工程质量与安全管理/张瑞生主编；申海洋副
主编. —4 版. —北京：中国建筑工业出版社，2023.9（2025.2 重印）
住房和城乡建设部"十四五"规划教材　全国住房和
城乡建设职业教育教学指导委员会规划推荐教材
ISBN 978-7-112-28872-4

Ⅰ. ①建… Ⅱ. ①张… ②申… Ⅲ. ①建筑工程-工
程质量-质量管理-高等职业教育-教材②建筑工程-安
全管理-高等职业教育-教材　Ⅳ.①TU71

中国国家版本馆 CIP 数据核字（2023）第 114475 号

　　本教材共分两篇，第一篇为建筑工程质量管理，包括五个教学单元：建筑工程质量管理与验收基本知识，地基与基础工程质量检验，主体结构工程，屋面工程，建筑装饰装修与节能工程；第二篇为建筑工程安全管理，包括四个教学单元：安全生产管理及安全生产预控，施工安全技术措施，施工机械与安全用电管理，安全文明施工。在每节内容后面都附有复习思考题和质量管理职业活动训练内容，便于读者学习和理解教材的核心内容。

　　本教材作为职业院校土建类专业及相关专业的教学用书，也可作为建筑施工企业施工员、质量员、安全员等技术岗位的培训用书和从事建筑工程技术人员的参考用书。

　　为便于教学，作者特制作了电子课件，如有需求，索取方式为：邮箱：jckj@cabp.com.cn，电话（010）58337285，建工书院网址 http://edu.cabplink.com。

责任编辑：李天虹　李　阳
责任校对：党　蕾
校对整理：董　楠

住房和城乡建设部"十四五"规划教材
全国住房和城乡建设职业教育教学指导委员会规划推荐教材
建筑工程质量与安全管理
（第四版）
张瑞生　主　编
申海洋　副主编
危道军　主　审
*
中国建筑工业出版社出版、发行（北京海淀三里河路9号）
各地新华书店、建筑书店经销
霸州市顺浩图文科技发展有限公司制版
天津安泰印刷有限公司印刷
*
开本：787 毫米×1092 毫米　1/16　印张：22　字数：505 千字
2023 年 9 月第四版　　2025 年 2 月第四次印刷
定价：**59.00** 元（赠教师课件）
ISBN 978-7-112-28872-4
（41282）
如有内容及印装质量问题，请联系本社读者服务中心退换
电话：（010）58337283　QQ：2885381756
（地址：北京海淀三里河路 9 号中国建筑工业出版社 604 室　邮政编码：100037）

出版说明

党和国家高度重视教材建设。2016年，中办国办印发了《关于加强和改进新形势下大中小学教材建设的意见》，提出要健全国家教材制度。2019年12月，教育部牵头制定了《普通高等学校教材管理办法》和《职业院校教材管理办法》，旨在全面加强党的领导，切实提高教材建设的科学化水平，打造精品教材。住房和城乡建设部历来重视土建类学科专业教材建设，从"九五"开始组织部级规划教材立项工作，经过近30年的不断建设，规划教材提升了住房和城乡建设行业教材质量和认可度，出版了一系列精品教材，有效促进了行业部门引导专业教育，推动了行业高质量发展。

为进一步加强高等教育、职业教育住房和城乡建设领域学科专业教材建设工作，提高住房和城乡建设行业人才培养质量，2020年12月，住房和城乡建设部办公厅印发《关于申报高等教育职业教育住房和城乡建设领域学科专业"十四五"规划教材的通知》（建办人函〔2020〕656号），开展了住房和城乡建设部"十四五"规划教材选题的申报工作。经过专家评审和部人事司审核，512项选题列入住房和城乡建设领域学科专业"十四五"规划教材（简称规划教材）。2021年9月，住房和城乡建设部印发了《高等教育职业教育住房和城乡建设领域学科专业"十四五"规划教材选题的通知》（建人函〔2021〕36号）。为做好"十四五"规划教材的编写、审核、出版等工作，《通知》要求：（1）规划教材的编著者应依据《住房和城乡建设领域学科专业"十四五"规划教材申请书》（简称《申请书》）中的立项目标、申报依据、工作安排及进度，按时编写出高质量的教材；（2）规划教材编著者所在单位应履行《申请书》中的学校保证计划实施的主要条件，支持编著者按计划完成书稿编写工作；（3）高等学校土建类专业课程教材与教学资源专家委员会、全国住房和城乡建设职业教育教学指导委员会、住房和城乡建设部中等职业教育专业指导委员会应做好规划教材的指导、协调和审稿等工作，保证编写质量；（4）规划教材出版单位应积极配合，做好编辑、出版、发行等工作；（5）规划教材封面和书脊应标注"住房和城乡建设部'十四五'规划教材"字样和统一标识；（6）规划教材应在"十四五"期间完成出版，逾期不能完成的，不再作为《住房和城乡建设领域学科专业"十四五"规划教材》。

住房和城乡建设领域学科专业"十四五"规划教材的特点，一是重点以修订教育部、住房和城乡建设部"十二五""十三五"规划教材为主；二是严格按照专业标准规范要求编写，体现新发展理念；三是系列教材具有明显特点，满足不同层次和类型的学校专业教学要求；四是配备了数字资源，适应现代化教学的要求。规划教材的出版凝聚了作者、主审及编辑的心血，得到了有关院校、出版单位的大力支持，教材建设管理过程有严格保障。希望广大院校及各专业师生在选用、使用过程中，对规划教材的编写、出版质量进行反馈，以促进规划教材建设质量不断提高。

住房和城乡建设部"十四五"规划教材办公室
2021年11月

第四版前言

"安全第一、质量为本"是企业生存和发展之本,提高工程建设质量与加强安全生产管理已成为工程建设活动中一项重要的工作。建筑施工活动中必须贯彻"安全第一、质量为本"的宗旨。生产安全为好的质量服务,好的质量需要生产安全作保证。无数事实证明,抓好"质量与安全"这两个重要环节,工程项目就能顺利进行。然而,由于在建筑业的从业人员中部分人员受教育程度相对较低,质量与安全意识比较淡薄,在工程实践中往往出现"质量与安全"给"工期与利益"让路的情形。这与建筑业的蓬勃发展,科学技术的进步、日益激烈的市场竞争极不协调。因此,要提高建筑企业的整体管理水平,不仅需要加强所有从业人员的职业道德、法制观念和质量安全生产意识,还需要尽快为建筑生产一线培养一批懂技术、会管理的高素质技能型和高等技术应用型人才,从而全面提高建筑行业中建筑工程质量与安全生产的水平。因此,在职业教育教育中,培养"适应生产、建设、管理、服务第一线需要的德、智、体全面发展的高素质技能型和高等技术应用型人才",加强学生工程建设质量与安全管理知识的传授和能力的培养工作就显得尤为重要。

本书以建筑施工企业施工员、质量员、安全员等技术岗位应具备的知识和岗位技能要求及现行建筑工程施工验收标准和规范等,在第三版的基础上对全书作了修订。这次修订不求面面俱到,知识以"够用"为度,"实用"为准,并加强了可操作性。

本书编写的基本宗旨是,通过本课程的学习,使学员熟悉我国建设工程质量管理与安全生产管理方面的法律、法规,掌握建筑工程质量管理与安全管理的基本知识,牢固树立"质量第一、安全第一"的意识。同时,根据现行建筑工程施工验收标准和规范对工程建设实体各阶段质量进行控制、检查与验收;能够在施工现场检查和实施安全生产的各项技术措施;掌握处理质量事故和安全事故的程序和方法。

本书由山西工程科技职业大学张瑞生、申海洋分别担任主编、副主编,具体编写分工为:第一篇教学单元1由山西工程科技职业大学刘艳芬编写,教学单元2、3由申海洋、山西龙泰投资集团有限公司宋志超和山西五建团有限公司郑超杰编写,教学单元4、5由申海洋、山西工程科技职业大学李淑青和李慧海编写,第二篇教学单元6、7由张瑞生、宋志超和侯福刚编写,教学单元8、9由申海洋、宋志超和郑超杰编写。

　　本书编写过程中得到了海星谷（大连）科技有限公司和湖北城市建设职业技术学院危道军教授的大力支持和帮助，同时危道军教授审阅了全书，在此表示感谢。本书在编写过程中参阅了大量资料，谨向参考文献编著者深表谢意。

　　本书作为职业教育及同类学院建筑工程技术专业及相关专业的教学用书，也可作为建筑施工企业施工员、质量员、安全员等技术岗位的培训用书和从事建筑工程技术人员的参考用书。限于编者的水平和经验，书中难免存在疏漏和不妥之处，敬请读者批评指正。

前 ● 言

随着我国经济建设的迅猛发展，工程建设在国民经济中的地位举足轻重。由于工程建设项目具有投资大、周期长等特点，并且与国民经济运行和人民生命财产安全休戚相关，因此，提高工程建设的质量与加强安全管理是工程建设活动中一项十分重要的工作。

对于一个建筑企业来说，"安全第一"，"质量为本"已成为格言。是否有过硬的质量，可靠的安全管理以及良好的企业形象已成为企业的立足之本。然而，由于建筑业属于劳动密集型产业，特别是目前的从业人员中存在大量的农民工，这部分人群大多数受教育程度低，质量安全意识淡薄，这与建筑业的蓬勃发展，科学技术的进步，日益激烈的市场竞争极不协调，对建筑业的全面协调和可持续发展产生极大的影响。因此，要提高建筑企业的整体管理水平，除了要加强所有从业人员的职业道德、法制观念、质量安全意识外，还要尽快为建筑生产第一线培养一批懂技术、会管理的技术应用型人才，从而全面提高建筑行业中建筑工程质量与安全生产的水平。鉴于此，在高职高专教育中，加强学生工程建设质量和安全管理知识的传授和能力培养工作就显得尤为重要。

本书以建筑施工企业施工员、质量员、安全员等技术岗位应具备的知识为基础，以相关理论知识"必须够用"为度，以加强学生职业技能和提高学生的职业素质以及实现学生"零距离上岗"为目的，以建筑工程质量管理与建筑工程安全管理为基本内容编排教材内容。本书由山西建筑职业技术学院张瑞生担任主编并负责全书的统稿与定稿工作，济南工程职业技术学院侯洪涛担任副主编，具体编写分工为：第一篇第一章由张瑞生和刘建安编写，第二章、第四章由侯洪涛编写，第三章由李光、刘建安编写，第五章由王辉编写。第二篇第六章、第七章由胡戈、张瑞生编写，第八章、第九章由曹静编写。

本书在编写过程中得到湖北建设职业技术学院危道军教授的大力支持与帮助，并审阅了全书。

本书可作为高职高专建筑工程技术专业及相关专业的教学用书，也可作为建筑施工企业施工员、质量员、安全员等技术岗位的培训用书和建筑工程技术人员的参考用书。

限于编者的水平和经验，书中难免存在疏漏和不妥之处，敬请读者批评指正。

目 ● 录

第一篇　建筑工程质量管理

第二篇　建筑工程安全管理

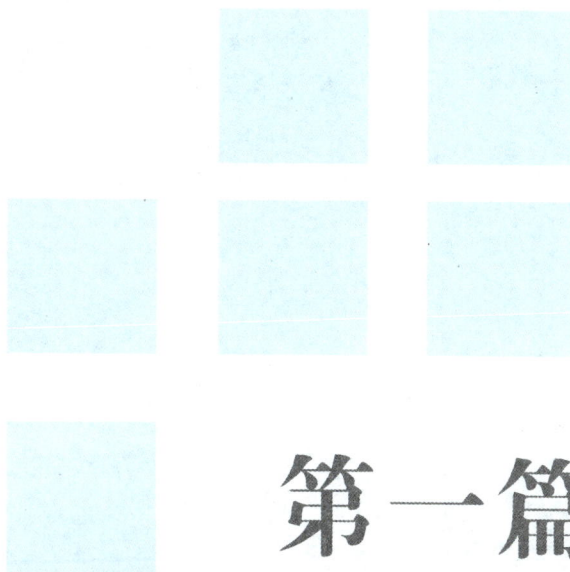

第一篇

建筑工程质量管理

教学单元1

建筑工程质量管理与验收基本知识

【教学目标】通过本单元的学习，学生应当理解质量与质量管理的基本知识并能够自觉运用质量控制的原理与方法对工程施工过程实施管理；熟悉常用建筑材料检验的基本方法与要求，能够独立进行现场取样送检工作；熟悉建筑工程质量验收的相关规定，能够根据施工质量检验标准对所验工程质量作出正确评价并能够规范填写质量验收表格。

1.1　工程质量与质量管理基本知识

1.1.1　工程质量的概念

1. 质量

质量的概念有广义和狭义之分。广义的质量概念是相对于全面质量管理阶段而形成的，是指产品或服务满足用户需要的程度，这是一个动态的概念。它不仅包括有形的产品，还包括无形的服务，不再是与标准对比，而是用活的用户的要求去衡量。它不仅指结果的质量——产品质量，而且包括过程质量——工序质量和工作质量。狭义的质量概念是相对于产品质量检验阶段而形成的，是指产品与特定技术标准符合的程度。这是一个静止的概念，是指活动或过程的结果——产品的特性与固定的、死的质量标准是否相符合及符合的程度。据此可将产品划分为合格品与不合格品或者一、二、三等品。

国际标准化组织（ISO）为了规范全球范围内的质量管理活动，颁布了《质量管理和质量保证——术语》即 ISO 8402：1994。其中对质量的定义是：反映实体满足明确和隐含需要的能力的特征总和。

根据我国国家标准《质量管理体系 基础和术语》GB/T 19000—2016，质量的定义是"可感知或可想象到的任何事物的一组固有特性满足明示的、通常隐含的或必须履行的需求或期望的程度"。通常通过合同及标准、规范、图纸、技术文件作出明文规定，由供方保证实现。定义中指出的"隐含需要"，一般是指非合同环境（即市场环境）中，用户未提出或未提出明确要求，而由生产企业通过市场调研进行识别与探明的要求或需要。这是用户或社会对产品服务的"期望"，也就是人们所公认的，不言而喻的那些"需要"。如住宅实体能满足人们最起码的居住功能就属于"隐含需要"。"特性"是指实体所特有的性质，它反映了实体满足需要的能力。

2. 工程质量

工程质量是指承建工程的使用价值，工程满足社会需要所必须具备的质量特征。它体现在工程的性能、寿命、可靠性、安全性和经济性 5 个方面。

（1）性能。是指对工程使用目的提出的要求，即对使用功能方面的要求。应从内在和外观两个方面来区别，内在质量多表现在材料的化学成分、物理性能及力学特征等方面。

（2）寿命。是指工程正常使用期限的长短。

（3）可靠性。是指工程在使用寿命期限和规定的条件下完成工作任务能力的大小及耐久程度，是工程抵抗风化、有害侵蚀、腐蚀的能力。

（4）安全性。是指建设工程在使用周期内的安全程度，是否对人体和周围环境造成危害。

（5）经济性。是指效率、施工成本、使用费用、维修费用的高低，包括能否按合同要求，按期或提前竣工，工程能否提前交付使用，尽早发挥投资效益等。

上述质量特征，有的可以通过仪器测试直接测量而得，如产品性能中的材料组成、物理力学性能、结构尺寸、垂直度、水平度，它们反映了工程的直接质量特征。在许多情况下，质量特性难以定量，且大多与时间有关，只有通过使用才能最终确定，如可靠性、安全性、经济性等。

3. 工序质量

工序质量也称施工过程质量，指施工过程中劳动力、机械设备、原材料、操作方法和施工环境等五大要素对工程质量的综合作用过程，也称生产过程中五大要素的综合质量。在整个施工过程中，任何一个工序的质量存在问题，整个工程的质量都会受到影响，为了保证工程质量达到质量标准，必须对工序质量给予足够注意。必须掌握五大要素的变化与质量波动的内在联系，改善不利因素，及时控制质量波动，调整各要素间的相互关系，保证连续不断地生产合格产品。

所谓工序能力是指工序在一定时间内处于控制状态下的实际加工能力。任何生产过程，产品质量特征值总是分散分布的。工序能力越高，产品质量特征值的分散程度越小；工序能力越低，产品质量特征值的分散程度越大。

4. 工作质量

工作质量是指参与工程的建设者，为了保证工程的质量所从事工作的水平和完善程度。

工作质量包括：社会工作质量如社会调查、市场预测、质量回访等，生产过程工作质量如政治思想工作质量、管理工作质量和后勤工作质量等。工作质量的好坏是建筑工程的形成过程的各方面各环节工作质量的综合反映，而不是单纯靠质量检验检查出来的。为保证工程质量，要求有关部门和人员精心工作，对决定和影响工程质量的所有因素严加控制，即通过工作质量来保证和提高工程质量。

1.1.2　工程质量管理的相关概念

1. 质量管理

我国国家标准 GB/T 19000—2016 对质量管理的定义是"在质量方面指挥和控制组织的协调活动"。

质量管理的首要任务是确定质量方针、目标和职责，核心是建立有效质量管理体系，通过具体的四项基本活动，即质量策划、质量控制、质量保证和质量改进确保质量方针、目标的实施和实现。

（1）质量方针和目标

1）质量方针

质量方针是由组织的最高管理者正式发布的该组织总的质量宗旨和方向。质量方针是企业经营总方针的组成部分，是企业管理者对质量的指导思想和承诺。企业最高管理者应确定质量方针并形成文件。不同的企业可以有不同的质量方针，但都必须具有明确的号召力。"以质量求生存，以产品求发展"，"质量第一，服务第一"，"赶超世界或同行业先进水平"等这样一些质量方针（服务企业称之为服务宗旨）很适于企业对外的宣传，因为它是对企业质量方针的一种高度概括而且具有强烈的号召力。但是，就对企业内部指导活动而言，这样的描述、概括就显得过于笼统，因此需要加以明确，使之具体化。

2）质量目标

ISO 9001：2015 标准对"质量目标"的定义是"在质量方面所追求的目的"。从质量管理学的理论来说，质量目标的理论依据是行为科学和系统理论。

质量目标应充分考虑企业现状及未来的需求。既不能好高骛远，经过努力也达不到，也不能不用费劲轻松实现，这样的目标都没有激励作用。应考虑"谋其上，得其中；谋其中，得其下"，以不断激励员工的积极性和创造性，实现其增值效果。

为了使质量方针能够实施，质量目标应在质量方针的框架下制定，即质量目标应与质量方针保持一致。

为了使质量目标能够具体并体现满足顾客的需求和期望，质量目标中应包括满足产品要求所需的内容，并是能够测量的。

为了使质量目标的实现能够得到具体的落实，组织在制定了质量目标后，须在各相关的职能和层次上加以展开。质量目标分解到哪一层次，视具体情况而定，通常应展开到可实现、可检查的层次。

（2）确定岗位职责

岗位职责：是指以人或部门的工作为对象对其工作范围、职责、权限及内容提出的规定、标准、程序等书面要求，按组织机构所设置的岗位制订，责任明确，分工细致。

（3）质量管理体系

我国国家标准 GB/T 19000—2016 对质量管理体系的定义是"组织建立方针和目标以及实现这些目标的过程的相互关联或相互作用的一组要素中关于质量的部分"。

1）组织结构是一个组织为行使其某种方式建立的职责、权限及其相互关系，通常以组织结构图予以规定。一个组织的组织结构图应能显示其机构设置、岗位设置以及它们之间的相互关系。

2）资源可包括人员、设备、设施、资金、技术和方法，质量体系应提供适宜的各项资源以确保过程和产品的质量。

3）一个组织所建立的质量体系应既满足本组织管理的需要，又满足顾客对本组织的质量体系要求，但主要目的应是满足本组织管理的需要。顾客仅仅评价组织质量体系中与顾客订购产品有关的部分，而不是组织质量体系的全部。

4）质量体系和质量管理的关系是，质量管理需要通过质量体系来运作，即建立质量体系并使之有效运行是质量管理的主要任务。

（4）质量策划

质量策划是质量管理的一部分，致力于制定质量目标并规定行动过程和相关资料以实现质量目标。质量策划的目的在于制订并采取措施实现质量目标。质量策划是一种活动，其结果形成的文件可以是质量计划。

（5）质量控制

质量控制的定义是：质量控制是质量管理的一部分，致力于满足质量要求。即为了保证工程质量满足工程合同、规范标准所采取的一系列措施、方法、手段等，工程质量要求表现为工程合同、设计文件以及技术规范规定的质量标准。质量控制的目标就是确保产品的质量满足顾客、法律、法规等方面所提出的质量要求。质量控制要贯穿项目施工的全过程，包括施工准备阶段、施工阶段和交工验收阶段等。

质量控制体现了"预防为主"的观念从以往管结果转变为现今的管影响工程质量的人、机、料、法、环五大因素。

质量控制具有动态性因为质量要求随着时间的进展而不断变化，为了满足不断更新的质量要求，对质量控制又提出了新的任务。

（6）质量保证

质量保证是指"为了提供足够的信任表明实体能够满足质量要求而在质量体系中实施并根据需要进行实证的全部有计划和有系统的活动"。

1）质量保证定义的关键是"信任"，对达到预期质量要求的能力提供足够的信任。质量保证不是买到不合格产品以后的保修、保换、保退。

2）信任的依据是质量体系的建立。因为这样的质量体系将所有影响质量的因素，包括技术、管理和人员方面的，都采取了有效的方法进行控制，因而具有减少、消除、预防不合格的机制。一言以蔽之，质量保证体系具有持续稳定地满足规定质量要求的能力。

3）供方规定的质量要求，包括产品的、过程的和质量体系的要求，必须完全反映顾客的需求，才能给顾客以足够的信任。

4）质量保证总是在有两方的情况下存在，由一方向另一方提供信任。由于两方的具体情况不同，质量保证分为内部和外部两种。内部质量保证是企业向自己的管理者提供信任；外部质量保证是供方向顾客或第三方认证机构提供信任。

（7）全面质量管理（TQM-Total Quality Management）

全面质量管理是指"一个组织以质量为核心，以全员参与为基础，目的在于通过让顾客满意和在本组织所有成员及社会受益而达到长期成功的管理途径"。

全面质量管理的特点是针对不同企业的生产条件、工作环境及工作态度等多方面因素的变化，把组织管理、数理统计方法以及现代科学技术、社会心理学、行为科学等综合运用于质量管理，建立使用和完善质量工作体系，对每一个生产环节加以管理，做到全面运行和控制。通过改善和提高工作质量来保证产品质量；通过对产品的形成和使用过程的管理，全面保证产品质量；通过形成产品（服务）企业全员、全企业、全过程的质量工作系统，建立质量体系以保证产品质量始终满足用户需要，使企业用最少的投资获取最佳的效益。

2. 质量管理和质量保证标准简介

ISO 9000 族标准是由国际标准化组织（ISO）组织制定并颁布的国际标准。国际标准化组织是世界上最大的、最具权威性的国际标准化专门机构，是由 131 个国家标准化机构参加的世界性组织。ISO 工作是通过约 2800 个技术机构来进行的，到 1999 年 10 月，ISO 标准总数已达到 12235 个，每年制定约 1000 份标准化文件。现为 2008 版，于 2008 年 12 月 30 日发布，并于 2009 年 3 月 1 日实施，2009 年 11 月 15 日之后，任何 2000 版标准认证机构证书均属无效。

3. 2008 版 ISO 9000 族标准的构成

2008 版的 ISO 9000 族标准由 5 项标准组成，其编号和名称如下：

ISO 9000《质量管理体系——基础和术语》

ISO 9001《质量管理体系——要求》

ISO 9004《质量管理体系——业绩改进指南》

ISO 19011《质量和环境管理体系审核指南》

ISO 10012《测量管理体系》

4. 2008 版 ISO 9000 族标准文件结构（表 1-1）

标准文件结构　　　　　　　　　　　　　　　　　　　　表 1-1

核心标准	其他标准	技术报告（TR）	小册子	转至其他技术委员会	技术规范（TS）
ISO 9000 ISO 9001 ISO 9004 ISO 19011	ISO 10012	ISO/TR 10006 ISO/TR 10007 ISO/TR 10013 ISO/TR 10014 ISO/TR 10015 ISO/TR 10017	质量管理原则 选择和使用指南 小型企业的应用	ISO 9000—3 ISO 9000—4	ISO/TS 16949

1.1.3　建筑工程质量控制

1.1.3.1　建筑工程的质量要求与质量控制特点

1. 建筑工程质量要求

价值和使用价值，是商品的两大属性。建筑产品的使用价值，表现为满足人们日常生活和生产活动中对建筑物的各种需求，也就是对建筑产品的质量要求。这些质量要求主要体现在以下几个方面：

（1）满足适用要求　任何建筑物首先要满足它的适用要求。例如民用建筑要满足人们工作、学习和生活的要求；工业建筑要满足产品生产要求；输水管线要满足供排水的要求；水电站要满足防洪、发电等的要求；码头要满足船舶停靠、装卸货物的要求。凡此种种不同使用功能要求，要保证其质量就应符合一系列专门的工业与民用建筑标准、规范等技术法规的要求。

（2）满足安全可靠要求　任何建筑物都必须坚实可靠，足以承担它所负荷的人和物的重量，风、雨、雪和自然灾害的侵袭。因此，对不同类型的建筑结构的计算分析方法，应符合相关的标准、规范等技术法规的要求。

（3）满足耐久性要求　任何建筑物都要考虑满足它使用年限和防止水、火和腐蚀性物质的侵袭。所以对建筑布局、构造和使用材料要满足防水、防火、防腐蚀等一系列标准、规范的要求，并达到相关指标规定。

（4）满足美观性要求 任何建筑物都要根据它的特点和所处的环境，为人们提供与环境协调、赏心悦目、丰富多彩的造型和景观，为此要求建筑物的规划、布局、体型、装饰、园林绿化等方面应满足一系列的相关标准、规范要求。

（5）满足经济性要求 建筑物在满足了适用、可靠、耐久、美观等各种要求以后还应达到最佳的经济效益，要依据一系列定额、衡量标准、控制造价的指标。只有做到物美价廉，才能取得最大的经济效益。

2. 建筑工程质量特点

由于项目施工涉及面广，是一个极其复杂的综合过程，再加上项目位置固定、生产流动、结构类型不一、质量要求不一、施工方法不一、体型大、整体性强、建设周期长、受自然条件影响大等特点，因此，施工项目的质量比一般工业产品的质量更难以控制，主要表现在以下方面：

（1）影响质量的因素多

如设计、材料、机械、地形、地址、水文、气象、施工工艺、操作方法、技术措施、施工进度、投资、管理制度等，均直接影响施工项目的质量。

（2）容易产生质量变异

因项目施工不像工业产品生产，有固定的生产条件和流水线，有规范化的生产工艺和完善的检测技术，有成套的生产设备和稳定的生产环境，有相同系列规格和相同功能的产品；同时，由于影响施工项目质量的偶然性因素和系统性因素都较多，因此，很容易产生质量变异。如材料性能微小的差异、机械设备正常的磨损、操作微小的变化、环境微小的波动等，均会引起偶然性因素的质量变异；使用材料的规格、品种有误，施工方法不妥，操作不按规程，机械故障、仪表失灵，设计计算错误等，则会引起系统性因素的质量变异，造成工程质量事故。为此，在施工中要严防出现系统性因素的质量变异，要把质量变异控制在偶然性因素范围内。

（3）容易产生第一、第二判断错误

施工项目由于工序交接多，中间产品多，隐蔽工程多，若不及时检查实质，事后再看表面，就容易产生第二判断，也就是说，容易将不合格的产品，认为是合格的产品；反之，若检查不认真，测量仪不准，读数有误，则就会产生第一判断错误，也就是说容易将合格产品，认为是不合格产品。这点在进行质量检查验收时，应特别注意。

（4）质量检查不能解体、拆卸

工程项目建成后，不可能像某些工业产品那样，再拆卸或解体检查内在的质量，或重新更换零件；即使发现质量问题，也不可能像工业产品那样实行"包换"或"退款"。

（5）质量要受投资、进度的制约

施工项目的质量受投资、进度的制约较大，如一般情况下，投资大、进度慢，质量就好；反之，质量就差。因此，项目在施工中，还必须正确处理质量、投资、进度三者之间的关系，使其达到对立的统一。

1.1.3.2 建筑工程项目质量控制的原则与程序

1. 质量控制的原则

对施工项目而言，质量控制，就是为了确保合同、规范所规定的质量标准，所采取的一系列检测、监控措施、手段和方法。在进行施工项目质量控制过程中，应遵循以下几点原则：

（1）坚持"质量第一，用户至上"

社会主义商品经营的原则是"质量第一，用户至上"。建筑产品作为一种特殊的商品，使用年限较长，是"百年大计"，直接关系到人民生命财产的安全。所以，工程项目在施工中应自始至终地把"质量第一，用户至上"作为质量控制的基本原则。

（2）"以人为核心"

人是质量的创造者，质量控制必须"以人为核心"把人作为控制的动力，调动人的积极性、创造性；增强人的责任感，树立"质量第一"观念；提高人的素质，避免人的失误；以人的工作质量保工序质量、促工程质量。

（3）"以预防为主"

"以预防为主"，就是要从对质量的事后检查把关，转向对质量的事前控制、事中控制；从对产品质量的检查，转向对工作质量的检查、对工序质量的检查、对中间产品的质量检查。这是确保施工项目的有效措施。

（4）坚持质量标准、严格检查，一切用数据说话

质量标准是评价产品质量的尺度，数据是质量控制的基础和依据。产品质量是否符合质量标准，必须通过严格检查，用数据说话。

（5）贯彻科学、公正、守法的职业规范

建筑施工企业的项目经理及项目部有关人员，在处理质量问题过程中，应尊重客观事实、尊重科学，正直、公正，不持偏见；遵纪、守法，杜绝不正之风；既要坚持原则，严格要求、秉公办事，又要谦虚谨慎、实事求是、以理服人、热情帮助。

2. 质量控制的程序（图 1-1）

1.1.3.3 建筑工程质量控制过程（图 1-2）

任何工程项目都是由分项工程、分部工程和单位工程所组成，而工程项目的建设，则是通过一道道工序来完成。所以，施工项目的质量控制是从工序质量到分项工程质量、分部工程质量、单位工程质量的系统控制过程；也是一个由对投入原材料质量控制开始，直到完成工程质量检验为止全过程的系统过程。

1.1.3.4 施工项目质量控制阶段

为了加强对施工项目的质量控制，明确各施工现场阶段质量控制的重点，可把施工项目质量控制分为事前控制、事中控制和事后控制三个阶段。

1. 事前质量控制

指在正式施工前进行的质量控制，其控制重点是做好施工准备工作，且施工准备工作要贯穿于施工全过程中。

（1）施工准备的范围

进行下道工序

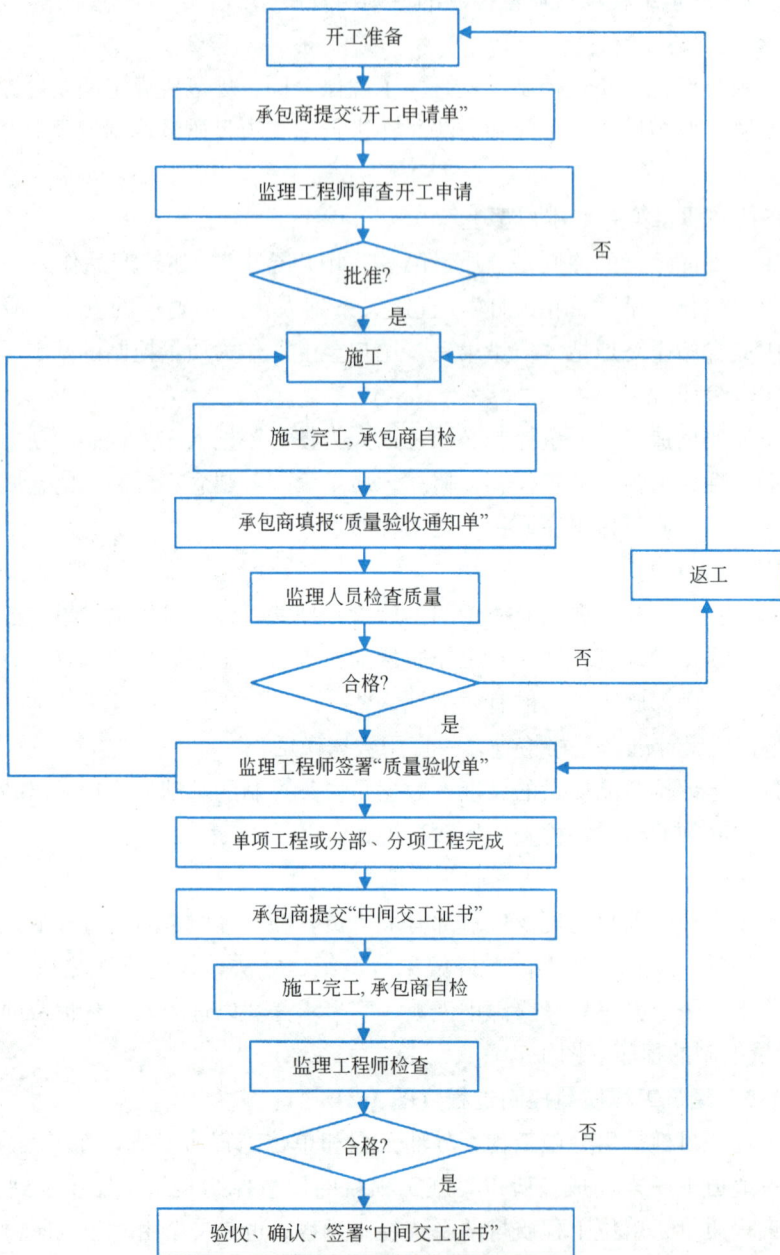

```
┌──────────────┐
│    开工准备    │◄──────────────┐
└──────┬───────┘               │
┌──────▼───────────┐           │
│承包商提交"开工申请单"│          │
└──────┬───────────┘           │
┌──────▼─────────────┐         │
│监理工程师审查开工申请 │         │
└──────┬─────────────┘         │
     ◇批准?◇──────否──────────┘
       │是
┌──────▼───────┐
│     施工      │◄─────────┐
└──────┬───────┘          │
┌──────▼──────────┐       │
│施工完工,承包商自检 │       │
└──────┬──────────┘       │
┌──────▼─────────────┐    │
│承包商填报"质量验收通知单"│  │
└──────┬─────────────┘    │
┌──────▼───────┐   ┌─────┐│
│ 监理人员检查质量│   │ 返工 ││
└──────┬───────┘   └─────┘│
     ◇合格?◇────否─────────┘
       │是
┌──────▼──────────────┐
│监理工程师签署"质量验收单"│◄──┐
└──────┬──────────────┘   │
┌──────▼──────────────┐   │
│单项工程或分部、分项工程完成│  │
└──────┬──────────────┘   │
┌──────▼──────────────┐   │
│承包商提交"中间交工证书"  │   │
└──────┬──────────────┘   │
┌──────▼──────────┐       │
│施工完工,承包商自检 │       │
└──────┬──────────┘       │
┌──────▼───────┐          │
│ 监理工程师检查 │          │
└──────┬───────┘          │
     ◇合格?◇────否─────────┘
       │是
┌──────▼──────────────┐
│验收、确认、签署"中间交工证书"│
└─────────────────────┘
```

图 1-1　质量控制程序图

1）全场性施工准备，是以整个项目施工现场为对象而进行的各项施工准备。

2）单位工程施工准备，是以一个建筑物或构筑物为对象而进行的施工准备。

3）分项（部）工程施工准备，是以单位工程中的一个分项（部）工程或冬、雨期施工为对象而进行的施工准备。

4）项目开工前的施工准备，是在拟建项目正式开工前所进行的一切施工准备。

5）项目开工后的施工准备，是在拟建项目开工后，每个施工阶段正式开工前所进

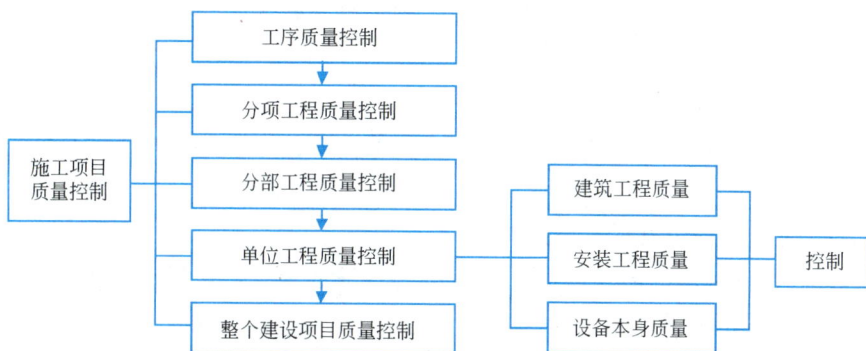

图 1-2 建筑工程质量控制过程

行的施工准备，如混合结构住宅施工，通常分为基础工程、主体工程和装饰工程等施工阶段，每个阶段的施工内容不同，其所需的物资技术条件、组织要求和现场布置也不同，因此，必须做好相应的施工准备。

（2）施工准备的内容

1）技术准备，包括：项目扩大初步设计方案的审查；熟悉和审核项目的施工图纸；项目建设地点的自然条件、技术经济条件调查分析；编制项目施工图预算和施工预算；编制项目施工组织设计等。

2）物资准备，包括：建筑材料准备；构配件和制品加工准备；施工机具准备；生产工艺设备的准备等。

3）组织现场准备，包括：建立项目组织机构；集结施工队伍；对施工队伍进行入场教育等。

4）施工现场准备，包括：控制网、水准点、标准的测量；"五通一平"；生产、生活临时设施等准备；组织机具、材料进场；拟订有关试验、试制和技术进步项目计划；编制季节性施工措施；指定施工现场管理制度等。

2. 事中质量控制

对施工过程中进行的所有与施工有关方面的质量进行控制，也包括对施工过程中的中间产品（工序产品或分部、分项产品）的质量控制。

事中质量控制的策略是：全面控制施工过程，重点控制工序质量。其具体措施是：工序交接有检查；质量预控有对策；施工项目有方案；技术措施有交底，图纸会审有记录；配制材料有试验；隐蔽工程有验收；计量器具校正有复核；设计变更有手续；钢筋代换有制度；质量处理有复查；成品保护有措施；行使质控有否决（如发现质量异常、隐蔽未经验收、质量问题未处理、擅自变更设计图纸、擅自代换或使用不合格材料、无证上岗未经资质审查的操作人员等，均应对质量予以否决）；质量文件有档案（凡是与质量有关技术文件，如水准、坐标位置，测量、放线记录，沉降、变形观测记录，图纸会审记录，材料合格证明、试验报告，施工记录，隐蔽工程记录，设计变更记录，调试、试压运行记录，试车运转记录，竣工图等都要编目建档）。

3. 事后质量控制

指在完成施工过程形成产品的质量控制，其具体工作内容有：

（1）组织联动试车。

（2）准备竣工验收资料，组织自检和初步验收。

（3）按规定的质量评定标准和办法，对完成的分项、分部工程，单位工程进行质量评定。

（4）组织竣工验收，其标准是：

1）按设计文件规定的内容和合同规定的内容完成施工，质量达到国家质量标准，能满足生产和使用的要求。

2）主要生产工艺设备已安装配套，联动负荷试车合格，形成设计生产能力。

3）交工验收的建筑物要窗明、地净、水通、灯亮、气来、采暖通风设备运转正常。

4）交工验收的工程内净外洁，施工中的残余物料运离现场，灰坑填平，临时建（构）筑物拆除，2m 内地坪整洁。

5）技术档案资料齐全。

1.1.3.5 建筑工程项目质量因素的控制

影响施工项目质量的因素主要有五方面，即 4M1E，指人（Man）、材料（Material）、机械（Machine）、方法（Method）和环境（Environment）。事前对这五方面因素严加控制，是保证施工项目质量的关键。

1. 人的控制

人，是指直接参与施工的组织者、指挥者和操作者。人，作为控制的对象，是要避免产生失误；作为控制的动力，是要充分调动人的积极性，发挥人的主导作用。除了加强政治思想教育、劳动纪律教育、职业道德教育、专业技术培训，健全岗位责任制，改善劳动条件，公平合理地激励劳动热情以外，还需根据工程特点，从确保质量出发，在人的技术水平、人的生理缺陷、人的心理行为、人的错误行为等方面控制人的使用。如对技术复杂、难度大、精度高的工序或操作，应由技术熟练、经验丰富的工人来完成；反应迟钝、应变能力差的人，不能操作快速运行、动作复杂的机械设备；对某些要求万无一失的工序和操作，一定要分析人的心理行为，控制人的思想活动，稳定人的情绪；对具有危险源的现场作业，应控制人的错误行为，严禁吸烟、打赌、嬉戏、误判断、误动作等。

此外，应严格禁止无技术资质的人员上岗操作；对不懂装懂、图省事、碰运气、有意违章的行为，必须及时制止。总之，在使用人的问题上，应从政治素质、思想素质、业务素质和身体素质等方面综合考虑，全面控制。

2. 材料控制

材料控制包括原材料、成品、半成品、构配件等的控制，主要是严格检查验收，正确合理地使用，建立管理台账，进行收、发、储、运等各个环节的技术管理，避免混料和将不合格的原材料使用到工程上。

3. 机械控制

机械控制包括施工机械设备、工具等控制。要根据不同工艺特点和技术要求，选择合适的机械设备；正确使用、管理和保养好机械设备。为此要健全"人机固定"制度、"操作证"制度、岗位责任制度、交接班制度、"技术保养"制度、"安全使用"制度、机械设备检查制度等，确保机械设备处于最佳使用状态。

4. 方法控制

这里所指的方法控制，包括施工方案、施工工艺、施工组织设计、施工技术措施等的控制，主要应切合工程实际，能解决施工难题，技术可行，经济合理，有利于保证质量、加快进度、降低成本。

5. 环境控制

影响工程质量的环境因素较多，有工程技术环境，如工程地质、水文、气象等；工程管理环境，如质量保证体系、质量管理制度等；劳动环境，如劳动组合、作业场所、工作面等。环境因素对于工程质量的影响，具有复杂而多变的特点，如气象条件就变化万千，温度、湿度、大风、暴雨、酷暑、严寒都直接影响工程质量。又如前一工序往往就是后一工序的环境，前一分项、分部工程也就是后一分项、分部工程的环境，因此，根据工程特点和具体条件，应对影响质量的环境因素，采取有效的措施严加控制。尤其是施工现场，应建立文明施工、文明生产的环境，保持材料工件堆放有序，道路通畅，工作场所清洁整齐，施工程序井井有条，为确保质量、安全创造良好条件。

1.1.3.6　成品保护

成品保护一般是指在施工过程中，某些分项工程已经完成，而其他一些分项工程尚在施工；或者是在其分项工程施工过程中，某些部位已完成，而其他部位正在施工，在这种情况下，施工单位必须负责对已完成部分采取妥善措施予以保护，以免因成品缺乏保护或保护不善而造成损伤或污染，影响工程整体质量。

根据建筑产品的特点的不同，可以分别对成品采取"防护""包裹""覆盖""封闭"等保护措施，以及合理安排施工顺序等来达到保护成品的目的。具体如下所述。

（1）防护。就是针对被保护对象的特点采取各种防护的措施。例如，对清水楼梯踏步，可以采取护棱角铁上下连接固定；对于进出口台阶，可采用垫砖或方木搭脚手板供人通过的方法来保护台阶；对于门口易碰部位，可以钉上防护条或槽型盖铁保护；门扇安装后可加楔固定等。

（2）包裹。就是将被保护物包裹起来，以防损伤或污染。例如，对镶面大理石柱可用立板包裹捆扎保护；铝合金门窗可用塑料布包扎保护等。

（3）覆盖。就是用表面覆盖的办法防止堵塞或损伤。例如，对地漏、落水口排水管等安装后可加以覆盖，以防止异物落入而被堵塞；预制水磨石或大理石楼梯可用木板覆盖加以保护；地面可用锯末、苫布等覆盖以防止喷浆等污染；其他需要防晒、防冻、保温养护等项目也应采取适当的防护措施。

（4）封闭。就是采取局部封闭的办法进行保护。例如，垃圾道完成后，可将其进口封闭起来，以防止建筑垃圾堵塞通道；房间水泥地面或地面砖完成后，可将该房间局部封闭，防止人们随意进入而损害地面；房内装修完成后，应加锁封闭，防止人们随意进入而受到损伤等。

（5）合理安排施工顺序。主要是通过合理安排不同工作间的施工顺序先后以防止后道工序损坏或污染前道工序。例如，采取房间内先喷浆或喷涂而后安装灯具的施工顺序可防止喷浆污染、损害灯具；先做顶棚、装修而后做地坪，也可避免顶棚及装修施工污染、损害地坪等。

复习思考题

1. 何为工程质量？
2. 何为工序质量？
3. 影响工程质量的因素有哪些？应采取哪些相应的控制措施？
4. 试述质量控制的原则与程序。
5. 试述成品保护的意义，并列举出至少五个成品保护的事例。

质量管理职业活动训练

活动：阅读实际工程施工企业的施工组织设计、专项施工方案或监理单位的监理规划、监理实施细则

1. 分组要求：全班分 6～8 个组，每组 5～7 人。
2. 资料要求：选择 6～8 个不同建设工程项目施工组织设计、专项施工方案或监理单位的监理规划、监理实施细则，每组一套。
3. 阅读要求：学生在老师指导下阅读相关资料，注重学习施工组织设计、专项施工方案或监理单位的监理规划、监理实施细则关于质量控制的原则、程序等方面的内容。
4. 成果：以小组为单位写出学习体会，并提出自己的见解。

1.2 建筑工程质量检验基本知识

1.2.1 建筑工程质量检查验收的主体

1.2.1.1 建筑工程质量检验的重要性

工程建设是我国国民经济建设的支柱产业之一。工程建设的质量涉及人民生命财产的安全、涉及人民生活和工作环境的改善、涉及建筑物使用功能和社会功能，因此工程质量备受关注。建筑工程质量的检查与验收是保证工程质量的重要手段；是切实做好建筑工程质量管理工作的必要的技术保证；是建筑工程施工管理的一项重要的内容。作为工程参建各方主体的建设单位、勘察设计单位、施工企业、监理单位、原材料、构配件供应单位、检测及质量监督机构等，在提高工程质量方面均有着重要的作用。特别是施工阶段的建设单位、施工企业、监理单位（委托监理时）和质量监督机构，在项目施工过程中建立规范的工程质量检查和验收制度，按规定

的检查验收程序对工程质量实施有效的检查验收，不仅可以规范各方的质量行为，而且便于对工程质量实施有效的动态控制，使工程质量隐患消灭在萌芽状态，最终实现工程项目的质量目标。

1.2.1.2　建筑工程质量的责任主体

在建筑工程质量的检查验收中，施工单位进行的"三检"及监理单位、建设单位参与的验收、检测单位进行的验证性检验、监督机构进行的监督检查等，各方应根据自己的职责与立场，通过旁站监督、抽样检查、复测等形式，从不同角度参加验收，相互合作、相互制约，对工程质量控制起到积极的作用。

1. 建设单位项目负责人

建设单位是建筑物的所有者和使用者，是工程建设市场的重要主体，是工程建设过程和建设效果的负责方，拥有按法律、法规选定勘察、设计、施工监理单位和确定建设项目的投资、规模、功能、外观使用材料和设备等权利，建设单位应按国家现行工程建设的法律、法规、技术标准及工程建设合同的规定，定期或不定期地对工程质量进行监督和检查。当没有委托监理单位时，应参与检验批、分项工程、分部（子分部）工程等的验收。当项目工程施工委托监理时，建设单位应参与项目工程的质量检查，同时应组织单位工程的竣工验收。

2. 监理单位总监理工程师

监理方受建设单位的委托，行使施工监督、控制工程质量并参与各层次的检查和验收工作的权力。

监理方在工程建设的实施过程中，对施工单位已经完成并自检合格的项目须进行抽检检查，进行质量确认，形成验收文件；同时在施工过程中应采取巡视和旁站等手段，应对隐蔽工程、下一道施工工序完成后难以检查的重点部位，进行监督检查。监理工程师的质量检查是对承包单位作业活动质量的复核与确认，是验收。

3. 施工单位项目经理

施工方是建筑工程施工的主体，是市场中的生产方，也是工程建设质量责任的主要主体，其行为对工程建设质量起关键性作用。工程施工质量的验收均应在施工方自行检查评定的基础上进行，故施工方应进行各层次的检查。检查合格后再与有关单位一起参与验收。

施工方对检验批、分项、分部（子分部）、单位（子单位）工程应按操作标准（企业标准）等进行自行检查并评定结果。

施工方质量检查体系表现在以下几点：

（1）作业活动的作业者在作业结束后必须自检。

（2）不同工序交接、转换必须由相关人员交接检查。

（3）承包单位专职质检员的专检。

4. 勘察和设计单位项目负责人

设计（勘察）方提出建筑物设计文件及质量要求，对于涉及安全和重要使用功能的

（子）分部工程，设计（勘察）方应参与验收。设计（勘察）方参与单位工程的竣工验收。

勘察单位通过一系列的勘察工作提交工程勘察报告，作为设计的依据之一。在施工阶段，勘察单位参加一定阶段的勘察配合及其验收工作，对施工过程中出现的地质问题要进行跟踪服务，特别是要参加验槽、基础工程验收及与地基基础有关的工程事故的处理工作。

设计单位主要根据建设单位的意图，利用自己的设计和技术手段将意图转化成可以施工的图纸。在施工阶段，图纸要接受施工的检验，设计人员要参与到施工中去，解决图纸中的未尽事宜，参与验槽、基础验收、主体验收和竣工验收等过程，以保证工程项目质量的实现。

5. 其他责任主体

在工程建设过程中，除上述单位外，质量监督机构、检测机构、图审单位也在一定程度上、一定范围内参与或影响着工程项目的施工质量检查与验收。

（1）质量监督机构

我国实行的是建设工程质量监督管理制度。工程质量监督管理的主体是各级政府建设行政主管部门和其他有关部门。但由于工程建设周期长、环节多、点多面广，工程质量监督工作是一项专业技术性强且很繁杂的工作，政府部门不可能亲自进行日常检查工作。因此，工程质量监督管理由建设行政主管部门或其他有关部门委托的工程质量监督机构具体实施。

建设工程质量监督机构通过制定质量监督工作方案，检查施工现场工程建设各方主体的质量行为，检查建设工程实体质量和监督工程质量验收来对建设工程质量进行控制。

（2）检测机构

工程质量检测机构是对建设工程、建设构件、制品及现场所用的有关建筑材料、设备质量进行检测的法定单位。在建设行政主管部门领导和标准化管理部门指导下开展检测工作，其出具的检测报告具有法定效力。法定的检测机构对本地区正在施工的建设工程所用的材料、混凝土、砂浆和建筑构件等进行随机抽样检测，向本地建设工程质量主管部门和质量监督部门提出抽样报告和建议。

目前，见证检测已经成为工程质量管理中通行的一种方式，在下列三种情况下应进行见证检测：国家规定应进行见证检测时；合同约定应进行见证检测时；对材料的质量发生争议需要进行仲裁时。

对于需要进行见证检测的材料或试件，应由监理单位或建设单位具有见证资格的人员（即见证员）监督，由施工单位有取样资格的人员（即取样员）随机抽取一定数量的材料或试件，在见证员的旁边监督下押送或封样送往检测单位。见证员、取样员须持证上岗。

（3）图审单位

施工图审查是政府主管部门对建筑工程勘察设计质量监督管理的重要环节，是基本建设必不可少的程序，工程建设有关各方必须认真贯彻执行。《建设工程质量管理条例》第十一条规定：建设单位应当将施工图设计文件报县级以上人民政府建设行政主管部门或者其他有关部门审查。施工图审查单位和审查人员应当依据法律、法规和国家与地方的技术标准对施工图涉及公共利益、公众安全和工程建设强制性标准的内容进行的审查并认真履行审查职责。施工图审查机构应当对审查的图纸质量负相应的审查责任，但不代替设计单位承担设计质量责任。施工图审查机构不得对本单位，或与本单位有直接经济利益关系的单位完成的施工图进行审查。审查人员要在审查过的图纸上签字。对玩忽职守、徇私舞弊、贪污受贿的审查人员和机构，由建设行政主管部门依法给予暂停或者吊销其审查资格，并处以相应的经济处罚。构成犯罪的，依法追究其刑事责任。

1.2.2　建筑工程质量验收标准

1.2.2.1　现行建筑工程质量验收规范体系

1. 建筑工程质量验收标准的组成

建筑工程涉及的专业众多，其工种和施工工序相差也很大，因此需要有相应的专业验收规范才能解决实际工程验收的问题，据此，我国编制或修订了 15 本专业验收规范，此外，为解决各专业验收规范之间的统一和协调问题，以及汇总各专业验收而进行的最终的单位工程竣工验收，编制了一本具有基础性和指导性作用的标准——《建筑工程施工质量验收统一标准》GB 50300—2013。这样就形成了由一本《建筑工程施工质量验收统一标准》（简称"统一标准"）和 15 项建筑专业工程施工质量验收规范（专业验收规范）组成的建筑工程施工质量验收规范体系。

2.《建筑工程施工质量验收统一标准》GB 50300—2013

（1）规定了建筑工程施工现场质量管理和质量控制的要求；

（2）提出了检验批质量检验的抽样方案要求；

（3）确定了建筑工程施工质量验收划分合格、判定及验收程序的原则；

（4）规定了各专业验收规范编制的统一原则；

（5）对单位工程质量验收的内容、方法和程序等做出了具体的规定。

3. 15 项建筑专业工程施工质量验收规范（专业验收规范）

（1）《建筑地基基础工程施工质量验收标准》GB 50202—2018；

（2）《砌体结构工程施工质量验收规范》GB 50203—2011；

（3）《混凝土结构工程施工质量验收规范》GB 50204—2015；

（4）《钢结构工程施工质量验收标准》GB 50205—2020；

（5）《木结构工程施工质量验收规范》GB 50206—2012；

（6）《屋面工程质量验收规范》GB 50207—2012；

（7）《地下防水工程质量验收规范》GB 50208—2011；

（8）《建筑地面工程施工质量验收规范》GB 50209—2010；

（9）《建筑装饰装修工程质量验收标准》GB 50210—2018；

（10）《建筑给水排水及采暖工程施工质量验收规范》GB 50242—2002；

（11）《通风与空调工程施工质量验收规范》GB 50243—2016；

（12）《建筑电气工程施工质量验收规范》GB 50303—2015；

（13）《电梯工程施工质量验收规范》GB 50310—2002；

（14）《智能建筑工程质量验收规范》GB 50339—2013；

（15）《建筑节能工程施工质量验收标准》GB 50411—2019。

专业验收规范规定了：

（1）分项工程检验批的划分、主控项目和一般项目质量指标的设置、合格判定；

（2）对建筑材料、构配件和设备的进场复检要求；

（3）涉及结构安全和使用功能检测项目的要求。

1.2.2.2　现行建筑工程质量验收规范的特点

现行建筑工程质量验收规范与原验收标准相比，有以下特点：

（1）体现"验评分离、强化验收、完善手段、过程控制"的指导思想。

（2）同一个对象只有一个标准，避免了交叉，便于执行。

（3）新验收标准只有一个"合格"的质量等级，取消"优良"等级。

（4）落实了《中华人民共和国建筑法》（以下简称《建筑法》）和《建筑工程质量管理条例》的规定，明确了各方的责任。

1.2.3　建筑工程施工质量验收的基本规定

1.2.3.1　对施工现场的质量管理的规定

"统一标准"对施工现场提出四项要求：一是施工现场质量管理应有相应的施工技术标准，即操作依据，如企业标准、施工工艺、操作规程等。二是健全的施工质量管理体系，按照施工质量管理的要求规范建立相应的机构、制度，并赋予其相应的职权，以保证质量控制措施的落实。三是施工质量检验制度，包括材料、设备的进场检验验收，施工过程的检验、试验，竣工验收时的抽查检测，要有具体的规定、明确的检验项目和制度等。四是提出了综合施工质量水平评定考核制度，将企业资质、人员素质、工程实体质量及前三项的要求形成综合效果和成效，其包括工程质量的总体评价，企业的质量效益等。目的是通过综合评价，不断提高施工管理水平。施工现场质量管理检查记录应由施工单位按表1-2填写，总监理工程师（建设单位项目负责人）进行检查，并做出检查结论。其每次检查的主要内容见表1-2。施工现场质量管理检查的内容属于事前管理。为了保证工程质量达到预定的质量目标，应予以重点控制。

1.2.3.2　对建筑工程质量控制的规定

1. 原材料的控制

（1）建筑工程采用的主要材料、成品、半成品、建筑构配件、器具和设备应进行进场检验。

（2）凡涉及安全、节能、环境保护和主要使用功能的重要材料、产品应按各专业工程施工规范、验收规范和设计文件等规定进行复验，并应经监理工程师检查认可。

（3）一般项目正常检验一次、二次抽样判定方法应符合《建筑工程施工质量验收统一标准》GB 50300—2013 附录 D 表 D.0.1-1 和表 D.0.1-2 的规定。

施工现场质量管理检查记录表　　　　　　　　表 1-2

工程名称		施工许可证号			
建设单位		项目负责人			
设计单位		项目负责人			
监理单位		总监理工程师			
施工单位		项目负责人		项目技术负责人	
序号	项　目	主　要　内　容			
1	项目部质量管理体系				
2	现场质量责任制				
3	主要专业工种操作岗位证书				
4	分包单位管理制度				
5	图纸会审记录				
6	地质勘察资料				
7	施工技术标准				
8	施工组织设计编制及审批				
9	物资采购管理制度				
10	施工设施和机构设备管理制度				
11	计量设备配备				
12	检测试验管理制度				
13	工程质量检查验收制度				
14					
自检结果：		检查结论：			
施工单位项目负责人：　　年 月 日		总监理工程师：　　　　　年 月 日			

注：本表摘自《建筑工程施工质量验收统一标准》GB 50300—2013。

（4）复检抽样样本的组批规则、取样数量和测试项目，除按专业规范和《建筑工程施工质量验收统一标准》GB 50300—2013 表 3.0.9 有关规定外，一般可按产品标准执行。

（5）符合下列条件之一时，可按相关专业验收规范的规定适当调整抽样复验、试验数量，调整后的复验、试验方案应由施工单位编制，并报监理单位审核确认。

1）同一项目中由相同施工单位施工的多个单位工程，使用同一生产厂家的同品种、同规格、同批次的材料、构配件、设备。

2）同一施工单位在现场加工的成品、半成品、构配件用于同一项目的多个单位工程。

019

3）在同一项目中，针对同一抽样对象已有检验成果可以重复利用。

2. 施工过程的质量控制

施工过程的质量控制主要是生产过程中各工序的质量控制，工序质量是施工过程质量控制的最小单位，是施工质量控制的基础。对工序质量应重点做好以下"三个点"的控制：

（1）设置控制点，即将工艺流程中影响工序质量的所有节点作为质量控制点，按施工技术标准的要求，采取有效技术措施，保证在操作中能符合技术标准要求；

（2）设置检查点，即在所有控制点中找出比较重要又能进行检查的点进行检查，以验证所采取的技术措施是否有效，是否失控，以便及时发现问题，及时调整技术措施；

（3）设置停止点，即在施工操作完成一定数量或某一施工段时，作业层在自检的基础上，由专职质量员作一次比较全面的检查，确认质量情况，对存在的质量问题及时加以纠正，为分项工程检验批的质量验收打下坚实基础。

3. 各专业工种之间交接质量控制

为保证施工过程的连续有序，应进行施工过程的施工质量的全面控制，必须加强各专业工种之间的交接检验，这种检查不仅是对前道工序质量合格与否所作的一次确认，同时也为后道工序顺利开展提供了保证条件，促进了后道工序对前道工序的产品保护。通过检查形成记录，并经监理工程师的签署确认方有效。这种质量控制，既保证了施工过程质量控制的延续性，又能将前工序出现的质量问题消灭在后道工序施工之前，又能分清质量责任，避免不必要的质量纠纷的产生。

1.2.3.3 对建筑工程施工质量验收的基本规定

1. 质量验收的依据：

（1）建筑工程质量应符合"统一标准"和相关专业验收规范的规定；

（2）建筑工程质量应符合工程勘察、设计文件（图纸、图集、变更等）的要求；

（3）建筑工程质量应符合政府和建设行政主管部门有关质量的规定；

（4）建筑工程质量应满足施工合同中有关质量的约定。

2. 质量验收涉及资格与资质要求：

（1）参加工程施工质量验收的各方人员应具备规定的资格；

（2）承担见证取样检测及有关结构安全检测的单位，应为经过省级以上建设行政主管部门对其资质认可和质量技术监督部门已通过对其计量认证的质量检测单位。

3. 工程质量的验收均应在施工单位自行检查评定合格后，交由监理单位进行。

4. 隐蔽工程前应由施工单位通知有关单位进行验收，并填写隐蔽工程验收记录。

5. 涉及结构安全的试块、试件及有关材料，应在监理单位或建设单位人员的见证下，由施工单位试验人员在现场取样，送至有相应资质的检测单位进行测试。

6. 对涉及结构安全和使用功能的重要分部工程，应按专业规范的规定进行抽样检测。

7. 检验批的质量应按主控项目和一般项目进行验收。

8. 工程的观感质量应由验收人员通过现场检查，并应共同确认。

9. 当专业验收规范对工程中的验收项目未做出相应规定时，应由建设单位组织监理、设计、施工等相关单位制定专项验收要求。涉及安全、节能、环境保护等项目的专项验收要求应由建设单位组织专家论证。

1.2.4　建筑工程施工质量验收

1.2.4.1　建筑工程质量验收的划分

建筑工程一般施工周期长，从施工准备工作开始到竣工交付使用要经过若干个工序、若干个工种之间的配合施工。所以一个工程质量的好坏，取决于各个施工工序和各工种的操作质量。为了便于控制、检查和评定每个施工工序；为了便于控制、检查和评定每个工序和工种的操作质量，建筑工程按检验批、分项工程、分部（子分部）工程和单位（子单位）工程四级进行质量验收。其具体划分的内容是：

1. 单位（子单位）工程的划分

（1）房屋建筑（构筑物）单位工程

1）具备独立施工条件并能形成独立使用功能的建筑物及构筑物为一个单位工程。如一栋住宅楼、一个锅炉房、一个办公楼等均为一个单位工程。

021

2）建筑规模较大的单位工程时，可将其能形成独立使用功能的部分作为一个子单位工程。如一个公共建筑有 28 层塔楼及 4 层的裙房，该业主在裙房施工竣工后，具备使用功能，就计划先投入使用，这个裙房就可以先以子单位工程进行验收。

（2）室外单位工程

为了加强室外工程的管理和验收，促进室外工程质量的提高，将室外工程根据专业类别和工程规模划分为室外建筑环境和室外安装两个室外单位工程，并又分成附属建筑、室外环境、给水排水与采暖和电气子单位工程，见表 1-3。

室外单位（子单位）工程、分部分项工程的划分　　　　表 1-3

单位工程	子单位工程	（子分部）工程
室外建筑环境	附属建筑	车棚、围墙、大门、挡土墙、垃圾收集站
	室外环境	建筑小品、道路、亭台、连廊、花坛、场坪绿化
室外安装	给水排水与采暖	室外给水系统、室外排水系统、室外供热系统
	电气	室外供电系统、室外照明系统

注：本表摘自《建筑工程施工质量验收统一标准》GB 50300—2013。

2. 分部（子分部）工程的划分

分部工程的划分应按专业性质、建筑部分确定。当分部工程较大或较复杂时，可按材料种类、施工特点、施工程序、专业系统及类别等划分为若干子分部工程。

建筑物（构筑物）的单位工程目前最多由十个分部所组成，即：地基与基础、主体结构、屋面、装饰装修四个建筑及结构分部工程、建筑设备安装工程的建筑给水排水及采暖、建筑电气、通风与空调、电梯和智能建筑五个分部工程和建筑节能分部工程。有的单位工程中，不一定全有这些分部工程。如有的可能没有装饰装修分部工程；有的可能没有通风与空调及电梯安装分部工程。

3. 分项工程的划分

分项工程应按主要工种、材料、施工工艺、设备类别等进行划分。如瓦工的砌砖工程，钢筋工的钢筋绑扎工程，木工的木门窗安装工程，油漆工的混色油漆工程等。

建筑及结构分部（子分部）工程、分项工程可按表1-4、表1-5进行划分。

建筑及结构分部（子分部）工程、分项工程的划分　　　　　表1-4

分部工程	子分部工程	分项工程
地基与基础	土方	土方开挖,土方回填,场地平整
	基坑支护	重力式挡土墙,型钢水泥搅拌桩,土钉墙与复合土钉墙排桩,降水,排水,地下连续墙,锚杆,水泥土桩,沉井与沉箱,钢及混凝土支撑
	地基处理	灰土地基,砂和砂石地基,碎砖三合土地基,土工合成材料地基,粉煤灰地基,重锤夯实地基,强夯地基,振冲地基,砂桩地基,预压地基,高压喷射注浆地基,土和灰土挤密桩地基,注浆地基,水泥粉煤灰碎石桩地基,夯实水泥土桩地基
	桩基础	先张法预应力管桩,混凝土预制桩,锚杆静压桩及静力压桩,钢筋混凝土预制桩,钢桩,混凝土灌注桩(成孔,钢筋笼,清孔,水下混凝土灌注)
	地下防水	膨润土防水材料防水层,沉井,逆筑结构,结构裂缝注浆,防水混凝土,水泥砂浆防水层,卷材防水层,涂料防水层,金属板防水层,塑料板防水层,细部构造,喷锚支护,复合式衬砌,地下连续墙,盾构法隧道,渗排水,盲沟排水,隧道,坑道排水,预注浆,后注浆,衬砌裂缝注浆
	混凝土基础	模板,钢筋,混凝土,后浇带混凝土,混凝土结构缝处理
	砌体基础	砖砌体,混凝土砌块,配筋砌体,石砌体,混凝土小型空心砌块砌体
	型钢、钢管混凝土基础	型钢、钢管焊接与螺栓连接,型钢、钢管与钢筋连接,浇混凝土
	钢结构	焊接钢结构,栓接钢结构,钢结构制作,钢结构安装,钢结构涂装
主体结构	混凝土结构	模板,钢筋,混凝土,预应力,现浇结构,装配式结构
	砌体结构	砖砌体,混凝土小型空心砌块砌体,石砌体,填充墙砌体,配筋砖砌体
	钢结构	空间格构钢结构制作,空间格构钢结构安装,压型金属板,防腐涂料涂装,防火涂料涂装,天沟安装,雨篷安装
	型钢、钢管混凝土结构	型钢、钢管现场拼装,柱脚锚固构件安装、焊接、螺栓连接,钢筋骨架安装,型钢、钢管与钢筋连接,现浇混凝土
	轻钢结构	钢结构制作,钢结构安装,墙面压型钢板,屋面压型钢板
	索膜结构	膜支撑结构制作,膜支撑结构安装,索安装,膜单元及附件制作,膜单元及附件安装
	铝合金结构	铝合金焊接,紧固件连接,铝合金零部件加工,铝合金构件拼装,单层及多层铝合金结构安装,空间格构铝合金结构安装,铝合金压型板,防腐处理,防火隔热
	木结构	方木和原木结构,胶合木结构,轻型木结构,木构件防护
建筑装饰装修	地面工程	基层,整体地面,板块地面,地毯面层,地面防水,垫层及找平层
	抹灰	一般抹灰,保温墙体抹灰,装饰抹灰,清水砌体勾缝
	门窗	木门窗安装,金属门窗安装,塑料门窗安装特种门安装,门窗玻璃安装
	吊顶	整体面层吊顶,板块面层吊顶,格栅吊顶
	饰面板	石材安装,瓷板安装,木板安装,金属板安装,塑料板安装,玻璃板安装
	饰面砖	外墙饰面砖粘贴,内墙饰面砖粘贴

续表

分部工程	子分部工程	分项工程
建筑装饰装修	涂饰	水性涂料涂饰,溶剂型涂料涂饰,美术涂饰
	外墙防水	砂浆防水层,涂膜防水层,防水透膜防水层
	细部	橱柜制作与安装,窗帘盒和窗台板制作与安装,门窗套制作与安装,护栏和扶手制作与安装,花饰制作与安装
	金属幕墙	构件与组件加工与制作,构件安装,金属幕墙安装
	石材与陶板幕墙	构件与组件加工与制作,构件安装,石材与陶板幕墙安装
	玻璃幕墙	构件与组件加工与制作,构件安装,玻璃幕墙安装
建筑屋面	基层与保护	找平层,找坡层,隔汽层,隔离层,保护层
	保温与隔热	板状材料保温,纤维材料保温,喷涂硬泡聚氨酯保温,种植隔热保温,架空隔热层,蓄水隔热层
	防水与密闭	卷材防水层,涂膜防水层,复合防水层,接缝密封防水
	瓦面与板面	烧结瓦和混凝土瓦铺装,沥青瓦铺装,金属板铺装,玻璃采光顶铺装
	细部构造	檐口,檐沟天沟,女儿墙和山墙,水落口,变形缝,伸出屋面管道,屋面出入口,泛水过水孔,设施基座,屋脊,屋顶窗

建筑节能工程分项工程划分 表 1-5

分部工程	子分部工程	分项工程
节能工程	维护系统节能	墙体节能,幕墙节能,门窗节能,屋面节能,地面节能
	供热空调设备及管网节能	供暖节能,通风与空调节能,空调与供热系统冷热源节能,空调与供热系统管网节能
	电器动力节能	配电节能,照明节能
	监控系统节能	监测系统节能,控制系统节能
	可再生能源	太阳能系统,地源热泵系统

4. 检验批的划分

检验批可根据施工及质量控制和专业验收需要,按楼层、施工段、变形缝等进行划分。分项工程划分成检验批进行验收有助于及时发现问题,确保工程质量,也符合施工实际需要。分项工程可由一个或若干检验批组成,通常多层及高层建筑工程中主体分部的分项工程可按楼层或施工段来划分检验批,单层建筑工程中的分项工程可按变形缝等划分检验批;地基与基础分部工程中的分项工程一般划分为一个检验批,有地下室的基础工程可按不同地下室划分检验批;屋面分部工程中的分项工程不同楼层屋面可划分为不同的检验批;其他分部工程中的分项工程,一般按楼层划分检验批;对于工程量较少的分项工程可统一划分为一个检验批。安装工程一般按一个设计系统或设备组别划分为一个检验批。室外工程统一划分为一个检验批。散水、台阶、明沟等含在地面检验批中。

1.2.4.2 建筑工程施工质量验收

建筑工程质量验收时一个单位工程最多可划分为六个层次,即:单位工程、子单位工程、分部工程、子分部工程、分项工程和检验批。对于每一个验收层次的验收,国家标准只给出了合格条件，没有给出优良标准，也就是说现行国家质量验收标准为强制性标准，对于工程质量验收只设"合格"一个质量等级，工程质量在评定合格的基础之上，希望评定更高质量等级的，可按照另外制定的推荐性标准执行。

1. 检验批的质量验收

检验批是分项工程中的最基本的单元，是分项工程验收的基础。检验批合格质量应符合下列规定：

1）主控项目的质量经抽样检验均合格。

2）一般项目的质量检验经抽样检验合格。当采用计数抽样时，合格点率应符合有关专业验收规范的规定，且不得存在严重缺陷。对于计数抽样检验的一般项目，正常一次、二次抽样可按《建筑工程施工质量验收统一标准》GB 50300—2013 附录 D 判定。

3）具有完整的施工操作依据、质量验收记录。

（1）主控项目和一般项目的质量检查

主控项目是指对检验批的质量有致命性影响的检验项目，主要包括以下内容：

1）重要建筑材料、构配件、成品、半成品、设备性能及附件的材质、技术性能等，检查出厂证明、检测报告，并按要求进场复验。

2）涉及结构安全、使用功能的检测、抽查项目，如混凝土、砂浆试块的强度、构件的刚度、挠度、承载力、钢结构焊缝强度、电气的绝缘、接地电阻要求等。

3）一些重要的允许偏差项目必须控制在允许范围之内。

主控项目条文必须达到设计和验收规范的要求，是保证工程安全和使用功能的重要的项目，是对安全、卫生、环境保护和公众利益起重要作用的检验项目，是确定该检验批的主要的性能的项目。

一般项目是指除主控项目以外的检测项目。主控项目中所有子项目必须符合各专业验收规范规定的质量指标方能判定为该主控项目合格。否则，该主控项目即判定为不合格，它所在的检验批也判定为不合格。

（2）具有完整的施工操作依据和质量检查记录

检验批合格的质量要求，除主控项目和一般项目的质量经抽样检验合格外，其施工操作依据的技术标准应符合设计、验收规范的要求。

2. 分项工程质量验收

分项工程是由一个或几个检验批组成的，分项工程的验收是在其包含的检验批验收合格的基础上进行的。分项工程质量验收合格应符合下列规定：

（1）分项工程所含的检验批均应符合合格质量的规定。

（2）分项工程所含的检验批的质量验收记录应完整。

分项工程是由所含内容、性质一样的检验批汇集而成，分项工程的验收在检验批的基础上进行，通常起着归纳整理的作用。因此，只要构成分项工程的各检验批的验收资料文件完整，并且均已验收合格，则分项工程验收合格。

3. 分部工程质量验收

分部工程是由若干个分项工程组成的，分部工程验收是在分项工程验收的基础上进行的。这种关系类似于分项工程与检验批的关系，均具有相同或相近的性质，故分项工程验收合格且具有完整的质量控制资料，是分部工程合格的前提。但是由于各分部工程的性质不尽相同，所以分部工程的质量验收就不能像验收分项工程那样主要靠检验批资料的汇总。为此，在分部工程验收时，增加了两个方面的内容。一是，对涉及房屋建筑安全和使用功能的地基与基础、主体结构两个分部，以及对建筑设备安装分部涉及安全、重要使用功能的分部，要进行有关见证取样试验或抽样试验；二是，对观感质量的验收。观感质量的验收，须由有关方面人员参加观感质量综合评价。这类检查往往难以定量，只能以观察、触摸或简单量测的方式进行，并由个人的主观印象判断，检查结果并不给出"合格"或"不合格"的结论，而是综合各检查人员的意见给出"好""一般""差"的质量评价。对于"差"的检查点应通过返修处理及时补救。考虑到以上因素，分部工程验收时分部（子分部）工程质量验收合格应符合下列规定：

（1）分部（子分部）工程所含分项工程的质量均应验收合格。

（2）质量控制资料应完整。

（3）有关安全、节能、环境保护和主要使用功能的抽样检验结果应符合相应规定。

（4）观感质量验收应符合要求。

4. 单位工程质量验收

单位工程验收也称竣工验收，是建筑工程投入使用前的最后一次验收，也是全面检查工程建设是否符合设计要求和施工验收标准的最重要的一次验收。

单位（子单位）工程是由若干个分部工程组成的，单位（子单位）工程验收合格的前提是构成单位工程的各个分部工程的质量必须合格且质量控制资料完整，此外，还需进行以下三个方面的检查。

涉及安全和使用功能的分部工程应进行检验资料的复查。不仅要全面检查其完整性（不得有漏检缺项），而且对分部工程验收时补充进行的见证试验报告也要复核。这种强化验收的手段体现了对安全和主要使用功能的重视。

此外，使用功能的检查是对土建工程和设备安装工程最终质量的综合检验，也是用户最为关心的内容。因此，在分项、分部工程验收合格的基础上，竣工验收时再作全面检查。对主要使用功能还需进行检查。抽查项目是在检查资料文件的基础上由参加验收的各方人员商定并随机抽样确定检查部位（地点），检查要求按有关的专业工程质量验收规范进行。最后，还须参加验收的各方人员共同对观感质量进行综合评价。检验的方法、内容、结论等同分部工程，不再赘述。

单位（子单位）工程质量验收合格应符合下列规定：

（1）单位（子单位）工程所含分部（子分部）工程的质量均应验收合格。

（2）质量控制资料应完整。

（3）所含分部工程中有关安全、节能、环境保护和主要使用功能的检验资料应完整。

（4）主要功能项目的抽查应符合相关专业质量验收规范的规定。

（5）观感质量验收应符合要求。

单位（子单位）工程的质量验收，是工程动用前的最后一道把关。对单位工程进行资料、安全与使用功能、外观质量等的全面检查，一是保证验收质量，二是保证工程质量。

1.2.4.3 对建筑工程质量事故的处理及验收

对施工中出现的工程质量事故，可按下列规定进行处理：

（1）经返工重做或更换器具、设备的检验批，应重新进行验收。

重新验收质量时，要对该检验批重新抽样、检查和竣收，并重新填写检验批质量验收记录表。

（2）经有资质的检测单位检测鉴定能够达到设计要求的检验批，应予以验收。

（3）经有资质的检测单位检测鉴定达不到设计要求，但经原设计单位核算认可能够满足结构安全和使用功能的检验批，可予以验收。

（4）经返修或加固处理的分项、分部工程，虽改变外形尺寸但仍能满足安全使用要求，可按技术处理方案和协商文件进行验收。

（5）资料缺失时的验收：工程质量验收时工程质量控制资料应齐全完整，当部分资料缺失时，应委托有资质的检测机构按有关标准进行相应的实体检验或抽样试验。

（6）通过返修或加固处理仍不能满足安全使用要求的分部（子分部）工程、单位（子单位）工程，严禁验收。

1.2.4.4 房屋建筑工程质量保修

（1）房屋建筑工程质量保修是指对房屋建筑工程竣工验收后在保修期限内出现的质量缺陷予以修复。质量缺陷是指房屋建筑工程的质量不符合工程建设强制性标准以及合同的约定。房屋建筑工程在保修范围和保修期限内出现质量缺陷，施工单位应当履行保修义务。房屋建筑工程保修期从工程竣工验收合格之日起计算。

（2）房屋建筑工程如在保修期限内出现质量缺陷，建设单位或者房屋建筑所有人应当向施工单位发出保修通知。施工单位接到保修通知后，应当到现场核查情况，在保修书约定的时间内予以保修。发生涉及结构安全或者严重影响使用功能的紧急抢修事故，施工单位在接到保修通知后，应当立即到达现场抢修。发生涉及结构安全的质量缺陷，建设单位或者房屋建筑所有人应当立即向当地建设行政主管部门报告，采取安全防范措施，由原设计单位或者具有相应资质等级的设计单位提出保修方案，施工单位实施保修，原工程质量监督机构负责监督。保修完后，由建设单位或者房屋建筑所有人组织验收。涉及结构安全的，应当报当地建设行政主管部门备案。

（3）在正常使用情况下，房屋建筑工程的最低保修期限如下：

1）地基基础和主体结构工程，为设计文件规定的该工程的合理使用年限；

2）屋面防水工程、有防水要求的卫生间、房间和外墙面的防渗漏，为 5 年；

3）供热与供冷系统，为 2 个采暖期、供冷期；

4）电气系统、给水排水管道、设备安装为 2 年；

5）装修工程为 2 年；

6）其他项目的保修期限由建设单位和施工单位约定。

（4）下列情况不属于规定的保修范围：

1）因使用不当或者第三方造成的质量缺陷；

2）因不可抗力造成的质量缺陷；

3）保修费用由质量缺陷的责任方承担；

4）在保修期内，因房屋建筑工程质量缺陷造成房屋所有人、使用人或者第三方人身、财产损害的，房屋所有人、使用人或者第三方可以向建设单位提出赔偿要求。建设单位向造成房屋建筑工程质量缺陷的责任方追偿。因保修不及时造成新的人身、财产损害，由造成拖延的责任方承担赔偿责任。

1.2.4.5　建筑工程施工质量验收程序与组织

为了落实建设参与各方各级的质量责任，规范施工质量验收程序，工程质量的验收均应在施工单位自行检查评定的基础上，按施工的顺序进行：检验批—分项工程—分部（子分部）工程—单位（子单位）工程。

1. 检验批和分项工程的质量验收程序和组织

检验批及分项工程应由监理工程师（建设单位项目技术负责人）组织施工单位项目专业质量（技术）负责人等进行验收。

（1）检验批和分项工程验收突出了监理工程师和施工者负责的原则。

（2）监理工程师拥有对每道施工工序的施工检查权，并根据检查结果决定是否允许进行下道工序的施工。对于不符合规范和质量标准的验收批，有权并应要求施工单位停工整改、返工。

（3）分项工程施工过程中，应对关键部位随时进行抽查。所有分项工程施工，施工单位应在自检合格后，填写分项工程报检申请表，并附上分项工程评定表。属隐蔽工程，还应将隐检单报监理单位，监理工程师必须组织施工单位的工程项目负责人和有关人员严格按每道工序进行检查验收。合格后，签发分项工程验收单。

2. 分部工程的质量验收程序和组织

分部工程应由总监理工程师（建设单位项目负责人）组织施工单位项目负责人和技术、质量负责人等进行验收。地基与基础、主体结构分部工程的勘察、设计单位工程项目负责人和施工单位技术、质量部门负责人也应参加相关分部工程验收。

3. 单位工程质量验收的程序和组织

（1）单位工程完成后施工单位应组织有关人员进行自检。自检合格由总监理工程师组织各专业监理工程师对工程质量进行竣工预验收。存在施工质量问题时，应由施工单位及时整改。整改完毕后，由施工单位向建设单位提交工程竣工报告，申请竣工验收。

（2）建设单位接到竣工报告后应由建设单位负责人组织施工（含分包单位）、设计、监理等单位负责人及技术、质量负责人、总监理工程师进行竣工验收。

（3）单位工程有分包单位施工时，分包单位对所承包的工程项目应按标准规定的程序检验评定，总包单位应参加检验评定合格后，将工程有关资料交总包单位。

住房和城乡建设部《房屋建筑和市政基础设施工程竣工验收规定》第六条规定了工程竣工验收的程序：

（1）工程完工后，施工单位向建设单位提交工程竣工报告，申请工程竣工验收。实行监理的工程，工程竣工报告须经总监理工程师签署意见。

（2）建设单位收到工程竣工报告后，对符合竣工验收要求的工程，组织勘察、设计、施工、监理等单位组成验收组，制定验收方案。对于重大工程和技术复杂工程，根据需要可邀请有关专家参加验收组。

（3）建设单位应当在工程竣工验收 7 个工作日前将验收的时间、地点及验收组名单书面通知负责监督该工程的工程质量监督机构。

（4）建设单位组织工程竣工验收。

竣工验收会议由建设单位主持，工程质量监督机构人员监督验收的程序。会议的基本程序如下：

1）建设、勘察、设计、施工、监理单位分别汇报工程合同履约情况和在工程建设各个环节执行法律、法规和工程建设强制性标准的情况；

2）审阅建设、勘察、设计、施工、监理单位的工程档案资料；

3）实地查验工程质量；

4）对工程勘察、设计、施工、设备安装质量和各管理环节等方面作出全面评价，形成经验收组人员签署的工程竣工验收意见。

参与工程竣工验收的建设、勘察、设计、施工、监理等各方不能形成一致意见时，应当协调提出解决的方法，待意见一致后，重新组织工程竣工验收。当参加验收各方对工程质量验收意见不一致时，可请当地有关部门主持协调处理，工程验收意见不一致时的组织协调部门，可以是当地建设行政主管部门，或其委托的部门（单位），一般为工程质量监督机构。单位工程质量验收合格后，建设单位应在规定时间内将工程竣工验收报告和有关文件，报建设行政管理部门备案。

4. 建筑工程质量验收的组织及参加人员（表 1-6）

建筑工程质量验收的组织及参加人员　　　　表 1-6

序号	验收表的名称	质量自检人员	质量检查评定人员		质量验收人员
			验收组织人员	参加验收人员	
1	施工现场质量管理检查记录表	项目经理	项目经理	项目技术负责人 分包单位负责人	总监理工程师
2	检验批质量验收记录	班组长	项目专业质量检查员	班组长 分包项目技术负责人 项目技术负责人	监理工程师 （建设单位项目专业技术负责人）
3	分项工程质量验收记录表	班组长	项目专业技术负责人	班组长项目技术负责人 分包项目技术负责人 项目专业质量检查员	监理工程师 （建设单位项目专业技术负责人）
4	分部、子分部工程质量验收记录表	项目经理 分包单位项目经理	项目经理	项目专业技术负责人 分包项目技术负责人 勘察、设计单位项目负责人 建设单位项目专业负责人	总监理工程师 （建设单位项目负责人）
5	单位、子单位工程质量竣工验收记录	项目经理	建设单位	项目经理 分包单位项目经理 设计单位项目负责人 企业技术、质量部门 总监理工程师	建设单位项目负责人

序号	验收表的名称	质量自检人员	质量检查评定人员		质量验收人员
			验收组织人员	参加验收人员	
6	单位、子单位工程质量控制资料核查记录表	项目技术负责人	项目经理	分包单位项目经理 监理工程师 项目技术负责人 企业技术、质量部门	总监理工程师（建设单位项目负责人）
7	单位、子单位工程安全和功能检验资料核查及主要功能抽查记录表	项目技术负责人	项目经理	分包单位项目经理 项目技术负责人 监理工程师 企业技术、质量部门	总监理工程师（建设单位项目负责人）
8	单位、子单位工程观感质量检查记录表	项目技术负责人	项目经理	分包单位项目经理 项目技术负责人 监理工程师 企业技术、质量部门	总监理工程师（建设单位项目负责人）

1.2.5　建筑工程常用资料表格编制及填写要求

1.2.5.1　建筑工程质量控制资料的分类

建筑工程施工质量验收资料记录了工程项目从开工建设到竣工验收的全过程，对单位工程的使用及今后的改建、扩建、维修等提供依据。

建筑工程施工质量验收资料是建筑工程施工资料中重要内容之一，它客观、全面反映建筑工程的内在施工质量，是建筑工程重要的竣工验收的凭证，同时也是发生质量事故时，追究工程质量事故有关责任人的依据。

建筑工程施工质量验收资料由四部分组成：施工技术管理资料；工程质量控制资料；安全和功能检验资料；工程质量验收记录。

1. 施工技术管理资料

施工技术管理资料主要包括：

（1）工程概况。

（2）工程项目施工人员管理名单。

（3）施工现场质量管理检查记录。

（4）施工组织设计、施工方案及其审批表。

（5）安全技术交底记录。

（6）竣工报告。

2. 工程质量控制资料

工程质量控制资料对于一个单位工程来讲，主要是判定其是否能够反映保证结构安全和主要安全使用功能是否达到设计要求。建筑与结构质量控制资料主要包括：

（1）图纸会审纪要、设计变更（或技术核定单）、洽商记录等。

（2）工程定位测量、放线验收记录及其报验表。

（3）原材料、构配件、成品半成品质量证明文件及进场的见证取样和复检（试报告。

(4) 施工试验报告及见证检测报告。

(5) 隐蔽工程验收记录。

(6) 施工记录。

(7) 地基基础、主体结构检验及抽样检验资料。

(8) 工程质量事故及事故调查处理资料。

(9) 新材料、新工艺施工记录。

3. 安全和功能检验资料

安全和功能检验资料（建筑与结构）包括：

(1) 屋面淋水、蓄水试验记录。

(2) 地下室防水效果检查记录。

(3) 有防水要求的地面蓄水试验记录。

(4) 建筑物垂直度、标高、全面测量记录。

(5) 烟气（风）道工程检查验收记录。

(6) 幕墙及外墙气密性、水密性、耐风压检测报告。

(7) 建筑物沉降观测记录。

(8) 节能、保温检测报告。

(9) 室内环境检测报告。

4. 工程质量验收记录

工程质量验收记录包括：

(1) 单位（子单位）工程质量竣工验收记录。

(2) 单位（子单位）工程质量控制核查记录。

(3) 单位（子单位）工程安全和功能检验资料检查及主要功能抽查记录。

(4) 单位（子单位）工程观感质量检查记录。

(5) 各分部（子分部）工程质量验收记录。

(6) 各分项工程质量验收记录。

(7) 各分项工程检验批验收记录。

1.2.5.2 工程质量验收记录中一些表格的填写

1. 施工现场质量管理检查记录表格

施工现场质量管理检查记录表是《建筑工程施工质量验收统一标准》GB 50300—2013 第 3.0.1 条的附表，详见表 1-2。它是对建筑施工企业健全的质量管理体系的具体要求，一般一个标段或一个单位（子单位）工程在开工时检查一次，通常由施工单位现场负责人填写，也可由现场资料员填写，现场负责人、项目经理签阅后，由监理单位的总监理工程师或建设单位项目负责人（当委托监理时）验收。下面分三个部分来说明填表要求和填写方法。

(1) 表头部分

工程名称：应填写工程名称的全称，且应与合同或招投标文件中的工程名称一致。

施工许可证（开工证）号：填写当地建设行政主管部门批准发给的施工许可证（开工证）的编号。

建设单位：填写合同文件中的甲方，单位名称也应写全称，与合同签章上的单位名称相同。

建设单位项目负责人：应填合同书上签字人或签字人以文字形式委托的代表——工程的项目负责人应与工程完工后竣工验收备案表中的单位项目负责人一致。

设计单位：填写设计合同中签章单位的名称，其全称应与印章上的名称一致。

设计单位项目负责人：应是设计合同书签字人或签字人以文字形式委托的该项目负责人，工程完工后竣工验收备案表中的单位项目负责人也应与此一致。

监理单位：填写单位全称，应与合同或协议书中的名称一致。

总监理工程师：应是合同或协议书中明确的项目总监理工程师。

施工单位：填写施工合同中签章单位的全称，与签章上的名称一致。

项目责任人、项目技术负责人：要求与合同中明确的项目责任人、项目技术负责人一致。

（2）检查项目部分

填写各项检查项目文件的名称或编号，并将文件（复印件或原件）附在表的后面供检查。

1）项目部质量管理体系：主要是工程报建、工程项目总承包负责、技术交底、工序交接、样板引路、质量检查评定制度、质量例会制度以及质量问题处理制度、成品保护及施工挂牌制度等。

2）现场质量责任制：主要是项目组织机构、岗位职责及其责任，以及各项质量安全责任的落实规定，定期检查及奖罚制度等。

3）主要专业工种操作岗位证书：主要是项目经理、项目负责人、安全员、质检员、测量工、起重机司机、起重工、钢筋工、混凝土工、架子工、机械工、焊接工、抹灰工、防水工等。

4）分包单位管理制度：当工程存在专业分包情形时，专业分包单位的资质应在其承包业务的范围内承建工程，总承包单位应制定相应的管理制度，如：施工现场的文明施工管理制度、质量安全管理制度、技术管理制度等。

5）图纸会审记录：重点是查看图审单位出具的施工图审查报告。

6）地质勘察资料：查看是否进行了地质勘探，勘察资质单位是否具备相应的资质，其出具的正式地质勘察报告签审手续是否规范、齐全。

7）施工技术标准：施工技术标准是施工操作和质量检验的依据，此栏应明确：是执行国家标准还是执行企业标准，执行企业标准时，企业标准不得低于国家标准。同时企业标准明确批准程序、批准日期、执行日期、企业标准编号及标准名称。

8）施工组织设计编制及审批：是否编写了施工组织设计、施工方案，其审核、批准程序是否符合规定。

9）施工设施和机构设备管理制度：这是为保持材料、设备质量及施工现场安全文明施工必须有的措施。要根据材料、设备性能制定管理制度，建立相应的库房等。

10）计量设备配备：主要是说明设置在工地搅拌站的计量设施的精确度、管理制度等内容。

11）工程质量检查验收制度：包括三方面的检验，一是原材料、设备进场检验制度；二是施工过程的试验报告；三是竣工后的抽查检测，应专门编制抽测项目、抽测时间、抽测单位等计划，可以单独搞一个计划，也可在施工组织设计中作为一项内容。

（3）检查验收

1）由施工单位负责人填写，填写之后，将有关文件的原件或复印件附在后边，请总监理工程师（建设单位项目负责人）验收核查，验收核查合格后，返还施工单位，并签字认可。

2）如总监理工程师或建设单位项目负责人检查验收不合格，施工单位必须限期改正，否则不许开工。

2. 检验批质量验收记录表格的填写

检验批是验收评定工程质量的最小单位，是确定工程质量的基础，是施工资料中量最大而又重要的内容。不同的分项工程检验批有不同的内容，但分项工程检验批质量验收记录表格式可参见表1-7。

（1）表的名称及编号（可由现场资料员填写）

对于不同的分项工程检验批，表1-7中"主控项目"和"一般项目"横栏与竖栏"施工质量验收规程规定"和"施工单位检查记录"相交叉的部分可以根据不同分项工程检验批来调整。

检验批由监理工程师或建设单位项目技术负责人组织项目专业质量检查员等进行验收。表的名称应在制订专用表格时就印好，前边印上分项工程的名称。表的名称下边注上"质量验收规范的编号"。填检验批表的编号按全部施工质量验收规范系列的分部工程，子分部工程统一为8位数的数码编号，写在表的右上角，前6位数字均印在表上，后留两个口，检查验收时填写检验批的顺序号，其编号规则为：

前边两个数字是分部工程的代码，01～09：地基与基础为01，主体结构为02，建筑装饰装修为03，建筑屋面为04，建筑给水排水及采暖为05，建筑电气为06，智能建筑为07，通风与空调为08，电梯为09；第3，4位数字是子分部工程的代码；第5，6位数字是分项工程的代码；第7，8位数字是各分项工程检验批验收的顺序号。由于在大量高层或超高层的建筑中，同一个分项工程会有很多检验批的数量，故留了2位数的空位置。如地基与基础分部工程，无支护土方子分部工程，土方开挖分项工程，其检验批表的编号为010101□□，第一检验批编号为：01010101。还需说明的是，有些子分部工程中有些项目可能在两个分部工程中出现，这就要在同一个表上编两个分部工程及相应子分部的编号；如砖砌体分项工程在地基与基础和主体结构中都有，砖砌体分项工程检验批的表编号为：在基础中编号为010701□□，在主体结构中为020301□□。

_____（分项工程名称）_____　工程检验批质量验收记录　　表 1-7

单位(子单位)工程名称			分部(子分部)及部分		
施工单位			项目负责人		
施工依据				检验批容量	
施工质量验收规程规定			施工单位检查记录		
主控项目	1	(施工质量验收规程中定性检查内容)		(文字表达检查情况)	
	2				
	3				
一般项目	1	(施工质量验收规程中定性检查内容)		(文字表达检查情况)	
	2	(施工质量验收规程中定量检查内容)	(允许偏差)	(实际偏差统计结果)	
	3				
施工单位检查结果	施工班组长： 专业施工员： 项目专业质检员：　　　　　年 月 日		监理(建设)单位验收结论	专业监理工程师： (建设单位项目专业技术负责人) 　　　　　　　　　　　年 月 日	

有些分项工程可能在几个子分部工程中出现，这就应在同一个检验批表上编几个子分部工程及子分部工程的编号。如建筑电气的接地装置安装，在室外电气、变配电室、备用和不间断电源安装及防雷接地安装等子分部工程中都有。

其编号为：060109□□
　　　　　060206□□
　　　　　060608□□
　　　　　060701□□

4 行编号中的第 5、6 位数字分别是第一行 09，第二行的 06，第三行的 08 和第四行的 01，09 是室外电气子分部工程的第 9 个分项工程，06 是变配电室子分部工程的第 6 个分项工程，其余类推。

另外，有些规范的分项工程，在验收时又将其划分为几个不同的检验批来验收，如混凝土结构子分部工程的混凝土分项工程，分为原材料配合比设计和混凝土施工两个检验批来验收；又如建筑装饰装修分部工程建筑地面子分部工程中的基层项工程，其中有几种不同的检验批。故在其表格名下加标罗马数字（Ⅰ）、（Ⅱ）、（Ⅲ）。

（2）表头部分的填写（可由现场资料员填写）

1）检验批表编号的填写，在两个方框内填写检验批序号。

2）单位（子单位）工程名称，按合同文件上的单位工程名称填写；子单位工程标出该部分的位置、分部（子分部）工程名称，按验收规范划定的分部（子分部）名称填写；验收部位是指一个分项工程中验收的那个检验批的抽样范围，要标注清楚。

施工单位填写施工单位的全称，要与合同上公章名称相一致，项目负责人填写合同中指定的项目负责人。在装饰、安装分部工程施工中，有分包单位时，应填写分包单位全称，分包单位的项目负责人也应是合同中指定的项目负责人。这些人员由填表人填写，但不要本人签字，只要标明其是项目负责人。

3) 施工依据可由现场资料员填写。由于验收规范只列出验收质量指标，其操作工艺等只提出一个原则要求，具体的操作工艺就靠企业标准了。只有按照不低于国家质量验收规范的企业标准来操作，才能保证国家验收规范的实施。企业应当按企业执行的标准（操作工艺、工艺标准、工法等）进行安全技术交底、培训工人。

（3）施工质量验收规程规定

施工质量验收规程规定栏填写具体的质量要求，在制表时就已填写好验收规范中主控项目，一般项目的全部内容，但由于表格的地方小，多数指标不能将全部内容填写下，所以，只将质量指标归纳，简化描述或题目及条文号填写上，作为检查内容提示，以便查对验收规范的原文；对计数检验的项目，将数据直接印下来。这些项目的主要要求可以用"注"的形式放在表的背面。如果是将验收规范的主控、一般项目的内容全部摘录在表的背面，根据以往的经验，这样做就会引起只看表格，不看验收规范的后果，规范上还有基本规定、一般规定等内容，它们虽然不是主控项目和一般项目的条文，但这些内容也是验收主控项目和一般项目的依据。所以验收规范的质量指标不宜全抄过来，只将其主要要求及如何判定注明。

（4）主控项目、一般项目施工单位检查记录（专业质量检查员检查填写）

填写方法分以下几种情况，判定验收不验收均按施工质量验收规定进行判定。

1) 定量项目直接填写检查的数据。

2) 对定性项目，当符合规范规定时，可采取打"√"的方法标注；当不符合规定时，采取打"×"方法标注。

3) 有混凝土、砂浆强度等级的检验批，按规定制取试件后，可填写试件编号，待试件试验报告出来后，对检验批进行判定，并在分项工程验收时进一步进行强度评定以及验收。

4) 对既有定性又有定量的项目，各个子项目质量均符合规范规定时，采取打"√"来标注，否则采用打"×"来标注。无此项内容的打"/"来标注。

5) 对一般项目合格点有要求的项目，应是其中带有数据的定量项目；定性项目必须基本达到。定量项目中每个项目都应有80%以上（混凝土保护层为90%）检测点的实测值达到规范规定。其余20%按各专业施工质量验收规范规定，不能大于150%，钢结构为120%，就是说有数据的项目除必须达到规定的数值外，其余可最大放宽到150%（或120%）。

6) 对于某些定量检查的项目，如果检查的点数或件数较多，超出给定的10个空格，可以一个空格内填2个。

"施工单位检查评定记录"栏的填写，将实际测量的数值填入格内，超出企业标准的数字，而没有超出国家验收规范的用"○"将其圈住，对超出的国家验收规范的用"△"圈住。

（5）施工单位检查结果

施工单位自行检查评定合格后，应填写"主控项目全部合格，一般项目满足规范规定要求"。

专业工长（施工员）和施工班，组长栏目由本人签字，以示承担责任。专业质量检查员代表企业逐项检查，填表并写清结果，签字后，交给监理工程师或建设单位项目专业技术负责人验收。

（6）监理（建设）单位验收结论

主控项目、一般项目验收合格，混凝土、砂浆试件强度待试验报告出来后判定，其余项目已全部验收合格，并注明"同意验收"，由专业监理工程师或建设单位的专业技术负责人签字。

035

3. 分项工程质量验收记录表格的填写

分项工程质量验收记录格式见表1-8。

_____分项工程质量验收记录　　　　　　　　　　　　表1-8

单位(子单位)工程		分部(子分部)工程		分项工程数量	
				检验批数量	
施工单位		项目负责人		项目技术负责人	
分包单位		分包项目负责人		分包项目内容	
序号	检验批部位、区段(容量)		施工单位检查结果	监理(建设)单位验收意见	
1					
2					
3					
4					
5					
6					
7					
8					
9					
10					
11					
12					

备注：

检查结论	项目专业技术负责人： 　　　　　　年　月　日	验收结论	专业监理工程师： (建设单位项目专业技术负责人) 　　　　　　年　月　日

分项工程是在检验批验收合格的基础上进行，通常起一个归纳整理的作用，是一个统计表，没有实质性验收内容。但只要注意三点就可以了。一是检查检验批是否完整覆盖了整个分项工程，有没有漏掉的部位；二是检查有混凝土、砂浆强度要求的检验批，到龄期后是否达到规范规定要求；三是将检验批的资料统一，依次进行登记整理，方便管理。

表名填上所验收分项工程的名称，表头及"检验批部位、区段"可由现场资料员填写，"施工单位检查结果"应由施工单位专业质量检查员填写，由施工单位的项目专业技术负责人检查后给出评价并签字，交监理单位或建设单位验收。

监理单位的专业监理工程师（或建设单位的专业负责人）应逐项审查，同意项填写结论"合格"或"符合要求"，不同意项暂不填写，待处理后再验收，但应做标记，注明验收和不验收意见。如同意验收应签字确认，不同意验收要指出存在问题，明确处理意见和完成时间。

4. 分部（子分部）工程质量验收记录表格的填写

分部（子分部）工程质量验收记录格式见表1-9。

分部工程质量验收，除了分项工程的核查外，还有质量控制资料核查，安全、功能项目的检测，观感质量的验收等。

分部（子分部）工程应由施工单位将自行检查评定合格的表填写好后，由项目经理交监理单位或建设单位验收。由总监理工程师组织施工项目经理及有关勘察（地基基础与主体结构部分）、设计单位项目负责人进行验收，并按表的要求进行记录。

分部（子分部）工程验收记录表格的填写要求如下：

(1) 表名及表头部分（可由现场资料员填写）

1) 表名：分部（子分部）工程的名称填写要具体，写在分部（子分部）工程的前边，并分别划掉分部或子分部，保留子分部或分部。

2) 表头部分的工程名称填写工程全称，与检验批、分项工程、单位工程验收表的工程名称一致。

施工单位填写单位全称。与检验批、分项工程、单位工程验收表填写的名称一致。

技术部门负责人及质量部门负责人应填写项目的技术及质量负责人，地基与基础、主体结构及主要安装分部（子分部）工程应填写施工单位的技术部门及质量部门负责人并签字。

分包单位的填写：要填写分包单位全称，与合同或图章上的名称一致。分包单位负责人及分包单位技术负责人，填写本项目的项目负责人及项目技术负责人。当没有分包时则不填。主体结构不能进行分包。

(2) 验收内容

1) 分项工程

按分项工程第一个检验批施工先后的顺序，将分项工程名称填写上，在第二格栏内分别填写各分项工程实际的检验批数量，即分项工程验收表上的检验批数量。并将各项工程评定表按顺序附在表后。

_____分部（子分部）工程质量验收记录 表 1-9

单位(子单位)工程		分部(子分部)工程		子分部工程数量	
				分项工程数量	
施工单位		项目负责人		质量部门、技术部门负责人	
分包单位		分包单位项目负责人		分包项目内容	
序号	子分部工程名称	分项工程名称	检验批数	施工单位检查结果	验收结论
质量控制资料核查					
安全和使用功能(实体检验)检测结果					
观感质量验收结果					

说明

综合验收结论

分包单位	施工单位	勘察单位	设计单位	监理(建设)单位
项目负责人	项目负责人	项目负责人	项目负责人	总监理工程师 (建设单位项目负责人)
年 月 日	年 月 日	年 月 日	年 月 日	年 月 日

施工单位检查结果栏，填写施工单位自行检查评定的结果。核查各分项工程是否都通过验收，有关有龄期的试件的合格评定是否达到要求；有全高垂直度或总标高的检验项目应进行检查验收。自检符合要求的可打"√"标注，否则打"×"。有"×"标注的项目不能交给监理单位或建设单位验收，应进行返修待达到合格后再提交验收。由监理单位总监理工程师或建设单位项目专业技术负责人（当没有委托监理时）组织审查，在符合要求后，在验收意见栏内签注"同意验收"意见。

2）质量控制资料

应按表 1-11 中所列的相关内容，来确定所要验收分部（子分部）工程的质量控制项目，按资料核查的要求，逐项进行核查，达到保证结构安全和使用功能的要求，即可以通过验收。全部项目都通过，即可在施工单位检查结果栏打"√"标注检查合格，并送监理单位或建设单位验收（当没有委托监理时）。监理单位总监理工程师组织检查，在符合要求后，在验收结论栏内签注"同意验收"意见。

有些工程可按子分部工程进行资料验收，有些工程可按分部工程进行验收，由于工程不同，不能强求统一。

3）安全和使用功能（实体检验）检测结果

这个项目是指竣工抽样检测的项目，能在分部（子分部）工程中检测的，应放在分部（子分部）工程中检测。检测内容按表1-12中相关内容，来确定核查和抽查项目。在核查时要注意，开工之前确定的项目是否都进行了检测；逐一检查每个检测报告，核查每个检测项目的检测方法、程序是否符合有关标准规定；检测结果是否达到规范的要求。检测报告的审批程序、签字是否完整。在每个报告上是否标注审查同意。如果每个检测项目都通过审查，即可在施工单位检查评定栏内打"√"标注检查合格。由项目经理送监理单位或建设单位验收（当没有委托监理时），监理单位总监理工程师或建设单位项目专业负责人（当没有委托监理时）组织审查，在符合要求后，在验收意见栏内签注"同意验收"意见。

4）观感质量验收结果

工程实践中的外观质量检查不仅仅是观察外观质量，能启动或运转的项目应启动或试运转，能打开看的项目应打开看，有代表性的房间、部位都应检查到，并由施工单位项目经理组织进行现场检查，经检查合格后，将施工单位填写的内容填写好，由项目经理签字后交监理单位或建设单位验收（当没有委托监理时）。监理单位由总监理工程师或建设单位项目专业负责人（当没有委托监理时）组织验收，在听取参加检查人员意见的基础上，以总监理工程师或建设单位项目专业负责人（当没有委托监理时）为主导共同确定质量评价：好、一般、差。由施工单位的项目经理和总监理工程师或建设单位项目专业负责人共同确认。

如评价观感质量较差的项目，能修理的尽量修理，如果确实难以修理时，只要不影响结构安全和使用功能的，可采用协商解决的方法进行验收，并在验收表上注明，然后将验收评价结论填写在分部（子分部）工程观感质量验收意见栏格内。

（3）验收单位签字认可

按表列要求，参与工程建设责任单位的有关人员应亲自签名认可，以示负责，以便追查质量责任。

施工总承包单位必须签认，由项目经理亲自签认；有分包单位的，分包单位也必须签认其分包的分部（子分部）工程，由分包项目经理亲自签认；监理单位作为验收方，由总监理工程师亲自签认验收。如果按规定不委托监理单位的工程，可由建设单位项目专业负责人亲自签认验收。

5. 单位（子单位）工程质量竣工验收记录表格的填写

单位工程质量验收也称质量竣工验收，是建筑工程投入使用前的最后一次验收，也是最重要的一次验收。

单位（子单位）工程质量验收由五部分内容组成，每一项内容都有自己的专门验收记录表，而单位（子单位）工程质量竣工验收记录表 1-10 是一张综合性表，是各项验收合格后填写的。

单位（子单位）工程质量竣工验收记录　　　　　　　表 1-10

工程名称		结构类型		层数/建筑面积		
施工单位		技术、质量负责人		开工日期		年　月　日
项目负责人		项目技术负责人		竣工日期		年　月　日

序号	项目	验收记录	验收结论
1	分部工程验收	共　　分部,经查符合设计及标准规定　　分部	
2	质量控制资料核查	共　　项,经核查符合规定　　项	
3	安全和使用功能核查及抽查	共核查　　项,符合规定　　项 共抽查　　项,符合规定　　项 经返工处理符合规定　　项	
4	观感质量验收	共抽查　　项,达到"好"和"一般"的　　项, 经返修处理符合要求的　　项	
5	综合验收结论		

参加验收单位	建设单位 （公章） 项目负责人 年　月　日	监理单位 （公章） 总监理工程师 年　月　日	施工单位 （公章） 单位负责人 年　月　日	设计单位 （公章） 项目负责人 年　月　日	勘察单位 （公章） 项目负责人 年　月　日

单位（子单位）工程由建设单位（项目）负责人组织施工（含分包）单位、设计单位、监理单位（项目）负责人进行验收。单位（子单位）工程验收表中的表 1-10 由参加验收单位盖公章，并由单位负责人签字。表 1-11、表 1-12、表 1-13 则由施工单位项目经理和总监理工程师（建设单位项目负责人）签字。

（1）表名及表头的填写

1）将单位工程或子单位工程的名称（项目批准的工程名称）填写在表名的前边，并将子单位或单位工程的名称划掉。

2）表头部分，按分部（子分部）表的表头要求填写。

（2）验收内容

1）分部工程验收

分部工程验收内容之一是"分部工程验收"。对所含分部工程逐项检查。

由施工单位的项目经理组织有关人员逐个分部（子分部）进行检查。所含分部（子分部）工程检查符合要求后，由项目经理提交验收。经验收组成员验收后，由施工单位填写"验收记录"栏。注明共验收几个分部，经验收符合标准及设计要求的几个分部。审查验收的分部全部符合要求，由监理单位在验收结论栏内，写上"同意验收"的结论。

单位（子单位）工程质量控制资料核查记录　　　　　　表 1-11

工程名称				施工单位				
序号	项目	资料名称	份数	施工单位		监理单位		
				核查意见	核查人	核查意见	核查人	
1	建筑与结构	图纸会审记录、设计变更通知单、工程洽商记录						
2		工程定位测量、放线记录						
3		原材料出厂合格证书及进场检验、试验报告						
4		施工试验报告及见证检测报告						
5		隐蔽工程验收记录						
6		施工记录						
7		地基、基础、主体结构检验及抽样检测资料						
8		分项、分部工程质量验收记录						
9		工程质量事故调查处理资料						
10		新技术论证、备案及施工记录						
11	给水排水与采暖（略）							
12	建筑电气（略）							
13	通风与空调（略）							
14	电梯（略）							
15	建筑智能化（略）							

结论：

施工单位项目经理：　　　　　　　　　　　　总监理工程师：

　　　　　　年　月　日　　　　　　　　　　（建设单位项目负责人）　　　　年　月　日

注：本表摘自《建筑工程施工质量验收统一标准》GB 50300—2013。

2）质量控制资料核查

分部工程验收内容之二是"质量控制资料核查"。

这项内容有专门的验收表格（表 1-11），也是先由施工单位检查合格，再提交监理单位验收。其全部内容在分部（子分部）工程中已经审查。通常单位（子单位）工程质量控制资料的核查，也是按分部（子分部）工程逐项检查和审查。一个分部只有一个子分部工程时，子分部工程就是分部工程，多个子分部工程时，可一个一个地检查和审查，也可按分部工程检查和审查。每个子分部、分部工程检查审查后，也不必再整理分部工程的质量控制资料，只将其依次装订起来，前边的封面写上分部工程的名称，并将所含子分部工程的名称依次填写在下面。然后将各子分部审查的资料逐项进行统计，填入验收记录栏内。通常共有多少项资料，经审查也都应符合要求。如果出现有核定的项目时，应查明情况，只要是协商验收的内容，须填写在验收结论栏内，通常严禁验收的事件，不会留在单位工程来处理。这项也是先由施工单位自行检查评定合格后，提交验收，由总监理工程师或建设单位项目负责人组织审查。如符合要求，在验收记录栏格内填写项数，并在验收结论栏内，写上"同意验收"的意见。同时还要在表 1-10 中的序号 2 栏内的验收结论栏内填"同意验收"。

3）安全和使用功能核查及抽查

分部工程验收内容之三是"安全和使用功能核查及抽查"。这项内容有专门的验收表格（表 1-12）。

单位（子单位）工程安全和功能检验资料核查及主要功能抽查记录　　　表 1-12

工程名称				施工单位				
序号	项目	安全和功能检查项目	份数	施工单位		监理单位	
				核查意见	核查人	核查意见	核查人
1	建筑与结构	地基承载力检验报告					
2		桩基承载力检验报告					
3		混凝土强度试验报告					
4		砂浆强度试验报告					
5		主体结构尺寸、位置抽查记录					
6		建筑物垂直度、标高、全高测量记录					
7		屋面淋水或蓄水试验记录					
8		地下室渗漏水检测记录					
9		有防水要求的地面蓄水试验记录					
10		抽气(风)道检查记录					
11		外窗气密性、水密性、耐风压检测报告					
12		幕墙气密性、水密性、耐风压检测报告					
13		建筑物沉降观测测量记录					
14		节能、保温测试记录					
15		室内环境检测报告					
16		土壤氡气浓度检测报告					
17	给水排水与采暖分部工程(略)						
18	建筑电气部分(略)						
19	通风与空调部分(略)						
20	电梯部分(略)						
21	建筑智能化部分(略)						

结论：

施工单位项目经理：　　　　　　　　　　　　　总监理工程师：
　　　　　　　年　月　日　　　　　　　（建设单位项目负责人）　　　年　月　日

注：1. 本表摘自《建筑工程施工质量验收统一标准》GB 50300—2013。
　　　2. 抽查项目由验收组协商决定。

　　这个项目包括两个方面的内容。一是在分部（子分部）进行的安全和功能检测的项目，要核查其检测报告结论是否符合设计要求；二是在单位工程进行的安全和功能抽测项目，要核查其项目是否与设计内容一致，抽测的程序、方法是否符合有关规定，抽测报告的结论是否达到设计要求及规范规定。这个项目也是由施工单位检查评定合格后，再提交验收，由总监理工程师或建设单位项目负责人组织审查，程序内容基本是一致的。先按项目逐个进行核查验收，然后统计核查的项数和抽查的项数，填入验收记录栏内，并分别统计符合要求的项数，也分别填入验收记录栏相应的空格内。通常两个项数是一致的，如果个别项目的抽测结果达不到设计要求，则可以进行返工处理以达到要求，然后由总监理工程师或建设单位项目负责人在验收结论栏内填写"同意验收"的结论。

　　如果返工处理后达不到设计要求，就要按不合格处理程序进行处理。

　　4）观感质量验收

　　分部工程验收内容之四是"观感质量验收"。

　　这项内容有专门的验收表格（表1-13）。观感质量检查的方法同分部（子分部）工程，但单位工程观感质量检查验收不同的是项目比较多，是一个综合性验收。实际是复查一下各分部（子分部）工程验收后，到单位工程竣工时的质量变化，成品保护以及分部（子分部）工程验收时，还没有形成部分的观感质量等。这个项目也是先由施工单位检查评定合格，提交验收，再由总监理工程师或建设单位项目负责人组织审查，程序和内容基本是一致的。按核查的项目数及符合要求的项目数填写在验收记录栏内，如果没有影响结构安全和使用功能的项目，则由总监理工程师或建设单位项目负责人为主导意见，评价为"好""一般""差"。不论评价是"好""一般"还是"差"，只要不影响安全或使用功能，都可以作为符合要求的项目而通过验收。由总监理工程师或建设单位项目负责人在验收结论栏内填写"同意验收"的结论。如果有不符合要求的项目，就应按不合格处理程序进行处理。

　　5）综合验收结论

　　分部工程验收内容之五是"综合验收结论"。

　　施工单位应在工程完工后，由项目经理组织有关人员对验收内容逐项查对，并将表格中应填写的内容进行填写，自检评定符合要求后，在验收记录栏内填写各有关项数，交建设单位组织验收。综合验收是指在前面五项内容均验收符合要求后进行的验收，即按表1-10进行验收。验收时，在建设单位组织下，由建设单位相关专业人员及监理单位专业监理工程师和设计单位、施工单位相关人员分别核查验收有关项目，并由总监理工程师组织进行现场观感质量复查。经各项目审查符合要求后，由监理单位或建设单位在"验收结论"栏内填写"同意验收"的意见。各栏均同意验收且经各参加检验方共同同意商定后，由建设单位填写"综合验收结论"，可填写为"通过验收"。

　　（3）参加验收单位签名

　　设计单位、施工单位、监理单位、建设单位都同意验收时，其各单位的项目负责人要亲自签字，以示对工程质量负责，并加盖单位公章，注明签字验收的年、月、日。

单位（子单位）工程观感质量检查记录　　　　　　　表 1-13

工程名称			施工单位				
序号		项目	抽查质量状况				质量评价
1	建筑与结构	主体结构外观	共检查　　点，好　　点，一般　　点，差　　点				
2		室外墙面	共检查　　点，好　　点，一般　　点，差　　点				
3		变形缝、雨水管	共检查　　点，好　　点，一般　　点，差　　点				
4		屋面	共检查　　点，好　　点，一般　　点，差　　点				
5		室内墙面	共检查　　点，好　　点，一般　　点，差　　点				
6		室内顶棚	共检查　　点，好　　点，一般　　点，差　　点				
7		室内地面	共检查　　点，好　　点，一般　　点，差　　点				
8		楼梯、踏步、护栏	共检查　　点，好　　点，一般　　点，差　　点				
9		门窗	共检查　　点，好　　点，一般　　点，差　　点				
10		雨罩、台阶、坡道、散水	共检查　　点，好　　点，一般　　点，差　　点				
11	给水排水与采暖工程(略)						
12	建筑电气部分(略)						
13	通风与空调部分(略)						
14	电梯部分(略)						
15	建筑智能化部分(略)						
观感质量综合评价							
检查结论	施工单位项目经理 　　　　年　月　日			总监理工程师 (建设单位项目负责人) 　　　　　年　月　日			

注：1. 本表摘自《建筑工程施工质量验收统一标准》GB 50300—2013。
　　2. 质量评价为"差"的项目，应进行返修。

复习思考题

1. 建筑工程质量验收规范体系是怎样组成的？
2. 建筑工程施工质量验收的依据是什么？有何要求？
3. 建筑工程质量验收划分为哪几个层次？具体内容是什么？
4. 建筑工程施工质量验收程序与组织是什么？
5. 试述检验批验收合格的条件。
6. 试述分项工程验收合格的条件。
7. 试述地基基础和主体结构分部工程验收合格的条件，及其验收的组织与程序。
8. 试述单位工程竣工验收的组织与程序。
9. 试述单位工程验收合格的条件。

质量管理职业活动训练

活动一：阅读某工程检验批、分项、分部工程的质量检验结果资料

1. 分组要求：全班分 6～8 个组，每组 5～7 人。

2. 资料要求：选择 6～8 个不同建设工程项目的检验批、分项、分部工程的质量检验结果资料，每组一套。

3. 阅读要求：学生在老师指导下阅读相关资料，注重学习检验批、分项工程的质量验收表格及其填写方法以及相关责任主体的评定结论、签字格式等。

4. 成果：以小组为单位写出学习体会，并提出自己的见解

活动二：阅读某工程项目全部档案资料

1. 分组要求：全班分 6～8 个组，每组 5～7 人。

2. 资料要求：选择 6～8 个不同建设工程项目的全部档案资料，每组一套。

3. 阅读要求：学生在老师指导下阅读相关资料，注重学习，①分部工程、单位工程验收表格及其填写方法以及相关责任主体的评定结论、签字格式；②建设单位的工程质量验收报告、监理单位的工程质量评估报告；③阅读地基基础、主体结构、建筑节能分部及竣工验收回忆记录。

4. 成果：以小组为单位写出学习总结，①该项目工程竣工资料是否齐全？各责任主体的验收评定结论及签字是否规范？②项目工程验收的组织与程序是否正确？③你认为还有哪些地方值得改进？

1.3　常用建筑材料检验

原材料、成品、半成品是形成建筑物的物质基础。如果使用材料不合格，轻则影响建筑物的外表及观感、使用功能和使用寿命，重则危及整个结构安全或使用安全。因此对形成建筑物的原材料、成品、半成品应严格把关，避免不合格品混到建筑物中去。这是一项很艰巨的任务，需要设计、施工、监理、建设单位、各材料供应部门等共同努力去完成。施工单位是建筑材料的直接使用者，全体施工人员特别是施工管理人员必须树立质量意识，重视材料质量控制工作。

材料进场时，必须查验生产或经营单位提供的产品合格证和性能试验报告，并应符合设计要求。使用生产许可证或准用证管理的建筑材料时，应当查验其生产许可证或建筑材料准用证。使用进口建筑材料、建筑构配件和设备的，应当符合国家标准，并持有国家商检部门签发的商检合格证书。同时，应检查证书和质检报告的有效性（如，检验单位级别、检验时间、检验性质、检验标准、检验项目及补充的质量要求等）。如质量不符合要求的要拒绝收货进场，已经进场的，要立即清退出场。

主要建筑材料、建筑构配件和设备进场时的取样送检应注意以下几点：

（1）主要建筑材料：主要建筑材料一般是指结构用钢材及焊接试件、水泥、混凝土试块、砌筑砂浆试块、防水材料、混凝土及砂浆外加剂、建筑砂石及轻骨料、砌块等建筑材料。

（2）见证取样和送检：为加强建设工程质量管理，保证工程施工检（试）验的科学

性、真实性和公正性，确保工程结构安全，我国对涉及结构安全的试块、试件和材料等实行见证取样和送检制度，见证取样和送检的有关规定如下：

1）必须实施见证取样和送检的试块、试件和材料有：用于承重结构的混凝土试块、混凝土中使用的外加剂、钢筋及连接接头试件；用于承重墙体的砌筑砂浆试块、砖和混凝土小型砌块；用于拌制混凝土和砌筑砂浆的水泥；地下、屋面、厕浴间使用的防水材料；国家标准规定必须实行见证取样和送检的其他试块、试件和材料。

2）见证人员应由建设单位或该工程的监理单位具备相应资质的人员担任。

3）在施工过程中，见证人员应按照见证取样和送检计划，对施工现场的取样和送检进行见证，取样人员应在试样或其包装上作出标志、封制。标志和封制应标明工程名称、取样部位、取样日期、样品名称和样品数量，并由见证人员和取样人员签字。

4）见证取样的试块、试件和材料送检时，应由送检单位填写委托单，委托单应由见证人员和送检人员签字。

1.3.1　钢筋（原材料、连接）的抽样方法及检验要求

1. 钢筋原材料的抽样方法及检验要求

（1）热轧钢筋的抽样方法

热轧钢筋按同牌号、同炉罐号、同规格、同交货状态，质量不大于60t的钢筋为一个检验批。对容量不大于30t的冶炼炉冶炼的钢锭和连续坯轧制的钢筋，允许由同牌号、同冶炼方法、同浇注方法的不同炉罐号组成混合批，但每批不多于6个炉罐号。

取样数量：外观检查检验从每批钢筋中抽取5%进行外观检查。力学性能试验从每批钢筋中任选两根钢筋，每根取两个试样分别进行拉伸试验（包括屈服点、抗拉强度和伸长率）和冷弯试验。

取样方法：力学性能试验取样时，应在钢筋的任意一端切去500mm，然后截取。试件的长度为拉伸试件$=5d+200$mm，弯曲试件$=10d+200$mm，其中d为钢筋直径。

（2）热轧钢筋的检验要求

进厂的钢筋，应在每捆（盘）上都挂有两个标牌（注明生产厂、生产日期、钢号、炉罐号、钢筋级别、直径等标记），并附有质量证明书，产品合格证及出厂试验报告，并应进行复验。

外观检查检验：钢筋表面不得有裂纹、结疤和折叠。钢筋表面允许有凸块，但不得超过横肋的高度，钢筋表面上其他缺陷的深度和高度不得大于所在部位尺寸的允许偏差。钢筋每1m弯曲度不应大于4mm。

力学性能试验：如有一项试验结果不符合要求，则从同一批中另取双倍数量的试样重做各项试验。如仍有一个试样为不合格品，则该批钢筋为不合格。

热轧钢筋在加工过程中发现脆断、焊接性能不良或机械性能显著不正常等现象时，应进行化学成分分析或其他专项检验。

2. 钢筋连接的抽样方法及检验要求

（1）钢筋闪光对焊连接的抽样方法及检验要求

1）钢筋闪光对焊连接的抽样方法

在同一班内，由同一焊工，按同一焊接参数完成的 200 个同类型接头作为一批。一周内连续焊接时，可以累计计算。一周内累计不足 200 个接头时，也按一批计算。

取样数量：外观检查，每批抽查 10% 的接头，并不得少于 10 个。力学性能试验包括拉伸试验和弯曲试验，应从每批成品中切取 6 个试样，3 个进行拉伸试验，3 个进行弯曲试验。

2）钢筋闪光对焊连接的检验要求

外观检查：接头处不得有横向裂纹；与电极接触处的钢筋表面，不得有烧伤；接头处的弯折，不得大于 3°；接头处的钢筋轴线偏移不得大于钢筋直径的 0.1 倍，同时不得大于 2mm；当有一个接头不符合要求时，应对全部接头进行检查，剔出不合格品。不合格接头经切除重焊后，可提交二次验收。

拉伸试验：3 个试样的抗拉强度均不得低于该级别钢筋的抗拉强度标准值；至少有两个试样断于焊缝之外，并呈塑性断裂。当检验结果有一个试样的抗拉强度低于规定指标，或有两个试样在焊缝或热影响区发生脆性断裂时，应取双倍数量的试样进行复验。复验结果，若仍有一个试样的抗拉强度低于规定指标，或有 3 个试样呈脆性断裂，则该批接头即为不合格品。

弯曲试验：弯曲试验结果中有 2 个试件发生破断时，应取双倍数量试件进行复验。复验结果，仍有 3 个试件发生破断，则该批接头为不合格品。

（2）钢筋电弧焊连接的抽样方法及检验要求

1）钢筋电弧焊连接的抽样方法

电弧焊接头应以一至二楼层中 300 个同接头形式、同钢筋级别的接头作为一批；不足 300 个时，仍作为一批。

取样数量：外观检查应全数检查；力学性能试验应从成品中每批随机切取 3 个接头进行拉伸试验。

2）钢筋电弧焊连接的检验要求

外观检查：焊缝表面应平整，不得有凹陷或焊瘤；焊接接头区域不得有裂纹；咬边深度、气孔、夹渣等缺陷允许值及接头尺寸的允许偏差，应符合规定；坡口焊、熔槽帮条焊和窄间隙焊接头的焊缝余高不得大于 3mm。外观检查不合格的接头，经修整或补强后可提交二次验收。

拉伸试验：3 个热轧钢筋接头试件的抗拉强度均不得小于该级别钢筋规定的抗拉强度；3 个接头试件均应断于焊缝之外，并应至少有 2 个试件呈延性断裂；当试验结果有 1 个试件的抗拉强度小于规定值，或有 1 个试件断于焊缝，或有 2 个试件发生脆性断裂时，应再取 6 个试件进行复验。复验结果当有 1 个试件抗拉强度小于规定值，或有 1 个试件断裂于焊缝，或有 3 个试件呈脆性断裂时，应确认该批接头为不合格。

（3）钢筋电渣压力焊连接的抽样方法及检验要求

1）钢筋电渣压力焊连接的抽样方法同钢筋电弧焊连接的抽样方法。

2）钢筋电渣压力焊连接的检验要求

外观检查：四周焊包凸出钢筋表面的高度应符合相关的规定；钢筋与电极接触处，应无烧伤缺陷；接头处的弯折角不得大于 3°；接头处的轴线偏移不得大于钢筋直径的 0.1 倍，且不得大于 2mm。外观检查不合格的接头应切除重焊，或采取补强焊接措施。

拉伸试验：检验要求同电弧焊连接。

（4）钢筋机械连接的抽样方法及检验要求

1）钢筋机械连接的抽样方法

同一施工条件下的同一批材料的同等级、同规格接头，以 500 个为一个验收批进行检验与验收，不足 500 个也作为一个验收批。

取样数量：外观检查随机抽取同规格接头数的 10% 进行；单向拉伸试验每一验收批，应在工程结构中随机截取 3 个试件进行，在现场连续检验 10 个验收批，全部单向拉伸试件一次抽样均合格时，验收批接头数量可扩大一倍；接头拧紧力矩值抽检：梁、柱构件按接头数的 15%，且每个构件的接头抽验数不得少于一个接头；基础、墙、板构件按各自接头数，每 100 个接头作为一个验收批，不足 100 个也作为一个验收批，每批抽检 3 个接头。

2）钢筋机械连接的检验要求

外观检查应满足钢筋与连接套的规格一致，接头丝扣无完整丝扣外露；单向拉伸试验应满足设计要求；接头拧紧力矩值抽检的接头应全部合格，如有一个接头不合格，则该验收批接头应逐个检查，对查出的不合格接头应进行补强，并填写接头质量检查记录。

1.3.2 水泥的抽样方法及检验要求

1. 水泥的抽样方法

按同一生产厂家、同一等级、同一品种、同一批号且连续进场的水泥，袋装水泥不超过 200t 为一批，散装水泥不超过 500t 为一检验批。

取样数量：取样应在同一批水泥的不同部位等量采集，取样点不少于 20 个点，散装水泥从不少于 3 个车罐不同部位所取水泥样品，并应有代表性，总质量不少于 12kg。

2. 水泥的检验要求

水泥进场时应审查出厂试验报告，对强度、安定性及其他必要性能指标进行复验。凡氧化镁、三氧化硫、初凝时间、安定性中的任何一项不符合标准规定者均为废品；凡细度、终凝时间中的任一项不符合标准规定或混合材料掺量超过最大限量和强度低于商品强度等级规定的指标时为不合格品；水泥包装标志中水泥品种、强度等级、生产者名称和出厂编号不全的也属于不合格品。

1.3.3 骨料的抽样方法及检验要求

1. 砂的抽样方法及检验要求

（1）砂的抽样方法

按同产地、同规格的砂，400m³ 或 600t 为一验收批，不足上述者也为一批。

取样数量：在料堆上取样时，取样部位应均匀分布。取样前先将取样部位表层铲除，然后从不同部位抽取大致等量的砂 8 份，总量不少于 10kg，混合均匀。

（2）砂的检验要求

砂的检验主要是颗粒级配、含泥量以及表观密度和堆积密度等。检验（含复检）后，各项性能指标都符合本标准的相应类别规定时，可判为该产品合格。若有一项性能指标不符合标准要求时，则应从同一批产品中加倍取样，对不符合标准要求的项目进行复检。复检后，该项指标符合标准要求时，可判该批产品合格。

2. 碎石（含碎卵石）的抽样方法及检验要求

（1）碎石（含碎卵石）的抽样方法

按同产地、同规格的碎石，400m³ 或 600t 为一验收批，不足上述者也为一批。

取样数量：在料堆上取样时，取样部位应均匀分布。在料堆的顶部、中部和底部分别选取五个均匀分布不同的部位，取样前先将取样部位表层铲除，然后从不同部位抽取大致等量的石子 15 份，总量不少于 60kg，混合均匀。

（2）碎石（含碎卵石）的检验要求

检验项目为：颗粒级配、含泥量、泥块含量、针片状颗粒含量等，检验（含复检）后，各项性能指标都符合本标准的相应类别规定时，可判定为该产品合格。若有一项性能指标不符合标准要求时，则应从同一批产品中加倍取样，对不符合标准要求的项目进行复检。复检后，该项指标符合标准要求时，可判定该批产品合格，仍然不符合本标准要求时，则判该批产品为不合格。

1.3.4 混凝土的抽样方法及检验要求

混凝土拌制前，应测定砂、石含水率并依此确定施工配合比，每工作台班检查一次。在拌制和浇筑过程中，应检查组成材料的称量偏差，每一工作班抽查不应少于一次；坍落度的检查在浇筑地点进行，每一工作班至少检查两次；在每一工作班内，如混凝土配合比由于外界影响而有变动时，应及时检查；对混凝土搅拌时间应随时检查；混凝土强度抽检如下：用于检查结构构件混凝土强度的试件，应在混凝土的浇筑地点随机抽取。取样与试件留置应符合下列规定：

1）每拌制 100 盘且不超过 100m³ 的同配合比的混凝土，取样不得少于一次；

2）每工作班拌制的同一配合比的混凝土不足 100 盘时，取样不得少于一次；

3）当一次连续浇筑超过 1000m³ 时，同一配合比的混凝土每 200m³ 取样不得少于一次；

4）每一楼层、同一配合比的混凝土，取样不得少于一次；

5）每次取样应至少留置一组标准养护试件，每组不少于 3 个试件；同条件养护试件的留置组数应根据实际需要确定（预拌混凝土运到现场后，也应按上述要求取样）。

对有抗渗要求的混凝土结构，其混凝土试件应在浇筑地点随机取样，同一工程、同一配合比的混凝土，取样不应少于一次，留置组数按连续浇筑混凝土每 500m^3 留一组，每组不少于 6 个试件，且每项工程不得少于两组。采用预拌混凝土的可根据实际需要确定。

1.3.5 砖及砌块的抽样方法及检验要求

1. 砖及砌块的抽样方法

（1）取样数量：a. 烧结普通砖 15 万块为一批；b. 烧结多孔砖 5 万块为一批；c. 蒸压灰砂砖 10 万块为一批；d. 煤渣砖 10 万块为一批；f. 烧结空心砖和空心砌块 3 万块为一批；g. 粉煤灰砖 10 万块为一批。外观质量 50 块，尺寸偏差 20 块，强度 10 块，泛霜、石灰爆裂、冻融、抗风化性能各 5 块。

（2）取样方法：外观质量检验的试样采用随机抽样法，在每一检验批的产品堆垛中抽出。尺寸偏差检验的样品用随机抽样法从外观质量检验后的样品中抽出。其他检验项目的样品用随机抽样法从外观质量检验后的样品中抽出。

2. 砖及砌块的检验要求

（1）砖的检验要求

砖产品的检验分出厂检验和型式检验。出厂检验项目包括尺寸偏差、外观质量和强度等级。型式检验项目包括标准规定的全部技术要求。

现场主要复检出厂检验项目：外观检验中有欠火砖、酥砖或螺旋纹砖则判该批产品不合格；尺寸偏差、强度等级应按《烧结普通砖》GB/T 5101—2017 中技术标准要求判定，其中有一项不合格则判该批产品质量不合格。产品出厂时，必须提供质量合格证。出厂产品质量证明书主要内容：生产厂名、产品标记、批量及编号、证书编号、本批产品实测技术性能和生产日期等，并由检验员和承检单位签章。

（2）砌块的检验要求

普通混凝土小型空心砌块的检验分出厂检验和型式检验。出厂检验项目包括尺寸偏差、外观质量、强度等级及相对含水率，用于清水墙的砌块还应有抗渗性。型式检验项目包括标准规定的全部技术要求。

砌块出厂时，生产厂应提供产品质量合格证书，其内容包括：厂名、商标、批量编号、砌块数量（块）、产品标记、检验结果、合格证编号、检验部门和检验人员签章等。

1.3.6 砌筑砂浆的抽样方法及检验要求

1. 砌筑砂浆的抽样方法

砂浆试块的取样数量：每一检验批以不超过 250m^3 砌体的各种类型与各种强度等级的砌筑砂浆，每台搅拌机应至少检查一次。每次至少制作一组试件，每组不少于 6 块。同一类型强度等级的砂浆试块应不少于 3 组。

取样方法：在砂浆搅拌机出料口随机取样制作砂浆试块（同盘砂浆只应制作一组试块，不可一次制作多组试块）。

2. 砌筑砂浆的检验要求

同一检验批砂浆试块抗压强度平均值必须大于或等于设计强度等级所对应的立方体抗

压强度；同一检验批砂浆试块抗压强度的最小一组平均必须大于或等于设计强度等级所对应的立方体抗压强度的 0.75 倍。

1.3.7　建筑节能材料的抽样方法与检验要求

1. 组批规则与抽样方法

（1）粉粒材料（界面砂浆、胶粉料、聚苯颗粒）：以同种产品、同一级别、同一规格产品 30t 为一批，不足一批以一批计。从每批中任抽 10 袋，从每袋中分别取试样不少于 500g，混合均匀，按四分法缩取出比试验所需量大 1.5 倍的试样为检验样。

（2）液态剂类材料：以同种产品、同一级别、同一规格产品 10t 为一批，不足一批的以一批计。从每批中任抽 10 桶（袋），从每桶（袋）中分别取样 500g，混合均匀，取出比试验所需量大 1.5 倍的试样为检验样。

（3）聚苯板：同一规格的产品数量不超过 2000m^3 为一批，每批随机抽取 5 块作为检验样。

（4）耐碱网布：同一规格的产品数量不超过 50000m^2 为一批，每批随机抽取 5 个包装单位，每个包装单位随机抽取 1m^2 作为检验样。

（5）锚栓：同一规格的产品数量不超过 5000 支为一批，每批随机抽取 5 支作为检验样。

2. 检验要求

（1）出厂检验

以下指标为出厂必检项目，出厂检验应按有关标准的要求进行，检验合格并附有合格证方可出厂：

1）界面砂浆：压剪粘结原强度；

2）胶粉料：初凝时间、终凝时间、安定性；

3）聚苯颗粒：堆积密度、粒度；

4）保温浆料：湿表观密度；

5）耐碱网布：长度及宽度、网孔中心距、单位面积质量、断裂强力、断裂伸长率；

6）抗裂剂：不挥发物含量；

7）抗裂砂浆：可操作时间；

8）胶粘剂：拉伸粘接强度原强度、可操作时间；

9）聚苯板：抗拉强度、表现密度、尺寸偏差；

10）抹面胶浆：拉伸粘结强度原强度、可操作时间。

（2）型式检验

全部技术要求为型式检验项目。在正常情况下，型式检验每两年进行一次，有下列情况之一时，应进行型式检验：

1）新产品定型鉴定时；

2）产品主要原材料及用量或生产工艺有重大变更，影响产品性能指标时；

3）停产半年以上恢复生产时；

4）国家质量监督机构提出型式检验要求时。

（3）判定规则

若全部检验项目符合本标准规定的技术指标，则判定为合格；若有两项或两项以上指标不符合规定时，则判定为不合格；若有一项指标不符合规定时，应对同一批产品进行加倍抽样复检不合格项，如该项指标仍不合格，则判定为不合格，若项目符合本标准规定的技术指标，则判定为合格。

1.3.8　常用防水材料的抽样方法及检验要求

常用防水材料的抽样方法及检验要求见表 1-14、表 1-15。

防水材料的抽样方法及检验要求　　　　　　　　　　　　　　　　　　表 1-14

序号	材料名称	现场抽样数量	外观质量检验	检验项目
1	沥青防水卷材	大于 1000 卷抽 5 卷，每 500～1000 卷抽 4 卷，100～499 卷抽 3 卷，100 卷以下抽 2 卷，进行规格尺寸和外观质量检验。在外观质量检验合格的卷材中，任取一卷作物理性能检验	孔洞、硌伤、露胎、涂盖不匀、折纹、皱折、裂纹、裂口、缺边，每卷卷材的接头	纵向拉力，耐热度，柔度，不透水性
2	高聚物改性沥青防水卷材	同 1	孔洞、缺边、裂口、边缘不整齐、胎体露白、未浸透、撒布材料粒度、颜色，每卷卷材的接头	拉力，最大拉力时延伸率，耐热度，低温柔度，不透水性
3	合成高分子防水卷材	同 1	折痕、杂质、胶块、凹痕，每卷卷材的接头	断裂拉伸强度，扯断伸长率，低温弯折，不透水性
4	高聚物性沥青防水涂料	每 10t 为一批，不足 10t 按一批抽样	包装完好无损，且标明涂料名称、生产日期、生产厂名、产品有效期；无沉淀、凝胶、分层	固体含量，耐热度，柔性，不透水性，延伸率
5	合成高分子防水涂料	同 4	包装完好无损，且标明涂料名称、生产日期、生产厂名、产品有效期	固体含量，拉伸强度，断裂延伸率，柔性，不透水性
6	胎体增强材料	每 3000m² 为一批，不足 3000m² 按一批抽样	均匀，无团状，平整，无折皱	拉力，延伸率
7	改性石油沥青密封材料	每 2t 为一批，不足 2t 按一批抽样	黑色均匀膏状，无结块和未浸透填料	耐热度，低温柔性，拉伸粘结性，施工度
8	合成高分子密封材料	每 1t 为一批，不足 1t 按一批抽样	均匀膏状物，无结皮、凝胶或不易分散的固体团状	拉伸粘结性，柔性

常用地下防水材料的抽样方法及检验要求　　　　　　　　　　　　　　表 1-15

序号	材料名称	现场抽样数量	外观质量检验	物理性能检验
1	高聚物改性沥青防水卷材	大于 1000 卷抽 5 卷，每 500～1000 卷抽 4 卷，100～499 卷抽 3 卷，100 卷以下抽 2 卷，进行规格尺寸和外观质量检验。在外观质量检验合格的卷材中，任取一卷作物理性能检验	断裂、皱折、孔洞、剥离、边缘不整齐、胎体露白、未浸透、撒布材料粒度、颜色，每卷卷材的接头	拉力，最大拉力时延伸率，低温柔度，不透水性

序号	材料名称	现场抽样数量	外观质量检验	物理性能检验
2	合成高分子防水卷材	同1	折痕,杂质,胶块,凹痕,每卷卷材的接头	断裂拉伸强度,扯断伸长率,低温弯折,不透水性
3	沥青基防水涂料	每工作班生产量为一批抽样	搅匀和分散在水溶液中,无明显沥青丝团	固体含量,耐热度,柔性,不透水性,延伸率
4	无机防水涂料	每10t为一批,不足10t按一批抽样	包装完好无损,且标明涂料名称,生产日期,生产厂家,产品有效期	抗折强度,粘结强度,抗渗性
5	有机防水涂料	每5t为一批,不足5t按一批抽样	同4	固体含量,拉伸强度,断裂延伸率,柔性,不透水性
6	胎体增强材料	每3000m² 为一批,不足3000m² 按一批抽样	均匀,无团状,平整,无褶皱	拉力,延伸率
7	改性石油沥青密封材料	每2t为一批,不足2t按一批抽样	黑色均匀膏状,无结块和未浸透的填料	低温柔性,拉伸粘结性,施工度
8	合成高分子密封材料	同7	均匀膏状物,无结皮、凝结或不易分散的固体团块	拉伸粘结性,柔性
9	高分子防水材止水带	每月同标记的止水带产量为一批抽样	尺寸公差;开裂、缺胶、海绵状、中心孔偏;凹痕,气泡,杂质,明疤	拉伸强度,扯断伸长率,撕裂强度
10	高分子防水材料遇水膨胀橡胶	每月同标记的止水带产量为一批抽样	尺寸公差;开裂、缺胶、海绵状;凹痕,气泡,杂质,明疤	拉伸强度,扯断伸长率,体积膨胀倍率

复习思考题

1. 试述原材料进场检验的原则与要求。

2. 如何进行砌筑材料的抽样及检验?

3. 钢筋原材料的抽样方法及检验要求是什么?

4. 如何进行钢筋焊接连接和机械连接的抽样及检验?

5. 混凝土原材料的抽样方法及检验要求是什么?

6. 混凝土的抽样方法及检验要求有哪些?

7. 常用卷材防水材料的抽样方法及检验要求是什么?

8. 装饰材料的基本要求有哪些?

9. 试述常用保温材料的抽样方法和检验要求。

10. 某住宅楼建筑面积5200m²,是一栋12层一字形平面建筑,一、二层为商店,三层以上为住宅。一、二层层高3.6m,三层以上层高2.8m,总高35.2m,基础为钢筋混凝土柱下独立基础,上部为现浇钢筋混凝土梁、板、柱的框架结构体系,主体结构采用C30混凝土,加气混凝土砌块填充墙,在主体结构施工过程中,工地试验室出现问题,最后在对混凝土试块进行强度检验时,发现四层混凝土部分试块强度达不到设计要求，因此，进一步对实体强度进行检测，检测结构实际强度能够达到原设计要求。

请回答如下问题：

(1) 该质量问题是否需要处理？为什么？

(2) 如果该混凝土强度经测试论证达不到要求，需要进行处理，可采用什么处理方法？处理后应满足哪些要求？

(3) 根据工程质量事故的性质和严重程度，工程质量事故分成哪两类？是如何规定的？如果该质量问题需要处理，所造成的经济损失为5万元，则该事故属于哪一类？

11. 某商厦建筑面积16600m²，现浇钢筋混凝土框架结构，地上6层，地下2层，由某市建筑设计院设计，某区建筑工程公司施工。1996年4月8日开工，1997年5月10日竣工验收，交付使用。在2004年夏季，商厦员工发现屋面大面积渗漏，经调查发现，该工程所采用的防水材料质量存在问题，该材料由施工单位负责采购，因此，该商厦业主要求原施工单位维修并赔偿损失。施工单位称该屋面防水工程已过保修期，对建设单位的要求不予理睬。

请回答如下问题：

(1) 为避免出现质量问题，施工单位应事前对哪些因素进行控制？

(2) 施工单位的说法是否合理？为什么？

(3) 简述材料质量控制的要点和内容。

质量管理职业活动训练

活动：模拟材料进场时的质量验收、取样与见证送检

1. 分组要求：全班分6~8个组，每组5~7人。

2. 资料要求：选择一批钢筋、水泥、砂、石、防水材料、保温材料取样箱和相关产品的合格证。

3. 阅读要求：学生在老师指导下，①按照有关要求检验有关质量证明文件；②目测检查材料外观质量；③模拟现场取样人员进行材料取样。

4. 成果：以小组为单位写出学习体会。

教学单元2

地基与基础工程质量检验

【教学目标】通过本单元的学习，学生应当能够熟悉常见地基加固处理的基本原理与方法，掌握地基加固处理、钢筋混凝土桩基工程和地下防水工程的质量控制要点；能够对其原材料和施工过程质量进行有效控制和验收并能够规范填写相应的验收表格。

地基与基础工程是建筑工程九大分部工程之一，又可以划分为无支护土方、有支护土方、地基处理、桩基、地下防水、混凝土基础、砌体基础、劲钢（管）混凝土、钢结构等子分部。

2.1　土方工程质量检验

土方工程是地基与基础分部工程的子分部工程。对于无支护的土方工程可以划分为土方开挖和土方回填两个分项工程。

2.1.1　土方开挖工程

本节内容适用于除岩石开挖以外的土方工程。

2.1.1.1　土方开挖工程质量控制

1. 土方工程施工前的准备工作

土方工程施工前的准备工作非常重要，这是保证土方工程施工顺利进行的前提，主要内容有：

（1）工程定位与放线的控制与检查：根据城市坐标基准点或建筑物相对位置设置基准点桩及水准点桩，要定期进行复检和检验；按设计总平面图，认真检查建筑物或构筑物的定位桩或轴线控制桩；按基础平面图和放坡宽度，对基坑的灰线进行轴线和几何尺寸的复核，并认真核查工程的朝向、方位是否符合图纸；办理工程定位测量记录、基槽验线记录。

（2）施工区域内、施工区周围的地上或地下障碍物的清理拆迁情况的检查。做好周边环境监测初读数据的记录。

2. 土方开挖过程中质量控制

（1）土方开挖时应遵循"开槽支撑，先撑后挖，分层开挖，严禁超挖"的原则，检查开挖的顺序为平面位置、水平标高和边坡坡度。

（2）机械开挖时，应留基底标高以上 150～300mm 厚的土层，采用人工清除，避免超挖现象的出现。

（3）开挖过程中，应经常测量和校核平面位置、水平标高、边坡坡度，并随时观测周围的环境变化。进行地面排水和降低地下水位工作情况的检查和监控。

（4）基坑（槽）挖至设计标高后，对原土表面不得扰动，并及时进行地基钎探、垫层等后续工作。

（5）严格控制基底标高。如个别地方发生超挖，严禁用虚土回填，处理方法应征得设计单位的同意。

2.1.1.2 土方开挖工程质量检验

1. 土方开挖工程质量检验标准与检验方法（表2-1）。

土方开挖工程质量检验标准与检验方法　　　　表 2-1

项目	序号	检验项目	允许偏差或允许值					检验方法	检验数量
			柱基、基坑、基槽	挖方场地平整		管沟	地(路)面基层		
				人工	机械				
主控项目	1	标高(mm)	0 −50	±30	±50	0 −50	0 −50	水准测量	标高检查点为每100m² 取1点，且不应少于10点
	2	长度、宽度(mm) (由设计中心线向两边量)	+200 −50	+300 −100	+500 −150	+100 0	设计值	平面几何尺寸(长度、宽度等)用全站仪或用钢尺测量	应全数检查
	3	坡率	设计值					目测法或用坡度尺测量	每20m取1点，且每边不应少于1点
一般项目	1	表面平整度(mm)	±20	±20	±50	±20	±20	用2m靠尺和楔形塞尺检查	每100m²取1点，且不应少于10点
	2	基底土性	设计要求					目测法或土样分析	全数检查

注：地（路）面基层的偏差只适用于直接在挖、填方上做地（路）面的基层。

所列数值适用于附近无重要建（构）筑物或重要公共设施，且暴露时间不长的条件。

土方开挖应保证平面几何尺寸（长度、宽度等）达到设计要求，土方开挖平面边界尺寸受支护结构控制时，如排桩、板桩、咬合桩、地下连续墙、SMW工法等支护的基坑土方开挖，不受本条件限制，支护结构的施工质量与允许偏差应符合设计文件和相关专业标准要求。

2. 验槽

（1）进行表面检查验收，观察土的分布、走向情况是否符合勘探报告和设计；是否挖到原（老）土，槽底土颜色是否均匀一致，并结合地基钎探情况，如有异常应会同设计等单位进行处理。填写地基验槽检查记录、地基处理记录、地基验收记录。

（2）检查钎探记录

按钎孔顺序标号，钎探深度应达到设计要求，统一表格内应分别注明准确锤击数；在钎孔平面图上，检查过硬或过软孔号的位置及钎孔有无遗漏；检查钎孔灌砂密实程度。场地平整的表面坡度应符合设计要求，无设计要求时，向排水沟方向的坡度不小于2‰。

2.1.2 土方回填工程

2.1.2.1 土方回填工程质量控制

1. 原材料质量控制

（1）土料

可采用就地挖出的黏性土及塑性指数大于 4 的粉土，土内不得含有松软杂质和耕植土；土料应过筛，其颗粒不应大于 15mm；回填土含水量要符合压实要求。

（2）石屑

不含有机质，最大颗粒不大于 50mm，碾压前宜充分洒水湿透，以提高压实效果。填料为爆破石碴时，应通过碾压试验确定含水量的控制范围。

2. 施工过程质量控制

（1）土方回填前应查验基底的建筑垃圾、树根等杂物，及坑穴积水、淤泥等是否已清理；如在耕植土或松土上填方，应在基底压实后再进行。

（2）查验回填土方的土质及含水量是否符合要求，填方土料应按设计要求验收后方可填入。

（3）填土施工过程中应检查排水措施，每层填筑厚度、含水量控制、压实程度、分段施工时上下两层的搭接长度。填筑厚度及压实遍数应根据土质、压实系数及所用机具确定。如无试验依据，应符合表 2-2 的规定。

填土施工时的分层厚度及压实遍数　　　　表 2-2

压实机具	分层厚度（mm）	每层压实遍数
平碾	250～300	6～8
振动压实机	250～350	3～4
柴油打夯机	200～250	3～4
人工打夯	＜200	3～4

2.1.2.2　土方回填工程质量检验

填土施工结束后，应检查标高、边坡坡度、压实程度等，其检验标准与检验方法见表 2-3。

填土工程质量检验标准与检验方法　　　　表 2-3

项目	序号	检验项目	允许偏差或允许值					检验方法	检验数量
			桩基、基坑、基槽	场地平整填方		管沟	地（路）面基础层		
				人工	机械				
主控项目	1	标高（mm）	0 −50	±30	±50	0 −50	0 −50	水准测量	同土方开挖工程
	2	分层压实系数	不小于设计值					环刀法、灌水法、灌砂法	采用环刀法取样时，基坑和室内回填，每层按 100～500m² 取样 1 组，且每层不少于 1 组；柱基回填，每层抽样柱基总数的 10%，且不少于 5 组；基槽或管沟回填，每层按长度 20～50m 取样 1 组，且每层不少于 1 组；室外回填，每层按 400～900m² 取样 1 组，且每层不少于 1 组，取样部位应在每层压实后的下半部。采用灌砂或灌水法取样时，取样数量可较环刀法适当减少，但每层不少于 1 组

项目	序号	检验项目	允许偏差或允许值				检验方法	检验数量
			桩基、基坑、基槽	场地平整填方		管沟	地(路)面基础层		
				人工	机械				
一般项目	1	回填土料	设计要求					取样检查或直接鉴别	全数检查
	2	分层厚度	设计值					水准测量及抽样检查	全数检查
	3	含水量	最优含水量±2%	最优含水量±4%		最优含水量±2%		烘干法	取样的频率宜为5000m³取1次，或土质发生变化时取样
	4	表面平整度(mm)	±20	±20	±30	±20		用2m靠尺	表面平整度检查点为每100m²取1点，且不应少于10点
	5	有机质含量	≤5%					灼烧减量法	全数检查
	6	碾迹重叠长度(mm)	500～1000					用钢尺量	全数检查

058

复习思考题

1. 土方工程施工前应进行哪些方面的检查工作？
2. 土方开挖工程质量检验标准与检验方法的主要内容是什么？
3. 试述土方回填的质量控制要点。
4. 试述回填土取样的方法与步骤。

质量管理职业活动训练

活动：模拟土方工程验收

1. 分组要求：全班分6～8个组，每组5～7人。
2. 资料要求：基础施工图纸一份，操作场地一块，以及某实际工程的相关资料（有条件的可到施工现场或观看详细的影像资料）。
3. 学习要求：学生在老师指导下，①熟悉图纸；②编写施工方案；③按验收规范的验收内容逐一对照进行检查验收。
4. 成果：①填写基坑（槽）隐蔽工程验收记录表和土方分项工程质量验收记录表；②对照实际工程的施工方案找出自己所编制方案的长处与不足。

2.2　地基及基础处理工程质量检验

若天然地基的承载力达不到设计要求，就要进行地基处理，采用人工地基。

地基处理工程是地基与基础分部工程的子分部工程。根据人工地基的类型不同，地基处理工程可以划分为素土及灰土地基、砂及砂石地基、水泥土搅拌桩复合地基、土和灰土挤密桩地基、水泥粉煤灰碎石桩地基、土工合成材料地基、粉煤灰地基、强夯地基、注浆地基、预压地基、振冲地基、高压喷射注浆地基、夯实水泥土桩地基、砂桩地基等分项工程。

2.2.1 素土及灰土地基

素土及灰土地基就是在原土上分层填以素土或灰土，并夯（压）密实，使填土密实后构成的地基。

2.2.1.1 素土及灰土地基质量控制

1. 原材料质量控制

（1）土料：优先采用就地挖出的黏土、粉质黏土，一般灰土用土塑性指数不宜小于4，建筑工程灰土地基用土，塑性指数宜在 8～20，对灰土强度要求较高的重要工程，其塑性指数不宜小于 13。土内不宜含有块状黏土、砂质黏土；不得含有松软杂质和耕植土；土料应过筛，其颗粒不应大于 15mm。严禁采用冻土、膨胀土和盐渍土等活性较强的土料及地表耕植土。含水量应控制在最优含水量的 ±2% 范围内。

（2）石灰：熟化石灰宜用新鲜块状石灰（状灰的含量不少于 70%），含氧化钙、氧化镁越高越好，使用前 1～2d 消解并过筛，其颗粒不得大于 5mm，且不应夹有未熟化的生石灰块粒及其他杂质，也不得含有过多水分。达到松散而滑腻（粉粒细，不应呈膏状）。质量符合《建筑生石灰》JC/T 479—2013 的规定。

采用生石灰粉代替熟化石灰时，在使用前按体积比预先与黏土拌合洒水堆放 8h 后方可铺设，生石灰粉进场时应有生产厂家的产品质量证明书。

2. 施工过程质量控制

（1）灰土、砂和砂石地基施工前，应进行验槽合格后方可进行施工。

（2）施工前应检查槽底是否有积水、淤泥，清除干净并干燥后再施工。

（3）灰土土料、石灰或水泥（当水泥替代灰土中的石灰时）等材料及配合比应符合设计要求，灰土应搅拌均匀。

（4）施工过程中应检查分层铺设的厚度、分段施工时上下两层的搭接长度、夯实时加水量、夯压遍数、压实系数。

分层厚度可参考表 2-4 所示数值。

灰土最大虚铺厚度 表 2-4

序号	夯实机具	质量(t)	厚度(mm)	备注
1	石夯、木夯	0.04～0.08	200～250	人力送夯、落距 400～500mm 每夯搭接半夯
2	轻型夯实机械	—	200～250	蛙式或柴油打夯
3	压路机	机重 6～10	200～300	双轮

（5）一层当天夯（压）不完需隔日施工留槎时，在留槎处保留 300～500mm，虚铺灰土不夯（压），待次日接槎时与新铺灰土拌合重铺后再进行夯（压）。

（6）须分段施工的灰土地基，留槎位置应避开墙角、柱基及承重的窗间墙位置。上下两层灰土的接缝间距不得小于500mm，接槎时应沿槎垂直切齐，接缝处的灰土应充分夯实。

（7）灰土基层有高低差时，台阶上下层间压槎宽度应不小于灰土地基厚度。

（8）最优含水量可通过击实试验确定。一般为14%～18%，以"手握成团、落地开花"为好。

（9）夯打（压）遍数应根据设计要求的干土密度和现场试验确定，一般不少于3遍。

（10）灰土回填每层夯（压）实后，应根据规范进行环刀取样，测出灰土的质量密度，达到设计要求时，才能进行上一层灰土的铺摊。

2.2.1.2　素土及灰土地基质量检验

灰土地基质量检验标准与检验方法见表2-5。

灰土地基质量检验标准与检验方法　　　　　　　　　　表2-5

项目	序号	检验项目	允许偏差或允许值	检验方法	检验数量
主控项目	1	地基承载力	不小于设计值	静载试验	地基承载力的检验数量每300m² 不应少于1点，超过3000m² 部分每500m² 不应少于1点。每单位工程不应少于3点
	2	配合比	设计值	检查拌和时的体积比	每工作班至少检查两次
	3	压实系数	不小于设计值	环刀法	采用环刀法检验换土垫层的施工质量时，取样点位于每层厚度的2/3深度处。检验点数量，对大基坑每50～100m² 不应少于1检验点；对基槽每10～20m 不应少于1检验点；每个独立柱基不应少于1检验点，采用贯入仪或动力触探检验灰土垫层的施工质量时，每分层检验点间距应小于4m
一般项目	1	石灰粒径	≤5mm	筛析法	基坑每50～100m² 取1检验点，基槽每10～20m取1检验点，均不少于5检验点；每个独立柱基不少于1检验点
	2	土料有机质含量	≤5%	灼烧减量法	
	3	土颗粒粒径	≤15mm	筛析法	
	4	含水量	最优含水量±2%	烘干法	
	5	分层厚度	±50mm	水准测量	

2.2.2　砂及砂石地基

砂及砂石地基就是在原土上分层填以砂或砂石，并夯（压、振）实，使填土密实后构成的地基。

2.2.2.1　砂及砂石地基质量控制

1. 原材料质量控制

（1）碎石

宜选用碎石、卵石、角砾、圆砾、砾砂、粗砂、中砂或石屑。最大粒径应不大于50mm，宜采用级配良好天然级配的混合物，不含植物残体、垃圾等杂质。砂砾石的含泥量应小于5%。

（2）砂

宜选用中砂、粗砂、砾砂或石屑，粒径小于2mm的部分不应超过总重的45%，要求颗粒级配良好，质地坚硬，当使用粉细砂或石粉（粒径小于 0.075mm 的部分不超过总重的 9%）时，应掺入总重 25%～35% 的碎石或卵石。砂的含泥量应小于 5%。

2. 施工过程质量控制

（1）铺设前应在基坑内设置控制铺筑厚度的标志，如水平标准木桩或标高桩，或在固定的建筑物墙上、槽和沟的边坡上弹上水平标高线或钉上水平标高木橛。

（2）铺筑前，应组织有关单位共同验槽，包括轴线尺寸、水平标高、地质情况，如有无孔洞、沟、井、墓穴等。应在未做地基前处理完毕并办理隐检手续。

（3）检查基槽（坑）、管沟的边坡是否稳定，并清除基底上的浮土和积水。

（4）铺筑砂石的每层厚度应根据压实试验确定，一般为 15～20cm，不宜超过 30cm，分层厚度可用样桩控制。视不同条件，可选用夯实或压实的方法。大面积的砂石垫层，铺筑厚度可达 35cm，宜采用 6～10t 的压路机碾压。

（5）砂和砂石地基底面宜铺设在同一标高上，如深度不同时，基土面应挖成踏步和斜坡形，搭槎处应注意压（夯）实。施工应按先深后浅的顺序进行。

（6）铺筑的砂石应级配均匀。如发现砂窝或石子成堆现象，应将该处砂子或石子挖出，分别填入级配好的砂石。

（7）铺筑级配砂石在夯实碾压前，应根据其干湿程度和气候条件，适当地洒水以保持砂石的最佳含水量，一般为 8%～12%。

（8）夯实或碾压的遍数，由现场试验确定。用木夯或蛙式打夯机时，应保持落距为 400～500mm，要一夯压半夯，行行相接，全面夯实，一般不少于 3 遍。采用压路机往复碾压，一般碾压不少于 4 遍，其轮距搭接不小于 50cm。边缘和转角处应用人工或蛙式打夯机补夯密实。

（9）施工时应分层找平，夯压密实，并应设置纯砂检查点，用 200cm^3 的环刀取样，测定干砂的质量密度。下层密实度合格后，方可进行上层施工。

（10）最后一层压（夯）完成后，表面应拉线找平，并且要符合设计规定的标高。施工结束后，应检验砂石地基的承载力。

2.2.2.2 砂及砂石地基质量检验

砂及砂石地基质量检验标准与检验方法见表 2-6。

砂及砂石地基质量检验标准与检验方法 表 2-6

项目	序号	检验项目	允许偏差或允许值	检验方法	检验数量
主控项目	1	地基承载力	不小于设计值	静载试验	每 300m^2 不应少于 1 点，超过 3000m^2 部分每 500m^2 不应少于 1 点。每单位工程不应少于 3 点
	2	配合比	设计值	检查拌合时的体积比或重量比	每工作班至少检查两次
	3	压实系数	不小于设计值	灌砂法、灌水法	采用环刀法检验换土垫层的施工质量时，取样点位于每层厚度的 2/3 深度处。检验点数量，对大基坑每 50～100m^2 不应少于 1 检验点；对基槽每 10～20m 不应少于 1 检验点；每个独立柱基不应少于 1 检验点，采用贯入仪或动力触探检验灰土垫层的施工质量时，每分层检验点间距应小于 4m

061

续表

项目	序号	检验项目	允许偏差或允许值	检验方法	检验数量
一般项目	1	砂石料有机质含量	≤5%	灼烧减量法	基坑每 50～100m² 取 1 检验点,基槽每 10～20m 取 1 检验点,均不少于 5 检验点; 每个独立柱基不少于 1 检验点
	2	砂石料含泥量	≤5%	水洗法	
	3	砂石料粒径	≤50mm	筛析法	
	4	分层厚度	±50mm	水准测量	

2.2.3 水泥土搅拌桩地基

利用水泥作为固体剂,通过搅拌机械将其与地基土强制搅拌,硬化后构成的地基称水泥土搅拌桩地基。它是一种复合地基,桩是主要施工和检验对象。

2.2.3.1 水泥土搅拌桩地基质量控制

1. 原材料质量控制

（1）水泥:宜采用 42.5 级的普通硅酸盐水泥。水泥进厂时,应检查产品标签、生产厂家、产品批号、生产日期等,并按批量、批号取样送检。

（2）外掺剂:减水剂选用木质素黄酸钙,早强剂选用三乙醇胺、氯化钙、碳酸钠或水玻璃等材料,掺入量通过试验确定。

2. 施工质量控制

（1）施工现场事先应予平整,必须清除地上、地下一切障碍物。

（2）复核测量放线结果,特别是定位桩的复核。

（3）施工前,应根据设计进行工艺性试桩,数量不少于 3 根,多轴搅拌施工不得少于 3 组。试桩后应对工艺桩进行质量检验以确定施工工艺参数。

（4）搅拌头的翼片的枚数、宽度、与搅拌轴的垂直夹角、搅拌头的回转数、提升速度应相互匹配。干法施工时,转头每转一圈提升（或下沉）量宜为 10～15mm,以保证加固深度范围内任何一点均能经过 20 次以上的搅拌。

（5）在预（复）搅下沉时,可以采用喷浆（粉）的施工工艺,确保全桩长上下至少重复搅拌一次。

（6）搅拌施工时,设计停灰（浆）面应高出基础设计地面标高 500mm。在开挖基坑时,应将该施工质量较差段用人工挖除,以防止发生桩顶与挖土机械碰撞出现断桩现象。

（7）干法施工机械必须配置经国家计量部门确认的具有能瞬时检测并记录出粉体计量装置及搅拌深度自动记录仪（湿法施工机械,也应采用经国家计量部门确认的检测仪器进行自动记录）。用于建筑地基处理的水泥土搅拌桩施工设备,其湿法施工配备的注浆泵额定压力不应小于 5.0MPa;干法施工的最大送粉压力不应小于 0.5MPa。

（8）施工过程中必须随时检查施工记录和计量记录（拌浆、输浆、搅拌等应有专人记录）,检查重点是:搅拌机头转数和提升速度、水泥或水泥浆用量、搅拌桩长度和标高、复搅转数和复搅深度、开始和停浆处理方法等。

（9）应随时量测搅拌刀头片的直径是否磨损,磨损量不得大于 10mm,否则应及时加焊，防止桩径偏小。

（10）施工时因故停灰，因将搅拌头下沉至停灰点以下，湿法为 500mm、干法为 1000mm（湿法），待回复喷灰时在喷灰搅拌提升。

（11）施工结束后，应检查桩体强度、桩体直径及地基承载力。进行强度检验时，1）成桩 3d 内，用轻型动力触探（N_{10}）检查上部桩身的均匀性，数量不少于总桩数的 1%，且不少于 3 根；2）成桩 7d 后采用浅部开挖桩头（停灰面以下 500mm）进行检查，检查搅拌均匀性和直径，数量不少于总桩数的 5%；3）静载试验应在成桩 28d 后进行，复合地基和单桩静载检验数量不少于总桩数的 1%，复合地基静载荷试验的数量不少于 3 台（多轴搅拌为 3 组）。

（12）对变形有严格要求的工程，应在成桩 28d 后，采用双管单动取样器钻取芯样作水泥土抗压强度试验，数量为施工总桩数的 0.5%，且不少于 6 点。

2.2.3.2 水泥土搅拌桩地基质量检验

水泥土搅拌桩地基为复合地基，桩是主要施工对象，首先应检验桩的质量，检查方法可按现行行业标准《建筑基桩检测技术规范》JGJ 106—2014 的规定执行。

水泥土搅拌桩地基质量检验标准与检验方法见表 2-7。

水泥土搅拌桩地基质量检验标准与检验方法　　　　表 2-7

项目	序号	检验项目	允许偏差或允许值	检验方法	检验数量
主控项目	1	复合地基承载力	不小于设计值	静载试验	复合地基承载力检验数量不应少于总桩数的 0.5%，且不应少于 3 点。有单桩承载力或桩身强度检验要求时，检验数量不应少于总桩数的 0.5%，且不应少于 3 根
	2	单桩承载力	不小于设计值	静载试验	
	3	水泥用量	不小于设计值	查看流量表	
	4	搅拌叶回转直径	±20mm	用钢尺量	
	5	桩长	不小于设计值	测钻杆长度	
	6	桩身强度	不小于设计值	28d 试块强度或钻芯法	
一般项目	1	水胶比	设计值	实际用水量与水泥等胶凝材料的重量比	可按检验批抽样，复合地基中增强体的检验数量不应少于总数的 20%
	2	提升速度	≤5%	测机头上升距离及时间	
	3	下沉速度	≤50mm	测机头下沉距离及时间	
	4	桩位	条基边桩沿轴线≤$\frac{1}{4}D$	全站仪或用钢尺量，D 为桩径	
			垂直轴线≤$\frac{1}{6}D$		
			其他情况≤$\frac{2}{5}D$		
	5	桩顶标高	±200mm	水准测量，最上部 500mm 浮浆层及劣质桩体不计入	
	6	导向架垂直度	≤1/150	经纬仪测量	
	7	褥垫层夯填度	≤0.9	水准测量	

2.2.4 水泥粉煤灰碎石桩地基

水泥粉煤灰碎石桩（CFG 桩）是用长螺旋钻机钻孔或沉管桩机成孔后，将水泥、粉煤灰及碎石混合搅拌后，泵压或经下料斗投入孔内，构成密实的桩体。水泥粉煤灰碎石桩地基是由水泥粉煤灰碎石桩、桩间土、褥垫层构成的一种复合地基。

2.2.4.1 水泥粉煤灰碎石桩地基质量控制

1. 原材料质量控制

（1）水泥：材料进入现场时，应检查产品标签、生产厂家、产品批号、生产日期、有效期限等，并取样送检，检验合格后方能使用。

（2）粉煤灰：若用振动沉管灌注成桩和长螺旋钻孔灌注成桩施工时，粉煤灰可选用粗灰；当用长螺旋钻孔管内泵压混合料灌注成桩时，为增加混合料和易性和可泵性，宜选用细度（0.045mm 方孔筛筛余百分比）不大于 45% 的Ⅲ级或Ⅲ级以上等级的粉煤灰。

（3）砂或石屑：中、粗砂粒径 0.5～1mm 为宜，石屑粒径 2.5～10mm 为宜，含泥量不大于 5%。

（4）碎石：质地坚硬，粒径不大于 20～50mm，含泥量不大于 5%，且不得含泥块。

2. 施工过程质量控制

（1）施工前应对水泥、粉煤灰、砂及碎石等原材料和成桩机械进行检验。

（2）施工前应根据工程实际确定施工作业面标高，施工现场应事前予以平整，必须清楚地上、地下一切障碍物。桩机就位必须平整、稳固，待桩机就位后，调整沉管与地面垂直，确保垂直度偏差不大于 1.5%。

（3）水泥、粉煤灰、砂及碎石等原材料应符合设计要求，施工时按实验室提供的配合比配置混合料（采用商品混凝土时应有符合设计要求的商品混凝土出厂合格证）。施工时要严格控制混合料或商品混凝土的坍落度，长螺旋钻孔，管内泵压混合料成桩施工的混合料坍落度宜为 160～200mm，振动沉管桩所需的混合料坍落度宜为 30～50mm，振动沉管桩成桩后桩顶浮浆厚度不得超过 200mm。

（4）施工前应进行成桩工艺和成桩质量试验。确定工艺参数包括水泥粉煤灰碎石混合物填充量、钻杆提管速度、电动机工作电流等。

（5）在施工过程中必须随时检查施工记录和计量记录，并对照规定的施工工艺对每根桩进行质量评定。检查重点是：桩身混合料的配合比、坍落度和提拔钻杆速度（或提拔套管速度）、成孔深度、混合料灌入量等。

（6）提拔钻杆（或套管）的速度必须与泵入混合料的速度相配，遇到饱和砂土和饱和粉土不得停机待料，否则容易产生缩颈或断桩或爆管现象（长螺旋钻孔，管内压混合料成桩施工时，当混凝土泵停止泵灰后应降低拔管速度），而且不同土层中提拔的速度不一样，砂性土、砂质黏土、黏土中提拔的速度为 1.2～1.5m/min，在淤泥质土中应当放慢；当遇到松散饱和粉土、粉细砂或淤泥质土，当桩距较小时宜采取隔桩跳打措施。

（7）施工桩顶标高应高出设计标高 0.5m。当施工作业面高出桩顶设计标高较大时，宜增加混凝土灌注量。

（8）由沉管方法成孔时，应注意新施工桩对已成桩的影响，避免挤桩。

（9）长螺旋钻孔，管内泵压混合料成桩施工时，桩顶标高应低于钻机工作面标高，以避免在机械清理停机面的余土时碰撞桩头造成断桩。

（10）成桩过程中，应按规定留置试块，每台机械、每天班不应少于一组。

（11）冬期施工时，混合料入口温度不得低于5℃，对桩头和桩间土采取保温措施。

（12）清土和截桩时，应采用小型机械或人工剔除等措施，不得造成桩顶标高以下桩身断裂或桩间土扰动。

（13）褥垫层铺设宜采用静力压实法，当基础底面以下桩间土含水量较低时，也可采用动力夯实法，夯实度不应大于0.9。

（14）施工结束后，应对桩顶标高、桩位、桩体质量、地基承载力以及褥垫层的质量做检查。

（15）复合地基检验应在桩体强度符合试验荷载条件时进行，一般宜在施工结束后28d后进行。

2.2.4.2　水泥粉煤灰碎石桩地基质量检验

水泥粉煤灰碎石桩地基为复合地基，桩是主要施工对象，首先应检验桩的质量，检查方法可按现行行业标准《建筑基桩检测技术规范》JGJ 106—2014的规定执行。

水泥粉煤灰碎石桩复合地基质量验收标准和检验方法见表2-8。

水泥粉煤灰碎石桩复合地基质量检验标准与检验方法　　　　　表2-8

项目	序号	检验项目	允许偏差或允许值	检验方法	检验数量
主控项目	1	复合地基承载力	不小于设计值	静载试验	复合地基承载力检验数量不应少于总桩数的0.5%，且不应少于3点。有单桩承载力或桩身强度检验要求时，检验数量不应少于总桩数的0.5%，且不应少于3根
	2	单桩承载力	不小于设计值	静载试验	
	3	桩长	不小于设计值	测桩管长度或用测绳测孔深	
	4	桩径	+50,0(mm)	用钢尺量	
	5	桩身完整性	—	低应变检测	
	6	桩身强度	不小于设计要求	28d试块强度	
一般项目	1	桩位	条基边桩沿轴线 $\leqslant \frac{1}{4}D$	全站仪或用钢尺量，D 为桩径	可按检验批抽样，复合地基中增强体的检验数量不应少于总数的20%
			垂直轴线 $\leqslant \frac{1}{6}D$		
			其他情况 $\leqslant \frac{2}{5}D$		
	2	桩顶标高	±200mm	水准测量，最上部500mm劣质桩体不计入	
	3	桩垂直度	≤1/100	经纬仪测桩管	
	4	混合料坍落度	160～220mm	坍落度仪	
	5	混合料充盈系数	≥1.0	实际灌注量与理论灌注量的比	
	6	褥垫层夯填度	≤0.9	水准测量	

2.2.5 土和灰土挤密桩地基

土和灰土挤密桩地基是在原土中成孔后分层填以素土或灰土，并夯实，使填土压密，同时挤密周围土体，构成坚实的地基。土和灰土挤密桩地基是一种复合地基，桩是主要施工和检验对象。

2.2.5.1 土和灰土挤密桩地基质量控制

1. 原材料质量控制

（1）土料：因地制宜，选择夯填用土料，土料中有机质含量不得超过5%，不得含有冻土或膨胀土。使用前应过筛，其粒径不得大于15mm。

（2）石灰：用作灰土的消石灰应过筛，粒径不宜大于5mm，并不得夹有未熟化的生石灰块和含有过多的水分。

其他要求同灰土基础。

2. 施工过程质量控制

（1）施工前对土及灰土的质量、桩孔放样位置等做检查。

（2）施工前应在现场进行成孔、夯填工艺和挤密效果试验，以确定填料厚度、最优含水量、夯击次数及干密度等施工参数质量标准。

（3）成孔顺序应先外后内，同排桩应间隔施工。

（4）填料含水量如过大或过小，宜预干或预湿处理后再填入。

（5）施工过程中应随时抽查土及灰土的质量，以防发生质量变异。

（6）在施工过程中必须随时检查施工记录和计量记录，并对照规定的施工工艺对每根桩进行质量评定。检查重点是：桩孔直径、桩孔深度、夯击次数、填料的含水量等做检查。

（7）施工结束后，应检验成桩的质量及地基承载力。

2.2.5.2 土和灰土挤密桩地基质量检验

土和灰土挤密桩地基为复合地基，桩是主要施工对象，首先应检验桩的质量，检查方法可按现行行业标准《建筑基桩检测技术规范》JGJ 106—2014的规定执行。

土和灰土挤密桩地基质量检验标准与检验方法见表2-9。

土和灰土挤密桩地基质量检验标准与检验方法　　　　表2-9

项目	序号	检验项目	允许偏差或允许值	检验方法
主控项目	1	桩体及桩间土干密度	设计要求	现场取样检查
	2	桩长	+500mm	测桩管长度或垂球测孔深
	3	地基承载力	设计要求	按规定方法
	4	桩径	−20mm	用钢尺量
一般项目	1	土料有机质含量	≤5%	试验室焙烧法
	2	石灰粒径	≤5mm	筛选法
	3	桩位偏差	满堂布桩≤0.04D 条基布桩≤0.25D	用钢尺量，D为桩径
	4	垂直度	≤1.5%	用经纬仪测桩管
	5	桩径	−20mm	用钢尺量

注：桩径允许偏差负值是指个别断面。

复习思考题

1. 灰土、砂和砂石地基竣工后的地基强度或承载力检验数量是如何确定的？
2. 灰土、砂和砂石地基施工时的压实系数如何检查控制？
3. 试述灰土、砂和砂石地基的施工质量控制要点。
4. 挤密桩地基施工时如何检查回填土料的含水量？
5. 挤密桩地基工程的质量检验标准是什么？
6. 试述水泥搅拌土桩地基质量控制要点。
7. 水泥粉煤灰碎石桩复合地基施工过程质量控制的要点有哪些？
8. 编写土方开挖工程和回填工程的施工技术方案。（提示步骤：①施工准备；②质量要求；③施工工艺；④安全要求。）

质量管理职业活动训练

活动一：地基工程质量验收
1. 分组要求：全班分 6～8 个组，每组 5～7 人。
2. 资料要求：地基（灰土或砂石地基）施工图纸一份，操作场地一块（有条件的可到施工现场或观看详细的影像资料），以及某实际工程的相关资料。
3. 学校要求：学生在老师指导下，①熟悉图纸；②编写施工方案；③按验收规范的验收内容逐一对照进行检查验收。
4. 成果：①填写工程验收记录表和分项工程质量验收记录表；②对照实际工程的施工方案找出自己所编制方案的长处与不足。

活动二：复合地基工程质量验收
1. 分组要求：全班分 3 个组。
2. 资料要求：复合地基（水泥土搅拌桩、CFG 桩、灰土挤密桩）施工图纸一份，有条件的可到施工现场或观看详细的影像资料，以及某实际工程的相关资料。
3. 学习要求：学生在老师指导下，①熟悉图纸；②编写施工方案；③按验收规范的验收内容逐一对照进行检查（或观看影像资料）验收。
4. 成果：①填写工程验收记录表和分项工程质量验收记录表；②对照实际工程的施工方案找出自己所编制方案的长处与不足。

2.3　桩　基　工　程

桩基是一种深基础，桩基一般由设置于土中的桩和承接上部结构的承台组成。

桩基础工程是地基与基础分部工程的子分部工程。根据类型不同，可以划分为静力压桩、预应力离心管桩、钢筋混凝土预制桩、钢桩、钢筋混凝土灌注桩等分项工程。

2.3.1　钢筋混凝土预制桩

钢筋混凝土预制桩是在地面预先制作成形并通过锤击或静压的方法沉至设计标高而

形成的桩，如图 2-1 所示。

2.3.1.1　钢筋混凝土预制桩质量控制

1. 成品桩质量要求

（1）钢筋混凝土预制桩钢筋骨架质量应符合表 2-10 的规定。

（2）采用工厂生产的成品桩时，要有产品合格证书，成品桩在运输过程中容易碰坏，为此，桩进场后应进行外观及尺寸检查。成品桩质量检验标准和检验方法见表 2-10 中的一般项目中的部分内容。

图 2-1　钢筋混凝土预制桩

钢筋混凝土预制桩钢筋骨架质量检验标准　　　　　　　　　　表 2-10

项目	序号	检验项目	允许偏差或允许值（mm）	检验方法
主控项目	1	主筋距桩顶距离	±5	用钢尺量
	2	多节桩锚固钢筋位置	5	用钢尺量
	3	多节桩预埋铁件	±3	用钢尺量
	4	主筋保护层厚度	±5	用钢尺量
一般项目	1	主筋间距	±5	用钢尺量
	2	桩尖中心线	10	用钢尺量
	3	箍筋间距	±20	用钢尺量
	4	桩顶钢筋网片	±10	用钢尺量
	5	多节桩锚固钢筋长度	±10	用钢尺量

2. 施工过程质量控制

（1）做好桩定位放线检查复核工作，施工过程中应对每根桩位复核，桩位的放样允许偏差如下：群桩 20mm；单排桩 10mm。

（2）认真编制和检查钢筋混凝土预制桩的施工技术方案，在施工中选择合适的顺序及打桩速率，特别注意检查当桩距小于 $4d$（d 为桩直径）或桩的规格不同时的沉桩的顺序。布桩密集的基础工程应有必要的措施来减少沉桩的挤土影响。

（3）打桩时，对于桩尖进入坚硬土层的端承桩，以控制贯入度为主，桩尖进入持力层深度或桩尖标高为参考；桩尖位于软土层中的摩擦型桩，应以控制桩尖设计标高为主，贯入度可作为参考。

（4）打桩时，采用重锤低速击桩和软桩垫施工，以减少锤击应力。

（5）打桩时，在已有建、构筑物群中、地下管线和交通道路边施工时，应采取防止造成损坏的措施。

（6）静力压桩法施工时，应事前了解施工现场的工程地质情况和检查桩机设备，确保施工顺利进行。

（7）静力压桩，当桩压至接近设计标高时，不可过早停压，应使压桩一次成功，以免造成压不下或超压现象。

（8）在施工过程中必须随时检查施工记录，并对照规定的施工工艺对每根桩进行质量检查。检查重点是：桩体垂直度、沉桩情况、桩顶完整状况、接桩质量等检查，对电焊接桩，重要工程应做 10% 的焊缝探伤检查。

（9）要保证桩体垂直度，就要认真检查桩机就位情况，保证桩架稳定垂直。在现场应安装测量设备（经纬仪和水准仪），随时观测沉桩的垂直度。

（10）施工机组要在打桩施工记录中详细记录沉桩情况、桩顶完整状况。

（11）接桩时，电焊质量较差，从而接头在锤击过程中易断开，尤其接头对接的两端面不平整，电焊更不容易保证质量，对重要工程做 X 光拍片检查是完全必要的。

（12）硫黄胶泥接桩时宜选用半成品硫黄胶泥，检查浇筑温度在 140～150℃ 范围内。

（13）施工结束后，应对承载力及桩体质量做检验。

（14）混凝土桩的龄期，对抗裂性有影响，这是经过长期试验得出的结果，对长桩或总锤击数超过 500 击的锤击桩，应符合桩体强度及 28d 龄期的双控条件才能锤击。对于短桩，锤击数又不多，满足强度要求一项应是可行的。有些工程进度较急，桩又不是长桩，可以采用蒸养以求短期内达到强度，即可开始沉桩。

2.3.1.2 钢筋混凝土预制桩质量检验

钢筋混凝土预制桩工程质量检验标准与检验方法见表 2-11。

钢筋混凝土预制桩工程质量检验标准与检验方法　　　　　　表 2-11

项目	序号	检验项目		允许偏差或允许值	检验方法	检验数量
主控项目	1	桩体质量检验		按《建筑基桩检测技术规范》JGJ 106—2014	包括桩完整性、裂缝、断桩等，检查检测报告	不少于总桩数的 10%，且不少于 10 根；对设计等级为甲级或地质条件复杂的桩基工程，其抽检数量不应少于总数的 20% 且不得少于 10 根；每个柱子承台不得少于 1 根
	2	桩位偏差（mm）	盖有基础梁的桩： （1）垂直基础梁的中心线 （2）沿基础梁的中心线	100+0.01H 150+0.01H	基坑开挖到设计标高后，放测好轴线，逐桩检查沉桩中心线和设计桩位的偏差。H 为施工现场地面标高与桩顶设计标高的距离	全数检查
			桩数为 1～3 根桩基中的桩	100		
			桩数为 4～16 根桩基中的桩	1/2 桩径或边长		
			桩数大于 16 根桩基中的桩 （1）最外边的桩 （2）中间的桩	1/3 桩径或边长 1/2 桩径或边长		
			斜桩倾斜度的偏差	不得大于倾斜角正切值的 15%	倾斜角为桩的纵向中心线与铅垂线间夹角	
	3	承载力		按《建筑基桩检测技术规范》JGJ 106—2014	检查检测报告	不应少于总桩数的 2%，且不少于 5 根。如采用静荷载试验，数量不少于总桩数的 1%，且不应少于 3 根。总桩数不少于 50 根，为 2 根

项目	序号	检验项目	允许偏差或允许值	检验方法	检验数量
一般项目	1	砂、石、水泥、钢材等原材料（现场预制时）	符合设计要求	查出厂质保文件和抽样送检试验报告	抽查总桩数的20%,且不少于10根
	2	混凝土配合比及强度（现场预制时）	符合设计要求	检查称量及查试块记录	
	3	成品桩外形	表面平整,颜色均匀,掉角深度<10mm,蜂窝面积小于总面积0.5%	观察检查	
	4	成品桩裂缝(收缩裂缝或起吊、装运、堆放引起的裂缝)	深度<20mm,宽度<0.25mm,横向裂缝不超过边长的一半	裂缝测定仪,该项在地下水有侵蚀地区及锤击数超过500击的长桩不适用	
	5	成品桩尺寸:横截面边长 桩顶对角线差 桩尖中心线 桩身弯曲矢高 桩顶平整度	±5mm <10mm <10mm <l/1000 <2mm	用钢尺量 用钢尺量 用钢尺量 用钢尺量,l为桩长 用水平尺量	
	6	电焊接桩 焊缝质量：上下节端部错口： 外径≥700mm 外径≤700mm 焊缝咬边深度 焊缝加强层高度 焊缝加强层宽度	≤3mm ≤2mm ≤0.5mm 2mm 2mm	焊缝检测仪 焊缝检测仪 焊缝检测仪 钢尺量测,查施工记录 钢尺量测,查施工记录	
		焊缝电焊质量外观	无气孔、无焊瘤及裂缝	目测法直观检查	
		焊缝探伤检验	符合设计要求	现场观测量测和探伤检测	
		电焊结束后停歇时间	>1.0min	秒表测定	
		上下节平面偏差	<10mm	钢尺现场量测	
		节点弯曲矢高	<1/1000L	钢尺量测,L为两节桩长	
	7	硫磺胶泥接桩 胶泥浇注时间	<2min	秒表测定	全数检查
		浇筑停歇时间	>7min	秒表测定	
	8	桩顶标高	±50mm	现场水准仪测定	抽查总桩数的20%
	9	停锤标准	符合设计要求	现场实测或检查沉桩记录	

070

2.3.2　钢筋混凝土灌注桩

灌注桩是直接在桩位上就地成孔，然后在孔内安放钢筋笼，灌注混凝土而成，如图 2-2 所示。

图 2-2　灌注桩钢筋笼

2.3.2.1　钢筋混凝土灌注桩质量控制

1. 原材料质量控制

（1）粗骨料：应采用质地坚硬的卵石、碎石，其粒径宜用 5～40mm 连续级配。含泥量不大于 2％，无垃圾及杂物。

（2）细骨料：应选用质地坚硬的中砂，含泥量不大于 3％，无有机物、垃圾、泥块等杂物。

（3）水泥：宜用强度等级为 42.5 级及以上的硅酸盐水泥或普通硅酸盐水泥，使用前必须有出厂质量证明书和水泥现场取样复试试验报告，合格后方准使用。

（4）钢筋：应具有出厂质量证明书和钢筋现场取样复试试验报告，合格后方准使用。

（5）拌合用水：一般饮用水或洁净的自然水。

（6）混凝土配合比：用现场材料和设计要求强度，经试验室试配后出具的混凝土配合比。

2. 施工过程质量控制

（1）施工前，施工单位和建设单位要认真熟悉设计图纸及有关施工、验收规范，核查地质和有关灌注桩方面的资料并及时编制专项施工方案和监理实施细则。

（2）每一施工过程开始前，施工单位应当逐级做好安全技术交底并履行签字手续。

（3）施工时应首先做好测量放线工作，施工过程中应对每根桩的位置进行复查，以确保桩位准确。

（4）正式施工前，应"进行试成孔"以确定灌注桩成孔的施工工艺及其工艺参数。

（5）确保桩位、桩顶标高和成孔深度。在护筒定位后及时复核护筒的位置，严格控制护筒中心与桩位中心线偏差不大于 50mm，并认真检查回填土是否密实，以防钻孔过程中发生漏浆的现象。

（6）钢筋笼制作质量和吊放。钢筋笼制作前首先要检查钢材的质保资料，检查合格后再按设计和施工规范要求验收钢筋的直径、长度、规格、数量和制作质量。在验收中还要特别注意钢筋笼吊环长度能否使钢筋准确地吊放在设计标高上。在钢筋笼吊放过程中，应逐节验收钢筋笼的连接焊缝质量，对质量不符合规范要求的焊缝、焊口则要进行补焊。同时，要注意钢筋笼能否顺利下放，沉放时不能碰撞孔壁；当吊放受阻时，不能加压强行下放。

（7）灌注水下混凝土前泥浆的制备和第二次清孔。清孔则是利用适当相对密度和黏度的泥浆在流动时所具有的动能冲击桩孔底部的沉渣，使沉渣中的岩粒、砂粒等处于悬浮状态，再利用泥浆胶体的粘结力使悬浮着的沉渣随着泥浆的循环流动被带出桩孔，最终将桩孔内的沉渣清干净，施工时应严格控制泥浆的相对密度和黏度。

（8）为防止发生断桩、夹泥、堵管等现象，在混凝土灌注时应加强对混凝土搅拌时间和混凝土坍落度的控制，并随时了解混凝土面的标高和导管的埋入深度。导管在混凝土面的埋置深度一般宜保持在2～4m，不宜大于5m和小于1m，严禁把导管底端提出混凝土面。在施工过程中，要控制好灌注工艺和操作，抽动导管使混凝土面上升的力度要适中，保证有程序地拔管和连续灌注，升降的幅度不能过大，如大幅度抽拔导管则容易造成混凝土体冲刷孔壁，导致孔壁下坠或坍落，桩身夹泥，这种现象尤其在砂层厚的地方比较容易发生。

（9）灌注过程中，应认真做好灌注原始记录，并及时分析整理。

（10）施工中要做到施工质量四检测：自检、互检、专检和抽检。

（11）做好各种施工记录，施工日记及其他施工管理台账。

2.3.2.2　钢筋混凝土灌注桩质量检验

（1）灌注桩钢筋笼质量检验标准与检验方法见表2-12。

灌注桩钢筋笼质量检验标准与检验方法　　　　表2-12

项目	序号	检验项目	允许偏差(mm)	检验方法	检验数量
主控项目	1	主筋间距	±10	现场钢尺量测笼顶、笼中、笼底三个断面	每个桩均全数检查
	2	长度	±100	现场钢尺量每节钢筋笼长度（以最短一根主筋为准）相加减去(n−1)×主筋搭接长度	每个桩均全数检查
一般项目	1	钢筋材质检验	符合设计要求	抽样送检，查质保书及试验报告	见相关规范要求
	2	箍筋间距	±20	现场钢尺量连续三挡，取最大值，每个钢筋笼抽检笼顶、底1m范围和笼中部三处	抽查桩总数的20%
	3	直径	±10	现场钢尺量测笼顶、笼中、笼底三个断面，每个断面量两个垂直相交直径	抽查桩总数的20%
	4	主筋保护层厚度	±20 ±10	水下导管灌注混凝土 非水下灌注混凝土	抽查桩总数的20%

（2）灌注桩的平面位置和垂直度的允许偏差应符合表2-13的规定。

灌注桩的平面位置和垂直度的允许偏差　　　　表2-13

序号	成孔方法		桩径允许偏差(mm)	垂直度允许偏差	桩位允许偏差(mm)
1	泥浆护壁钻孔桩	D<1000mm	≥0	≤1/100	≤70+0.01H
		D≥1000mm			≤100+0.01H
2	套管成孔灌注桩	D<500mm	≥0	≤1/100	≤70+0.01H
		D≥500mm			≤100+0.01H
3	干成孔灌注桩		≥0	≤1/100	≤70+0.01H
4	人工挖孔桩			≤1/200	≤50+0.005H

（3）灌注桩质量检验标准与检验方法见表2-14。

灌注桩质量检验标准与检验方法　　　　　　　　表 2-14

项目	序号	检验项目		允许偏差或允许值	检验方法	检验数量
主控项目	1	承载力		不小于设计值	静载试验	设计等级为甲级或地质条件复杂时,应采用静载试验的方法对桩基承载力进行检验,检验桩数不应少于总桩数的 1%,且不应少于 3 根,当总桩数少于 50 根时,不应少于 2 根。在有经验和对比资料的地区,设计等级为乙级、丙级的桩基可采用高应变法对桩基进行竖向抗压承载力检测,检测数量不应少于总桩数的 5%,且不应少于 10 根
	2	孔深		不小于设计值	用测绳或井径仪测量	每个桩均全数检查
	3	桩身完整性		—	钻芯法、低应变法、声波透射法	工程桩的桩身完整性的抽检数量不应少于总桩数的 20%,且不应少于 10 根。每根柱子承台下的桩抽检数量不应少于 1 根
	4	混凝土强度		不小于设计值	28d 试块强度或钻芯法	灌注桩混凝土强度检验的试件应在施工现场随机抽取。来自同一搅拌站的混凝土,每浇筑 $50m^3$ 必须至少留置 1 组试件;当混凝土浇筑量不足 $50m^3$ 时,每连续浇筑 12h 必须至少留置 1 组试件。对单柱单桩,每根桩应至少留置 1 组试件
一般项目	1	垂直度		见表 2-13	用超声波或井径仪测量	除第 3 项混凝土坍落度的检测按 $50m^3$ 一次或一根桩或一台班不少于一次进行外,其于项目均为全数检查
	2	桩位		见表 2-13	全站仪或用钢尺量,开挖前量护筒,开挖后量桩中心	
	3	混凝土坍落度	干作业	90～150mm	坍落度仪	
			水下	180～220mm		
	4	泥浆面标高(高于地下水位)		0.5～1.0m	目测法	
	5	泥浆指标	相对密度(黏土或砂性土中)	1.10～1.25	用比重计测,清孔后在距孔底 500mm 处取样	
			含砂率	≤8%	细砂瓶	
			黏度	18～28s	黏度计	
	6	沉渣厚度	端承桩	≤50mm	用沉渣仪或重锤测	
			摩擦桩	≤150mm		
	7	混凝土充盈系数		≥1.0	实际灌注量与计算灌注量的比	
	8	桩顶标高		+30mm −50mm	水准测量,需扣除桩顶浮浆层及劣质桩体	

073

复习思考题

1. 钢筋混凝土预制桩桩体质量检验数量如何确定？
2. 钢筋混凝土预制桩施工过程质量控制的要点是什么？
3. 钢筋混凝土灌注桩如何检查成孔的质量？
4. 钢筋混凝土灌注桩的钢筋笼的质量检验标准是什么？
5. 钢筋混凝土灌注桩的质量检验标准和检验方法是什么？
6. 某高层住宅，地上部分33层，分A、B两个塔楼，地下部分两层，并附带有裙楼，裙楼为地上二层，地下二层。主楼建筑面积 66810.34m²，裙楼建筑面积 12184.60m²，总建筑面积 78994.94m²。主楼地基为泥浆护壁成孔灌注桩地基，基础为筏形基础，主体为剪力墙结构。地下室层高3.90m、4.2m，1～33层每层高2.90m，电梯机房层层高2.7m，室内外高差1.2m，檐口标高95.7m，楼顶标高98.4m，单个塔楼南北向长为33.20m，东西向长为33.80m。裙楼地基为泥浆护壁成孔灌注桩（摩擦型）地基，基础为独立基础，主体为框架结构，层高3.9m、4.2m，檐口标高6.00m，长度66.50m。

主楼墙下布桩，单楼182根，桩径700mm，桩长要求不低于18m且深入中风化岩层700mm，间距2.1m，裙楼每个独立基础下两根桩，共172根，桩径700mm，桩长16m，混凝土强度等级C30，现场搅拌混凝土。

请回答如下问题：

(1) 泥浆护壁成孔灌注桩的材料质量有何要求？如何控制？
(2) 泥浆护壁成孔灌注桩施工过程质量控制要点是什么？
(3) 本工程如何进行泥浆护壁成孔灌注桩承载力的质量检验？
(4) 本工程如何进行泥浆护壁成孔灌注桩桩身完整性的质量检验？
(5) 本工程如何进行泥浆护壁成孔灌注桩桩身混凝土的质量检验？
(6) 本工程如何进行泥浆护壁成孔灌注桩其他的质量检验？
(7) 本工程需要提供哪些质量记录？

质量管理职业活动训练

活动一：钢筋混凝土预制桩打桩工程质量验收

1. 分组要求：全班分3个组。
2. 资料要求：基础施工图纸一份，详细的影像资料（有条件的可到施工现场），以及某实际工程的相关资料。
3. 学习要求：学生在老师指导下，①熟悉图纸；②编写施工方案；③按验收规范的验收内容逐一对照进行检查（或观看影像资料）验收。
4. 成果：①填写质量验收记录表；②对照实际工程的施工方案找出自己所编制方案的长处与不足。

活动二：钢筋混凝土灌注桩工程质量验收

1. 分组要求：全班分3个组。
2. 资料要求：基础施工图纸一份，详细的影像资料（有条件的可到施工现场），以及某实际工程的相关资料。
3. 学习要求：学生在老师指导下，①熟悉图纸；②编写施工方案；③按验收规范的验收内容逐一对照进行检查（或观看影像资料）验收。
4. 成果：①填写质量验收记录表；②对照实际工程的施工方案找出自己所编制方案的长处与不足。

2.4　地下防水工程

地下防水工程是地基与基础分部工程的子分部工程。根据地下防水工程的类型不同，地下防水工程可以划分为防水混凝土、水泥砂浆防水层、卷材防水层、涂料防水层、细部构造等分项工程。

2.4.1　防水混凝土工程

1. 原材料质量控制

（1）水泥：水泥品种应按设计要求选择（宜采用普通硅酸盐水泥或硅酸盐水泥，采用其他品种水泥时应经试验确定），不得使用过期或结块水泥；不得将不同品种的或强度等级不同的水泥混合使用；在受侵蚀性介质作用时，应按介质的性质选择相应的水泥品种。

（2）骨料：石子采用碎石或卵石，粒径宜为 5～40mm，含泥量不应大于 1.0%，泥块含量不宜大于 0.5%。砂宜用中粗砂，含泥量不应大于 3.0%，泥块含量不宜大于 1.0%；不宜采用海砂，在没有条件使用河沙时，应对海砂进行处理后才能使用，且控制氯离子含量不宜大于 0.06%。对长期处于潮湿环境中的结构混凝土用砂、石应进行碱活性检验。

（3）水：应使用饮用水或不含有害物质的洁净水。

（4）外加剂：应根据粗细骨料级配、抗渗等级要求等具体情况而定，外加剂的技术性能应符合国家或行业标准一等品及以上的质量要求。

2. 施工过程质量控制

（1）配合比控制：施工配合比应通过试验确定，抗渗等级应比设计要求试配要求提高一级（0.2MPa）。

（2）技术指标控制：混凝土胶凝材料总量不宜小于 320kg/m^3，其中水泥用量不得少于 260kg/m^3；粉煤灰掺量宜为混凝土胶凝材料总量的 20%～30%，硅粉的掺量宜为胶凝材料总量的 2%～5%；砂率宜为 35%～40%，泵送时可增至 45%，灰砂比宜为 1：1.5～1：2.5。水胶比不得大于 0.50，有侵蚀性介质时水胶比不宜大于 0.45%；防水混凝土采用预拌混凝土时入泵坍落度宜控制在 120～160mm。坍落度每小时损失不应大于 20mm，坍落度总损失不应大于 40mm。

（3）坍落度控制：混凝土浇筑地点的坍落度检验，每工作班应不少于 2 次，其允许偏差应符合表 2-15 的规定。

（4）防水混凝土的搅拌时间：防水混凝土应用机械搅拌，搅拌时间不应少于 2min。掺外加剂的应根据外加剂的技术要求确定搅拌时间。

混凝土坍落度允许偏差（mm）　　　　　　　表 2-15

要求坍落度	允许偏差	要求坍落度	允许偏差
≤40	±10	≥90	±20
50～90	±15		

（5）防水混凝土的振捣必须采用机械振捣，振捣时间宜为 10～30s，以开始泛浆、不冒泡为准，应避免漏振、欠振和过振。

（6）防水混凝土应连续浇筑，宜少留施工缝，当留设施工缝时，其防水构造形式应符合防水技术规范的规定，并遵守下列规定：

① 底板不得留施工缝，顶板不宜留施工缝。

② 墙板不宜留设垂直施工缝，如必须要留设，应避开地下水和裂隙水较多地段，并宜与变形缝相结合。

③ 墙板的水平施工缝不应留在剪力与弯矩最大处或底板与侧墙板的交接处，应高出底板面 300mm 的墙体上。当墙体有预留孔洞时，施工缝距孔洞边不应小于 300mm。

（7）施工缝的施工应符合下列规定：

① 水平施工缝浇灌混凝土前，应将表面浮浆和杂物清除，先铺净浆，再铺 1∶1 水泥砂浆或涂刷混凝土界面处理剂，并及时浇灌混凝土。

② 垂直施工缝浇灌前，应将其表面清理干净，可以先对基面凿毛（每平方米＞300 点）并涂刷水泥净浆或混凝土界面处理剂，并及时浇灌混凝土。

③ 选用遇水膨胀止水条应具有缓胀性能，不论是涂刷缓膨胀剂还是制成缓膨胀型的，其 7d 的膨胀率应不大于最终膨胀率的 60%。

④ 采用中埋式止水带时，应确保位置正确固定牢靠。钢板止水带宜镀锌处理。

⑤ 遇水膨胀止水条应牢固地安装在缝表面或预留槽内。

（8）防水混凝土试块的留置试件应在浇筑地点制作，采用标准条件下养护混凝土抗渗试件；每连续浇筑 500m³ 应留置一组（一组为 6 个试件），且每项工程不得少于两组。采用预拌混凝土的抗渗试件留置组数，视结构的规模要求而定。

（9）防水混凝土终凝后立即进行养护，养护时间不少于 14d，始终保持混凝土表面湿润，顶板、底板尽可能蓄水养护，侧墙应淋水养护，并应遮盖湿土工布，夏冬谨防太阳直晒。

（10）大体积混凝土应采取措施，防止干缩、温差等产生的裂缝，应采取以下措施：

① 在设计许可的情况下，可采用混凝土 60d 或 90d 强度作为设计强度。

② 采用低热或中热水泥，掺加粉煤灰、磨细矿渣粉等掺合料。

③ 掺入减水剂、缓凝剂、膨胀剂等外加剂。

④ 在炎热季节施工时，应采取降低原材料温度、减少混凝土运输时吸收外界热量等降温措施。

⑤ 混凝土内部预埋管道，进行水冷散热。

⑥ 应采取保温保湿养护。混凝土中心温度与表面温度的差值不应大于 25℃，混凝土表面温度与大气温度的差不应大于 25℃。养护时间不应小于 14d。

3. 防水混凝土工程质量检验

（1）防水混凝土施工质量检验数量

按混凝土外露面积每 $100m^2$ 抽查 1 处，每处 $10m^2$，且不得少于 3 处，细部构造全数检查。连续浇筑混凝土 $500\ m^3$ 应留一组抗渗试件（6 个试件），且每项工程不得少于两组。采用预拌混凝土的抗渗试件留置组数，视结构的规模要求而定。配合比和坍落度每工作班检查应不少于 2 次。

（2）防水混凝土质量检验标准与检验方法见表 2-16。

表 2-16

防水混凝土质量检验标准与检验方法

项目	序号	检验项目	允许偏差或允许值	检验方法
主控项目	1	原材料、配合比及坍落度	符合设计要求	检查出厂合格证、质量检验报告、计量措施和现场抽样试验报告
	2	抗压强度和抗渗压力	符合设计要求	检查混凝土抗压、抗渗试验报告
	3	变形缝、施工缝、后浇带、穿墙管道、埋设件等设置及构造	符合设计要求	观察检查和检查隐蔽工程验收记录
一般项目	1	防水混凝土结构表面	应坚实、平整，不得有露筋蜂窝等缺陷	观察和尺量检查
		埋设件位置	正确	
	2	防水混凝土结构表面的裂缝宽度	≤0.2mm 并不得贯通	用刻度放大镜检查
	3	防水混凝土结构厚度不应小于 250mm	+8mm −5mm	尺量检查和检查隐蔽工程验收记录
		迎水面钢筋保护层厚度不应小于 50mm	±5mm	

2.4.2 水泥砂浆防水层

水泥砂浆防水层就是在混凝土或砌体结构的基层上采用多层涂抹水泥砂浆形成的防水层，为刚性防水层，分普通水泥砂浆防水层和掺外加剂、掺合料、聚合物水泥砂浆防水层。

1. 原材料质量控制

（1）应采用强度等级不低于 42.5 级的普通硅酸盐水泥、硅酸盐水泥、特种水泥，严禁使用过期或受潮结块水泥，不同品种的水泥不能混用。

（2）砂宜采用中砂，粒径 3mm 以下，含泥量不大于 1%，硫化物和硫酸盐含量不大于 1%。

（3）拌制水泥砂浆所用的水，应符合《混凝土用水标准》JGJ 63—2006 的规定。

（4）聚合物乳液：外观应无颗粒、异物和凝固物，固体含量应大于 35%，宜选用专用产品。

（5）外加剂的技术性能应符合国家或行业产品标准一等品以上的质量要求。

2. 施工过程质量控制

（1）基层处理

水泥砂浆防水层的基层质量至关重要，其质量应符合下列要求：

1）水泥砂浆铺抹前，基层的混凝土和砌筑砂浆强度应不低于设计值的80％。

2）基层表面应坚实、平整、粗糙、洁净，并充分湿润，无积水。

3）基层表面的孔洞、缝隙应用与防水层相同的砂浆填塞抹平。

4）施工前应将预埋件、穿墙管预留凹槽内嵌填密封材料后，再施工防水砂浆层。

（2）配合比

1）普通水泥砂浆防水层（五边涂抹法）的配合比应符合设计要求，当设计无具体要求时应按表2-17选用。

普通水泥砂浆防水层（五边涂抹法）的配合比　　　　表2-17

名称	配合比（质量比）		水灰比	适用范围
	水泥	砂		
水泥砂浆	1	—	0.55～0.60	水泥砂浆防水层的第一层
水泥砂浆	1	—	0.37～0.40	水泥砂浆防水层的第三、五层
水泥砂浆	1	1.5～2.0	0.40～0.50	水泥砂浆防水层的第二、四层

2）掺外加剂、掺合料、聚合物水泥砂浆的配合比应符合所掺材料的规定。

（3）施工

水泥砂浆防水层施工应符合下列要求：

1）应分层铺抹或喷涂，铺抹时应压实、抹平，最后一层表面应提浆压光。

2）聚合物水泥砂浆拌合后应在1h内用完，且施工中不得任意加水。

3）防水层各层应紧密贴合，每层宜连续施工，施工缝是水泥砂浆防水层的薄弱部位，若必须留槎时，应采用阶梯坡形槎，但离开阴阳角处不得小于200mm；接槎应依层次顺序操作，层层搭接紧密。防水层的阴阳角处应做成圆弧形，圆弧半径一般阳角10mm，阴角50mm。

4）水泥砂浆防水层不宜在雨天及五级以上大风中施工。冬期施工时，气温不应低于0℃，且基层表面温度应保持0℃以上。夏季施工时，不应在35℃以上或烈日照射下施工。

5）水泥砂浆防水层及时养护可以避免水泥砂浆防水层因早期脱水而产生裂缝导致的渗水。

普通水泥砂浆终凝后（约12～24h）应及时进行养护，养护温度不宜低于5℃，养护时间不得少于14d，养护期间保持湿润。

聚合物水泥砂浆防水层未达到硬化状态时，不得浇水养护或直接受雨水冲刷，硬化后应采用干湿交替的养护方法，早期（硬化后7d）采用潮湿养护，后期采用自然养护；在潮湿环境中，可在自然条件下养护。

使用特种水泥、外加剂、掺合料的水泥砂浆，养护应按产品有关规定执行。

3. 水泥砂浆防水层质量检验

水泥砂浆防水层施工质量检验标准与检验方法见表2-18。

水泥砂浆防水层施工质量检验标准与检验方法 表 2-18

项目	序号	检验项目	检验标准	检验方法	检验数量
主控项目	1	原材料、配合比	符合设计要求	检查出厂合格证、质量检验报告、计量措施和现场抽样试验报告	按水泥砂浆防水层施工面积每 100m² 抽查 1 处，每处 10m²，且不得少于 3 处。水泥砂浆防水层的配合比，每工作班至少检查 2 次
	2	水泥砂浆防水层各层的连接	必须结合牢固，无空鼓现象	观察检查和小锤轻击检查	
一般项目	1	防水砂浆防水表面	应密实、平整，不得有裂纹、起砂、麻面等缺陷	观察	
	2	阴阳角处	应做成圆弧形		
	3	水泥砂浆防水层施工缝留槎位置	应正确，接槎应按层次顺序操作，层层槎接紧密	观察和检查隐蔽工程验收记录	
	4	水泥砂浆防水层的平均厚度	应符合设计要求，最小厚度不得小于设计值的 85%	观察和尺量检查	

2.4.3 卷材防水层

卷材防水层一般采用高聚物改性沥青防水卷材和合成高分子防水卷材，利用胶粘剂等配套材料粘结在一起，在建筑物地下室外围（结构主体底板垫层至墙体顶端）形成封闭的防水层（图 2-3），适用于受侵蚀性介质或受振动作用的地下工程主体迎水面的防水层。

图 2-3 卷材防水层

1. 原材料质量控制

卷材防水层应选用高聚物改性沥青类或合成高分子类防水卷材，并符合下列规定：

（1）卷材外观质量、品种规格应符合现行国家标准或行业标准；卷材及其胶粘剂应具有良好的耐水性、耐久性、耐刺穿性、耐腐蚀性和耐菌性；防水卷材及配套材料的主要性能应符合本节第一部分中的相关要求。

（2）所选用的基层处理剂、胶粘剂、密封材料等配套材料，均应与铺贴的卷材材性相容。

卷材及胶粘剂种类繁多、性能各异，胶粘剂有溶剂型、水乳型、单组分、多组分等，各类不同的卷材都应有与其配套（相容）的胶粘剂及其他辅助材料。不同种类卷材的配套材料不能相互混用，否则有可能发生腐蚀侵害或达不到粘结质量标准。

（3）材料进场应提供质量证明文件，并按规定现场随机取样进行复检，复检合格方可用于工程。

2. 施工过程质量控制

（1）为确保地下工程在防水层合理使用年限内不发生渗漏，除卷材的材性材质因素外，卷材的厚度应是最重要的因素。卷材厚度由设计确定，当设计无具体要求时，防水卷材厚度选用应符合表 2-19 的规定。

防水卷材厚度　　　　　　　　　　　　　　　表 2-19

防水等级	设防道数	合成分子防水卷材	高聚物改性沥青防水卷材
1 级	三道或三道以上设防	单层：不应小于 1.5mm； 双层：每层不应小于 1.2mm	单层：不应小于 4mm； 双层：每层不应小于 3mm
2 级	二道设防		
3 级	一道设防	不应小于 1.5mm	不应小于 4mm
	复合设防	不应小于 1.2mm	不应小于 3mm

（2）卷材防水层的基层应平整牢固、清洁干燥，无起砂、空鼓等缺陷。

（3）铺贴前应在基层上涂刷基层处理剂，目前大部分合成高分子卷材只能采用冷粘法、自粘法铺贴，为保证其在较潮湿基面上的粘结质量，当基面较潮湿时，应涂刷湿固化型胶粘剂或潮湿界面隔离剂。可采用喷涂或涂刷法施工，喷涂应均匀一致、不露底，待表面干燥后方可铺贴卷材。

（4）基层阴阳角处应做成圆弧或 45℃（135℃）折角，在转角处、阴阳角等特殊部位，应增贴 1～2 层相同的卷材，宽度不宜小于 500mm。

（5）建筑工程地下防水的卷材铺贴方法，主要采用冷粘法和热熔法。底板垫层混凝土平面部位的卷材宜采用空铺法、点粘法或条粘法，其他与混凝土结构相接触的部位应采用满铺法。两幅卷材短边和长边的搭接宽度均不应小于 100mm。采用多层卷材时，上下两层和相邻两幅卷材的接缝应错开 1/3 幅宽，且两层卷材不得相互垂直铺贴。

（6）冷粘法铺贴卷材的施工，胶粘剂的涂刷对保证卷材防水施工质量关系极大，应符合下列规定：

① 胶粘剂涂刷应均匀，不露底，不堆积；

② 铺贴卷材时应控制胶粘剂涂刷与卷材铺贴的间隔时间，排除卷材下面的空气，并辊压粘结牢固，不得有空鼓；

③ 铺贴卷材应平整、顺直，搭接尺寸正确，不得有扭曲、皱褶；

④ 接缝口应用密封材料封严，其宽度不应小于 10mm。

（7）热熔法铺贴卷材的施工，加热是关键，应符合下列规定：

① 火焰加热器加热卷材应均匀，不得过分加热或烧穿卷材；厚度小于 3mm 的高聚物改性沥青防水卷材，严禁采用热熔法施工；

② 卷材表面热熔后应立即滚铺卷材，排除卷材下面的空气，并辊压粘结牢固，不得有空鼓、皱折；

③ 滚铺卷材时接缝部位必须溢出沥青热熔胶，并应随即刮封接使接缝粘结严密；

④ 铺贴后的卷材应平整、顺直，搭接尺寸正确，不得有扭曲。

（8）卷材防水层完工并经验收合格后应及时做保护层，防止防水层被破坏。保护层应符合下列规定：

① 顶板卷材防水层上的细石混凝土保护层厚度不应小于 70mm，防水层为单层卷材时，在防水层与保护层之间应设置隔离层；

② 底板卷材防水层上的细石混凝土保护层厚度应大于 50mm；

③ 侧墙宜采用聚苯乙烯泡沫塑料保护层，或砌砖保护墙（边砌边填实）和铺抹 30mm 厚的 1∶3 水泥砂浆。

（9）基础底板防水层施工应留足与墙体防水卷材的搭接长度，并注意采取保护措施防止破损。

（10）铺贴卷材严禁在雨天、雪天施工；五级风及其以上时不得施工；冷粘法施工气温不宜低于 5℃，热熔法施工气温不宜低于－10℃。

3. 卷材防水层质量检验

卷材防水层施工质量检验标准与检验方法见表 2-20。

卷材防水层施工质量检验标准与检验方法　　　表 2-20

项目	序号	检验项目		检验标准	检验方法	检验数量
主控项目	1	卷材防水层所用卷材及其配套材料		符合设计要求	检查产品合格证、性能检测报告和材料进场检验报告	按铺贴卷材面积每 100m² 抽查 1 处，每处 10m²，且不少于 3 处
	2	防水层在转角处、变形缝、施工缝、穿墙管等部位做法		符合设计要求	观察检查和检查隐蔽验收记录	
一般项目	1	搭接缝		应粘贴或焊接牢固，密封严密，不得有扭曲、折皱、翘边和起泡等缺陷	观察检查	
	2	采用外防外贴法铺贴卷材防水层时，立面卷材接茬的搭接宽度	高聚物改性沥青类卷材	150mm	观察和尺量检查	
			合成高分子类卷材	100mm		
			上层卷材与下层卷材	应盖过		
	3	侧墙卷材防水层的保护层与防水层		应结合紧密，保护层厚度应符合设计要求		
	4	卷材搭接宽度		－10mm		

2.4.4　涂料防水层

涂料防水层一般采用防水涂料涂刷成膜，在建筑物地下室外围（结构主体底板垫层至墙体顶端）形成封闭的防水层。适用于受侵蚀性介质或受振动作用的混凝土结构或砌体结构迎水面或被水面的涂刷，防水涂料主要有反应型、水乳型、聚合物水泥防水涂料或水泥基、水泥基渗透结晶型防水涂料。

1. 原材料质量控制

地下结构属长期浸水部位，涂料防水层所选用的涂料应符合下列规定：

（1）具有良好的耐水性、耐久性、耐腐蚀性及耐菌性。

（2）无毒、难燃、低污染。

（3）无机防水涂料应具有良好的湿干粘结性、耐磨性和抗刺穿性；有机防水涂料应具有较好的延伸性及较大适应基层变形能力。

（4）防水涂料及配套材料的主要性能应符合要求。

2. 施工过程质量控制

（1）涂刷时应严格控制涂膜厚度。

涂刷的防水涂料固化后形成有一定厚度的涂膜，如果涂膜厚度太薄就起不到防水作用且很难达到合理使用年限的要求，涂膜厚度由设计确定，设计无要求时各类防水涂料的涂膜厚度按表 2-21 规定选用。

防水涂料涂膜厚度（mm）　　　　　　　　　　　　　　　表 2-21

防水等级	设防道数	有机涂料			无机涂料	
		反应型	水乳型	聚合物型	水泥基	水泥基渗透结晶型
1级	三道或三道以上设防	1.2～2.0	1.2～1.5	1.5～2.0	1.5～2.0	≥0.8
2级	二道设防	1.2～2.0	1.2～1.5	1.5～2.0	1.5～2.0	≥0.8
3级	一道设防	—	—	≥2.0	≥2.0	—
	复合设防	—	—	≥1.5	≥1.5	—

（2）涂刷施工前，基层表面的气孔、凹凸不平、蜂窝、缝隙、起砂等，应修补处理，基面必须干净、无浮浆、无水珠、不渗水。

（3）涂料施工前，基层阴阳角应做成圆弧形（阴角直径宜大于 50mm，阳角直径宜大于 10mm）；涂料施工前应先对阴阳角、预埋件、穿墙管道等部位进行密封或加强处理。

（4）涂料涂刷前应先在基面上涂一层与涂料相容的基层处理剂。

（5）涂膜应多遍完成，遍数越多对成膜的密实度越好；每遍涂刷应均匀，不得有露底、漏涂和堆积现象。多遍涂刷时，应待涂层干燥成膜后方可涂刷后一遍涂料；两涂层施工间隔时间不宜过长，否则会形成分层。

（6）每遍涂刷时应交替改变涂刷方向，同层涂膜的先后搭槎宽度宜为 30～50mm。

（7）涂料防水层的施工缝（甩槎）应注意保护，搭接缝宽度应大于100mm，接涂前应将其甩槎表面处理干净。

（8）涂刷程序应先做转角处、穿墙管道、变形缝等部位的涂料加强层，后进行大面积涂刷。

（9）涂料防水层中铺贴的胎体增强材料时，应使胎体层充分浸透防水涂料，不得有白槎及褶皱，同层相邻的搭接宽度应大于100mm，上下层接缝应错开1/3幅宽。

（10）防水涂料的配制及施工，必须严格按涂料的技术要求进行。

（11）有机防水涂料完工并经验收合格后应及时做保护层，防止防水层被破坏。保护层应符合下列规定：

① 底板、顶板应采用20mm厚1∶2.5水泥砂浆层或40～50mm厚的细石混凝土保护，顶板的细石混凝土保护层与防水层之间宜设置隔离层；

② 侧墙背水面应采用20mm厚1∶2.5水泥砂浆层保护；

③ 侧墙迎水面宜采用聚苯乙烯泡沫塑料保护层，或砌砖保护墙（边砌过填实）和铺抹30mm厚的1∶2.5水泥砂浆，侧墙选用软保护层或20mm厚1∶2.5水泥砂浆层保护。

3. 涂料防水层质量检验

涂料防水层施工质量检验标准与检验方法见表2-22。

涂料防水层施工质量检验标准与检验方法　　　　表2-22

项目	序号	检验项目	检验标准	检验方法	检验数量
主控项目	1	涂料防水层所用的材料及配合比	符合产品标准和设计要求	检查出厂合格证、性能检测报告、计量措施和材料进场检验报告	按涂料防水层面积每100m²抽查1处，每处10m²，且不少于3处
	2	涂料防水层的平均厚度和最小厚度	平均厚度符合设计要求，最小厚度不得低于设计厚度的90%	针测法检测	
	3	涂料防水层在转角处、变形缝、施工缝、穿墙管等部位做法	符合设计要求	观察检查和检查隐蔽验收记录	
一般项目	1	涂料防水层应与基层粘结	牢固、涂刷均匀，不得流淌、鼓泡、露槎		
	2	涂层间夹铺胎体增强材料	防水涂料浸透胎体覆盖完全，不得有胎体外露现象	观察检查	
	3	侧墙涂料防水层的保护层与防水层	粘接牢固，结合紧密，保护层厚度应符合设计要求		

复习思考题

1. 防水混凝土的抗渗能力如何检查？

2. 卷材防水层的施工过程的质量控制的要点是什么？

3. 涂料防水施工质量检验标准与检验方法的基本内容有哪些？

4. 卷材防水层的施工过程的质量控制的要点是什么？

5. 涂料防水施工质量检验标准与检验方法的基本内容有哪些？

6. 防水砂浆有哪几类？

7. 某通信枢纽楼长 76.20m，宽 29.3m，结构形式为框架地上五层、地下一层，局部六层，地下一层层高 3.60m，一、五层层高 4.30m，二、三、四层层高为 4.60m，总高度 23.00m。建筑面积为 12254.80m^2。基础采用有梁式筏片基础，混凝土强度等级为 C35。地下部分墙身防水等级为二级，混凝土抗渗等级 P8、氯化聚乙烯防水卷材、防水砂浆三道防水设防。

请回答如下问题：

（1）防水材料质量检查控制的要点和内容是什么？

（2）施工中如何确保防水工程的质量？

（3）混凝土抗渗等级应该如何检查？

（4）该工程防水工程的质量检验内容包含哪几部分？具体内容有哪些？

（5）普通防水砂浆五遍做法各层配比有何要求，施工中质量控制的要点是什么？

质量管理职业活动训练

活动：地下防水工程质量验收

1. 分组要求：全班分 3 个组。

2. 资料要求：基础施工图纸一份，详细的影像资料（有条件的可到施工现场），以及某实际工程的相关资料。

3. 学习要求：学生在老师指导下，①熟悉图纸；②编写施工方案；③按验收规范的验收内容逐一对照进行检查（或观看影像资料）验收。

4. 成果：①填写质量验收记录表；②对照实际工程的施工方案找出自己所编制方案的长处与不足。

教学单元 3

主体结构工程

【教学目标】通过本单元的学习，学生能够熟悉混凝土结构、砌体结构和钢结构各分部分项工程原材料和施工过程质量控制的基本方法和要求，能够对其原材料和施工过程质量进行有效控制、检查和验收并能够规范填写相应的验收表格。

3.1 钢筋工程质量检验

钢筋工程质量检验包括钢筋进场检验、钢筋加工、钢筋连接、钢筋安装等一系列检验。

3.1.1 钢筋原材料及加工质量检验

3.1.1.1 钢筋原材料及加工质量控制

1. 钢筋原材料的质量控制

（1）对进场的钢筋原材料应按批次进行检查验收，检查内容包括：检查产品合格证、出厂检验报告、进场复检报告；钢筋的品种、规格、型号、化学成分、力学性能等，并且必须满足设计要求，符合有关现行国家标准的规定。当用户有特别要求时，还应列出某些专门的检验数据。

（2）对进场的钢筋按进场的批次和产品的抽样检验方案确定抽样复验，钢筋复试报告结果应符合现行国家标准。进场复试报告是判断材料能否在工程中应用的依据。进场的每捆（盘）钢筋均应有标牌（标明生产厂、生产日期、钢号、炉罐号、钢筋级别、直径等标记），应按炉罐号、批次及直径分批验收，分别堆放整齐，严防混料，并应对其检验状态进行标识，防止混用。

（3）检查现场复试报告时，对于有抗震设防要求的框架结构，其纵向受力钢筋的强度应满足设计要求；当设计无具体要求时，对按一、二、三级抗震等级设计的框架和斜撑构件（含梯段）中的纵向受力钢筋应采用 HRB400E、HRB500E、HRBF400E 或 HRBF500E 钢筋，其强度和最大力下总伸长率的实测值应符合下列规定：

1）钢筋的抗拉强度实测值与屈服强度实测值的比值不应小于 1.25；

2）钢筋的屈服强度实测值与屈服强度标准值的比值不应大于 1.30；

3）钢筋的最大力下总伸长率不应小于 9％。

（4）钢筋进场时，以及存放了一段较长时间后，在使用前应全数检查其外观质量。钢筋外表应平直、无损伤，弯折后的钢筋不得敲直后作为受力钢筋使用。钢筋表面不应有影响钢筋强度和锚固性能的锈蚀和污染，即表面不得有裂纹、油污、颗粒状或片状老锈。

2. 钢筋加工过程的质量控制

（1）仔细查看结构施工图，弄清不同结构件的配筋数量、规格、间距、尺寸等（注意处理好接头位置和接头百分率问题）。

（2）钢筋加工过程中，检查钢筋冷拉的方法和控制参数。检查钢筋翻样图及配料单中钢筋尺寸、形状应符合设计要求，加工尺寸偏差应符合规定。检查受力钢筋加工时的弯钩和弯折的形状及弯曲半径。检查箍筋末端的弯钩形式。

（3）钢筋加工过程中，若发现钢筋脆断、焊接性能不良或力学性能显著不正常等现象时，应立即停止使用，并对该批钢筋进行化学成分检验或其他专项检验，按其检验结果进行技术处理。如果发现力学性能或化学成分不符合要求时，必须作退货处理。

3.1.1.2 钢筋原材料及加工质量检验

1. 钢筋原材料及加工质量检验数量

钢筋原材料及加工质量检验数量，按进场的批次和产品的抽样检验方案确定。一般钢筋混凝土用的钢筋组批规则：每批重量不大于 60t 为一个检验批，每批应由同一牌号、同一炉罐号、同一规格的钢筋组成。其中冷轧带肋钢筋的检验批由同一牌号、统一外形、同一规格、同一生产工艺和同一交货状态钢筋组成，每批不大于 60t。冷轧扭钢筋的检验批由同一牌号、同一规格尺寸、同一台轧机、同一台班的钢筋组成，且每批不大于 10t，不足 10t 也按一个检验批计。

2. 钢筋原材料及加工检验标准与检验方法见表 3-1。

钢筋原材料及加工检验标准与检验方法　　　　　　　表 3-1

项目	序号	检验项目	质量检验标准或允许偏差	检验数量	检验方法
主控项目	1	钢筋原材料进场	按 GB/T 1499.2—2018 等的规定抽样检验力学性能和质量偏差检查，其检查结果必须符合有关标准的规定	按进场的批次和产品的抽样检验方案确定	检查产品合格证、出厂检验报告和进场复试报告
	2	有抗震设防要求的结构，其纵向受力钢筋性能	满足设计要求，当设计无要求时，对按一、二、三级抗震等级设计的框架和斜撑构件（含梯段）中的纵向受力钢筋应采用 HRB400E、HRB500E、HRBF335E、HRBF400E 或 HRBF500E 钢筋，其强度和最大力下的总伸长率的实测值应符合：①钢筋的抗拉强度实测值与屈服强度实测值的比值不应小于 1.25；②钢筋的屈服强度实测值与强度标准值的比值不应大于 1.3；③钢筋的最大力下总伸长率不应小于 9%	按进场的批次和产品的抽样检验方案确定	检查进场复试报告
	3	当发现钢筋脆断、焊接性能不良或力学性能不正常等现象	应对该批进行化学成分或其他专项检验。如果力学性能或化学成分不符要求时，应停止使用，作退货处理	对发现有异常钢筋按批次抽样检查	检查化学成分等专项检查
	4	受力钢筋的弯钩和弯折	①HPB300 级钢筋末端应作 180° 弯钩，其弯弧内直径 $\geqslant 2.5d$，弯钩的弯后平直部分长度 $\geqslant 3d$，d 为钢筋直径。②HRB400 级按设计要求需作 135° 弯钩时，其弯弧内直径 $\geqslant 4d$，弯钩的弯后平直部分长度应符合设计要求。③作不大于 90° 的弯折时，其弯弧内直径 $\geqslant 5d$	按每工作班同一类型钢筋、同一加工设备抽样不应少于 3 件	钢尺检查

续表

项目	序号	检验项目	质量检验标准或允许偏差	检验数量	检验方法
主控项目	5	箍筋的加工	除焊接封闭式箍筋外箍筋的末端应作弯钩,弯钩的形式应符合设计要求;当设计无具体要求时,应符合下列规定: ① 箍筋弯钩的弯弧内直径除应满足上一条的规定外,尚应不小于受力钢筋直径; ② 箍筋弯折的弯折角度:对一般结构,不应小于90°;对有抗震等要求的结构,应为135°; ③ 箍筋弯后平直部分长度:对一般结构,不宜小于箍筋直径的5倍;对有抗震等要求的结构,不应小于箍筋直径的10倍	按每工作班同一类型钢筋、同一加工设备抽样不应少于3件	钢尺检查
主控项目	6	钢筋调直后的力学性能和重量偏差	应符合《混凝土结构工程施工质量验收规范》GB 50204—2015的规定	同一厂家、同一牌号、同一规格调直的钢筋重量不大于30t为一批,每批见证取3件试件	检查进场复试报告
一般项目	1	钢筋外观	钢筋应平直、无损伤,表面不得有裂纹、油污颗粒状或片状老锈	全数检查	观察
一般项目	2	钢筋调直宜采用无延伸功能的机械设备调直,也可采用冷拉方法	采用冷拉方法时,HPB300光面钢筋的冷拉率不宜大于4%;HRB400、500和HRBF400、500带肋钢筋的冷拉率不宜大于1%	按每工作班同一类型钢筋、同一加工设备抽样不应少于3件	观察、钢尺检查
一般项目	3	钢筋加工的形状、尺寸允许偏差	受力钢筋顺长度方向全长的净尺寸 ±10(mm)		钢尺检查
			弯起钢筋的弯折位置 ±20(mm)		
			箍筋的内净尺寸 ±5(mm)		

3.1.2 钢筋连接工程质量检验

3.1.2.1 钢筋连接工程质量控制

（1）钢筋连接方法有：机械连接、焊接、绑扎搭接等,纵向受力钢筋的连接方式应符合设计要求。钢筋的机械接头、焊接接头外观质量和力学性能,在施工现场,应按国家现行标准规定抽取试件进行检验,其质量符合要求。绑扎接头应重点查验搭接长度,特别注意钢筋接头百分率对搭接长度的修正。

（2）钢筋机械连接和焊接的操作人员必须经过专业培训,考试合格持证上岗。焊接操作工只能在其上岗证规定的施焊范围实施操作。

（3）钢筋连接操作前应进行安全技术交底,并履行相关手续。

（4）钢筋连接所用的焊（条）剂、套筒等材料必须符合技术检验认定的技术要求,并具有相应的出厂合格证。

（5）钢筋机械连接和焊接连接操作前应首先做试验确定钢筋连接的工艺参数。

（6）钢筋接头宜设置在受力较小处，同一纵向受力钢筋不宜设置两个或两个以上接头。接头末端至弯起点的距离不应小于钢筋直径的 10 倍。

（7）钢筋机械连接接头或焊接接头在同一构件中的设置宜相互错开，接头位置、接头百分率应符合规范要求。

（8）同一构件相邻纵向受力钢筋的绑扎搭接接头宜相互错开，纵向受拉钢筋搭接接头面积百分率应符合设计要求。

（9）电弧焊：帮条焊适用于焊接直径 10～40mm 的热轧光圆及带肋钢筋、直径 10～25mm 的余热处理钢筋，帮条长度应符合表 3-2 的规定。搭接焊适用焊接的钢筋与帮条焊相同。

帮条长度   表 3-2

钢筋类别	焊接形式	帮条长度	钢筋类别	焊接形式	帮条长度
热轧光圆钢筋	单面焊	≥8d	热轧带肋钢筋及余热处理钢筋	单面焊	≥10d
	双面焊	≥4d		双面焊	≥5d

（10）钢筋电渣压力焊：适用于焊接直径 14～40mm 的 HPB300 级钢筋。焊机容量应根据钢筋直径选定。

（11）钢筋气压焊：适用于焊接直径 14～40mm 的热轧圆钢及带肋钢筋。当焊接直径不同的钢筋时，两直径之差不得大于 7mm。气压焊等压法、二次加压法、三次加压法等，工艺应根据钢筋直径等条件选用。

（12）带肋钢筋套筒挤压连接：钢筋插入套筒内深度应符合设计要求。钢筋端头离套筒长度中心点不宜超过 10mm。先挤压一端钢筋，插入接连钢筋后，再挤压另一端套筒，挤压宜从套筒中部开始，依次向两端挤压，挤压机与钢筋轴线保持垂直。

（13）钢筋锥螺纹连接：钢筋锥螺纹丝头的锥度、螺距必须与套筒的锥度、螺距一致。对准轴线将钢筋拧入套筒内，接头拧紧值应满足规定的力矩。

3.1.2.2 钢筋连接工程质量检验

1. 钢筋连接工程质量检验数量

按《钢筋机械连接技术规程》JGJ 107—2016、《钢筋焊接及验收规程》JGJ 18—2012 有关规定。一般机械连接时，应按同一施工条件采用同一批材料的同等级、同形式、同规格接头，以 500 个为一个检验批，不足 500 个也作为一个检验批，随机抽取 3 个试件；焊接连接时，按同一工作班、同一焊接参数、同一接头形式、同一级别钢筋，以 300 个焊接接头为一个检验批，闪光对焊一周内不足 300 个、电弧焊每 1～2 层中不足 300 个、电渣（气压）焊同一层中不足 300 个接头仍按一批计算。闪光对焊接头应从每批成品中随机切取 6 个试件，3 个试件做拉伸试验，3 个试件做弯曲试验。电弧焊及电渣焊接头应从每批接头成品随机切取 3 个试件做拉伸试验。气压焊接头应从每批接头成品中随机切取 3 个试件做拉伸试验，在梁、板的水平钢筋连接中，另切取 3 个接头试件做弯曲试验。

2. 钢筋连接工程质量检验标准与检验方法见表 3-3。

钢筋连接工程质量检验标准与检验方法　　　　　　　表 3-3

项目	序号	检验项目	质量标准或允许偏差	检验数量	检验方法
主控项目	1	纵向受力钢筋的连接方式	符合设计要求	全数检查	观察
	2	钢筋机械连接接头、焊接接头力学性能	应按现行行业标准 JGJ 107—2016、JGJ 18—2012 的规定抽样检验钢筋接头力学性能，其质量应符合有关规程的规定	按有关规程确定	检查产品合格证、接头力学性能试验报告
一般项目	1	钢筋接头的设置	宜设置在受力较小处。同一纵向受力钢筋不宜设置两个或两个以上的接头(指一跨中)。接头末端至弯起点的距离不应小于钢筋直径的 10 倍	全数检查	观察、钢尺检查
	2	钢筋接头的外观检查	应按现行行业标准 JGJ 107—2016、JGJ 18—2012 的规定进行外观检查，其质量应符合有关规程的规定		观察
	3	钢筋机械连接接头或焊接接头在同一构件中的设置	接头宜相互错开。纵向受力钢筋接头连接区段的长度为 35d(d 为纵向受力钢筋的较大直径)且不小于 500mm，同一区段内，接头面积百分率为该区段有接头的纵向受力钢筋截面面积和与全部纵向受力钢筋截面面积的百分比，应符合设计要求。当设计无要求时应符合以下规定：① 在受拉区不宜大于 50%。② 接头不宜设置在有抗震设防要求的框架梁端、柱端的箍筋加密区；当无法避免时，对等强度高质量机械连接接头，不宜大于 50%。③直接承受动力荷载的结构中，不宜采用焊接接头；当采用机械连接接头时，不应大于 50%	在同一检验批内，对梁、柱和独立基础，应抽查构件数量的 10%，且不少于 3 件；对墙和板，应按有代表性的自然间抽查 10% 且不少于 3 间；对大空间结构，墙可按相邻轴线间高度 5m 左右划分检查面，板可按纵横轴线划分检查面，抽查 10%，且均不少于 3 面	观察、钢尺检查
	4	同一构件相邻纵向受力钢筋的绑扎搭接接头设置	搭接接头宜相互错开。同一区段内，纵向受拉钢筋搭接接头面积百分应符合设计要求；当设计无具体要求时，应符合下列规定：①对梁、板及墙类构件，不宜大于 25%。②柱类构件，不宜大于 50%。③当工程中确有必要增大接头面积百分率时，对梁构件不应大于 50%；对其他构件，可根据实际情况适当放宽。④纵向受力钢筋绑扎搭接接头的最小长度应符合 GB 50204—2015 的规定		观察、钢尺检查
	5	梁、柱类构件的纵向受力钢筋搭接长度范围内箍筋的设置	应按设计要求配置箍筋。当设计无具体要求时，应符合下列规定：①箍筋直径不应小于搭接钢筋较大直径的 0.25 倍。②受拉搭接区段的箍筋间距不宜大于搭接钢筋较小直径的 5d，且不应大于 100mm。③受压搭接区段的箍筋间距不应大于搭接钢筋较小直径的 10d，且不应大于 200mm。④当柱中纵向受力钢筋直径大于 25mm 时，应在搭接接头两个端面外 100mm 范围内各设两个箍筋，其间距宜为 50mm		钢尺检查

3.1.3 钢筋安装工程质量检验

3.1.3.1 钢筋安装工程质量控制

（1）钢筋安装前，应进行安全技术交底，并履行有关手续。

（2）钢筋安装前，应根据施工图核对钢筋的品种、规格、尺寸和数量，并落实钢筋安装工序。

（3）钢筋安装时应检查钢筋的品种、级别、规格、数量是否符合设计要求。

（4）钢筋安装时检查钢筋骨架、钢筋网绑扎方法是否正确、是否牢固可靠。

（5）钢筋绑扎时应检查钢筋的交叉点是否用铁丝扎牢，板、墙钢筋网的受力钢筋位置是否准确；双向受力钢筋必须绑扎牢固，绑扎基础底板钢筋，应使弯钩朝上，梁和柱的箍筋（除有特殊设计要求外）应与受力钢筋垂直，箍筋弯钩叠合处，应沿受力钢筋方向错开放置，梁的箍筋弯钩应放在受压处。

（6）注意控制框架结构节点核心区、剪力墙结构暗柱与连梁交接处梁与柱的箍筋设置是否符合要求。

（7）注意控制框架剪力墙结构或剪力墙结构中连梁箍筋在暗柱中的设置是否符合要求。

（8）注意控制框架梁、柱箍筋加密区长度和间距是否符合要求。

（9）注意控制框架梁、连梁在柱（墙、梁）中的锚固方式和锚固长度是否符合设计要求（工程中往往存在部分钢筋水平段锚固不满足设计要求的现象）。

（10）当剪力墙钢筋直径较细时，注意控制钢筋的水平度与垂直度，应当采取适当措施（如增加梯子筋数量等）确保钢筋位置正确。

（11）工程实践中为便于施工，剪力墙中的拉筋加工往往是一端加工成 135°弯钩另一端暂时加工成 90°弯钩，待拉筋就位后再将 90°弯钩弯扎成型，这样，如加工措施不当往往会出现拉筋变形使剪力墙筋骨架减小现象，钢筋安装时应予以控制。

（12）注意控制，预留洞口加强筋的设置是否符合设计要求。

（13）工程中常常出现由于墙柱钢筋固定措施不合格，导致下柱（墙）钢筋位置偏离设计要求的现象，隐蔽工程验收时应查验防止墙柱钢筋错位的措施是否得当。

（14）注意控制，钢筋接头质量、位置和百分率是否符合设计要求。

（15）钢筋安装时，检查梁、柱箍筋弯钩处是否沿受力钢筋方向相互错开放置，绑扎扣是否按变换方向进行绑扎。

（16）钢筋安装完毕后，检查钢筋保护层垫块、马镫等是否根据钢筋直径、间距和设计要求正确放置。

（17）钢筋安装时，检查受力钢筋放置的位置是否符合设计要求，特别是梁、板、悬挑构件的上部纵向受力钢筋。

3.1.3.2 钢筋安装工程质量检验

1. 划分检验批

检验批可根据施工及质量控制和专业验收需要按楼层、施工段、变形缝等进行划分，即每层、段可按基础、柱、剪力墙、梁板梯等结构构件进行划分。

2. 钢筋安装工程质量检验标准和检验方法见表3-4。

钢筋安装工程质量检验标准和检验方法 表 3-4

项目	序号	检验项目			允许偏差	检验数量	检验方法
主控项目	1	受力钢筋的牌号、规格、数量			符合设计要求	全数检查	观察、尺量检查
	2	钢筋安装,受力钢筋的安装位置、锚固方式			应牢固,符合设计要求		
一般项目	1	钢筋安装位置	绑扎钢筋网	长、宽	±10mm	在同一检验批内,对梁、柱和独立基础,应抽查数量的10%,且不少于3个;对墙和板,应按有代表性的自然间抽查10%,且不少于3个;对大空间结构,墙可按相邻轴线间高度5m左右划分检查面,板可按纵、横轴线划分检查面,抽查10%,且不少于3个	尺量检查
				网眼尺寸	±20mm		尺量连续三档,取最大偏差值
			绑扎钢筋骨架	长	±10mm		尺量检查
				宽、高	±5mm		尺量检查
			纵向受力钢筋	锚固长度	−20mm		尺量检查
				间距	±10mm		尺量两端、中间各一点,取最大偏差值
				排距	±5mm		
			纵向受力钢筋及箍筋混凝土保护层厚度	基础	±10mm		尺量检查
				柱、梁	±5mm		尺量检查
				板、墙、壳	±3mm		尺量检查
			绑扎箍筋、横向钢筋间距		±20mm		尺量两端、中间各一点,取最大偏差值
			钢筋弯起点位置		20mm		尺量检查
			预埋件	中心线位置	5mm		尺量检查
				水平高差	+3mm,0mm		塞尺测量

复习思考题

1. 钢筋原材料进场检查的内容有哪些？如何划分检验批？

2. 钢筋加工时主要检查哪些方面的内容？

3. 有抗震设防要求的框架结构的纵向受力钢筋强度应满足什么要求？

4. 箍筋加工时的质量检验标准是什么？

5. 在同一构件中钢筋接头的设置要求是什么？钢筋接头质量检验批如何划分？

6. 钢筋安装位置允许偏差的检查数量如何确定？

7. 钢筋安装工程一般有哪些质量隐患？如何控制钢筋安装工程的质量？

质量管理职业活动训练

活动一：钢筋原材料及加工质量验收和检验评定

1. 分组要求：每组按5～7人分组。

2. 资料要求：结构施工图一套；提供不同级别、品种、规格的钢筋若干及相应的质量证明文件；选择不同结构类型的加工成品。

3. 训练要求

(1) 熟悉钢筋原材料见证取样标准和一般要求，并进行实地取样；

(2) 阅读钢筋原材料的有关质量证明文件，确认是否符合要求，并提出自己的见解；

(3) 熟悉图纸并能编制钢筋加工检验方案，对照标准进行检验。

4. 成果：填写见证取样记录、材料报验单；填写钢筋（原材料、加工）工程检验批质量验收记录表。

活动二：钢筋连接质量验收和检验评定

1. 分组要求：每组按5～7人分组。

2. 资料要求：各类钢筋机械和焊接接头若干。

3. 训练要求

(1) 熟悉钢筋连接的技术标准；

(2) 编制钢筋连接的质量检验方案，对照标准进行逐项检验。

4. 成果：填写钢筋连接工程检验批质量验收记录表。

活动三：钢筋安装质量验收和检验评定

1. 分组要求：每组按5～7人分组。

2. 资料要求：结构施工图一套；选择不同结构类型的安装成品。

3. 训练要求

(1) 熟悉结构施工图及钢筋安装质量检验标准；

(2) 编制钢筋安装质量检验方案，对照标准进行逐项检验。

4. 成果：填写钢筋安装工程检验批质量验收记录表。

3.2　模板工程质量检验

1. 原材料的质量控制

混凝土结构模板可采用木模板、钢模板、铝合金模板、木胶合板模板、竹胶合板模板、塑料和玻璃钢模板等。模板材料选型应符合《建筑施工模板安全技术规范》JGJ 162—2008 的要求。

2. 模板安装工程施工质量控制

(1) 施工前应对模板及其支架的设计、制作、安装和拆除等全过程编制详细的施工方案，并附设计计算书。模板及其支架应具有足够的承载能力、刚度和稳定性，能可靠地承受浇筑混凝土的重量、侧压力以及施工荷载。对于达到一定规模的模板工程还应根据住房和城乡建设部《危险性较大的分部分项工程安全管理办法》进行专家论证。

(2) 模板制作安装前，施工单位应逐级进行安全技术交底并履行签字手续。

(3) 墙柱模板安装时应先弹好建筑轴线、楼层的墙身线、门窗洞口位置线及标高线（楼层50线）。施工过程中应随时检查测量、放样、弹线工作是否按施工技术方案进行，并进行复核记录。

(4) 模板及其支架使用的材料规格尺寸，应符合模板设计要求。

（5）安装模板前应把模板板面清理干净，刷好隔离剂（不允许在模板就位后刷隔离剂，防止污染钢筋及混凝土接触面，涂刷均匀，不得漏刷）。

（6）一般情况下，模板自下而上地安装。在安装过程中要注意模板的稳定，设临时支撑稳住模板，安装完毕且校正无误后方可固定牢固。安装过程中要多检查，注意垂直度、中心线、标高及各部分的尺寸。保证结构部分的几何尺寸和相对位置正确。

（7）模板工程施工时，要随时检查支撑系统（如立杆基础、底座及垫板、立杆间距、扫地杆、可调支托螺杆规格及伸出长度、立柱顶部水平杆及水平杆步距、剪刀撑以及杆件的接头形式和位置等）是否符合规范和专项施工方案的要求，发现问题及时整改。

（8）合模前检查钢筋、水电预埋管件、门窗洞口模板、穿墙套管是否遗漏，位置是否准确，安装是否牢固，是否削弱断面过多等。模板的接缝应严密不漏浆。在浇筑混凝土前，木模板应浇水湿润，但模板内不应有积水。

（9）为防止墙柱模板下口跑浆，安装模板前抹好砂浆找平层，但找平层不能伸入墙（柱）身内。

（10）防渗（水）混凝土墙使用的对拉螺栓或对拉片应有防水措施。

（11）安装现浇结构的上下层模板及其支架时，下层楼板应具有承受上层荷载的承载能力或架设支架支撑，确保有足够的刚度和稳定性；多层楼板支架系统的立柱应上下对齐，安装在同一条直线上。

（12）检查防止模板变形的控制措施。基础模板为防止变形，必须支撑牢固；墙和柱模板下端要做好定位基准；墙柱与梁板同时安装时，应先安装墙柱模板，再在其上安装梁模板。当梁、板跨度大于或等于4m，梁、板应按设计起拱，当设计无具体要求时，起拱高度宜为跨度的1‰～3‰。

（13）混凝土浇筑前，检查模板内的杂物是否清理干净。

（14）正反模板安装完后，应检查梁、柱、板交叉处、楼梯间墙面间隙接缝处等，防止有漏浆、错台现象。

（15）模板搭设完毕必须履行验收手续，检验收合格方准浇筑混凝土。

（16）模板安装和浇筑混凝土时，应对模板及其支架进行观察和维护。发生异常情况时，应按施工技术方案及时进行处理。

3. 模板拆除工程质量控制

（1）模板及其支架的拆除时间和顺序应事先在施工技术方案中确定，拆除必须按顺序进行，拆模顺序一般应是后支的先拆，先支的后拆，先拆非承重部分，后拆承重部分。重大复杂的模板拆除，如框支结构、结构转换层等模板的拆除，事先要制定拆模方案。施工中应随时检查在模板拆除时执行的情况。

（2）底模拆除时检查混凝土强度是否符合规范及设计要求。只有达到规范和设计规定的混凝土强度才能拆除。

（3）多层建筑施工，当上层楼板正在浇混凝土时，下一层的模板支架不得拆除，再下一层楼板的支架，也仅可部分拆除，通常采用"三层托二层"的方式进行。

（4）拆除时应清理脚手架上的杂物，再拆除连接杆件，经检查安全可靠后可按顺序拆除。拆除时要文明施工，要有专人指挥、专人监护、设置警戒区；拆下的物品应及时清运，避免在梁板上施加过大的荷载。

（5）拆模后，必须清除模板上遗留的混凝土残浆后，再刷隔离剂；严禁用废机油作隔离剂，隔离剂材料选用原则应为：既便于脱模又便于混凝土表面装饰。隔离剂涂刷后，应在短期内及时浇筑混凝土，以防隔离层遭受破坏。

（6）后浇带模板的拆除和支顶方法应按施工技术方案执行。

复习思考题

1. 如何检查模板支撑体系的可靠性？
2. 模板安装工程质量检验标准中的主控项目有哪些？如何检查？
3. 模板拆除工程质量检验标准和检查方法是什么？

质量管理职业活动训练

活动一：模板安装工程质量验收和检验评定

1. 分组要求：每组按 5～7 人分组。

2. 资料要求：结构施工图一套；提供不同混凝土构件模板安装工程施工方案。

3. 训练要求：

（1）熟悉模板安装工程工艺流程，质量要求、质量标准；

（2）熟悉图纸并能编制模板安装工程检验方案，对照标准进行检验。

4. 成果：填写模板安装工程检验批质量验收记录表。

活动二：模板拆除工程质量验收和检验评定

1. 分组要求：每组按 5～7 人分组。

2. 资料要求：结构施工图一套；提供不同混凝土构件模板拆除工程施工方案。

3. 训练要求：

（1）熟悉模板拆除工程工艺流程，质量要求、质量标准；

（2）编制模板拆除工程质量检验方案，对照标准进行逐项检验。

4. 成果：填写模板拆除工程检验批质量验收记录表。

3.3　混凝土工程质量检验

3.3.1　混凝土原材料及配合比的质量检验

3.3.1.1　混凝土原材料及配合比的质量控制

1. 水泥

（1）水泥进场时必须有产品合格证、出厂检验报告，并对水泥品种、级别、包装或散装仓号、出厂日期等进行检查验收。对其强度、安定性及其他必要的性能指标进行复试，其质量必须符合《通用硅酸盐水泥》GB 175—2007 等的规定。

（2）当使用中对水泥的质量有怀疑或水泥出厂超过三个月（快硬水泥超过一个月）时，应进行复试，并按复试结果使用。

（3）钢筋混凝土结构、预应力混凝土结构中，严禁使用含氯化物的水泥。

（4）水泥在运输和储存时，应有防潮、防雨措施，防止水泥受潮凝结结块强度降低，不同品种和强度等级的水泥应分别储存，不得混存混用。

2. 骨料

（1）混凝土中用的骨料有细骨料（砂）、粗骨料（碎石、卵石）。其质量必须符合国家现行标准《普通混凝土用砂、石质量及检验方法标准》JGJ 52—2006 规定。

（2）骨料进场时，必须进行复验，按进场的批次和产品的抽样检验方案，检验其颗粒级配、含泥量及粗细骨料的针片状颗粒含量，必要时还应检验其他质量指标。

3. 水

拌制混凝土宜采用饮用水；当采用其他水源时，应进行水质试验，水质应符合国家现行标准《混凝土用水标准》JGJ 63—2006 的规定。

4. 外加剂

（1）混凝土中掺用的外加剂应有产品合格证、出厂检验报告，并按进场的批次和产品的抽样检验方案进行复验，其质量及应用技术应符合现行国家标准《混凝土外加剂》GB 8076—2008、《混凝土外加剂应用技术规范》GB 50119—2013 等及有关环境保护的规定。

（2）预应力混凝土结构中，严禁使用含氯化物的外加剂。钢筋混凝土结构中，当使用含氯化物的外加剂时，混凝土中氯化物的总含量应符合现行国家标准《混凝土质量控制标准》GB 50164—2011 的规定，选用的外加剂，需要时还应检验其氯化物、硫酸盐等有害物质的含量，经验证确认对混凝土无有害影响时方可使用。

（3）不同品种外加剂应分别存储，做好标记，在运输和存储时不得混入杂物和遭受污染。

5. 掺合料

混凝土中使用的掺合料主要是粉煤灰，其掺量应通过试验确定。进场的粉煤灰应有出厂合格证，并应按进场的批次和产品的抽样检验方案进行复试。其质量应符合国家现行标准《粉煤灰混凝土应用技术规范》GB/T 50146—2014、《用于水泥、砂浆和混凝土中的粒化高炉矿渣粉》GB/T 18046—2017 等的规定。

6. 配合比

（1）混凝土的配合比应根据现场采用的原材料进行配合比设计，再按普通混凝土拌合物性能试验方法等标准进行试验、试配，以满足混凝土强度、耐久性和和易性的要求，不得采用经验配合比。

（2）施工前应审查混凝土配合比设计是否满足设计和施工要求，并应经济合理。

（3）混凝土现场搅拌时应对原材料的计量进行检查，并经常检查坍落度，控制水灰比。

3.3.1.2 混凝土原材料及配合比的质量检验

混凝土原材料及配合比质量检验标准与检验方法见表3-5。

混凝土原材料及配合比质量检验标准与检验方法　　　　表 3-5

项目	序号	检验项目	质量标准及要求	检验数量	检验方法
主控项目	1	进场水泥	应对其品种、代号、强度等级、包装或散装仓号、出厂日期等进行检查，并对其水泥的强度、安定性和凝结时间时进行检验	水泥以同一厂家、同一品种、同一代号、同一强度、同一批号且连续进场的水泥，袋装不超过 200t 为一检验批，散装不超过 500t 为一检验批	检查产品合格证、出厂检验报告和进场复试报告
	2	进场混凝土外加剂	应对其品种、性能、出厂日期等进行检查，并对外加剂的相关性能指标进行检验，其结果应符合现行国家标准《混凝土外加剂》GB 8076、《混凝土外加剂应用技术规范》GB 50119 的规定	按同一厂家、同一品种、同一性能、同一批号且连续进场的混凝土外加剂，不超过 50t 为一检验批，每批抽样数量不应少于一次	检查产品合格证、出厂检验报告和进场复试报告
	3	混凝土中氯离子含量和碱总含量	应符合现行国家标准《混凝土结构设计规范》GB 50010 的规定以及设计要求	同一配合比的混凝土检查不应少于一次	检查原材料试验报告
	4	首次使用的混凝土配合	应进行开盘鉴定，其原材料、强度、凝结时间、稠度应满足设计配合比的要求		检查开盘鉴定资料和强度试验报告
一般项目	1	混凝土中矿物掺合料	质量应符合现行国家标准《用于水泥和混凝土中的粉煤灰》GB/T 1596 等的规定，掺量应通过试验确定	按同一厂家、同一品种、同一技术指标、同一批号且连续进场的矿物掺合料，粉煤灰、石灰石粉、磷渣粉和钢铁渣粉不超过 200t 为一批，粒化高炉矿渣粉和复合矿物掺合料不超过 500t 为一批，沸石粉不超过 120t 为一批，硅灰不超过 30t 为一批，每批抽样数量不应少于一次	检查产品合格证、出厂检验报告和进场复试报告
	2	混凝土原材料中的粗骨料、细骨料	应符合现行行业标准《普通混凝土用砂、石质量及检验方法标准》JGJ 52 的规定，使用经过净化处理的海砂应符合现行行业标准《海砂混凝土应用技术规范》JGJ 206 的规定，再生混凝土骨料应符合现行国家标准《混凝土用再生粗骨料》GB/T 25177 和《混凝土和砂浆用再生细骨料》GB/T 25176 的规定	按现行行业标准《普通混凝土用砂、石质量及检验方法标准》JGJ 52 的规定确定	检查复试报告
	3	混凝土拌制及养护用水	应符合现行行业标准《混凝土用水标准》JGJ 63 的规定，采用饮用水作为混凝土用水时，可不检验；采用中水、搅拌站清洗水、施工现场循环水等其他水源时，应对其成份进行检验	同一水源检测不少于一次	检查水质检测报告

3.3.2 混凝土施工工程质量检验

3.3.2.1 混凝土施工工程质量控制

（1）混凝土现场搅拌时应对原材料的计量进行检查，并经常检查坍落度，严格控制水灰比。

（2）检查混凝土搅拌的时间，并在混凝土搅拌后和浇筑地点分别抽样检测混凝土的坍落度，每班至少检查两次，评定时应以浇筑地点的测值为准。

（3）混凝土施工前检查混凝土的运输设备、道路是否良好畅通，保证混凝土的连续浇筑和良好的混凝土和易性。运至浇筑地点时的混凝土坍落度应符合规定要求。

（4）泵送混凝土时应注意以下几个方面的问题：

1）操作人员应持证上岗，应有高度的责任感和职业素质，并能及时处理操作过程中出现的故障。

2）泵与浇筑地点联络畅通。

3）泵送前应先用水灰比为 0.7 的水泥砂浆湿润管道，同时要避免将水泥砂集中浇筑。

4）泵送过程严禁加水，需要增加混凝土的坍落度时，应加与混凝土相同品种水泥，水灰比相同的水泥浆。

5）应配专人巡视管道，发现异常及时处理。

6）在梁、板上铺设的水平管道泵送时振动大，应采取相应的防止损坏钢筋骨架（网片）的措施。

（5）混凝土浇筑前检查模板表面是否清理干净，木模板是否浇水湿润。

（6）混凝土浇筑前检查对已完钢筋工程的必要保护措施，防止钢筋被踩踏，产生位移或钢筋保护层减薄。

（7）混凝土施工中检查控制混凝土浇筑的方法和质量。一是防止浇筑速度过快，避免在钢筋上面和墙与板、梁与柱交界处出现裂缝。二是防止浇筑不均匀，或接槎处处理不好易形成裂缝。混凝土浇筑应在混凝土初凝前完成，浇筑高度不宜超过 2m，竖向结构不宜超过 3m，否则应检查是否采取了相应措施。控制混凝土一次浇筑的厚度，并保证混凝土的连续浇筑。

（8）浇筑与墙、柱连成一体的梁和板时，应在墙、柱浇筑完毕 1～1.5h 后，再浇筑梁和板；梁和板宜同时浇筑混凝土。

（9）浇筑墙、柱混凝土时应注意保护钢筋骨架，防止墙、柱钢筋产生位移。

（10）浇筑混凝土时，施工缝的留设位置应符合有关规定。

（11）混凝土浇筑时应检查混凝土振捣的情况，保证混凝土振捣密实。防止振捣棒撞击钢筋，使钢筋移位。合理使用混凝土振捣机械，掌握正确的振捣方法，控制振捣的时间。

（12）混凝土施工前应审查施工缝、后浇带处理的施工技术方案。检查施工缝、后浇带留设的位置是否符合规范和设计要求，其处理应按施工技术方案执行。

（13）混凝土施工过程中应对混凝土的强度进行检查，在混凝土浇筑地点随机留取标准养护试件和同条件养护试件，其留取的数量应符合要求。

（14）混凝土浇筑后应检查是否按施工技术方案进行养护，并对养护的时间进行检查落实。

3.3.2.2　混凝土施工工程质量检验

（1）混凝土施工工程检验批可根据施工及质量控制和专业验收需要按工作班、楼层、施工段、变形缝等进行划分，即每层、段可按基础、柱、剪力墙、梁板梯等结构构件进行划分。

（2）用于检查结构构件混凝土强度的试件，应在混凝土的浇筑地点随机抽取。取样与留置应符合规定。

（3）混凝土施工工程质量检验标准与检验方法见表 3-6。

混凝土施工工程质量检验标准与检验方法　　　　表 3-6

项目	序号	检验项目	质量标准或允许偏差	检验数量	检验方法
主控项目	1	混凝土的强度等级	符合设计要求	混凝土强度的试件留置符合规定	检查施工记录及混凝土强度试验报告
	2	抗渗混凝土等级	符合设计要求	同一工程、同一配合比的混凝土，取样不少于1次，留置组数可根据实际需要确定	检查试件抗渗试验报告
	3	混凝土运输、输送、浇筑及间歇时间	不应超过初凝时间，同一施工段的混凝土应连续浇筑，并应在底层混凝土初凝之前将上层混凝土浇筑完毕，否则应按施工技术方案的要求对施工缝进行处理。混凝土运输、输送、浇筑过程中严禁加水	全数检查	观察、检查施工记录
一般项目	1	后浇带、施工缝	后浇带的留设位置应符合设计要求，后浇带和施工缝的留设方法应符合施工方案要求	全数检查	观察
	2	混凝土养护措施	应按施工方案及时采取有效养护措施，并应符合以下规定：(1)应在浇筑完毕后的12h内对混凝土覆盖保湿养护。(2)混凝土浇水养护时间为采用硅酸盐和矿渣硅酸盐水泥制作的混凝土，不得少于7d；对掺缓凝剂型外加剂或有抗渗要求的混凝土，不得少于14d；当日平均气温低于5℃时，不得浇水，大体积混凝土应有控温措施。(3)浇水次数应保持混凝土处于湿润状态；养护用水应与拌合时相同。(4)采用塑料布覆盖养护的混凝土，其敞露的全部表面应覆盖严密，并应保持塑料布内有凝结水；也可刷养护剂养护。(5)在混凝土强度达到1.2N/mm² 前，不得在其上踩踏或安装模板及支架	全数检查	观察，检查混凝土养护记录

3.3.3 混凝土现浇结构工程质量检验

3.3.3.1 混凝土现浇结构工程质量控制

（1）现浇混凝土结构待强度达到一定程度拆模后，应及时对混凝土外观质量进行检查（严禁未经检查擅自处理混凝土缺陷），对严重影响结构性能和使用功能的地方，应及时提出技术处理方案，待处理后对经处理的部位应重新检查验收。

（2）现浇结构不应有影响结构性能和使用功能的尺寸偏差，混凝土设备基础不应有影响结构性能和设备安装的尺寸偏差。现浇结构的外观质量不应有严重缺陷（表3-7、图3-1）。

现浇结构外观质量缺陷 表3-7

名称	现象	严重缺陷	一般缺陷
露筋	构件内钢筋未被混凝土包裹而外露	纵向受力钢筋有外露	其他钢筋有少量外露
蜂窝	混凝土表面缺少水泥砂浆面形成石子外露	构件主要受力部位有蜂窝	其他部位有少量蜂窝
孔洞	混凝土中孔穴深度和长度均超过保护层厚度	构件主要受力部位有孔洞	其他部位有少量孔洞
夹渣	混凝土中夹有杂物且深度超过保护层厚度	构件主要受力部位有夹渣	其他部位有少量夹渣
疏松	混凝土中局部不密实	构件主要受力部位有疏松	其他部位有少量疏松
裂缝	缝隙从混凝土表面延伸至混凝土内部	构件主要受力部位有影响结构或使用功能的裂缝	其他部位有少量不影响结构性能或使用功能的裂缝
连接部位缺陷	构件连接处混凝土缺陷及连接钢筋、连接件松动	构件连接部位有影响结构传力性能或使用功能	连接部位有基本不影响结构传力性能的缺陷
外形缺陷	缺棱掉角、棱角不直、翘曲不平、飞边凸肋等	清水混凝土结构有影响使用功能或装饰效果的外形缺陷	其他混凝土构件有不影响使用功能的外形缺陷
外表缺陷	构件表面麻面、掉皮、起砂、沾污等	具有重要装饰效果的清水混凝构件有外表缺陷	其他混凝土构件有不影响使用功能的外表缺陷

(a)   (b)

图 3-1 外观缺陷

(a) 蜂窝；(b) 孔洞

（3）对于现浇混凝土结构外形尺寸偏差，检查主要轴线、中心线位置时，应沿纵横两个方向量测，并取其中的较大值。

3.3.3.2 混凝土现浇结构工程质量检验

（1）按楼层、结构缝或施工段划分检验批。

（2）现浇混凝土结构外观质量和尺寸偏差检验标准与检验方法见表 3-8。

现浇混凝土结构外观质量及尺寸偏差检验标准与检验方法 表 3-8

项目	序号	检验项目			质量标准或允许偏差（mm）	检验数量	检验方法
主控项目	1	现浇结构的外观质量			不应有严重缺陷，对已出现的严重缺陷，应由施工单位提出技术处理方案，并经监理单位认可后进行处理。对裂缝、连接部位出现的严重缺陷及其他影响结构安全的严重缺陷，技术处理方案尚应经设计单位认可。对经处理的部位，应重新检查验收	全数检查	观察，检查处理记录
	2	结构和设备安装尺寸			对超过尺寸允许偏差且影响结构性能或安装、使用功能的部位，应由施工单位提出技术处理方案，并经监理、设计单位认可后进行处理。对经处理的部位应重新验收	全数检查	量测，检查处理记录
一般项目	1	现浇结构的外观质量一般缺陷			外观质量不应有一般缺陷，对已经出现的一般缺陷，应由施工单位按技术处理方案进行处理，对经处理的部位应重新检查验收	全数检查	观察，检查处理记录
	2	轴线位置	整体基础		15	在同一检验批内，对梁、柱和独立基础应按构件数量抽查10%，且不少于3件；对墙和板，应按有代表性的自然间抽查10%，且不少于3间；对大空间构件的墙可按相邻轴线间高度5m左右划分检查面，板可按纵、横轴线划分检查面，抽查10%；且均不应少于3面；对电梯井，应全数检查	经纬仪及尺量
			独立基础		10		
			墙、柱、梁		8		尺量
	3	现浇结构尺寸	垂直度	柱、墙层高 ≤6m	10		经纬仪或吊线、尺量
				柱、墙层高 >6m	12		
				全高 $H \leqslant 300m$	$H/30000+20$		经纬仪、尺量
				全高 $H > 300m$	$H/10000$ 且 $\leqslant 80$		
	4		标高	层高	±10		水准仪或拉线、尺量
				全高	±30		
	5		截面尺寸	基础	+15，−10		尺量
				梁、柱	+10，−5		
				板、墙	+10，−5		
				楼梯相邻踏步高差	6		
	6		电梯井洞	中心位置	10		
				长、宽尺寸	+25，0		
	7		表面平整度		8		2m 靠尺和塞尺量测

续表

项目	序号	检验项目		质量标准或允许偏差(mm)	检验数量	检验方法
一般项目	8	现浇结构尺寸	预埋件中心位置		在同一检验批内，对梁、柱和独立基础应按构件数量抽查10%，且不少于3件；对墙和板，应按有代表性的自然间抽查10%，且不少于3间；对大空间构件的墙可按相邻轴线间高度5m左右划分检查面，板可按纵、横轴线划分检查面，抽查10%，且均不应少于3面；对电梯井，应全数检查	尺量
			预埋板	10		
			预埋螺栓	5		
			预埋管	5		
			其他	10		
	9	预留洞、孔中心线位置		15		

复习思考题

1. 混凝土施工过程中质量检查项目有哪些？

2. 用于检查结构构件混凝土强度的试件如何留置？

3. 现浇混凝土结构外观质量缺陷标准是什么？

4. 现浇混凝土施工工程中存在哪些质量隐患？应如何控制？

5. 编写混凝土框架结构的施工质量检查方案（要求包括：模板工程的检查；钢筋工程的检查；混凝土工程的检查）。

质量管理职业活动训练

活动一：混凝土原材料及配合比的质量验收和检验评定

1. 分组要求：每组按5～7人分组。

2. 资料要求：结构施工图一套；提供不同混凝土构件强度等级、水泥品种、骨料品种、混凝土配合比及相应的质量证明文件。

3. 训练要求

(1) 熟悉混凝土原材料见证取样标准和一般要求并进行实地取样；

(2) 阅读混凝土原材料的有关质量证明文件并提出自己的见解；

(3) 熟悉图纸并能编制混凝土原材料及配合比的检验方案，对照标准进行检验。

4. 成果：填写见证取样记录、材料报验单；填写混凝土原材料及配合比检验批质量验收记录表。

活动二：混凝土施工质量验收和检验评定

1. 分组要求：每组按5～7人分组。

102

2. 资料要求：结构施工图一套，查询混凝土构件设计强度等级，试件取样与留置方案，施工缝后浇带留设情况，混凝土养护措施。

3. 训练要求

(1) 熟悉混凝土施工工艺标准；

(2) 编制混凝土施工的质量检验方案，对照标准进行逐项检验；

(3) 检查原材料每盘称量允许偏差。

4. 成果：填写混凝土施工检验批质量验收记录表。

活动三：混凝土现浇结构工程质量验收和检验评定

1. 分组要求：每组按 5～7 人分组。

2. 资料要求：结构施工图一套；选择不同结构类型的混凝土现浇结构成品。

3. 训练要求

(1) 熟悉结构施工图及现浇结构工程质量检验标准；

(2) 编制现浇结构工程质量检验方案，对照标准进行逐项检验。

4. 成果：填写混凝土现浇结构工程检验批质量验收记录表。

3.4 砌体工程质量检验

3.4.1 砖砌体工程质量检验

3.4.1.1 砖砌体工程原材料质量控制

1. 砖

砖的品种、强度等级必须符合设计要求。用于清水墙、柱表面的砖，应边角整齐、色泽均匀。砌筑时蒸压（养）砖的产品龄期不得少于 28d。

2. 砂浆材料

(1) 水泥：水泥进场使用前，应分批对其强度、安定性进行复验。检验批应以同一生产厂家、同一编号为一批。当在使用中对水泥质量有怀疑或水泥出厂超过三个月（快硬性硅酸盐水泥超过一个月）时，应复查试验，并按其结果使用。不同品种、强度等级的水泥不得混合使用。水泥砂浆采用的水泥，其强度等级不宜大于 32.5 级；水泥混合砂浆采用水泥，其强度等级不宜大于 42.5 级。

(2) 砂：宜采用中砂，不得含有有害杂质。砂中含泥量，对水泥砂浆和强度等级不小于 M5 的水泥混合砂浆，不得超过 5%；对强度等级小于 M5 的水泥混合砂浆，不应超过 10%；人工砂、山砂及特细砂，经试配应能满足砌筑砂浆技术条件要求。

(3) 水：水质应符合现行行业标准《混凝土用水标准》JGJ 63 的规定。

(4) 掺合料：拌制水泥混合砂浆用的石灰膏、粉煤灰和磨细石灰粉等掺合料应符合下列要求：

生石灰熟化成石灰膏时，应用孔洞不大于 3mm×3mm 的网过滤，熟化期不得少于 7d；对于磨细生石灰粉，其熟化时间不得少于 2d。沉淀池中贮存的熟石灰，应防止干燥、冻结和污染。不得采用脱水硬化的石灰膏。消石灰粉不得直接使用于砌筑砂浆中。粉煤灰应符合现行国家标准《用于水泥和混凝土中的粉煤灰》GB/T 1596 的规定。

（5）外加剂：凡在砂浆中掺入有机塑化剂、早强剂、缓凝剂、防冻剂等，应经检验和试配符合要求后，方可使用。有机塑化剂应有砌体强度的型式检验报告。

3. 砂浆要求

（1）砂浆的品种、强度等级必须符合设计要求。

（2）砂浆的稠度应符合表 3-9 的规定。

砌筑砂浆的稠度选用 表 3-9

砌体种类	砂浆稠度（mm）	砌体种类	砂浆稠度（mm）
烧结普通砖砌体	70～90	烧结普通砖平拱式过梁空斗墙，筒拱普通混凝土小型空心砌块砌体，加气混凝土砌块砌体	50～70
轻骨料混凝土小型空心砌块砌体	60～90		
烧结多孔砖，空心砖砌体	60～80	石砌体	30～50

（3）砂浆的分层度不得大于 30mm。

（4）水泥砂浆中水泥用量不应小于 200kg/m³；水泥混合砂浆中水泥和掺合料总量宜为 300～350kg/m³。

（5）具有冻融循环次数要求的砌筑砂浆，经冻融试验后，质量损失率不得大于 5%，抗压强度损失率不得大于 25%。

（6）水泥混合砂浆不得用于基础等地下潮湿环境中的砌体工程。

（7）施工中不应采用强度等级小于 M5 的水泥砂浆替代同强度等级水泥混合砂浆，如需替代，应将水泥砂浆提高一个强度等级。

4. 钢筋

（1）用于砌体工程的钢筋品种、强度等级必须符合设计要求，并应有产品合格证书和性能检测报告，进场后应进行复验。

（2）设置在潮湿环境或有化学侵蚀性介质的环境中的砌体灰缝内的钢筋应采取防腐措施。

3.4.1.2 砖砌体工程施工质量控制

（1）砌筑前检查测量放线的测量结果并进行复核。标志板、皮数杆设置位置准确牢固。

（2）检查砂浆拌制的质量。砂浆配合比、和易性应符合设计及施工要求。现场拌制的砂浆应随拌随用，拌制的砂浆应在 3h 内使用完毕；当施工期间最高气温超过 30℃时，应在 2h 内使用完毕。预拌砂浆及蒸压加气混凝土砌块专用砂浆的使用时间应按照厂方提供的说明书确定。

（3）检查砖的含水率，砌筑烧结普通砖、烧结多孔砖、增压灰砂砖、增压粉煤灰砖砌体时，砖应提前 1～2d 适度湿润，严禁采用干砖或处于吸水饱和状态的砖砌筑。块体湿润程度宜符合下列规定：1）烧结类块体的相对含水率 60%～70%；2）混凝土多孔砖及混凝土实心砖不需浇水湿润，但在气候干燥炎热的情况下，宜在砌筑前对其喷水湿润。其他非烧结类块体的相对含水率 40%～50%。

（4）施工中应在砂浆拌制地点留置砂浆强度试块，各类型及强度等级的砌筑砂浆每一检验批不超过 250m³ 的砌体，每台搅拌机应至少制作一组试块（每组 6 块），其标准养护 28d 的抗压强度应满足设计要求。

（5）施工过程随时检查砌体的组砌形式，保证上下皮砖至少错开 1/4 的砖长，避免产生通缝；检查砌体的砌筑方法，并应采取"三皮一吊、五皮一靠"的检查方法，保证墙面的横平竖直；检查砂浆的饱满度，砖墙水平灰缝的砂浆饱满度不得低于 80%，砖柱水平灰缝和竖向灰缝不得低于 90%。

（6）砖砌体的转角处和交接处应同时砌筑，严禁无可靠措施的内外墙分砌施工。在抗震设防烈度为 8 度及 8 度以上地区，对不能同时砌筑而又必须留置的临时间断处应砌成斜槎。普通砖砌体斜槎水平投影长度不应小于高度的 2/3，多孔砖砌体的斜槎长度不应小于 1/2。斜槎高度不得超过一步脚手架的高度。非抗震设防及抗震设防烈度为 6 度、7 度地区的临时间断处，当不能留斜槎时，除转角处外，可留直槎，但直槎必须做成凸槎，且应加设拉结钢筋，拉结钢筋应符合下列规定：

1）每 120mm 墙厚放置 1ϕ6 拉结钢筋（120mm 厚墙应放置 2ϕ6 拉结钢筋）；

2）间距沿墙高不应超过 500mm，且竖向间距偏差不应超过 100mm；

3）埋入长度从留槎处算起每边均不应小于 500mm，对抗震设防烈度 6 度、7 度的地区，不应小于 1000mm；

4）末端应有 90° 弯钩。

（7）设计要求的洞口、管线、沟槽应在砌筑时按设计留设或预埋。超过 300mm 的洞口上部应设过梁，不得随意在墙体上开洞、凿槽，特别严禁开凿水平槽。

（8）在砌体上预留的施工洞口，其洞口侧边距墙端不应小于 500mm，洞口净宽不应超过 1.0m，并在洞口上部设过梁。

（9）不应在截面长边小于 500mm 的承重墙体、独立柱内埋设管线。

（10）检查脚手架眼的设置是否符合要求。在下列位置不得留设脚手架眼：半砖厚墙、料石清水墙和砖柱；过梁上与过梁成 60° 的三角形范围及过梁净跨 1/2 的高度范围内；门窗洞口两侧 200mm 及转角 450mm 范围内的砖砌体；宽度小于 1.0m 厚的窗间墙；梁及梁垫下及其左右 500mm 范围内。

（11）检查构造柱的设置、施工（构造柱与圈梁交接处箍筋间距不均匀是常见的质量缺陷）是否符合设计及施工规范的要求。

（12）砌体的伸缩缝、沉降缝、防震缝中，不得有混凝土、砂浆块、砖块等杂物。

3.4.1.3 砖砌体工程施工质量检验

1. 检验批划分

砖砌体工程均按楼层、结构缝或施工段划分检验批。

2. 检验标准与检验方法

砖砌体工程质量检验标准与检验方法见表 3-10。

砖砌体工程质量检验标准与检验方法 表 3-10

项目	序号	检验项目	质量标准或允许偏差	检验数量	检验方法
主控项目	1	砖规格、品种、性能、强度等级	符合设计要求和产品标准	烧结普通砖、混凝土实心砖每 15 万块，烧结多孔砖、混凝土多孔砖、蒸压灰砂砖及蒸压粉煤灰砖每 10 万块各为一验收批，不足上述数量时按 1 批计，抽检数量为 1 组	检查进场试验报告、出厂合格证及检验报告
		砂浆材料规格、品种、性能、配合比及强度等级	符合设计要求	250m³ 砌体	检查砂浆试块检验报告
	2	砂浆饱满度	砖墙水平灰缝的砂浆饱满度不得低于80%，砖柱水平灰缝和竖向灰缝饱满度不得低于90%		百格网检查砖底面与砂浆的粘结痕迹面积。每处检测 3 块砖，取其平均值
	3	砌体的转角处和交接处	应同时砌筑，严禁无可靠措施的内外墙分砌施工。在抗震设防烈度为 8 度及 8 度以上地区，对不能同时砌筑而又必须留置的临时间断处应砌成斜槎，普通砖砌体斜槎水平投影长度不应小于高度的 2/3，多孔砖砌体的斜槎长高比不应小于 1/2，斜槎高度不得超过一步脚手架的高度	每检验批抽查不应少于 5 处	观察检查

项目	序号	检验项目	质量标准或允许偏差	检验数量	检验方法
主控项目	4	临时间断处	非抗震设防及抗震设防烈度为 6 度、7 度的区域,当不能留斜槎时,除转角处外,可留直槎,但直槎必须做成凸槎,且应加设拉结钢筋,每 120mm 墙厚放 1 ϕ 6(120mm 厚墙放 2 ϕ 6),间距沿墙高不应超过 500mm 且竖向间距偏差不应超过 100mm;埋入长度从留槎处算起每边不应小于 500mm,对抗震设防烈度 6 度、7 度地区,不应小于 1000mm;末端应有 90°弯钩	每检验批抽查不应少于 5 处	观察或尺量检查
一般项目	1	组砌方法	正确,内外搭砌,上、下错缝;砖柱不得有包心砌法	每检验批抽查不应少于 5 处	观察检查
	2	水平灰缝厚度及竖向灰缝宽度宜为 10mm	±2mm		水平灰缝厚度用尺量 10 皮砖砌体高度折算。竖向灰缝宽度用尺量 2m 砌体长度折算
	3	轴线位移	10mm	承重墙、柱全数检查	用经纬仪和尺或用其他测量仪器检查
	4	基础、墙、柱顶面标高	±15mm	不少于 5 处	用水准仪和尺检查
	5	墙面垂直度 每层	5mm	不少于 5 处	用 2m 拖线板检查
		墙面垂直度 全高 ≤10m	10mm	外墙全部阳角	用经纬仪、吊线和尺或用其他测量仪器检查
		墙面垂直度 全高 >10m	20mm		
	6	表面平整度 清水墙、柱	5mm	不少于 5 处	用 2m 靠尺和楔形尺检查
		表面平整度 混水墙、柱	8mm		
	7	水平灰缝平直度 清水墙	7mm		拉 5m 线和尺检查
		水平灰缝平直度 混水墙	10mm		
	8	门窗洞口高、宽(后塞口)	±10mm		用尺检查
	9	外墙上下窗口偏移	20mm		以底层窗口为准,用经纬仪或吊线检查
	10	清水墙游丁走缝	20mm		以每层第一皮砖为准,用吊线和尺量检查

3.4.2 填充墙砌体工程施工质量检验

3.4.2.1 填充墙砌体工程质量控制

1. 填充墙砌体工程原材料质量控制

（1）施工前应检查填充墙砌体材料，蒸压加气混凝土砌块、轻骨料混凝土小型空心砌块，要求其产品龄期应超过28d，并查看产品出厂合格证书及产品性能检测报告。

（2）空心砖、蒸压加气混凝土砌块、轻骨料混凝土小型空心砌块等的运输和装卸过程中，严禁抛掷和倾倒。进场后应按品种、规格分别堆放整齐，堆置高度不宜超过2m。加气混凝土砌块应防止雨淋。

（3）当采用薄灰砌筑法施工时，不需对砌块浇（喷）水湿润；当采用普通砌筑砂浆或蒸压加气混凝土砌块砌筑砂浆砌筑时，应在砌筑当天对砌块砌筑面喷水湿润。

（4）含水率控制：蒸压加气混凝土砌块的含水率宜小于30%，蒸压加气混凝土砌块在运输及堆放中应防止雨淋。

（5）蒸压加气混凝土砌块、轻骨料混凝土小型空心砌块不应与其他块体混砌，不同强度等级的同类块体也不得混砌（窗台处和因安装门窗需要，在门窗洞口处两侧填充墙上、中、下部可采用其他块体局部嵌砌；对与框架柱、梁不脱开的填充墙，填塞填充墙顶部与梁之间缝隙可采用其他块体）。

（6）墙体的洞口下边角处不得有砌筑竖缝；不同墙体材料及强度等级的块材不得混砌，墙体孔洞不得用异物填塞；现浇混凝土结构的填充墙应在主体结构浇筑完成28d后开始砌筑。

（7）填充墙砌体应与主体结构可靠连接，其连接构造应符合设计要求，未经设计同意，不得随意改变连接构造方法。每一填充墙与柱的拉结筋的位置超过一皮块体高度的数量不得多于一处。

（8）加气混凝土砌块不得砌于以下部位：

1) 建筑物±0.000以下部位；

2) 易浸水及潮湿环境中；

3) 经常处于80℃以上高温环境及受化学介质侵蚀的环境中。

2. 填充墙砌体工程施工质量控制

（1）施工中用轻骨料混凝土小型空心砌块或蒸压加气混凝土砌块砌筑墙体时，要求墙底部应砌烧结普通砖或多孔砖，或普通混凝土小型空心砌块，或现浇混凝土坎台等，其高度不宜小于200mm。

（2）填充墙砌至接近梁、板底时，应留一定空隙，待填充墙砌筑完并应至少间隔7d后，再用烧结砖补砌挤紧，如图3-2所示。

（3）填充墙砌体留置的拉结钢筋或网片的位置应与块体皮数相符合。将其置于灰缝中，埋置长度应符合设计要求，竖向位置偏差不应超过一皮高度。

（4）加气混凝土砌块墙上不得留脚手架眼。

图 3-2 填充墙砌体

3.4.2.2 填充墙工程质量检验标准与检验方法

填充墙工程质量检验标准与检验方法见表 3-11。

填充墙工程质量检验标准与检验方法   表 3-11

项目	序号	检验项目		检验标准或允许偏差	检验数量	检验方法
主控项目	1	块材强度等级		符合设计要求和产品标准	烧结空心砖每 10 万块为一验收批,小砌块每 1 万块为一验收批,不足上述数量时按一批计,抽检数量为 1 组	检查进场复验报告
		砂浆的强度等级			每一检验批且不超过 250m³ 砌体的各类、各强度等级的普通砌筑砂浆,每台搅拌机应至少抽检一次。验收批的预拌砂浆、蒸压加气混凝土砌块专用砂浆,抽检数量可为 3 组	检查砂浆试块检验报告
	2	与主体结构的连接		其连接构造应符合设计要求,未经设计同意,不得随便改变连接构造方法。每一填充墙与柱的拉结筋的位置超过一皮块体高度的数量不得多于一处	每检验批抽查不应少于 5 处	观察检查
	3	植筋		当采用化学锚栓时,应进行实体检测	按规范确定	原位试验检查
一般项目	1	轴线位移		10mm	每检验批抽查不应少于 5 处	用尺检查
		垂直度(每层)	≤3m	5mm		用 2m 拖线板或吊线、尺检查
			>3m	10mm		
	2	表面平整度		8mm		用 2m 靠尺和楔形尺检查
	3	门窗洞口高、宽(后塞口)		±10mm		用尺检查

项目	序号	检验项目			检验标准或允许偏差	检验数量	检验方法
一般项目	4	外墙上、下窗口偏移			20mm	每检验批抽查不应少于5处	用经纬仪、吊线检查
	5	砂浆饱满度	空心砖砌体	水平	≥80%		采用百格网检查块材底面或侧面砂浆的粘结痕迹面积
				垂直	填满砂浆,不得有透明缝、瞎缝、假缝		
			蒸压加气混凝土砌块、轻骨料混凝土小型空心砌块砌体	水平	≥80%		
				垂直	≥80%		
	6	拉结筋、网片位置和埋置长度			应与块体皮数相符合。拉结钢筋或网片应置于灰缝中,埋置长度应符合设计要求,竖向位置偏差不应超过1皮高度		观察或用尺量检查
	7	搭砌长度			应错缝搭砌,蒸压加气混凝土砌块搭砌长度≥1/3砌块长度,轻骨料混凝土小型空心砌块的搭砌长度不应小于90mm,竖向通缝不应大于2皮		观察检查
	8	水平灰缝厚度和竖向灰缝宽度			烧结空心砖、轻骨料混凝土小型空心砌块灰缝应为8~12mm;蒸压加气混凝土砌块砌体采用水泥砂浆、水泥混合砂浆或蒸压加气混凝土砌块砌筑砂浆时,水平灰缝厚度和竖向灰缝宽度不应超过15mm;蒸压加气混凝土砌块砌体采用蒸压加气混凝土砌块粘结砂浆时,水平灰缝厚度和竖向灰缝宽度宜为3~4mm		水平灰缝厚度用尺量5皮小砌块高度折算。竖向灰缝宽度用尺量2m砌体长度折算

复习思考题

1. 试述砖和砂浆的检验批划分条件。

2. 如何检查砌筑砂浆的拌制质量?

3. 砖砌体的转角处和交接处如何进行砌筑?

4. 砖砌体临时间断部位怎样处理?

5. 砖砌体质量检验标准的内容有哪些?

6. 填充墙为什么不能一次砌到顶?

7. 砌筑工程常见的质量隐患有哪些? 应如何防治?

8. 砖砌体的竣工资料主要有哪几方面?

9. 某工程位于南内环长汾街之间，建筑面积28000m²，框架结构筏板式基础，地下1层，基础埋深约为6.8m。该工程由某建筑公司组织施工，于2022年8月开工建设，混凝土强度等级C35级，墙体采用小型空心砌块，该公司为承揽该项施工任务，报价较低，因此，在工程施工过程中，为节约费用，施工单位采用了一家小厂提供的价格便宜的砌块，在砖进场前未向监理工程师申报即组织材料进场。

(1) 该施工单位对砌块的采购做法是否正确，如果该做法不正确，施工单位应如何做？

(2) 针对该工程，施工单位应采取何种方法对工程质量进行控制？

(3) 为确保工程质量，应加强施工现场的检查，施工单位现场质量检查的内容和方法有哪些？

(4) 为保证质量又降低成本，施工单位对进场材料质量控制的要点是什么？

质量管理职业活动训练

活动一：砖砌体工程质量验收和检验评定

1. 分组要求：每组按5～7人分组。

2. 资料要求：结构施工图一套；提供不同砖的强度等级、砂浆等级、品种及相应的质量证明文件；选择不同砖砌体结构类型的成品。

3. 训练要求

(1) 熟悉砖砌体工程原材料见证取样标准和一般要求并进行实地取样；

(2) 阅读砖砌体工程原材料的有关质量证明文件并提出自己的见解；

(3) 熟悉图纸并能编制砖砌体工程检验方案，对照标准进行成品检验。

4. 成果：填写见证取样记录、材料报验单；填写砖砌体工程检验批质量验收记录表。

活动二：填充墙砌体质量验收和检验评定

1. 分组要求：每组按5～7人分组。

2. 资料要求：结构施工图一套；提供不同填充墙砌体材料的强度等级、砂浆等级、品种及相应的质量证明文件；选择不同砌体结构类型的成品。

3. 训练要求

(1) 熟悉填充墙砌体工程原材料见证取样标准和一般要求并进行实地取样；

(2) 阅读填充墙砌体工程原材料的有关质量证明文件并提出自己的见解；

(3) 熟悉图纸并能编制填充墙砌体工程检验方案，对照标准进行成品检验。

4. 成果：填写见证取样记录、材料报验单；填写填充墙砌体工程检验批质量验收记录表。

3.5 钢结构工程质量检验

3.5.1 钢结构工程原材料质量检验

原材料及成品进场，是指用于钢结构各分项工程施工现场的主要材料、零（部）件、成品件、标准件等产品的进场验收。加强原材料及成品进场的质量控制，有利于从源头上把好钢结构工程质量关。

3.5.1.1 钢结构原材料质量控制

（1）钢材、钢铸件、焊接材料、连接用紧固件、焊接球、螺栓球、封板、锥头和套筒、涂装材料等的品种、规格、性能等应符合现行国家产品标准和设计要求，使用前必须检查产品质量合格证明文件、中文标志和检验报告；进口的材料应进行商检，其产品的质量应符合设计和合同规定标准的要求。

（2）高强度大六角头螺栓连接副和扭剪型高强度螺栓连接副出厂时应分别随箱带有扭矩系数和紧固力（与拉力）的检验报告，并应检查复检报告。

（3）工程中所有的钢构件必须有出厂合格证和有关质量证明。

（4）凡标志不清或怀疑有质量问题的材料、钢结构件、重要钢结构主要受力构件钢材和焊接材料、高强度螺栓、需进行追踪检验以控制和保证质量可靠性的材料等，均应进行抽检。材料质量抽样和检验方法，应符合国家有关标准和设计要求，要能反映该批材料的质量特性。

（5）材料的代用必须征得设计单位的认可。

3.5.1.2 钢结构原材料质量检验

1. 检验批划分

钢结构分项工程按照主要工种、材料、施工工艺等进行划分，钢结构分项工程检验批划分遵循以下原则：

（1）单层钢结构按变形缝划分；

（2）多层及高层钢结构按楼层或施工段划分；

（3）压型金属板工程可按屋面、墙板、楼面等划分。

对于原材料及成品进场时的检验批原则上应与各分项工程检验批一致，也可以根据工程规模及进料实际情况合并或分解检验批。

2. 钢材质量检验

钢材质量检验标准与检验方法见表 3-12。

钢材质量检验标准与检验方法　　　　　　　　　表 3-12

项目	序号	检验项目		检验标准	检验数量	检验方法
主控项目	1	钢结构用主要材料、零(部)件、成品件、标准件等产品的品种、规格、性能	钢板	应符合国家现行标准的规定并满足设计要求	质量证明文件全数检查，抽样数量按进场批次和产品的抽样检验方案确定	检查质量证明文件和抽样检验报告
			型材、管材			
			铸钢件			
			拉索、拉杆、锚具			
	2	原材料进场应进行抽样复验钢材			全数检查	见证取样送样，检查复验报告
一般项目	1	截面尺寸、厚度、连接端口的几何尺寸等尺寸	钢板	应满足其产品标准和设计文件的要求	每批同一品种、规格的钢板抽检10%，且不应少于3张，每张检测3处	用游标卡尺或超声波测厚仪量测
			型材、管材	应满足其产品标准的要求	每批同一品种、规格的型材或管材抽检10%，且不应少于3根，每根检测3处	用钢尺、游标卡尺及超声波测厚仪量测
			铸钢件	应符合国家现行标准的规定并满足设计要求	全数检查	用钢尺、游标卡尺及拉线量测
			拉索、拉杆、锚具	应满足其产品标准和设计的要求		用钢尺、游标卡尺、角度仪、全站仪等测量

续表

项目	序号	检验项目		检验标准	检验数量	检验方法
一般项目	2	平整度、外形尺寸、粗糙度	钢板	应满足其产品标准的要求	每批同一品种、规格的钢板抽检10%，且不应少于3张，每张检测3处	用拉线、钢尺和游标卡尺量测
			型材、管材	应满足其产品标准的要求	每批同一品种、规格的型材或管材抽检10%，且不应少于3根	用拉线和钢尺量测
			铸钢件	应符合现行产品标准的规定并满足设计要求，对有超声波探伤要求表面的粗糙度应达到探伤工艺的要求	每批抽检10%，且不应少于3件	用粗糙度计测定
	3	表面外观质量	钢板、型材、管材	应符合国家现行标准的规定外，尚应符合下列规定： 1. 当钢材的表面有锈蚀、麻点或划痕等缺陷时，其深度不得大于该钢板厚度允许负偏差的1/2，且不应大于0.5mm； 2. 钢材表面的锈蚀等级应符合《涂覆涂料前钢材表面处理 表面清洁度的目视评定 第1部分：未涂覆过的钢材表面和全面清除原有涂层后的钢材表面的锈蚀等级和处理等级》GB/T 8923.1—2011规定的C级及C级以上等级； 3. 钢材端边或断口处不应有分层、夹渣等缺陷	全数检查	观察检查
			铸钢件	铸钢件表面应清理干净，修正飞边、毛刺，去除补贴、粘砂、氧化铁皮、热处理锈斑，清除内腔残余物等，不应有裂纹、未熔合和超过允许标准的气孔、冷隔、缩松、缩孔、夹砂及明显凹坑等缺陷		
			拉索、拉杆、锚具	表面应光滑，不应有裂纹和目视可见的折叠、分层、结疤和锈蚀等缺陷		

3. 焊接材料质量检验

焊接材料质量检验标准与检验方法见表3-13。

焊接材料质量检验标准与检验方法　　　　　　　　　　表3-13

项目	序号	检验项目	检验标准	检验数量	检验方法
主控项目	1	焊接材料的品种、规格、性能	应符合国家现行标准的规定并满足设计要求	质量证明文件全数检查，抽样数量按进场批次和产品的抽样检验方案确定	检查质量证明文件和抽样检验报告
	2	重要钢结构采用的焊接材料		全数检查	见证取样送样，检查复验报告

续表

项目	序号	检验项目	检验标准	检验数量	检验方法
一般项目	1	焊钉及焊接瓷环的规格、尺寸及偏差	应符合国家现行标准的规定	按批量抽检1%，且不应少于10套	用钢尺和游标卡量测
	2	焊钉机械性能和焊接性能复验	应符合国家现行标准的规定，并满足设计要求	每个批号进行一组复验，且不应少于5个拉伸和5个弯曲试验	见证取样送样，检查复验报告
	3	焊条外观	不应有药皮脱落、焊芯生锈等缺陷；焊剂不应受潮结块	全数检查	观察检查

4. 连接用紧固标准件质量检验

连接用紧固标准件质量检验标准与检验方法见表3-14。

连接用紧固标准件质量检验标准与检验方法　　　　　　　　　表3-14

项目	序号	检验项目	检验标准	检验数量	检验方法
主控项目	1	钢结构连接用高强度大六角头螺栓连接副、扭剪型高强度螺栓连接副、钢网架用高强度螺栓、普通螺栓、铆钉、自攻钉、拉铆钉、射钉、锚栓（机械型和化学试剂型）、地脚锚栓等紧固标准件及螺母、垫圈等标准配件	符合现行国家产品标准和设计要求，高强度大六角头螺栓连接副和扭剪型高强度螺栓连接副出厂时应分别随箱带有扭矩系数和紧固轴力（预拉力）的检验报告	全数检查	检查质量合格证明文件、中文标志及检验报告等
	2	高强度大六角头螺栓连接副	应按《钢结构工程施工质量验收标准》GB 50205—2020 附录B规定检验其扭矩系数，其检验结果应符合规范要求	《钢结构工程施工质量验收标准》GB 50205—2020 附录B有关规定	检查复检报告
	3	扭剪型高强度螺栓连接副预拉力	符合《钢结构工程施工质量验收标准》GB 50205—2020 附录B要求		检查复检报告
一般项目	1	高强度螺栓连接副包装及外观	应按包装箱配套供货，包装箱上应标明批号、规格、数量及生产日期。螺栓、螺母、垫圈外观表面应涂油保护，不应出现生锈和沾染脏污，螺纹不应损伤	按包装箱数抽查5%且不应少于3箱	观察
	2	对建筑结构安全等级为一级，跨度40m及以上的螺栓球节点钢网架结构，其连接高强度螺栓应进行表面硬度试验	对8.8级的高强度螺栓其硬度应为 HRC21～29；10.9级高强度螺栓其硬度应为 HRC32～36，且不得有裂纹或损伤	按规格抽查8只	硬度计、10倍放大镜或磁粉探伤

5. 焊接球质量检验

焊接球质量检验标准与检验方法见表3-15。

焊接球质量检验标准与检验方法　　　　　　表 3-15

项目	序号	检验项目	检验标准	检验数量	检验方法
主控项目	1	焊接球及制造焊接球所采用的原材料,其品种、规格、性能	应符合现行国家产品标准和设计要求	全数检查	检查质量合格证明文件、中文标志及检验报告等
	2	焊接球焊缝应进行无损检验	其质量应符合设计要求,当设计无要求时应符合规范中规定的二级质量标准	每一规格按数量抽查5%,且不应少于3个	超声波探伤或检查检验报告
一般项目	1	焊接球直径、圆度、壁厚减薄量	尺寸及允许偏差应符合规范的规定	每一规格按数量抽查5%,且不应少于3个	用卡尺和测厚仪检查
	2	焊接球表面	应无明显波纹,局部凹凸不平高度不大于1.5mm		用弧形套模、卡尺和观察检查

注:焊接球是指焊接空心球,是作为材料产品对待,不是指施工的质量控制,而是指焊接球进场的质量验收。

6. 螺栓球质量检验

螺栓球质量检验标准与检验方法见表 3-16。

螺栓球质量检验标准与检验方法　　　　　　表 3-16

项目	序号	检验项目	检验标准	检验数量	检验方法
主控项目	1	螺栓球及制造螺栓球节点所采用的原材料,其品种、规格、性能	符合现行国家产品标准和设计要求	全数检查	检查质量合格证明文件、中文标志及检验报告等
	2	螺栓球	不得有过烧、裂纹及褶皱	每种规格抽查5%,且不应少于5个	用10倍放大镜观察和表面探伤
一般项目	1	螺栓球螺纹尺寸、螺纹公差	符合《普通螺纹 基本尺寸》GB/T 196—2003 中粗牙螺纹的规定,螺纹公差必须符合《普通螺纹 公差》GB/T 197—2018 的规定	每种规格抽查5%,且不应少于5只	用标准螺纹规
	2	螺栓球直径、圆度、相邻两螺栓孔中心线夹角等尺寸及允许偏差	符合规范的规定	每一规格按数量抽查5%,且不应少于3个	用卡尺和分度头仪检查

7. 封板、锥头和套筒质量检验

封板、锥头和套筒质量检验标准与检验方法见表 3-17。

封板、锥头和套筒质量检验标准与检验方法　　　　　　表 3-17

项目	序号	检验项目	检验标准	检验数量	检验方法
主控项目	1	封板、锥头和套筒及制造封板、锥头和套筒所采用的原料	其品种、规格、性能等应符合现行国家产品标准和设计要求	全数检查	检查质量合格证明文件、中文标志及检验报告等
	2	封板、锥头、套筒外观	不得有裂纹、过烧及氧化皮	每种抽查5%,且不应少于10只	用放大镜观察检查和表面探伤

注:封板、锥头和套筒这里是指成品用于螺栓球打点网架中的材料,是进场质量的验收。

115

8. 金属压型板质量检验

金属压型板质量检验标准与检验方法见表 3-18。

金属压型板质量检验标准与检验方法　　　　表 3-18

项目	序号	检验项目	检验标准	检验数量	检验方法
主控项目	1	金属压型板及制造金属压型板所采用的原材料	其品种、规格、性能等应符合现行国家产品标准和设计要求	全数检查	检查质量合格证明文件、中文标志及检验报告等
	2	压型金属泛水板、包角板和零配件	品种、规格以及防水密封材料的性能应符合现行国家产品标准和设计要求		
一般项目	1	压型金属板	规格尺寸及允许偏差、表面质量、涂层质量等应符合设计要求和规范的规定	每种规格抽查 5%，且不应少于 3 件	观察和用 10 倍放大镜检查及尺量

注：金属压型板包括单层压型金属板、保温板、扣板等屋面、墙面围护板材及零配件，是作为成品进场质量验收项目。

9. 涂装材料质量检验

涂装材料质量检验标准与检验方法见表 3-19。

涂装材料质量检验标准与检验方法　　　　表 3-19

项目	序号	检验项目	检验标准	检验数量	检验方法
主控项目	1	钢结构防腐涂料、稀释剂和固化剂	材料的品种、规格、性能等应符合现行国家产品标准和设计要求	全数检查	检查质量合格证明文件、中文标志及检验报告等
	2	钢结构防火涂料	品种和技术性能应符合设计要求，并应经过具有资质的检测机构检测，符合国家现行有关标准的规定		
一般项目	1	防腐涂料和防火涂料	型号、名称、颜色及有效期应与其质量证明文件相符，开启后，不应存在结皮、结块、凝胶等现象	按桶数抽查 5%，且不应少于 3 桶	观察

10. 其他材料质量检验

其他材料质量检验标准与检验方法见表 3-20。

其他材料质量检验标准与检验方法　　　　表 3-20

项目	序号	检验项目	检验标准	检验数量	检验方法
主控项目	1	钢结构用橡胶垫	品种、规格、性能等应符合现行国家产品标准和设计要求	全数检查	检查质量合格证明文件、中文标志及检验报告等
	2	钢结构工程所涉及的其他特殊材料	品种、规格、性能等应符合现行国家产品标准和设计要求		

3.5.2　钢零件及钢部件加工工程质量检验

钢结构制作和安装中的钢零件及钢部件加工工程，主要是指钢结构制作和安装中钢零件及钢部件的加工。零件的概念：组成部件或构件的最小单元，如节点板、翼缘板等；部件的概念：由若干零件和部件组成的单元，如焊接 H 型钢、牛腿等。

1. 钢零件及钢部件加工材料质量控制

主要控制钢材切割面或剪切面的平面度、割纹和缺口的深度、边缘缺棱、型钢端部垂直度、构件几何尺寸偏差、矫正工艺、矫正尺寸及偏差、控制温度、弯曲加工及成型、刨边允许偏差和粗糙度、螺栓孔质量（包括精度、直径、圆度、垂直度、孔距、孔边距等）、管和球的加工质量等均应符合设计和规范要求。

2. 切割加工材料质量检验

切割加工材料质量检验标准与检验方法见表 3-21。

切割加工材料质量检验标准与检验方法　　　　　　　　　表 3-21

项目	序号	检验项目	检验标准或允许偏差		检验数量	检验方法
主控项目	1	钢材切割面或剪切面	应无裂纹、夹渣、分层和大于1mm的缺棱		全数检查	观察或用放大镜及百分尺检查，有疑义时作渗透、磁粉或超声波探伤检查
一般项目	1	气割的允许偏差	零件宽度、长度	±3.0mm	按切割面数抽查10%，且不应少于3个	观察或用钢尺、塞尺检查
			切割面平面度	0.05t，且不应大于2.0mm		
			割纹深度	0.3mm		
			局部缺口深度	1.0mm		
	2	机械剪切的允许偏差	零件宽度、长度	±3.0mm		
			边缘缺棱	1.0mm		
			型钢端部垂直度	2.0mm		

3. 矫正和成型加工质量检验

矫正和成型加工质量检验标准与检验方法见表 3-22。

矫正和成型加工质量检验标准与检验方法　　　　　　　　　表 3-22

项目	序号	检验项目	检验标准或允许偏差	检验数量	检验方法
主控项目	1	冷矫正和冷弯曲	碳素结构钢在环境温度低于−16℃、低合金结构钢在环境温度低于−12℃时，不应进行冷矫正和冷弯曲。碳素结构钢和低合金结构钢在加热矫正时，加热温度不应超过900℃。低合金结构钢在加热矫正后应自然冷却	全数检查	检查制作工艺报告和施工记录
	2	零件采用热加工成型	加热温度应控制在900～1000℃；碳素结构钢和低合金结构钢在温度分别下降到700℃和800℃之前，应结束加工；低合金结构钢应自然冷却	全数检查	检查制作工艺报告和施工记录
一般项目	1	矫正后的钢材表面	不应有明显的凹面或损伤，划痕深度不得大于0.5mm且不应大于该钢材厚度允许负偏差的1/2	全数检查	观察和实测检查

117

续表

项目	序号	检验项目	检验标准或允许偏差	检验数量	检验方法
一般项目	2	冷矫正和冷弯曲的最小曲率半径和最大弯曲矢高	应符合《钢结构工程施工质量验收标准》GB 50205—2020中表7.3.4的规定，矫正后的钢材表面，不应有明显的凹面或损伤划痕深度不得大于0.5mm，且不应大于该钢材厚度允许负偏差的1/2	按冷矫正和冷弯曲的件数抽查10%，且不应少于3个	观察和实测检查
	3	钢材矫正后的允许偏差	应符合《钢结构工程施工质量验收标准》GB 50205—2020中表7.3.6的规定	按矫正件数抽查10%，且不应少于3个	观察和实测检查

4. 边缘加工质量检验

边缘加工质量检验标准与检验方法见表3-23。

边缘加工质量检验标准与检验方法 　　　　　　表 3-23

项目	序号	检验项目	检验标准或允许偏差		检验数量	检验方法
主控项目	1	气割或机械剪切的零件，需要进行边缘加工时	其刨削量不应小于2.0mm		全数检查	检查工艺报告和施工记录
一般项目	1	边缘加工允许偏差	零件宽度、长度	±0.1mm	按加工面数抽查10%，且不应少于3个	观察和实测检查
			加工边直线度	$l/3000$，且不应大于2.0mm		
			相邻两邻边夹角	±0.6'		
			加工面垂直度	$0.025t$，且不应大于0.5mm		
			加工面表面粗糙度	50 ∇		

5. 管、球加工质量检验

管、球加工质量检验标准与检验方法见表3-24。

管、球加工质量检验标准与检验方法 　　　　　　表 3-24

项目	序号	检验项目	检验标准或允许偏差	检验数量	检验方法
主控项目	1	螺栓球成型后	表面不应有裂纹、褶皱和过烧	每种规格抽查5%，且不应少于3个	用10倍放大镜观察检查或表面探伤
	2	封板、锥头、套筒	表面不得有裂纹、过烧及氧化皮	每种规格抽查5%，且不应少于3个	用10倍放大镜观察检查或表面探伤
	3	封板、锥头与杆件连接焊缝质量	应满足设计要求，当设计无要求时应符合《钢结构工程施工质量验收标准》GB 50205—2020规定的二级焊缝质量等级标准	每种规格抽查5%，且不应少于3个	超声波探伤或检查检验报告
	4	焊接球的半球由钢板压制而成，钢板压成半球后	表面不应有裂纹、褶皱，焊接球的两半球对接处坡口宜采用机械加工，对接焊缝表面应打磨平整	每种规格抽查5%，且不应少于3个	用10倍放大镜观察检查或表面探伤

项目	序号	检验项目			检验标准或允许偏差	检验数量	检验方法
主控项目	5	焊接球的焊缝质量			应满足设计要求,当设计无要求时应符合《钢结构工程施工质量验收标准》GB 50205—2020 规定的二级焊缝质量等级标准	每种规格抽查5%,且不应少于3个	超声波探伤或检查检验报告
一般项目	1	螺栓球螺纹尺寸			应符合《普通螺纹 基本尺寸》GB/T 196—2003 的规定,螺纹公差应符合《普通螺纹 公差》GB/T 197—2018 中 6H 级精度的规定	每种规格抽查5%,且不应少于3个	用标准螺纹量规检查
	2	螺栓球加工的允许偏差	球直径	$D{\leqslant}120mm$	$+2.0mm$ $-1.0mm$	每种规格抽查5%,且不应少于3个	用卡尺和游标卡尺检查
				$D{>}120mm$	$+3.0mm$ $-1.5mm$		
			球圆度	$D{\leqslant}120mm$	1.5mm		用卡尺和游标卡尺检查
				$120mm{<}D{\leqslant}250mm$	2.5mm		
				$D{>}250mm$	3.5mm		
			同一轴线上两铣平面平行度	$D{\leqslant}120mm$	0.2mm		用百分表 V 形块检查
				$D{>}120mm$	0.3mm		
			铣平面距球中心距离		$\pm0.2mm$		用游标卡尺检查
			相邻两螺栓孔中心线夹角		$\pm30'$		用分度头检查
			两铣平面与螺丝孔轴线垂直度		$0.005r(mm)$		用百分表检查
	3	焊接球表面			应光滑平整,局部凹凸不平不应大于1.5mm	每种规格抽查5%,且不应少于3个	用弧形套模、卡尺和观察检查
	4	焊接球加工的允许偏差	球直径	$D{\leqslant}300mm$	$\pm1.5mm$	每种规格抽查5%,且不应少于3个	用卡尺和游标卡尺检查
				$300mm{<}D{\leqslant}500mm$	$\pm2.5mm$		
				$500mm{<}D{\leqslant}800mm$	$\pm3.5mm$		
				$D{>}800mm$	$\pm4.0mm$		
			球圆度	$D{\leqslant}300mm$	1.5mm		用卡尺和游标卡尺检查
				$300mm{<}D{\leqslant}500mm$	2.5mm		
				$500mm{<}D{\leqslant}800mm$	3.5mm		
				$D{>}800mm$	4.0mm		
			壁厚减薄量	$t{\leqslant}10mm$	$0.18t(mm)$,且不大于1.5mm		用卡尺和测厚仪检查

119

项目	序号	检验项目		检验标准或允许偏差	检验数量	检验方法
一般项目	4	焊接球加工的允许偏差	壁厚减薄量	10mm<t≤16mm：0.15t(mm)，且不大于2.0mm	每种规格抽查5%，且不应少于3个	用卡尺和测厚仪检查
				16mm<t≤22mm：0.12t(mm)，且不大于2.5mm		
				22mm<t≤45mm：0.11t(mm)，且不大于3.5mm		
				t>45mm：0.08t(mm)，且不大于4.0mm		
			对口错边量	t≤20mm：1.0mm		用套膜和游标卡尺检查
				20mm<t≤40mm：2.0mm		
				t>40mm：3.0mm		
	5	焊缝余高		0~1.5mm	每种规格抽查5%，且不应少于3个	用焊缝量规检查

6. 制孔加工质量检验

制孔加工质量检验标准与检验方法见表 3-25。

制孔加工质量检验标准与检验方法   表 3-25

项目	序号	检验项目	检验标准或允许偏差					检验数量	检验方法
主控项目	1	A，B级螺栓孔（Ⅰ类孔）	应具有 H12 的精度，孔壁表面粗糙度 R_a 不应大于 $12.5\mu m$	序号	螺栓公称直径、螺栓孔直径(mm)	螺栓公称直径允许偏差(mm)	螺栓孔直径允许偏差(mm)	按钢构件数量抽查10%，不应少于3件	用游标卡尺或孔径量规检查
				(1)	10~18	0.00~0.18	+0.18 / 0.00		
				(2)	18~30	0.00~0.21	+0.21 / 0.00		
				(3)	30~50	0.00~0.25	+0.25 / 0.00		
		C级螺栓孔（Ⅱ类孔）	孔壁表面粗糙度 R_a 不应大于 $25\mu m$	直径(mm)	+1.0 / 0.0				
				圆度(mm)	2.0				
				垂直度(mm)	0.03t，且不大于2.0				
一般项目	1	螺栓孔孔距	螺栓孔孔距范围(mm)	≤500	501~1200	1201~3000	>3000	按钢构件数量抽查10%，且不应少于3件	用钢尺检查
			同一组内任意两孔间距离(mm)	±1.0	±1.5	—	—		
			相邻两组的端孔间距离(mm)	±1.5	±2.0	±2.5	±3.0		
			注：1. 在节点中连接板与一根杆件相连的所有螺栓孔为一组。 2. 对接接头在拼接板一侧的螺栓孔为一组。 3. 在两相邻节点或接头间的螺栓孔为一组，但不包括上述两款所规定的螺栓孔。 4. 受弯构件翼缘上的连接螺栓孔，每米长度范围内的螺栓孔为一组						
	2	螺栓孔孔距	允许偏差超过上述规定的允许偏差时，应采用与母材材质相匹配的焊条补焊后重新制孔					全数检查	观察

3.5.3 钢结构焊接工程质量检验

3.5.3.1 钢结构焊接工程质量控制

（1）焊工必须经考试合格并取得合格证书。持证焊工必须在其考试合格项目及其认可范围内施焊。

（2）焊条、焊丝、焊剂、电渣焊熔嘴等焊接材料，与母材的匹配应符合设计及规范要求。焊条、焊剂药芯焊丝、熔嘴等在使用前，应按其产品说明书及焊接工艺文件的规定进行烘焙和存放。

（3）焊接材料应存放在通风干燥、温度适宜的仓库内，存放时间超过一年的，原则上应进行焊接工艺及机械性能复验。

（4）根据工程重要性、特点、部位，必须进行同环境焊接工艺评定试验，其试验方法、内容及其结果必须符合国家有关标准、规范的要求，并应得到监理和质量监督部门的认可。

（5）焊缝尺寸、探伤检验、缺陷、热处理、工艺试验等，均应符合设计规范要求。

（6）碳素结构应在焊缝冷却到环境温度、低合金结构钢应在完成焊接 24h 以后，进行焊缝探伤检验。

3.5.3.2 钢结构焊接工程质量检验

（1）钢结构焊接工程可按相应的钢结构制作或安装工程检验批的划分为一个或若干个检验批。

（2）钢结构焊接工程质量检验标准与检验方法见表 3-26。

钢结构焊接工程质量检验标准与检验方法 表 3-26

项目	序号	检验项目	检验标准	检验数量	检验方法
主控项目	1	焊接材料与母材的匹配	应符合设计文件的要求及国家现行标准的规定。焊接材料在使用前，应按其产品说明书及焊接工艺文件的规定进行烘焙和存放	全数检查	检查质量证明书和烘焙记录
	2	持证焊工	必须在其焊工合格证书规定的认可范围内施焊，严禁无证焊工施焊	全数检查	检查焊工合格证及其认可范围、有效期
	3	施工单位焊接工艺评定	应按现行国家标准《钢结构焊接规范》GB 50661 的规定进行焊接工艺评定，根据评定报告确定焊接工艺，编写焊接工艺规程并进行全过程质量控制	全数检查	检查焊接工艺评定报告，焊接工艺规程，焊接过程参数测定、记录
	4	设计要求的一、二级焊缝	应进行内部缺陷的无损检测，一、二级焊缝的质量等级和检测要求应符合相关规定	全数检查	检查超声波或射线探伤记录

项目	序号	检验项目	检验标准	检验数量	检验方法
主控项目	5	焊缝内部缺陷的无损检测	应符合下列规定： 1. 采用超声波检测时，超声波检测设备、工艺要求及缺陷评定等级应符合现行国家标准《钢结构焊接规范》GB 50661 的规定； 2. 当不能采用超声波探伤或对超声波检测结果有疑义时，可采用射线检测验证，射线检测技术应符合现行国家标准《焊缝无损检测 射线检测 第1部分：X 和伽玛射线的胶片技术》GB/T 3323.1 或《焊缝无损检测 射线检测 第2部分：使用数字化探测器的 X 和伽玛射线技术》GB/T 3323.2 的规定，缺陷评定等级应符合现行国家标准《钢结构焊接规范》GB 50661 的规定； 3. 焊接球节点网架、螺栓球节点网架及圆管 T、K、Y 节点焊缝的超声波探伤方法及缺陷分级应符合国家和行业现行标准的有关规定	全数检查	检查超声波或射线探伤记录
	6	T 形接头、十字接头、角接接头等要求焊透的对接和角接组合焊缝	其加强焊脚尺寸 h_k 不应小于 $t/4$ 且不大于 10mm，其允许偏差为 $0\sim4$mm	资料全数检查，同类焊缝抽查10%，且不应少于3条	观察检查，用焊缝量规抽查测量
一般项目	1	焊缝外观质量	应符合现行国家标准《钢结构焊接规范》GB 50661 的相关规定	承受静荷载的二级焊缝每批同类构件抽查10%，承受静荷载的一级焊缝和承受动荷载的焊缝每批同类构件抽查15%，且不应少于3件；被抽查构件中，每一类型焊缝应按条数抽查5%，且不应少于1条；每条应抽查1处，总抽查数不应少于10处	观察检查或使用放大镜、焊缝量规和钢尺检查，当有疲劳验算要求时，采用渗透或磁粉探伤检查
	2	焊缝外观尺寸要求	应符合现行国家标准《钢结构焊接规范》GB 50661 的相关规定		用焊缝量规检查
	3	对于需要进行预热或后热的焊缝	其预热温度或后热温度应符合国家现行标准的规定或通过焊接工艺评定确定	全数检查	检查预热或后热施工记录和焊接工艺评定报告

3.5.4 焊钉（栓钉）焊接工程质量检验

1. 焊钉（栓钉）焊接工程质量控制要点

（1）施工单位施工前应进行焊接工艺评定，评定结果应符合设计要求和国家现行的有关标准的规定。

（2）根据焊接工艺评定、设计图纸编制焊接作业指导书，做好施工技术交底。

（3）钢结构构件表面应没有油漆、露水、雨水、油及其他影响焊缝质量的污渍。

（4）作业时空气相对湿度不大于85％。

（5）应采用具备自动调节功能的焊接设备进行焊接，为保证焊接质量和其他用电设备的安全，必须单独设置电源。

（6）焊接电压、电流、时间及焊钉枪提起和插下等参数应根据焊接工艺确定。

（7）电弧保护瓷环要保持干燥，如果表面有露水和雨水痕迹则应烘干后使用。

（8）焊接操作时，要待焊缝凝固后才能移去焊钉枪。

2. 焊钉（栓钉）焊接工程质量检验标准与检验方法

焊钉（栓钉）焊接工程质量检验标准与检验方法见表3-27。

焊钉（栓钉）焊接工程质量检验标准与检验方法　　　　表3-27

项目	序号	检验项目	检验标准	检验数量	检验方法
主控项目	1	施工单位对其采用的焊钉和钢材焊接应进行焊接工艺评定	应符合设计要求和国家现行有关标准的规定。瓷环应按其产品说明书进行烘焙	全数检查	检查焊接工艺评定报告和烘焙记录
	2	焊钉焊接后应进行弯曲试验	检查其焊缝和热影响区不应有肉眼可见的裂纹	每批同类构件抽查10%，且不应少于10件；被抽查构件中，每件检查焊钉数量的1%，但不应少于1个	焊钉弯曲30°后用角尺检查和观察
一般项目	1	焊钉根部焊脚	应均匀，焊脚立面的局部未熔合或不足360°的焊脚应进行修补	按总焊钉数量抽查1%，且不应少于10个	观察

3.5.5 钢结构高强度螺栓连接质量检验

1. 钢结构高强度螺栓连接质量控制

（1）成品进场：钢结构连接用高强度大六角头螺栓连接副、扭剪型高强度连接副的品种、规格、性能等应符合现行国家产品标准和设计要求。高强度大六角头螺栓连接副和扭剪型高强度螺栓连接副出厂时应分别随箱带有扭矩系数和紧固轴力（预拉力）的检验报告。

（2）扭矩系数或预拉力复验：高强度大六角头螺栓连接副扭矩系数、扭剪型高强度螺栓连接副预拉力符合《钢结构工程施工质量验收标准》GB 50205—2020附录B的规定。

（3）检查合格证是否与材料相符、品种规格是否符合设计要求。检验盖章是否齐全。

（4）高强度螺栓连接应按设计要求对构件摩擦面进行喷砂（丸）、砂轮打磨或酸洗加工处理，其处理质量必须符合设计要求。

（5）经表面处理的构件、连接件摩擦面，应进行摩擦系数测定，其数值必须符合设计要求。安装前应逐组进行复验摩擦系数，复验合格方可安装。

（6）高强度螺栓应顺畅插入孔内，不得强行敲打，在同一连接面上穿入方向宜一致，以便于操作；对连接构件不符合的孔，应用钻头或绞刀扩孔或修孔，使符合要求时方可进行安装。

（7）安装用临时螺栓可用普通螺栓，亦可直接用高强度螺栓，其穿入数量不得少于安装孔总数的1/3，且不少于两个螺栓。

（8）安装时先在安装临时螺栓余下的螺孔中投满高强度螺栓，并用扳手扳紧，然后将临时普通螺栓逐一换成高强度螺栓，并用扳手扳紧。

（9）高强度螺栓的固定，应分两次拧紧（即初拧和终拧），每组拧紧顺序应从节点中心开始逐步向边缘两端施拧。整体结构的不同连接位置或同一节点的不同位置有两个连接构件时，应先紧主要构件，后紧次要构件。

（10）高强度螺栓紧固宜用电动扳手进行。扭剪型高强度螺栓初拧一般用60%～70%轴力控制，以拧掉尾部梅花卡头为终拧结束。不能使用电动扳手的部位，则用测力扳手紧固，初拧扭矩值不得小于终拧扭矩值的30%，终拧扭矩值应符合设计要求。

（11）螺栓初拧、复拧和终拧后，要做出不同标记，以便识别，避免重拧或漏拧。高强度螺栓终拧后外露丝扣不得小于2扣。

（12）当日安装的螺栓应在当日终拧完毕，以防构件摩擦面、螺纹沾污、生锈和螺栓漏拧。

（13）高强度螺栓紧固后要求进行检查和测定。如发现欠拧、漏拧时，应补拧；超拧时应更换。处理后的扭矩值应符合设计规定。

2. 钢结构高强度螺栓连接质量检验

坚固件连接工程可按相应的钢结构制作或安装工程检验批的划分原则划分为一个或若干个检验批。

钢结构高强度螺栓连接工程质量检验标准与检验方法见表3-28。

3.5.6 钢结构构件组装质量检验

3.5.6.1 钢结构构件组装质量控制

1. 施工前材料与零件、部件的质量控制

（1）材料的拼接：焊接H型钢的翼缘板拼接长度不应小于2倍板宽；腹板拼接宽度不应小于300mm，长度不应小于600mm。焊接H型钢的翼缘板拼接缝和腹板拼接缝的间距不应小于200mm。

钢结构高强度螺栓连接工程质量检验标准与检验方法　　　　　表 3-28

项目	序号	检验项目	检验标准	检验数量	检验方法
主控项目	1	抗滑移系数试验和复验	应符合《钢结构工程施工质量验收标准》GB 50205—2020 附录 B.0.7 的规定，分别进行现场处理的构件摩擦面应单独进行摩擦面抗滑移系数试验，其结果应符合设计要求	见《钢结构工程施工质量验收标准》GB 50205—2020 附录 B 的规定	检查摩擦面抗滑移系数试验报告和复检报告
	2	高强度大六角头螺栓连接副终拧扭矩检查	检查结果应符合《钢结构工程施工质量验收标准》GB 50205—2020 附录 B.0.4 的规定	应在施工现场待安装的螺栓批中随机抽取，每批应抽取 8 套连接副进行复检	见《钢结构工程施工质量验收标准》GB 50205—2020 附录 B
	3	扭剪型高强度螺栓连接副终拧后	检查结果应符合《钢结构工程施工质量验收标准》GB 50205—2020 附录 B.0.2 的规定	按节点数抽查 10%，但不应少于 10 个节点，被抽查节点中梅花头未拧掉的扭剪型高强度螺栓连接副全数进行终拧扭矩检查	观察及符合《钢结构工程施工质量验收标准》GB 50205—2020 附录 B.0.2 规定
一般项目	1	高强度螺栓连接副的施拧顺序和初拧、复拧扭矩	应符合设计要求和国家现行行业标准《钢结构高强度螺栓连接技术规程》JGJ 82—2011 的规定	全数检查资料	检查扭矩扳手标定记录和螺栓施工记录
	2	高强度螺栓连接副终拧外观质量	螺栓丝扣外露应为 2～3 扣，其中允许有 10% 的螺栓丝扣外露 1 扣或 4 扣	按节点数抽查 5%，且不应少于 10 个	观察
	3	焊疤、高强度螺栓连接摩擦面外观	应保持干燥、整洁，不应有飞边、毛刺、焊接飞溅物、氧化铁皮、污垢等，除设计要求外摩擦面不应涂漆	全数检查	观察

（2）零部件质量：零部件表面不允许有结疤、裂纹、折叠和分层等缺陷，钢材表面锈蚀、麻点或划痕，不得超过其厚度负偏差；零部件尺寸与外观质量应在允许偏差之内；零部件应按构件编号做好标识。

2. 施工过程质量控制

（1）拼接缝尺寸：翼缘板只允许长度拼接；翼缘板拼接缝和腹板拼接缝的间距不应小于 200mm；翼缘板拼接长度不应小于 2 倍板宽；腹板拼接宽度不应小于 300mm，长度不应小于 600mm。

（2）表面质量：组装前，连接表面及沿焊缝每边 30～50mm 范围内铁锈、毛刺和油污必须清除干净；铆接或高强度螺栓连接组装前的叠板应夹紧。用 0.3mm 的塞尺检查，塞入深度不得大于 20mm。接头接缝两边各 100mm 的范围内，其间隙不得大于 0.3mm；顶紧接触的部位应有 75% 的面积紧贴。用 0.3mm 塞尺检查，其塞入面积之和应小于总面积的 25%，边缘最大间隙不应大于 0.3mm；桁架结构杆件，轴线交点错位应控制在 3.0mm 以下。

（3）组装偏差：组装时，应有适当的工具和设备、胎架，以保证组装有足够的精度；组装时，如有隐蔽部位，应经质控人员检查认可签发隐蔽部位验收记录，方可封闭；焊接 H 型钢的外形尺寸允许偏差应符合《钢结构工程施工质量验收标准》GB 50205—2020 附录 C 表 C.0.1 的规定；焊接连接制作组装的尺寸允许偏差应符合《钢结构工程施工质量验收标准》GB 50205—2020 附录 C 表 C.0.2 的规定；钢构件外形尺寸应符合《钢结构工程施工质量验收标准》GB 50205—2020 的有关规定；吊车梁和吊车桁架不应下挠。

（4）端部铣平与保护：两端部铣平的构件长度允许偏差不应大于 2.0mm，两端部铣平零件长度不应大于 0.5mm，铣平面的平面度不大于 0.3mm，铣平面对轴线的垂直度不大于 $L/1500$；外露铣平面应除锈保护。

（5）安装焊缝坡口：安装焊缝坡口可采用气割、刨边、手工打磨和铣加工等方法进行加工；安装焊缝坡口加工的精度除达到相应加工方法的精度要求外，坡口角度偏差不应大于 5°，钝边偏差不应大于 1.0mm。

3.5.6.2　钢结构构件组装质量检验

焊接 H 型钢、构件组装、铣平安装、焊缝坡口质量检验。

1. 主控项目

钢结构构件组装主控项目质量检验标准与检验方法见表 3-29。

钢结构构件组装主控项目质量检验标准与检验方法　　　　表 3-29

序号	检验项目	检验标准或允许偏差(mm)		检验数量	检验方法
1	吊车梁和吊车桁架	不应下挠		全数检查	构件直立，在两端支承后，用水准仪和钢尺检查
2	端部铣平精度	两端铣平时构件长度	±2.0	按铣平面数量抽查10%，且不应少于3个	用钢尺、角尺、塞尺等检查
		两端铣平时零件长度	±0.5		
		铣平面的平面度	0.3		
		铣平面对轴线的垂直度	$l/1500$		
3	外形尺寸	单层柱、梁、桁架受力支托（支承面）表面至第一安装孔距离	±1.0	全数检查	用钢尺检查
		多节柱铣平面至第一安装孔距离	±1.0		
		实腹梁两端最外侧安装孔距离	±3.0		
		构件连接处的截面几何尺寸	±3.0		
		柱、梁连接处的腹板中心线偏移	2.0		
		受压构件(杆件)弯曲矢高	$l/1000$，且不应大于 10.0		

2. 一般项目

钢结构构件组装一般项目质量检验标准与检验方法见表 3-30。

钢结构构件组装一般项目质量检验标准与检验方法　　　　表 3-30

序号	检验项目	检验标准或允许偏差		检验数量	检验方法
1	焊接 H 型钢接缝	焊接 H 型钢的翼缘板拼接缝和腹板拼接缝的间距不应小于 200mm。翼缘板拼接长度不应小于 2 倍板宽；腹板拼接宽度不应小于 300mm，长度不应小于 600mm		全数检查	观察和用钢尺检查
2	焊接 H 型钢精度	焊接 H 型钢的允许偏差应符合表《钢结构工程施工质量验收标准》GB 50205—2020 附录 C 表 C.0.1 的规定		按钢构件数抽查 10%，且不应少于 3 件	用钢尺、角尺、塞尺等检查
3	焊接组装精度	焊接连接组装的允许偏差应符合表《钢结构工程施工质量验收标准》GB 50205—2020 附录 C 表 C.0.2 规定		按构件数抽查 10%，且不应少于 3 个	用钢尺检验
4	顶紧接触面	顶紧触面应有 75％以上的面积紧贴		按接触面的数量抽查 10%，不少于 10 个	用 0.3mm 塞尺面积应小于 25%，边缘间隙不应大于 0.8mm
5	轴线交点错位	桁架结构杆件轴线交点错位的允许偏差不得大于 3.0mm		按构件数抽查 10%，且不应少于 3 个，每个抽查构件按节点数抽查 10%，且不少于 3 个节点	尺量检查
6	安装焊缝坡口的允许偏差	坡口角度	±5°	按坡口数量抽查 10%，且不少于 3 条	用焊缝量检查
		钝边	±1.0mm		
7	铣平面保护	外露铣平面应防锈保护		全数检查	观察
8	外形尺寸	应符合《钢结构工程施工质量验收标准》GB 50205—2020 附录 C.0.3～C.0.9 的规定		按构件数量抽查 10%，且不应少于 3 件	应符合《钢结构工程施工质量验收标准》GB 50205—2020 附录 C.0.3～C.0.9 的规定

钢结构构件组装质量一般项目外形尺寸检验应符合《钢结构工程施工质量验收标准》GB 50205—2020 第 8.5.2 条的规定。

3.5.7　钢结构预拼装施工质量检验

1. 钢结构预拼装施工质量控制

（1）预拼装所用的支承凳或平台应测量找平，检查时应拆除全部临时固定和拉紧装置。由于受运输、起吊等条件限制，构件为了检验其制作的整体性，由设计规定或合同要求在出厂前进行工厂拼装。预拼装均在工厂支凳（平台）进行，因此对所用的支承凳或平台应测量找平，且预拼装时不应使用大锤锤击，检查时应拆除全部临时固定和拉紧装置。

（2）进行预拼装的钢构件，其质量应符合设计要求和规范合格质量标准的规定。

2．钢结构预拼装施工质量检验

（1）钢构件预拼装工程可按钢结构制作工程检验批的划分原则划分为一个或若干个检验批。

（2）钢结构预拼装施工质量检验标准与检验方法见表 3-31。

钢结构预拼装施工质量检验标准与检验方法　　　　　表 3-31

项目	序号	检验项目	检验标准	检验数量	检验方法
主控项目	1	高强度螺栓和普通螺栓连接的多层板叠层	应采用试孔器进行检查，并应符合下列规定： （1）当采用比孔公称直径小 1.0mm 的试孔器检查时，每组孔的通过率不应小于 85%； （2）当采用比螺栓公称直径大 0.3mm 的试孔器检查时，通过率应为 100%	按预拼装单元全数检查	采用试孔器检查
一般项目	1	预拼装的允许偏差	预拼装的允许偏差应符合表 3-32 的规定	按预拼装单元全数检查	见表 3-32

钢结构预拼装的允许偏差　　　　　表 3-32

构件类型	检验项目		允许偏差（mm）	检验方法
多节柱	预拼装单元总长		±5.0	用钢尺检查
	预拼装单元弯曲矢高		$l/1500$，且不应大于 10.0	用拉线和钢尺检查
	接口错边		2.0	用焊缝量规检查
	预拼装单元柱身扭曲		$h/200$，且不应大于 5.0	用拉线、吊线和钢尺检查
	顶紧面至任一牛腿距离		±2.0	用钢尺检查
梁、桁架	跨度最外两端安装孔或两端支承面最外侧距离		+5.0 −10.0	
	接口截面错位		2.0	用焊缝量规检查
	拱度	设计要求起拱	±$l/5000$	用拉线和钢尺检查
		设计未要求起拱	$l/2000$ 0	
	节点处杆件轴线错位		4.0	画线后用钢尺检查
管构件	预拼装单元总长		±5.0	用钢尺检查
	预拼装单元弯曲矢高		$l/1500$，且不应大于 10.0	用拉线和钢尺检查
	对口错边		$t/10$，且不应大于 3.0	用焊缝量规检查
	坡口间隙		+2.0 −1.0	
构件平面总体预拼装	各楼层柱距		±4.0	用钢尺检查
	相邻楼层梁与梁之间距离		±3.0	
	各层间框架两对角线之差		$H/2000$，且不应大于 5.0	
	任意两对角线之差		$\Sigma H/2000$，且不应大于 8.0	

3.5.8　单层钢结构安装工程质量检验

1. 单层钢结构安装工程质量控制

（1）安装的测量校正、高强度螺栓安装、负温度下施工及焊接工艺等，应在安装前进行工艺试验或评定，并应在此基础上制定相应的施工工艺或方案。

（2）安装偏差的检测，应在结构形成空间刚度单元并连接固定后进行。

（3）安装时，必须控制屋面、楼面、平台等的施工荷载，施工荷载和冰雪荷载等严禁超过梁、桁架、楼面板、屋面板、平台铺板等的承载能力。

（4）在形成空间刚度单元后，应及时对柱底板和基础顶面的空隙进行细石混凝土、灌浆料等二次浇灌。

（5）吊车梁或直接承受动力荷载的梁，其受拉翼缘、吊车桁架或直接承受动力荷载的桁架其受拉弦杆上不得焊接悬挂物和卡具等。

2. 单层钢结构安装工程质量检验

（1）单层钢结构安装工程可按变形缝或空间刚度单元等划分成一个或若干个检验批。地下钢结构可按不同地下层划分检验批。

（2）钢结构安装检验批应在进场验收和焊接连接、紧固件连接、制作等分项工程验收合格的基础上进行验收。

（3）单层钢结构安装工程质量检验标准和检验。

1）基础和支承面

基础和支承面质量检验标准和检验方法应符合《钢结构工程施工质量验收标准》GB 50205—2020 中 10.1 和 10.2 的规定。

2）安装和校正主控项目

安装和校正主控项目的质量检验标准和检验方法应符合《钢结构工程施工质量验收标准》GB 50205—2020 中 10.1 和 10.3.1、10.3.2 的规定。

3）安装和校正一般项目

安装和校正一般项目的质量检验标准和检验方法应符合《钢结构工程施工质量验收标准》GB 50205—2020 中 10.1 和 10.3.3～10.3.6 的规定。

3.5.9　多层钢结构安装工程质量检验

3.5.9.1　多层钢结构安装工程质量控制

（1）多层及高层钢结构的柱与柱、主梁与柱的接头，一般用焊接方法连接，焊缝的收缩值以及荷载对柱的压缩变形，对建筑物的外形尺寸有一定的影响。因此，柱与主梁的制作长度要作如下考虑：柱要考虑荷载对柱的压缩变形值和接头焊缝的收缩变形值；梁要考虑焊缝的收缩变形值。

（2）安装柱时，下面一层柱的柱顶位置有安装偏差，因此每节柱的定位轴线应从地面控制轴线直接引上，不得从下层柱的轴线引上。

（3）多层及高层钢结构安装中，建筑物的高度可以按相对标高控制，也可按设计标高控制，在安装前要先决定采用哪一种方法。

3.5.9.2 多层钢结构安装工程质量检验

多层及高层钢结构安装工程可按楼层或施工段等划分为一个或若干个检验批。地下钢结构可按不同地下层划分检验批。

1. 主控项目

（1）基础和支撑面

基础和支撑面质量检验标准和检验方法应符合《钢结构工程施工质量验收标准》GB 50205—2020 中 10.1 和 10.2 的规定。

（2）安装和校正

安装和校正主控项目的质量检验标准和检验方法应符合《钢结构工程施工质量验收标准》GB 50205—2020 中 10.1 和 10.3.1、10.3.2 的规定。

2. 一般项目

安装和校正一般项目的质量检验标准和检验方法应符合《钢结构工程施工质量验收标准》GB 50205—2020 中 10.1 和 10.3.3～10.3.6 的规定。

复习思考题

1. 简述钢结构原材料质量控制要点。
2. 试述钢材的质量检验标准与检验方法。
3. 试述焊接材料的质量检验标准与检验方法。
4. 试述连接用紧固标准件的质量检验标准与检验方法。
5. 试述涂装材料的质量检验标准与检验方法。
6. 试述切割加工材料的质量检验标准与检验方法。
7. 试述钢结构焊接工程的质量要求。
8. 试述钢结构高强螺栓连接的质量要求。
9. 试述钢结构安装工程的质量控制要点。

质量管理职业活动训练

活动一：钢结构工程原材料及加工质量验收和检验评定

1. 分组要求：每组按 5～7 人分组。

2. 资料要求：钢结构施工图一套；提供不同品种和规格的钢材、钢铸件、焊接材料、连接用紧固件、焊接球、螺栓球、封板、锥头和套筒、涂装材料等相应的质量证明文件；选择不同结构类型的加工成品。

3. 训练要求：

（1）熟悉钢结构原材料见证取样标准和一般要求并进行实地取样；

（2）阅读钢结构原材料的有关质量证明文件并提出自己的见解；

（3）熟悉图纸并能编制钢结构原材料检验方案，对照标准进行检验。

4. 成果：填写见证取样记录、材料报验单；填写钢结构原材料工程检验批质量验收记录表。

活动二：钢零件及钢部件加工工程质量验收和检验评定

1. 分组要求：每组按5～7人分组。

2. 资料要求：钢结构施工图一套；提供不同切割加工，矫正和成型加工，边缘加工，管、球加工，制孔加工等相应的质量证明文件；选择不同钢零件及钢部件的加工成品。

3. 训练要求：

(1) 熟悉钢零件及钢部件加工工程见证取样标准和一般要求并进行实地取样；

(2) 阅读钢零件及钢部件加工工程的有关质量证明文件并提出自己的见解；

(3) 熟悉图纸并能编制钢零件及钢部件加工工程检验方案，对照标准进行检验。

4. 成果：填写见证取样记录、材料报验单；填写钢零件及钢部件加工工程检验批质量验收记录表。

活动三：钢结构焊接工程质量验收和检验评定

1. 分组要求：每组按5～7人分组。

2. 资料要求：钢结构施工图一套；提供不同品种、规格钢结构焊接、焊钉（栓钉）焊接工程相应的质量证明文件；选择不同钢结构焊接、焊钉（栓钉）焊接加工成品。

3. 训练要求：

(1) 熟悉钢结构焊接、焊钉（栓钉）焊接加工工程见证取样标准和一般要求并进行实地取样；

(2) 阅读钢结构焊接、焊钉（栓钉）焊接加工工程的有关质量证明文件并提出自己的见解；

(3) 熟悉图纸并能编制钢结构焊接、焊钉（栓钉）焊接加工工程检验方案，对照标准进行检验。

4. 成果：填写见证取样记录、材料报验单；填写钢结构焊接、焊钉（栓钉）焊接加工工程检验批质量验收记录表。

活动四：钢结构高强度螺栓连接工程质量验收和检验评定

1. 分组要求：每组按5～7人分组。

2. 资料要求：钢结构施工图一套；提供不同品种、规格钢结构高强度螺栓连接工程相应的质量证明文件；选择不同钢结构高强度螺栓连接加工成品。

3. 训练要求：

(1) 熟悉钢结构高强度螺栓连接加工工程见证取样标准和一般要求并进行实地取样；

(2) 阅读钢结构高强度螺栓连接加工工程的有关质量证明文件并提出自己的见解；

(3) 熟悉图纸并能编制钢结构高强度螺栓连接加工工程检验方案，对照标准进行检验。

4. 成果：填写见证取样记录、材料报验单；填写钢结构高强度螺栓连接加工工程检验批质量验收记录表。

活动五：钢结构构件组装工程质量验收和检验评定

1. 分组要求：每组按5～7人分组。

2. 资料要求：钢结构施工图一套；提供不同类型钢结构构件组装工程相应的材料与零件、部件质量证明文件；选择不同钢结构构件组装成品。

3. 训练要求：

(1) 阅读钢结构构件组装工程的有关质量证明文件并提出自己的见解；

(2) 熟悉图纸并能编制钢结构构件组装工程检验方案，对照标准进行检验。

4. 成果：填写见证取样记录、材料报验单；填写钢结构构件组装工程检验批质量验收记录表。

活动六：钢结构预拼装、组装施工工程质量验收和检验评定

1. 分组要求：每组按5～7人分组。

2. 资料要求：钢结构施工图一套；选择不同钢结构预拼装、组装施工成品。

3. 训练要求：

（1）阅读钢结构预拼装、组装施工工程的有关质量证明文件并提出自己的见解；

（2）熟悉图纸并能编制钢结构预拼装、组装施工工程检验方案，对照标准进行检验。

4. 成果：填写钢结构预拼装、组装施工工程检验批质量验收记录表。

活动七：单层钢结构安装工程质量验收和检验评定

1. 分组要求：每组按 5～7 人分组。

2. 资料要求：钢结构施工图一套；选择不同单层钢结构安装工程施工成品。

3. 训练要求：

（1）阅读单层钢结构安装工程的有关质量证明文件并提出自己的见解；

（2）熟悉图纸并能编制单层钢结构安装工程检验方案，对照标准进行检验。

4. 成果：填写单层钢结构安装工程检验批质量验收记录表。

活动八：多层钢结构安装工程质量验收和检验评定

1. 分组要求：每组按 5～7 人分组。

2. 资料要求：钢结构施工图一套；选择不同多层钢结构安装工程施工成品。

3. 训练要求：

（1）阅读多层钢结构安装工程的有关质量证明文件并提出自己的见解；

（2）熟悉图纸并能编制单层钢结构安装工程检验方案，对照标准进行检验。

4. 成果：填写多层钢结构安装工程检验批质量验收记录表。

教学单元4

屋面工程

【教学目标】通过本单元的学习，学生能够理解屋面保温层、找平层、卷材（涂膜）防水屋面工程、细石混凝土防水层等各构造层次的原材料质量要求；熟悉屋面工程施工过程质量控制要点，掌握屋面工程施工质量检验标准及验收方法；能够对其原材料和建筑屋面工程分部工程质量进行控制和验收并能规范填写验收表格。

建筑屋面工程是建筑工程分部工程之一，可以划分为：屋面保温层、屋面找平层、卷材屋面防水层、涂膜屋面防水层、细石混凝土防水层、密封材料嵌缝、细部构造、瓦屋面、架空屋面、蓄水屋面、种植屋面等分项工程。

4.1 屋面保温层

屋面保温层是屋面工程的重要组成部分。常用的材料有块状保温材料和整体现浇（喷）保温材料等。

4.1.1 屋面保温层质量控制

1. 原材料质量控制

（1）材料进场应具有生产厂家提供的产品出厂合格证、质量检验报告。材料外表或包装物应有明显标志，标明材料生产厂家、材料名称、生产日期、执行标准、产品有效期等。材料进场后，应按规定抽样复验，并提交试验报告。不合格材料，不得使用。

（2）进场的保温隔热材料抽样数量，应按使用的数量确定，其检验数量应满足《屋面工程质量验收规范》GB 50207—2012 附录 B 的规定。

（3）进场后的保温隔热材料物理性能应检验下列项目：

板状保温材料：板状保温材料除进行外观质量检验外，尚应按照《屋面工程质量验收规范》GB 50207—2012 附录 B 的规定检验表观密度（或干密度）、压缩强度、导热系数和燃烧性能的指标。

（4）松散保温材料质量应符合表 4-1 的要求。

表 4-1

松散保温材料质量要求

项目	膨胀蛭石	膨胀珍珠岩
粒径	3～5mm	≥0.15mm，<0.15mm 的含量不大于 8%
堆积密度	≤300kg/m³	≤120kg/m³
导热系数	≤0.14W/(m·K)	≤0.07W/(m·K)

（5）板状保温材料的质量应符合表 4-2 的要求。

2. 施工过程质量控制

保证材料的干湿程度与导热系数关系很大，限制含水率是保证工程质量的重要环节。封闭式保温层的含水率，应相当于该材料在当地自然风干状态下的平衡含水率。

保温（隔热）层施工应符合下列规定：

（1）检查保温层的基层是否平整、干燥和干净。

（2）检查保温层边角处质量：防止出现边线不直、边槎不齐整，影响屋面找坡、找平和排水。

板状保温材料质量要求　　　　　　　表 4-2

项目	聚苯乙烯泡沫塑料类		硬质聚氨酯泡沫塑料	泡沫玻璃	微孔混凝土类	膨胀蛭石(珍珠岩)制品
	挤压	模压				
表观密度(kg/m³)	≥32	15～30	≥30	≥150	500～700	300～800
导热系数[W/(m·K)]	≤0.03	≤0.041	≤0.027	≤0.062	≤0.22	≤0.26
抗压强度(MPa)	—	—	—	≥0.4	≥0.4	≥0.3
在10%形变下的压缩应力(MPa)	≥0.15	≥0.06	≥0.15	—	—	—
70℃,48h后尺寸变化率(%)	≤2.0	≤5.0	≤5.0	≤0.5	—	—
吸水率(V/V,%)	≤1.5	≤6	≤3	≤0.5	—	—
外观质量	板的外形基本平整,无严重凹凸不平;厚度允许偏差为5%,且不大于4mm					

135

（3）检查保温隔热层功能是否良好：避免出现保温材料表观密度过大，铺设前含水量大，未充分晾干等现象。施工选用的材料应达到技术标准，控制保温材料导热系数、含水率和铺实密度，保证保温的功能效果。

（4）检查保温层铺筑厚度是否满足设计要求，检查铺设厚度是否均匀：铺设时应认真操作，拉线找坡，铺顺平整，操作中避免材料在屋面上堆积二次倒运，保证匀质铺设及表面平整，铺设厚度应满足设计要求。

（5）板状保温材料施工时，当采用干铺法时保温材料应紧贴基层表面，多层设置的板块上下层接缝要错开，板缝间隙嵌填密实；当采用胶粘剂粘贴时，板块相互之间与基层之间应满涂胶粘材料，保证相互粘牢；当采用水泥砂浆粘贴板桩保温材料时，板缝间隙应采用保温灰浆填实并勾缝。

（6）检查板块保温材料铺贴是否密实、采用粘贴的板状保温材料是否贴严、粘牢，以确保保温、防水效果，防止找平层出现裂缝。应严格按照规范和质量验收评定标准的质量标准，进行严格验收。

（7）松散保温材料施工时应分层铺设，每层虚铺厚度不宜大于150mm，压实的程度与厚度必须经试验确定，压实后不得直接在保温层上行车或堆物。施工人员宜穿软底鞋进行操作。

（8）整体现浇（喷）保温层质量的关键，是表面平整和厚度满足设计要求。施工应符合下列规定：

1）沥青膨胀蛭石、沥青膨胀珍珠岩宜用机械搅拌，并应色泽一致，无沥青团；压实程度根据试验确定，其厚度应符合设计要求，表面应平整。

2）硬质聚氨酯泡沫塑料应按配比准确计量，发泡厚度均匀一致。

（9）要求屋面保温层严禁在雨天、雪天和五级风及其以上时施工。施工环境气温宜符合表4-3的要求，施工完成后应及时进行找平层和防水层的施工。同时要求屋面保温层进行隐蔽验收，施工质量应验收合格，质量控制资料应完整。

项目	施工环境气温
粘结保温层	热沥青不低于-10℃；水泥砂浆不低于 5℃

4.1.2　屋面保温层质量检验

1. 屋面保温层质量检验批与检验数量

检验批：按一栋、一个施工段（或变形缝）作为一个检验批，全部进行检验。

检验数量：①细部构造根据分项工程的内容，应全部进行检查。②其他主控项目和一般项目，应按屋面面积每 $100m^2$ 抽查一处，每处 $10m^2$，且不得少于 3 处。

2. 屋面保温层质量检验标准与检验方法见表 4-4。

屋面保温层质量检验标准与检验方法　　　　　　　表 4-4

项目	序号	检验项目		允许偏差或允许值	检验方法
主控项目	1	材料质量或配合比	板状材料、纤维材料	应符合设计要求	检查出厂合格证、质量检验报告和进场检验报告
			喷涂硬泡聚氨酯、现浇泡沫混凝土		检查出厂合格证、质量检验报告和计量措施
	2	厚度	板状材料	应符合设计要求，其正偏差应不限，负偏差为 5％，且不得大于 3mm	钢针插入或尺量检查
			纤维材料	应符合设计要求，其正偏差应不限，毡不得有负偏差，板负偏差应为 4％，且不得大于 1mm	
			喷涂硬泡聚氨酯	应符合设计要求，其正偏差应不限，不得有负偏差	
			现浇泡沫混凝土	应符合设计要求，其正负偏差应为 5％，且不得大于 5mm	
	3	屋面热桥部位处理		应符合设计要求	观察检查
一般项目	1	保温层铺设	板状材料	应紧贴基层，铺平垫稳，拼缝应严密，粘贴应牢固	观察检查
			纤维材料	应紧贴基层，拼缝应严密，表面应平整	
			喷涂硬泡聚氨酯	应分遍喷涂，粘结应牢固，表面应平整，找坡应正确	
			现浇泡沫混凝土	应分层施工，粘结应牢固，表面应平整，找坡应正确	
	2	表面平整度	板状材料	5mm	2m 靠尺和塞尺检查
			纤维材料	表面应平整	观察和尺量检查
			喷涂硬泡聚氨酯	5mm	2m 靠尺和塞尺检查
			现浇泡沫混凝土		

复习思考题

1. 简述屋面保温层的质量要求。
2. 试述屋面保温材料的质量控制要点。
3. 试述屋面保温层施工质量控制要点。
4. 简述屋面保温层质量检验的内容。
5. 应如何控制保温层的保温隔热效果？
6. 应如何控制保温层的铺设厚度？
7. 对保温层的材料有何具体要求？

质量管理职业活动训练

活动：屋面保温工程质量验收

1. 分组要求：全班分 2 个组。

2. 资料要求：施工图纸两份（选松散和块状不同保温材料的屋面），详细的影像资料（有条件的可到施工现场），以及某实际工程的相关资料。

3. 学习要求：学生在老师指导下，①熟悉图纸；②编写施工方案；③按验收规范的验收内容逐一对照进行检查（或观看影像资料）验收。

4. 成果：①填写质量验收记录表；②对照实际工程的施工方案找出自己所编制方案的长处与不足。

4.2 屋面找平层

屋面找平层是防水层的基层，防水层要求基层有较好的结构整体性和刚度，一般采用水泥砂浆、细石混凝土或沥青砂浆的整体找平层。

4.2.1 屋面找平层质量控制

1. 原材料质量控制

（1）材料进厂应具有生产厂家提供的产品出厂合格证、质量检验报告。材料外表或包装物应有明显标志，标明材料生产厂家、材料名称、生产日期、执行标准、产品有效期等。

（2）屋面找平层所用材料必须进场验收，并按要求对各类材料进行复试，其质量、技术性能必须符合设计要求和施工及验收规范的规定。

2. 施工过程质量控制

（1）找平层的厚度和技术要求应符合表 4-5 的规定。

（2）找平层的基层采用装配式钢筋混凝土板时，应符合下列规定：

1）板端、侧缝应用细石混凝土灌缝，其强度等级不应低于 C20。

找平层的厚度和技术要求 　　　　　　　　　　　　表 4-5

类别	基层种类	厚度(mm)	技术要求
水泥砂浆找平层	整体混凝土	15～20	1：2.5～1：3（水泥：砂）体积比，水泥强度等级不低于 32.5
	整体或板状材料保温层	20～25	
	装配式混凝土板，松散材料保温层	20～30	
细石混凝土找平层	松散材料保温层	30～35	混凝土强度等级不低于 C20
沥青砂浆找平层	整体混凝土	15～20	1：8（沥青：砂）质量比
	装配式混凝土板，整体或板状材料保温层	20～25	

2）板缝宽大于 40mm 或上窄下宽时，板缝内应设置构造钢筋。

3）板端缝应进行密封处理。

（3）检查找平层的坡度是否准确，是否符合设计要求，是否造成倒泛水。屋面防水应以防为主，以排为辅。

（4）检查水落口周围的坡度是否准确。水落口杯与基层接触处应留宽 20mm、深 20mm 凹槽，嵌填密封材料天沟。

（5）基层与突出屋面结构的交接处和基层的转角处，找平层均应做成圆弧形，圆弧半径应符合表 4-6 的要求。内部排水的水落口周围，找平层应做成略低的凹坑。

转角处圆弧半径 　　　　　　　　　　　　表 4-6

卷材种类	圆弧半径(mm)
沥青防水卷材	100～150
高聚物改性沥青防水卷材	50
合成高分子防水卷材	20

（6）检查收缩缝的留设是否符合规范和设计要求。分格缝应留设在结构变形最易发生负弯矩的板端缝处，其纵横缝的最大间距：水泥砂浆或细石混凝土找平层，不宜大于 6m；沥青砂浆找平层，不宜大于 4m。

（7）检查找平层是否空鼓、开裂。基层表面清理不干净、水泥砂浆找平层施工前未用水湿润好，造成空鼓；由于砂子过细、水泥砂浆级配不好、找平层厚薄不匀、养护不够，均可造成找平层开裂；注意使用符合要求的砂料，保护层平整度应严格控制，保证找平层的厚度基本一致，加强成品养护，防止表面开裂。

（8）找平层要在收水后二次压光，使表面坚固、平整；水泥砂浆终凝后，应采取浇水、覆盖浇水、喷养护剂、涂刷冷底子油等手段充分养护，保护砂浆中的水泥充分水化，以确保找平层质量。

（9）沥青砂浆找平层，除强调配合比准确外，施工中应注意拌合均匀和表面密实。找平层表面不密实会产生蜂窝现象，使卷材胶结材料或涂膜的厚度不均匀，直接影响防水层的质量。

4.2.2 屋面找平层质量检验

1. 屋面找平层质量检验批与检验数量

检验批：按一个施工段（或变形缝）作为一个检验批，全部进行检验。

检验数量：①细部构造根据分项工程的内容，应全部进行检查。②其他主控项目和一般项目，应按屋面面积每 $100m^2$ 抽查一处，每处 $10m^2$，且不得少于 3 处。

2. 屋面找平层质量检验标准与检验方法见表 4-7。

屋面找平层质量检验标准与检验方法　表 4-7

项目	序号	检验项目	允许偏差或允许值	检验方法
主控项目	1	材料质量及配合比	应符合设计要求	检查出厂合格证、质量检验报告和计量措施
	2	排水坡度	应符合设计要求,结构边坡不应小于3%,材料找坡宜为2%;天沟、檐沟纵向找坡不应小于1%,沟底落差不得超过200mm	坡度尺检查
一般项目	1	找平层	应抹平、压光,不得有酥松、起砂、起皮现象,卷材防水层的基层与突出屋面结构的交接处以及基层的转角处找平层应做成圆弧形,且应整齐平顺	观察检查
	2	分隔缝的宽度和间距	均应符合设计要求	观察和尺量检查
	3	表面平整度	5mm	2m靠尺和塞尺检查

复习思考题

1. 试述屋面找平层施工质量控制要点。
2. 简述屋面找平层的质量要求。
3. 屋面找平层开裂的原因是什么？应如何防治？
4. 对屋面找平层排水坡度有何要求？应如何检查？
5. 屋面找平层对分隔缝有何要求？应如何检查？

质量管理职业活动训练

活动：屋面找平层工程质量验收

1. 分组要求：全班分 2 个组。

2. 资料要求：施工图纸两份（选水泥砂浆和细石混凝土找平层屋面），详细的影像资料（有条件的可到施工现场），以及某实际工程的相关资料。

3. 学习要求：学生在老师指导下，①熟悉图纸；②编写施工方案；③按验收规范的验收内容逐一对照进行检查（或观看影像资料）验收。

4. 成果：①填写质量验收记录表；②对照实际工程的施工方案找出自己所编制方案的长处与不足。

4.3　卷材屋面防水层

4.3.1　原材料质量控制

卷材质量是屋面防水的物质基础，卷材质量好坏直接影响防水质量。因此，卷材质量控制应做好以下几个方面的工作：

（1）对进场卷材进行检查，进场的卷材应具有产品出厂合格证、质量检验报告。材料包装物应有明显的标明材料生产厂家、材料名称、生产日期、执行标准、产品有效期等标志；其外观质量和材料的品种、规格和性能等必须符合设计文件和国家产品质量标准的要求。

（2）检查进场材料的质量证明文件，特别是出厂合格证和出厂检验报告的真实性、时效性以及检验报告物理性能的符合性等质量指标必须齐全。

（3）按卷材取样与组批规则，在现场随机进行取样送检，并做好复检报告的审查工作，主要审查复检报告的真实性、时效性以及复检报告的物理性能指标是否符合设计和国家产品质量指标的要求。

（4）所选用的基层处理剂、接缝胶粘剂、密封材料等配套材料应与铺贴的卷材材性相容。

（5）不同品种、规格的卷材胶粘剂和胶粘带，应分别用密封桶或纸箱包装。

（6）卷材胶粘剂和胶粘带应贮存在阴凉通风的室内，严禁接近火源和热源。

4.3.2　施工过程质量控制

做好屋面防水工程，设计是前提，材料是基础，施工是关键，维修管理是保证。无论是建设方还是施工方、监理方，都应认真贯彻执行有关规定，在材料、设计、管理诸方面严格把关，共同搞好屋面卷材防水工程的质量控制。在卷材屋面工程施工过程中应做好以下几个方面的工作：

（1）施工技术管理人员应认真学习相关规范、标准，掌握施工图中的细部构造及有关技术要求，做好图纸会审及编制施工方案工作，依据施工方案科学有序地进行施工。

（2）认真做好安全技术交底工作。施工技术负责人向班组进行技术交底，内容包括：施工部位、施工的起点流向、施工工艺、细部节点构造、增强部位及做法、质量标准、保证质量的技术措施、成品的保护措施和安全注意事项等。

（3）检查铺设屋面隔汽层和防水层前，基层是否干净、干燥。检查时可将 $1m^2$ 卷材平坦地干铺在找平层上，静置 $3\sim4h$ 后掀开检查，找平层覆盖部位与卷材上未见水印即可铺设。

（4）检查卷材铺贴方向是否符合下列规定：

1）屋面坡度小于 3% 时，卷材宜平行屋脊铺贴。

2）屋面坡度在 3%～15% 时，卷材可平行或垂直屋脊铺贴。

3）屋面坡度大于 15% 或屋面受振动时，沥青防水卷材应垂直屋脊铺贴，高聚物改性沥青防水卷材和合成高分子防水卷材可平行或垂直屋脊铺贴。屋面坡度大于 25% 时，卷材应采取满粘和钉压措施。

4）上下层卷材不得相互垂直铺贴。

（5）各层卷材的长边搭接及短边搭接应满足《屋面工程质量验收规范》GB 50207—2012 表 6.2.3 的规定；上下层卷材的接缝应错开幅度的 1/3；相邻两幅卷材的接缝应错开且不得小于 500mm。垂直于屋脊铺贴时，每幅卷材都应越过屋脊不小于 200mm，但不允许一幅卷材从屋脊的一侧一直铺到另一侧，这样铺贴在屋脊处容易拉断。

（6）卷材的铺贴必须符合一定的施工程序。例如：高低跨屋面相连的建筑物要先铺高跨屋面；在同高度的大面积屋面上，要先铺贴距离较远的部分。要从檐口处向屋脊处铺贴，雨水口、烟囱根部、天沟、屋脊处应加铺 1～2 层附加卷材，施工时应先做附加层，后做大面积卷材铺贴。

（7）检查冷贴法铺贴的卷材是否符合下列规定：

1）胶粘剂涂刷应均匀，不露底，不堆积。

2）根据胶粘剂的性能，应控制胶粘剂涂刷与卷材铺贴的间隔时间。

3）铺贴的卷材下面的空气应排尽，并辊压粘结牢固。

4）铺贴卷材应平整顺直，搭接尺寸准确，不得扭曲、皱折。

5）接缝口应用密封材料封严，宽度不应小于 10mm。

（8）检查热熔法铺贴的卷材是否符合下列规定：

1）火焰加热器加热卷材应均匀，不得过分加热或烧穿卷材；厚度小于 3mm 的高聚物改性沥青防水卷材严禁采用热熔法施工。

2）卷材表面热熔后应立即滚铺卷材，卷材下面的空气应排尽，并辊压粘结牢固，不得空鼓。

3）卷材接缝部位必须溢出热熔的改性沥青胶。

4）铺贴的卷材应平整顺直，搭接尺寸准确，不得扭曲、皱折。

（9）检查天沟、檐沟、檐口、泛水和立面卷材收头的端部。要求端部应裁齐，塞入预留凹槽内。用金属压条钉压固定，最大钉距不应大于 900mm，并用密封材料嵌填封严。

（10）检查卷材防水层是否有渗漏或积水现象。检验方法：雨后或淋水、蓄水检验。

屋面防水多道设防时，可采用同种卷材叠层或不同卷材和涂膜复合及刚性防水和卷材复合等。采取复合使用虽增加品种对施工和采购带来不便，但对材性互补保证防水可靠性是有利的。

（1）为确保防水工程质量，使屋面在防水层合理使用年限内不发生渗漏，除卷材的材性材质因素外，其厚度应是最主要因素。同时还应考虑到防水层的施工、人们的踩踏、机具的压扎、穿刺、自然老化等。卷材厚度选用应符合要求，是按照我国现时水平和参考国外的资料确定的。

（2）卷材防水层所选用的基层处理剂、接缝胶粘剂、密封材料等配套材料应与铺贴的卷材料性相容。

（3）卷材屋面坡度过大时，常发生下滑现象，故应采取防止下滑措施。在坡度大于25%的屋面上采用卷材作防水层时，应采取固定措施。防止卷材下滑的措施除采取满粘法外，目前还有钉压固定等方法，固定点亦应封闭严密。

（4）铺设屋面隔汽层和防水层前，基层必须干净、干燥。干燥程度的简易检验方法，是将 $1m^2$ 卷材平坦地干铺在找平层上，静置 3～4h 后掀开检查，找平层覆盖部位与卷材上未见水印即可铺设。

（5）高聚物改性沥青防水卷材和合成高分子防水卷材耐温性好，厚度较薄，不存在流淌问题，故对铺贴方向不予限制。考虑到沥青软化点较低，防水层较厚，屋面坡度较大时须垂直屋脊方向铺贴，以免发生流淌。沥青防水卷材铺贴方向应符合下列规定：

1）屋面坡度小于3%时，卷材宜平行屋脊铺贴。

2）屋面坡度在3%～15%时，卷材可平行或垂直屋脊铺贴。

3）屋面坡度大于15%或屋面受振动时，沥青防水卷材应垂直屋脊铺贴，高聚物改性沥青防水卷材和合成高分子防水卷材可平行或垂直屋脊铺贴；上下层卷材不得相互垂直铺贴，屋面坡度大于25%时，卷材应采取满粘和钉压措施。

（6）为确保卷材防水屋面的质量，所有卷材均应采用搭接法，且上下层及相邻两幅卷材的搭接缝应错开。各种卷材搭接宽度应符合表4-8的要求。

卷材搭接宽度（mm）　　　　　　　　　　　　　　　表4-8

卷材种类及铺贴方法		短边搭接		长边搭接	
		满粘法	空铺、点粘、条粘法	满粘法	空铺、点粘、条粘法
沥青防水卷材		100	150	70	100
高聚物改性沥青防水卷材		80	100	80	100
合成高分子防水卷材	胶粘剂	80	100	80	100
	胶粘带	50	60	50	60
	单缝焊	60,有效焊接宽度不小于25			
	双缝焊	80,有效焊接宽度10×2+空腔宽			

（7）卷材的粘贴方法一般有冷粘法、热熔法、自粘法、热风焊接等。采用冷粘法铺贴卷材时，胶粘剂的涂刷质量、间隔时间、搭接宽度和粘结密封性能对保证卷材防水施工质量关系极大，冷粘法铺贴卷材应符合下列规定：

1）胶粘剂涂刷应均匀，不露底，不堆积。

2）根据胶粘剂的性能，应控制胶粘剂涂刷与卷材铺贴的间隔时间。

3）铺贴的卷材下面的空气应排尽，并辊压粘结牢固。

4）铺贴卷材应平整顺直，搭接尺寸准确，不得扭曲、皱折。

5）接缝口应用密封材料封严，宽度不应小于 10mm。

（8）采用热熔法铺贴卷材时，加热是关键，热熔法铺贴卷材应符合下列规定：

1）火焰加热器加热卷材应均匀，不得过分加热或烧穿卷材；厚度小于 3mm 的高聚物改性沥青防水卷材严禁采用热熔法施工。

2）卷材表面热熔后应立即滚铺卷材，卷材下面的空气应排尽，并辊压粘结牢固，不得空鼓。

3）卷材接缝部位必须溢出热熔的改性沥青胶。

4）铺贴的卷材应平整顺直，搭接尺寸准确，不得扭曲、皱折。

（9）自粘法铺贴卷材应符合下列规定：

1）铺贴卷材前基层表面应均匀涂刷基层处理剂，干燥后应及时铺贴卷材。

2）铺贴卷材时，应将自粘胶底面的隔离纸全部撕净。

3）卷材下面的空气应排尽，并辊压粘结牢固。

4）铺贴的卷材应平整顺直，搭接尺寸准确，不得扭曲、皱折。搭接部位宜采用热风加热，随即粘贴牢固。

5）接缝口应用密封材料封严，宽度不应小于 10mm。

（10）对热塑性卷材（如 PVC 卷材等）可以采用热风焊枪进行焊接施工。焊接前卷材的铺设平整性、焊接速度与热风温度、操作人员的熟练程度关系极大，焊接施工时必须严格控制，卷材热风焊接施工应符合下列规定：

1）焊接前卷材的铺设应平整顺直，搭接尺寸准确，不得扭曲、皱折。

2）卷材的焊接面应清扫干净，无水滴、油污及附着物。

3）焊接时应先焊长边搭接缝，后焊短边搭接缝。

4）控制热风加热温度和时间，焊接处不得有漏焊、跳焊、焊焦或焊接不牢现象。

5）焊接时不得损害非焊接部位的卷材。

（11）粘贴各层沥青防水卷材和粘结绿豆砂保护层可以采用沥青玛瑞脂，其标号应根据屋面的使用条件、坡度和当地历年极端最高气温按规定选用。沥青玛瑞脂的质量要求，应符合规定。沥青玛瑞脂的配制和使用应符合下列规定：

1）配制沥青玛瑞脂的配合比应视使用条件、坡度和当地历年极端最高气温，并根据所用的材料经试验确定；施工中应确定的配合比严格配料，每工作班应检查软化点和柔韧性。

2）热沥青玛瑞脂的加热应高于 240℃，使用应低于 190℃。

3）冷沥青玛瑞脂使用时应搅匀，稠度太大时可加少量溶剂稀释搅匀。

4）沥青玛瑞脂应涂刮均匀，不得过厚或堆积。

粘结层厚度：热沥青玛瑞脂宜为 1～1.5mm，冷沥青玛瑞脂宜为 0.5～1mm。

面层厚度：热沥青玛瑞脂宜为 2～3mm，冷沥青玛瑞脂宜为 1～1.5mm。

（12）天沟、檐口、泛水和立面卷材的收头端部处理十分重要，如果处理不当容易存在渗漏隐患。为此，必须要求把卷材收头的端部裁齐，塞入预留凹槽内，采用粘结或压条（垫片）钉压固定，最大钉距不应大于900mm，凹槽内应用密封材料封严。

（13）为防止紫外光线对卷材防水层的直接照射和延长其使用年限，卷材防水层完工并经验收合格后，应做好成品保护。保护层的施工应符合下列规定：

1）用绿豆砂做保护层，系传统的做法。绿豆砂应清洁、预热、铺撒均匀，并使其与沥青玛瑞脂粘结，不得有未粘结的绿豆砂。这样绿豆砂保护层才能真正起到保护层的作用。

2）云母或蛭石保护层是用冷玛瑞脂粘结云母或蛭石作为保护层，要求不得有粉料，撒铺应均匀，不得露底，多余的云母或蛭石应清除。

3）水泥砂浆保护层的表面应抹平压光，由于水泥砂浆自身的干缩或温度变化影响，水泥砂浆保护层往往产生严重龟裂，且裂缝宽度较大，以致造成碎裂、脱落。在水泥砂浆保护层上划分表面分格缝，将裂缝均匀分布在分格缝内，避免了大面积表面龟裂，要求表面设分格缝，分格面积宜为$1m^2$。

4）用块体材料做保护层时，往往因温度升高、膨胀致使块体隆起。故块体材料保护层应留设分格缝，分格面积不宜大于$100m^2$，分格缝宽度不宜小于20mm。

5）细石混凝土保护层应密实，表面抹平压光，并设分格缝。分格缝过密会对施工带来了困难，也不容易确保质量，规范定为大于36m。

6）浅色涂料保护层要求将卷材表面清理干净，均匀涂刷保护涂料。浅色涂料保护层应与卷材粘结牢固，厚薄均匀，不得漏涂。

7）水泥砂浆、块材或细石混凝土保护层等刚性保护层与柔性防水层之间要设置隔离层，以保证刚性保护层胀缩变形时不致损坏防水层。

8）水泥砂浆、块材、细石混凝土等刚性保护层与女儿墙、山墙之间应预留宽度为30mm的缝隙，并用密封材料嵌填严密。避免当高温季节时，刚性保护层热胀顶推女儿墙，有的还将女儿墙推裂造成渗漏。

（14）卷材屋面防水层严禁在雨天、雪天和五级风及其以上时施工。施工环境气温宜符合以下要求：

1）沥青防水卷材，不低于5℃。

2）高聚物改性沥青防水卷材，冷粘法不低于5℃；热熔法不低于-10℃。

3）合成高分子防水卷材，冷粘法不低于5℃；热风焊接法不低于-10℃。

（15）检查卷材防水层是否有渗漏或积水现象。检验方法：雨后或淋水、蓄水检验。

4.3.3 卷材屋面防水层质量检验

1. 卷材屋面防水层质量检验批与检验数量

检验批：按一个施工段（或变形缝）作为一个检验批，全部进行检验。

检验数量：①细部构造根据分项工程的内容，应全部进行检查。②其他主控项目和一般项目，应按屋面面积每 100m² 抽查一处，每处 10m²，且不得少于 3 处。

2. 卷材屋面防水层质量检验标准与检验方法见表 4-9。

卷材屋面防水层质量检验标准与检验方法　　　　　　　表 4-9

项目	序号	检验项目		允许偏差或允许值	检验方法
主控项目	1	卷材防水层所用材料及其配套材料		必须符合设计要求	检查出厂合格证、质量检验报告和现场抽样复检报告
	2	卷材防水层的渗漏或积水		不得有渗漏或积水现象	雨后或淋水、蓄水试验检查
	3	卷材防水层在天沟、檐沟、檐口、水落口、泛水、变形缝和伸出屋面管道的防水构造		必须符合设计要求和规范规定	观察和检查隐蔽工程验收记录
一般项目	1	卷材防水层的搭接缝、收头		搭接缝应粘（焊）结牢固，密封严密，不得有皱折、翘边和鼓泡等缺陷；收头应与基层粘结并固定牢固，缝口严密、不得翘边	观察
	2	防水卷材保护层	撒布材料和浅色涂料	应铺撒或涂刷均匀，粘结牢固	观察
			水泥砂浆、块材或细石混凝土	与卷材防水层间应设置隔离层	
			刚性材料	分割缝留置应符合设计要求	
	3	排汽屋面的排汽道		应纵横贯通，不得堵塞。排汽管应安装牢固，位置正确，封闭严密	观察
	4	卷材铺贴方向	屋面坡度小于 3% 时	卷材宜平行屋脊铺贴	观察
			屋面坡度在 3%～15% 时	卷材可平行或垂直屋脊铺贴	
			屋面坡度大于 15% 或屋面受振动时	沥青防水卷材应垂直屋脊铺贴，高聚物改性沥青防水卷材和合成高分子防水卷材可平行或垂直屋脊铺贴	
			上下层卷材	不得相互垂直铺贴	
	5	卷材搭接宽度的允许偏差		－10mm	观察和尺量检查

复习思考题

1. 冷贴法、热熔法铺贴的卷材各应满足什么要求？

2. 如何控制卷材铺贴方向？

3. 卷材防水层的搭接缝、收头应满足什么要求？

4. 对泛水、檐口、分格缝及落水口等位置的防水层有何要求？

145

5. 如何进行屋面防水层的渗漏和积水的检查？

6. 某工程建筑面积 12600m²，现浇钢筋混凝土框架结构，地上 8 层，地下 1 层，由××建筑设计院设计，××建筑工程公司施工。2008 年×月×日开工，2010 年×月×日竣工验收，交付使用。在 2016 年夏季，发现屋面大面积渗漏，经调查发现，该工程所采用的 SBS 防水卷材材料质量存在问题，该材料由施工单位负责采购，因此，业主要求原施工单位维修并赔偿损失。施工单位称该屋面防水工程已过保修期，对建设单位要求不予理睬。

问题：

(1) 为避免出现屋面工程的质量问题，施工单位应该从哪些方面进行施工质量控制？

(2) 该工程卷材防水层材料质量控制的要点和内容是什么？

(3) 施工单位的说法是否合理？为什么？

质量管理职业活动训练

屋面防水工程质量验收

1. 分组要求：全班分 3 个组。

2. 资料要求：施工图纸三份，详细的影像资料（有条件的可到施工现场），以及某实际工程的相关资料。

3. 学习要求：学生在老师指导下，①熟悉图纸；②编写施工方案；③按验收规范的验收内容逐一对照进行检查（或观看影像资料）验收。

4. 成果：①填写质量验收记录表；②对照实际工程的施工方案找出自己所编制方案的长处与不足。

4.4　涂膜屋面防水层

4.4.1　原材料质量控制

常用的防水涂料有高聚物改性防水涂料、合成高分子防水涂料。高聚物改性沥青防水涂料有水乳型阳离子氯丁胶乳改性沥青防水涂料、溶剂型氯丁胶改性沥青防水涂料、再生胶改性沥青防水涂料、SBS（APP）改性沥青防水涂料等；合成高分子防水涂料有聚合物水泥防水涂料、丙烯酸酯防水涂料、单组分（双组分）聚氨酯防水涂料等。

除此之外，无机盐类防水涂料不适用于屋面防水工程；聚氯乙烯改性煤焦油防水涂料有毒和污染，施工时动用明火，目前已限制使用。

1. 高聚物改性沥青防水涂料质量要求

高聚物改性沥青防水涂料的物理性能应符合表 4-10 的要求。

2. 合成高分子防水涂料

合成高分子防水涂料的物理性能应符合表 4-11 的要求。

高聚物改性沥青防水涂料物理性能　　　表 4-10

项目		性能要求	
		水乳型	溶剂型
固体含量(%)		≥43	≥48
耐热度(80℃,5h)		无流淌、起泡和滑动	
柔性(℃,2h)		−10,3mm 厚,绕 φ20mm 圆棒无裂缝、断裂	−15,3mm 厚,绕 φ20mm 圆棒无裂缝、断裂
不透水性	压力(MPa)	≥0.1	≥0.2
	保持时间(min)	≥30	
延伸(20±2℃拉伸,mm)		≥4.5	—
抗裂性		—	基层裂缝 0.3mm,涂抹无裂缝

合成高分子防水涂料物理性能　　　表 4-11

项目		性能要求		
		反应固化型	挥发固化型	聚合物水泥涂料
固体含量(%)		≥94	≥65	≥65
拉伸强度(MPa)		≥1.65	≥1.5	≥1.2
断裂延伸率(%)		≥350	≥300	≥200
柔性(℃)		−30,弯折无裂纹	−20,弯折无裂纹	−10,绕 φ10mm 棒无裂纹
不透水性	压力(MPa)	≥0.3		
	保持时间(min)	≥30		

3. 胎体增强材料

胎体增强材料的质量应符合表 4-12 的要求。

胎体增强材料质量要求　　　表 4-12

项目		质量要求		
		聚酯无纺布	化纤无纺布	玻纤网布
外观		均匀,无团状,平整无折皱		
拉力(N/50mm)	纵向	≥150	≥45	≥90
	横向	≥100	≥35	≥50
延伸率(%)	纵向	≥10	≥20	≥3
	横向	≥20	≥25	≥3

4. 进场的防水涂料和胎体增强材料抽样复验应符合下列规定:

(1) 同一规格、品种的防水涂料,每 10t 为一批,不足 10t 者按一批进行抽样。胎体增强材料,每 3000m² 时为一批,不足 3000m² 时者按一批进行抽样。

(2) 防水涂料和胎体增强材料的物理性能检验,全部指标达到标准规定时,即为合格。

其中若有一项指标达不到要求，允许在受检产品中加倍取样进行该项复检，复检结果如仍不合格，则判定该产品为不合格。

5. 进场的防水涂料和胎体增强材料物理性能检验

（1）高聚物改性沥青防水涂料：固体含量、耐热性、低温柔性、不透水性、延伸性或抗裂性；

（2）合成高分子防水涂料和聚合物水泥防水涂料：拉伸强度、断裂伸长率、低温柔性、不透水性、固体含量；

（3）胎体增强材料：拉力和延伸率。

6. 防水涂料和胎体增强材料的贮运、保管

（1）防水涂料包装容器必须密封，容器表面应标明涂料名称、生产厂名、执行标准号、生产日期和产品有效期，并分类存放。

（2）反应型和水乳型涂料贮运和保管环境温度不宜低于 5℃。

（3）溶剂型涂料贮运和保管环境温度不宜低于 0℃，并不得日晒、碰撞和渗漏；保管环境应干燥、通风，并远离火源。仓库内应有消防设施。

（4）胎体增强材料贮运、保管环境应干燥、通风，并远离火源。

4.4.2 施工过程质量控制

（1）采用二道以上设防时，防水涂料与防水卷材应采用相容类材料；涂膜防水层与防水层之间（如刚性防水层在其上）应设隔离层；防水涂料与防水卷材复合使用形成一道防水层，涂料与卷材应选择相容类材料。

（2）涂膜防水屋面涂刷的防水涂料固化后，形成有一定厚度的涂膜。如果涂膜太薄就起不到防水作用，很难达到合理使用年限的要求，各类防水涂料的涂膜厚度选用应符合表 4-13 的规定。

涂膜厚度选用表 　　　　　　　　　　　　　　　　　　　　　表 4-13

屋面防水等级	设防道数	高聚物改性沥青防水涂料	合成高分子防水涂料
Ⅰ 级	三道或三道以上设防	—	不应小于 1.5mm
Ⅱ 级	二道设防	不应小于 3mm	不应小于 1.5mm
Ⅲ 级	一道设防	不应小于 3mm	不应小于 2mm
Ⅳ 级	一道设防	不应小于 3mm	—

（3）防水涂膜施工应符合下列规定：

1）防水涂膜在满足厚度要求的前提下，涂刷的遍数越多对成膜的密实度越好。故应根据防水涂料的品种分层分遍涂布，不得一次涂成；每遍涂刷应均匀，不得有露底、漏涂和堆积现象。

2）多遍涂刷时，应待先涂的涂层干燥成膜后，方可涂后一遍涂料；两涂层施工间

隔时间不宜过长，否则易形成分层现象。

3）需铺设胎体增强材料时，屋面坡度小于15%时可平行或垂直屋脊铺设，屋面坡度大于15%时为防止胎体增强材料下滑应垂直于屋脊铺设，必须由最低标高处向上铺设，胎体增强材料顺着流水方向搭接，避免呛水。

4）胎体增强材料铺贴时，应边涂刷边铺贴，避免两者分离；为了便于工程质量验收和确保涂膜防水层的完整性，胎体长边搭接宽度不应小于50mm，短边搭接宽度不应小于70mm。

5）采用二层胎体增强材料时，上下层不得相互垂直铺设，使其两层胎体材料同方向有一致的延伸性；搭接缝应错开，其间距不应少于幅度的1/3，避免上、下层胎体材料产生重缝及防水层厚薄不均匀。

（4）当采用溶剂型涂料时，屋面基层应干燥。水乳型防水涂料或聚合物水泥防水涂料，对基层干燥程度的要求不如溶剂性防水涂料严格。当基层干燥程度不符合规范的要求时，防水涂膜施工应按产品说明书要求操作。

（5）采用多组分涂料时，由于各组分的配料计量不准和搅拌不均匀，将会影响混合料的充分化学反应，造成涂料性能指标下降。一般配成的涂料固化时间比较短，应按照一次涂布用量确定配料的多少，在固化前用完。已固化的涂料不能和未固化的涂料混合使用，否则将会降低防水涂膜的质量。当涂料黏度过大或涂料固化过快或涂料固化过慢时，可分别加入适量的稀释剂、缓凝剂或促凝剂，调节黏度或固化时间，但不得影响防水涂膜的质量。

（6）天沟、檐沟、檐口、泛水和立面涂膜防水层的收头，是涂膜防水屋面的薄弱环节，应用防水涂料多遍涂刷或用密封材料封口，保证涂膜防水层收头与基层粘结牢固，密封严密。

（7）涂膜防水层完工并经验收合格后，应做好成品保护。保护层的施工同卷材屋面防水层的保护层施工的有关规定。

（8）涂膜屋面防水层严禁在雨天、雪天和五级风及其以上时施工。施工环境气温宜符合以下要求：

1）对于高聚物改性沥青防水涂料，溶剂型不低于-5℃，水溶型不低于5℃。

2）对于合成高分子防水涂料，溶剂型不低于-5℃，水溶型不低于5℃。

（9）检查涂膜防水层是否有渗漏或积水现象。检验方法：雨后或淋水、蓄水检验。

4.4.3 涂膜屋面防水层质量检验

1. 涂膜屋面防水层质量检验批与检验数量

检验批：按一个施工段（或变形缝）作为一个检验批，全部进行检验。

检验数量：①细部构造根据分项工程的内容，应全部进行检查。②其他主控项目和一般项目，应按屋面面积每100m²抽查一处，每处10m²，且不得少于3处。

2. 涂膜屋面防水层质量检验标准与检验方法见表4-14。

涂膜屋面防水层质量检验标准与检验方法　　　　　表 4-14

项目	序号	检验项目	合格质量标准	检验方法	检验数量
主控项目	1	涂料及膜体质量	防水涂料和胎体增强材料必须符合设计要求	检查出厂合格证、质量检验报告和现场抽样复检报告	按屋面面积每 100m² 抽查 1 处，每处 10m²，且不得少于 3 处
	2	涂膜防水层不得渗漏或积水	涂膜防水层不得有渗漏或积水现象	雨后或淋水、蓄水检验	
	3	防水细部构造	涂膜防水层在天沟、檐沟、檐口、水落口、泛水、变形缝和伸出屋面管道的防水构造，必须符合设计要求	观察和检查隐蔽工程验收记录	
一般项目	1	涂膜施工	涂膜防水层与基层应粘结牢固，表面平整、涂刷均匀，无流淌、褶皱、鼓泡、露胎体和翘边等缺陷	观察	全数检查
	2	涂膜保护层	涂膜防水层上的撒布材料或浅色涂料保护层应铺撒或涂刷均匀，粘结牢固；水泥砂浆、块材或细石混凝土保护层和涂膜防水层间应设置隔离层；刚性保护层的分格缝留置应符合设计要求	观察	按屋面面积每 100m² 抽查 1 处。每处 10m²，且不得少于 3 处
	3	涂膜厚度及最小厚度	涂膜防水层的平均厚度应符合设计要求，最小厚度应不小于设计厚度的 80%	针测法或取样量测	

复习思考题

1. 常用的涂膜防水涂料有哪几种？
2. 防水涂料和胎体增强材料检验批应如何划分？
3. 防水涂料和胎体增强材料物理性能检测项目有哪几项？
4. 试述涂膜防水工程的质量控制要点。
5. 试述涂膜防水工程的质量要求。

质量管理职业活动训练

活动：屋面防水工程质量验收

1. 分组要求：全班分 3 个组。

2. 资料要求：施工图纸三份，详细的影像资料（有条件的可到施工现场），以及某实际工程的相关资料。

3. 学习要求：学生在老师指导下，①熟悉图纸；②编写施工方案；③按验收规范的验收内容逐一对照进行检查（或观看影像资料）验收。

4. 成果：①填写质量验收记录表；②对照实际工程的施工方案找出自己所编制方案的长处与不足；③各组交换成果进行讨论。

4.5　细石混凝土防水层

细石混凝土防水层包括普通细石混凝土防水层、补偿收缩混凝土防水层和钢纤维混凝土防水层。

4.5.1　原材料质量控制

（1）水泥

宜用普通硅酸盐水泥或硅酸盐水泥，不得使用火山灰质硅酸盐水泥；当采用矿渣硅酸盐水泥时，应采取减少泌水性的措施。水泥贮存时应防止受潮，存放期不得超过三个月。当超过存放期限时，应重新检验确定水泥强度等级。受潮结块的水泥不得使用。混凝土水灰比不应大于 0.55；每立方米混凝土水泥用量不得少于 330kg，混凝土强度等级不应低于 C20。

（2）钢筋

宜采用冷拔低碳钢丝。

（3）粗骨料

粗骨料的最大粒径不宜大于 15mm，含泥量不应大于 1%；且不大于钢纤维长度的 2/3；细骨料应采用中砂或粗砂，含泥量不应大于 2%。含砂率宜为 35%～40%；灰砂比宜为 1：2.5～1：2。

（4）外加剂

防水层细石混凝土使用的外加剂，应根据不同品种的适用范围、技术要求选择。外加剂应分类保管，不得混杂，并应存放于阴凉、通风、干燥处。运输时应避免雨淋、日晒和受潮。

（5）钢纤维

长度宜为 25～50mm，直径宜为 0.3～0.8mm，长径比宜为 40～100。钢纤维表面不得有油污或其他妨碍钢纤维与水泥浆粘结的杂质，钢纤维内的粘连团片、表面锈蚀及杂质等不应超过钢纤维质量的 1%。

4.5.2　施工过程质量控制

（1）细石混凝土配合比应由实验室试配确定，施工中应换算成施工配合比并应严格按施工配合比计量，同时应按规定留置试块。

（2）普通细石混凝土中掺入减水剂、防水剂时，应准确计量、投料顺序得当、搅拌均匀。

（3）混凝土搅拌时间不应少于 2min，混凝土运输过程中应防止漏浆和离析；每个分格板块的混凝土应一次浇筑完成，不得留施工缝；抹压时不得在表面洒水、加水泥浆或撒干水泥，混凝土收水后应进行二次压光。

（4）混凝土浇筑后应及时进行养护，养护时间不宜少于 14d；养护初期屋面不得上人。

（5）补偿收缩混凝土的自由膨胀率应为 0.05%～0.1%。用膨胀剂拌制补偿收缩混凝土时，应按配合比准确计量；搅拌投料时膨胀剂应与水泥同时加入，混凝土搅拌时间不应少于 3min。

（6）钢纤维混凝土的水灰比宜为 0.45～0.50；砂率宜为 40%～50%；每立方米混凝土的水泥和掺合料用量宜为 360～400kg；混凝土中的钢纤维体积率宜为 0.8%～1.2%。钢纤维混凝土的配合比应经试验确定，其称量偏差不得超过以下规定：

1）钢纤维±2%；

2）水泥或掺合料±2%；

3）粗、细骨料±3%；水±2%；

4）外加剂±2%。

（7）钢纤维混凝土宜采用强制式搅拌机搅拌，当钢纤维体积率较高或拌合物稠度较大时，一次搅拌量不宜大于额定搅拌量的 80%。搅拌时宜先将钢纤维、水泥、粗细骨料干拌 1.5min，再加入水湿拌，也可采用在混合料拌合过程中加入钢纤维拌合的方法。搅拌时间应比普通混凝土延长 1～2min。

（8）钢纤维混凝土拌合物应拌合均匀，颜色一致，不得有离析、泌水、钢纤维结团现象。

（9）钢纤维混凝土拌合物，从搅拌机卸出到浇筑完毕的时间不宜超过 30min；运输过程中应避免拌合物离析，如产生离析或坍落度损失，可加入原水灰比的水泥浆进行二次搅拌，严禁直接加水搅拌。

（10）浇筑钢纤维混凝土时，应保证钢纤维分布的均匀性和连续性，并用机械振捣密实。每个分格板块的混凝土应一次浇筑完成，不得留施工缝。

（11）钢纤维混凝土振捣后，应先将混凝土表面抹平，待收水后再进行二次压光，混凝土表面不得有钢纤维露出。

（12）分格缝的位置应设在变形较大或较易变形的屋面板支承端、屋面转折处、防水层与突出屋面结构的交接处。分格缝的间距不宜大于 6m。分格缝内应嵌密封材料。分格条安装位置应准确，起条时不得损坏分格缝处的混凝土；当采用切割法施工时，分格缝的切割深度宜为防水层厚度的 3/4。

（13）混凝土防水层中应按设计配置双向钢筋网片，当设计无规定时，一般配置钢筋直径 4～6mm 间距为 100～200mm；钢筋网片分格缝处钢筋应断开，以利各分格中的混凝土防水层能自由伸缩；施工时钢筋网片应放置在混凝土中的上部，其保护层厚度不应小于 10mm。

（14）细石混凝土刚性防水层与山墙、女儿墙以及突出屋面交接处变形复杂，易于开裂而造成渗漏。同时，由于刚性防水层温度和干湿度变形，造成推裂女儿墙的现象时有发生，故在这些部位应留设缝隙，并用柔性密封材料进行处理，以防渗漏。

（15）屋面泛水应按设计施工。如设计无明确要求时，泛水高度不应低于 120mm，并与防水层一次浇捣完成，泛水转角处应做成圆弧或钝角。

（16）刚性防水层内严禁埋设管线。施工环境气温宜为 5～35℃，并应避免在负温度或烈日暴晒下施工。

（17）刚性防水层工程每道工序完成，经验收合格后方可进行下道工序施工。

（18）防水工程的细部构造处理、各种接缝、保护层及密封防水部位等均应进行外观和防水功能隐蔽前检验，检验合格方能隐蔽。

（19）刚性防水屋面施工后，应进行 24h 蓄水试验，或 24h 持续淋水试验，或雨后观察，检查有无积水、渗漏现象，屋面排水系统是否畅通。

4.5.3　细石混凝土防水层质量检验

1. 细石混凝土防水层质量检验批与检验数量

检验批：按一个施工段（或变形缝）作为一个检验批，全部进行检验。

检验数量：①细部构造根据分项工程的内容，应全部进行检查。②其他主控项目和一般项目，应按屋面面积每 100m^2 抽查一处，每处 10m^2，且不得少于 3 处。

2. 细石混凝土防水层质量检验标准与检验方法见表 4-15。

细石混凝土防水层质量检验标准与检验方法　　　　表 4-15

项目	序号	检验项目	允许偏差或允许值	检验方法
主控项目	1	原材料、外加剂、混凝土配合比、防水性能	必须符合设计要求和规范的规定	检查产品出厂合格证、质量检验报告、计量措施和混凝土现场抽样复检报告
	2	防水层渗漏和积水	严禁有渗漏和积水现象	雨后或淋水、蓄水试验检查可蓄水 30～100mm 高,持续 24h 观察
	3	在天沟、檐沟、檐口、水落口、泛水、变形缝和伸出屋面管道的防水构造	必须符合设计要求和规范的规定	可检查隐蔽工程验收记录及观察
一般项目	1	细石混凝土防水层表面	表面平整、压实抹光,不得有无裂缝、起壳、起砂等缺陷	观察
	2	混凝土厚度和钢筋位置	应符合设计要求	观察和尺量检查
	3	分格缝的位置和间距	应符合设计要求和规范的规定	观察和尺量检查
	4	表面平整度	±5mm	用 2m 直尺和楔形塞尺检查

复习思考题

1. 试述屋面工程隐蔽验收记录的主要内容。

2. 细石混凝土屋面防水层的材料有哪些要求?

3. 细石混凝土工程中的材料有哪些具体要求？

4. 应如何控制细石混凝土的分格缝？

5. 某办公楼建筑面积 16600m^2，现浇钢筋混凝土框架结构，地上 5 层，地下 1 层。屋面面积 2800m^2，屋面做法：

现浇板上 1：3 水泥砂浆找平 20mm 厚；

1：12 现浇水泥珍珠岩（找坡）最薄处 40mm 厚；

水泥珍珠岩保温块 100mm 厚；

1：3 水泥砂浆找平 15mm 厚；

聚氨酯防水层 2mm 厚；

PVC 橡胶卷材防水层 2mm 厚；

水泥砂浆保护层 30mm 厚。

问题：

（1）水泥珍珠岩保温块质量控制的要点和内容是什么？

（2）水泥砂浆找平层质量控制的要点和内容是什么？

（3）聚氨酯、卷材原材料抽样检查数量分别为多少？

（4）聚氨酯、卷材原材料抽样检查项目为哪些？

（5）聚氨酯防水层施工质量控制的要点和内容是什么？

（6）工程卷材防水层施工质量控制的要点和内容是什么？

（7）水泥砂浆保护层有哪些要求？

（8）本屋面工程验收时需提供哪些资料？

质量管理职业活动训练

活动：屋面防水工程质量验收

1. 分组要求：全班分 3 个组。

2. 资料要求：施工图纸三份，详细的影像资料（有条件的可到施工现场），以及某实际工程的相关资料。

3. 学习要求：学生在老师指导下，①熟悉图纸；②编写施工方案；③按验收规范的验收内容逐一对照进行检查（或观看影像资料）验收。

4. 成果：①填写质量验收记录表；②对照实际工程的施工方案找出自己所编制方案的长处与不足。

教学单元 5

建筑装饰装修与节能工程

【教学目标】通过本单元的学习，学生能够熟悉地面铺设工程、抹灰工程、门窗工程、饰面工程及建筑节能工程各构造层次原材料的质量要求并掌握其各构造层次施工质量控制要点；能对各施工过程质量进行有效控制和验收并能规范填写验收表格。

5.1 门窗工程

5.1.1 木门窗安装工程

5.1.1.1 木门窗安装工程质量控制

1. 原材料质量要求

（1）应按设计要求配料，木门窗的木材品种、材质等级、规格、尺寸、框扇的线形及人造木板的甲醛含量均应符合设计要求。

（2）木门窗应采用烘干的木材，其含水率应符合规范的规定。

（3）木门窗的防火、防腐、防虫处理应符合设计要求。

（4）制作木门窗所用的胶料，宜采用国产的酚醛树脂胶和脲醛树脂胶。普通木门窗可采用半耐水的脲醛树脂胶，高档木门窗应采用耐水的酚醛树脂胶。

（5）工厂生产的木门窗必须有出厂合格证。由于运输堆放等原因而受损的门窗框、扇，应进行预处理，达到合格要求后方可用于工程中。

（6）小五金零件的品种、规格、型号、颜色等均应符合设计要求，质量必须合格，地弹簧等五金零件应有出厂合格证。

（7）对人造木板的甲醛含量应进行复检。

2. 施工过程质量控制

（1）制作前必须选择符合设计要求的材料。

（2）检查木门框和厚度大于 50mm 的门窗扇是否采用双榫连接，未采用双榫连接的必须用双榫连接。榫槽应采用胶料严密嵌合，并应采用胶楔加紧。

（3）门窗框、扇进场后，框的靠墙、靠地一面应刷防腐涂料，其他各面应刷清漆一道，刷油后码放在干燥通风仓库。

（4）木门窗框安装宜采用预留洞口的施工方法（即后塞口的施工方法），如采用先立框的方法施工，则应注意避免门窗框在施工中被污染、挤压变形、受损等现象。

（5）木门窗与砖石砌体、混凝土或抹灰层接触处做防腐处理，埋入砌体或混凝土的木砖应进行防腐处理。

（6）木门窗及门窗五金运到现场，必须按图纸检查框扇型号、检查产品防锈红丹漆有无薄刷、漏涂现象，不合格产品严禁用于工程。

（7）检查木门窗的品种、类型、规格、开启方向、安装位置及连接方式是否符合设计要求。预埋木砖的防腐处理、木门窗框固定点的数量、位置及固定方法应符合设计要求。

（8）检查木门窗框的安装是否牢固，开关是否灵活，关闭是否严密，有无倒翘现象。

（9）检查木门窗配件的型号、规格、数量是否符合设计要求，安装是否牢固，位置是否正确,功能是否满足使用要求。在砌体上安装门窗时严禁采用射钉固定。

(10) 检查木门窗表面是否洁净,且不得有刨痕、锤印。

(11) 检查木门窗的割角、拼缝是否严密平整,门窗框、扇裁口是否顺直,刨面是否平整。

(12) 检查木门窗上的槽、孔是否边缘整齐,有无毛刺。

(13) 检查木门窗与墙体间缝隙的填嵌料是否符合设计要求,填嵌是否饱满。寒冷地区外门窗(或门窗框)与砌体间的空隙应填充保温材料。

(14) 检查木门窗批水、盖口条、压缝条、密封条的安装是否顺直,与门窗结合是否牢固、严密。

(15) 对预埋件、锚固件及隐蔽部位的防腐、填嵌处理应进行隐蔽工程的质量验收。

5.1.1.2 木门窗安装工程质量检验

1. 木门窗安装工程质量检验批

同一品种、同一类型和规格的木门窗及门窗玻璃每 100 樘应划分为一个检验批,不足 100 樘也应划分为一个检验批。

2. 木门窗安装工程质量检验标准与检验方法

木门窗安装工程质量检验标准与检验方法见表 5-1。

木门窗安装工程质量检验标准与检验方法

表 5-1

项目	序号	检验项目		检验标准	检验数量	检验方法
主控项目	1	木门窗的品种、类型、规格、尺寸、开启方向、安装位置、连接方式及性能		应符合设计要求及国家现行标准的有关规定	每个检验批应至少抽查5%,并不得少于3樘,不足3樘时应全数检查;高层建筑的外窗每个检验批应至少抽查10%,并不得少于6樘,不足6樘时应全数检查;特种门每个检验批应至少抽查50%,并不得少于10樘,不足10樘时应全数检查	观察;尺量检查;检查产品合格证书、性能检验报告、进场验收记录和复验报告;检查隐蔽工程验收记录
	2	木门窗应采用烘干的木材,含水率及饰面质量		应符合国家现行标准的有关规定		检查材料进场验收记录,复验报告及性能检验报告
	3	木门窗的防火、防腐、防虫处理		应符合设计要求		观察;手扳检查;检查隐蔽工程验收记录和施工记录
	4	木门窗扇的安装		应牢固、开关灵活、关闭严密、无倒翘		观察;开启和关闭检查;手扳检查
	5	木门窗配件	型号、规格和数量	应符合设计要求		观察;开启和关闭检查;手扳检查
			安装、位置、功能	安装应牢固,位置应正确,功能应满足使用要求		
一般项目	1	木门窗表面		应洁净,不得有刨痕和锤印	—	观察
	2	木门窗的割角和拼缝		应严密平整。门窗框、扇裁口应顺直,刨面应平整		观察
	3	木门窗上的槽和孔		应边缘整齐,无毛刺		观察
	4	木门窗与墙体间的缝隙		应填嵌饱满。严寒和寒冷地区外门窗(或门窗框)与砌体间的空隙应填充保温材料		轻敲门窗框检查;检查隐蔽工程验收记录和施工记录

续表

项目	序号	检验项目		检验标准		检验数量	检验方法
一般项目	5	木门窗批水、盖口条、压缝条和密封条安装		应顺直，与门窗结合应牢固、严密			观察；手扳检查
	6	平开木门窗安装的留缝限值、允许偏差	项目	留缝限值（mm）	允许偏差（mm）	—	—
			门窗框的正、侧面垂直度	2	—		用 1m 垂直检测尺检查
			框与扇接缝高低差	—	1		用塞尺检查
			扇与扇接缝高低差				
			门窗扇对口缝	1～4	—		用塞尺检查
			工业厂房、围墙双扇大门对	2～7	—		
			门窗扇与上框间留缝	1～3	—		
			门窗扇与合页侧框间留缝				
			室外门扇与锁侧框间留缝				
			门扇与下框间留缝	3～5	—		用塞尺检查
			窗扇与下框间留缝	1～3	—		
			双层门窗内外框间距	—	4		用钢直尺检查
			无下框时门扇与地面间留缝　室外门	4～7	—		用钢直尺或塞尺检查
			室内门	4～8	—		
			卫生间门				
			厂房大门	10～20	—		
			围墙大门				
			框与扇搭接宽度　门	—	2		用钢直尺检查
			窗	—	1		用钢直尺检查

5.1.2　塑料门窗安装工程

5.1.2.1　塑料门窗安装工程质量控制

1. 原材料质量要求

（1）检查原材料的质量证明文件：门窗材料应有产品合格证书、性能检测报告、进场验收记录和复检报告。

（2）异型材、密封条的质量控制：门窗采用的异型材、密封条等原材料应符合国家现行标准《门、窗用未增塑聚氯乙烯（PVC-U）型材》GB/T 8814 和《塑料门窗用密封条》GB 12002 中的有关规定。

158

（3）门窗采用的紧固件、五金件、增强型钢及金属衬板等应进行表面防腐处理。

（4）组合窗及其拼樘料应采用与其内腔紧密吻合的增强型钢作为内衬，型钢两端应比拼樘料长出 10～15mm。外窗拼樘料的截面尺寸及型钢的形状、壁厚应符合要求。

（5）固定片材质应采用 Q235-A 冷轧钢板，其厚度应不小于 1.5mm，最小宽度应不小于 15mm，且表面应进行镀锌处理。

（6）密封门窗与洞口所用的嵌缝膏应具有弹性和粘接性。

（7）出厂的塑料门窗应符合设计要求，其外观、外形尺寸、装配质量、力学性能应符合现行国家标准的有关规定；门窗中竖框、中横框或拼樘料等主要受力杆件中的增强型钢。平开窗扇高度大于 900mm 时，窗扇锁闭点不应少于 2 个。

（8）建筑外窗的水密性、气密性、抗风压性能、保温性能、中空玻璃露点、玻璃遮阳系数和可见光透射比应符合设计要求。

（9）建筑外窗进入施工现场时，应按地区类别对其水密性、气密性、抗风压性能、保温性能、中空玻璃露点、玻璃遮阳系数和可见光透射比等性能进行复验，复检合格方可用于工程。

（10）内衬增强型钢的壁厚及位置应符合现行国家标准《建筑用塑料门》GB/T 28886 和《建筑用塑料窗》GB/T 28887 的规定。

2. 施工过程质量控制

（1）安装前应按设计要求检查门窗洞口位置和尺寸，左右位置挂垂线控制，窗台标高通过 50 线控制，合格后方可进行安装。

（2）塑料门窗安装应采用预留洞口的施工方法（即后塞口的施工方法），不得采用边安装边砌口或先安装后砌口的施工方法。

（3）当洞口需要设置预埋件时，要检查其数量、规格、位置是否符合要求。

（4）塑料门窗安装前，应先安装五金配件及固定片（安装五金配件时，必须加衬增强金属板）。安装时应先钻孔，然后再拧入自攻螺钉，不得直接钉入；固定点距离窗角、中横框、中竖框 150～200mm，且固定点间距应不大于 600mm。在砌体上安装门窗时严禁采用射钉固定。

（5）检查组合窗的拼樘料与窗框的连接是否牢固，通常是先将两窗框与拼樘料卡接，卡接后用紧固件双向拧紧，其间距小于等于 600mm。

（6）窗框与洞口之间的伸缩缝内腔，应采用闭孔泡沫塑料、发泡聚苯乙烯等弹性材料分层填塞。对于保温、隔声等级较高的工程，应采用相应的隔热、隔声材料填塞。填塞后，一定要撤掉临时固定的木楔或垫块，其空隙也要用弹性闭孔材料填塞。

（7）检查排水孔是否畅通，位置和数量是否符合设计要求。

（8）塑料门窗框与墙体间缝隙用闭孔弹性材料填嵌饱满后，检查其表面是否应采用密封胶密封。密封胶是否粘结牢固，表面是否光滑、顺直、有无裂纹。

5.1.2.2 塑料门窗安装工程质量检验

1. 塑料门窗安装工程质量检验批

质量检验批划分同木门窗安装工程。

2. 塑料门窗安装工程质量检验标准与检验方法

塑料门窗安装工程质量检验标准与检查方法见表5-2。

塑料门窗安装工程质量检验标准与检验方法　　　　　　表 5-2

项目	序号	检验项目		检验标准	检验方法
主控项目	1	塑料门窗的品种、类型、规格、尺寸、性能、开启方向、安装位置、连接方式和填嵌密封处理		应符合设计要求及国家现行标准的有关规定	观察；尺量检查；检查产品合格证书、性能检验报告、进场验收记录和复验报告；检查隐蔽工程验收记录
	2	塑料门窗内衬增强型钢的壁厚及设置		应符合现行国家标准《建筑用塑料门》GB/T 28886 和《建筑用塑料窗》GB/T 28887 的规定	
	3	塑料门窗框、附框和扇的安装		应牢固。固定片或膨胀螺栓的数量与位置应正确，连接方式应符合设计要求。固定点应距窗角、中横框、中竖框150～200mm，固定点间距不应大于600mm	观察；手扳检查；尺量检查；检查隐蔽工程验收记录
	4	塑料组合门窗使用的拼樘料截面尺寸及内衬增强型钢的形状和壁厚		应符合设计要求。承受风荷载的拼樘料应采用与其内腔紧密吻合的增强型钢作为内衬，其两端应与洞口固定牢固。窗框应与拼樘料连接紧密，固定点间距不应大于 600mm	观察；手扳检查；尺量检查；吸铁石检查；检查进场验收记录
	5	窗框与洞口之间的伸缩缝内		应采用聚氨酯发泡胶填充，发泡胶填充应均匀、密实。发泡胶成型后不宜切割。表面应采用密封胶密封。密封胶应粘结牢固，表面应光滑、顺直、无裂纹	观察；检查隐蔽工程验收记录
	6	滑撑铰链的安装		应牢固，紧固螺钉应使用不锈钢材质。螺钉与框扇连接处应进行防水密封处理	观察；手扳检查；检查隐蔽工程验收记录
	7	推拉门窗扇		应安装防止扇脱落的装置	观察
	8	门窗扇关闭		应严密，开关应灵活	观察；尺量检查；开启和关闭检查
	9	塑料门窗配件	型号、规格和数量	应符合设计要求	观察；手扳检查；尺量检查
			安装、位置、功能	安装应牢固，位置应正确，位置应正确，使用应灵活，功能应满足各自使用要求。平开窗扇高度大于 900mm 时，窗扇锁闭点不应少于 2 个	
一般项目	1	安装后的门窗关闭时，密封面上的密封条		应处于压缩状态，密封层数应符合设计要求。密封条应连续完整，装配后应均匀、牢固，应无脱槽、收缩和虚压等现象；密封条接口应严密，且应位于窗的上方	观察
	2	塑料门窗扇的开关力		1. 平开门窗扇平铰链的开关力不应大于 50N ；滑撑铰链的开关力不应大于 50N ，并不应小于 30N； 2. 推拉门窗扇的开关力不应大于 100N	观察；用测力计检查

项目	序号	检验项目			检验标准	检验方法
一般项目	3	门窗表面			应洁净、平整、光滑，颜色应均匀一致。可视面应无划痕、碰伤等缺陷，门窗不得有焊角开裂和型材断裂等现象	观察
	4	旋转窗间隙			应均匀	观察
	5	排水孔			应畅通，位置和数量应符合设计要求	观察
	6	塑料门窗安装的允许偏差（mm）	门、窗框外形（高、宽）尺寸长度差	≤1500mm	2	用钢直尺检查
				>1500mm	3	
			门、窗框两对角线长度差	≤2000mm	3	用钢直尺检查
				>2000mm	5	
			门、窗框（含拼樘料）正、侧面垂直度		3	用 1m 垂直检测尺检查
			门、窗框（含拼樘料）水平度		3	用 1m 水平尺和塞尺检查
			门、窗下横框的标高		5	用钢卷尺检查，与基准线比较
			门、窗竖向偏离中心		5	用钢卷尺检查
			双层门、窗内外框间距		4	用钢卷尺检查
			平开门窗及上悬、下悬、中悬窗	门、窗扇与框搭接宽度	2	用深度尺或钢直尺检查
				同樘门、窗相邻扇的水平高度差	2	用靠尺和钢直尺检查
				门、窗框扇四周的配合间隙	1	用楔形塞尺检查
			推拉门窗	门、窗扇与框搭接宽度	2	用深度尺或钢直尺检查
				门、窗扇与框或相邻扇立边平行度	2	用钢直尺检查
			组合门窗	平整度	2	用 2m 靠尺和钢直尺检查
				缝直线度	2	

5.1.3 金属门窗工程

金属门窗安装工程一般指钢门窗、铝合金（断桥铝合金）门窗、涂色镀锌钢板门窗等安装。

5.1.3.1 金属门窗安装工程质量控制

1. 原材料质量控制

（1）选用的铝合金（断桥铝合金）型材应符合现行国家标准的规定，壁厚不得小于

1.2mm；选用的配件除不锈钢外，应做防腐处理，防止与铝合金（断桥铝合金）型材直接接触。

（2）铝合金（断桥铝合金）型材表面阳极氧化膜厚度应符合要求。

（3）铝合金（断桥铝合金）门窗的质量（窗框尺寸偏差；窗框、窗扇和相邻构件装配间隙和同一平面高低差；窗框、扇四周宽度偏差；平板玻璃与玻璃槽的配合尺寸；中空玻璃与玻璃槽的配合尺寸；窗装饰表面的各种损伤）应符合要求。

（4）进入现场的铝合金（断桥铝合金）门窗，必须有产品准用证和出厂合格证。

（5）建筑外窗的水密性、气密性、抗风压性能、保温性能、中空玻璃露点、玻璃遮阳系数和可见光透射比应符合设计要求。

（6）建筑外窗进入施工现场时，应按地区类别对其水密性、气密性、抗风压性能、保温性能、中空玻璃露点、玻璃遮阳系数和可见光透射比等性能进行复验，复检合格方可用于工程。

2. 施工过程质量控制

（1）安装前应按设计要求检查门窗洞口位置和尺寸，左右位置挂垂线控制，窗台标高通过 50 线控制，合格后方可进行安装。

（2）金属门窗安装应采用预留洞口的施工方法（即后塞口的施工方法），不得采用边安装边砌口或先安装后砌口的施工方法。

（3）门窗安装就位后应暂时用木楔固定，定位木楔应设置于门窗四角或框梃端部，否则易产生变形。

（4）铝合金（断桥铝合金）门窗装入洞口应横平竖直，外框与洞口应弹性连接牢固，不得将门窗外框直接埋入墙体。与混凝土墙体连接时，门窗框的连接件与墙体可用射钉或膨胀螺栓固定，与砖墙连接时，应预先在墙体埋设混凝土块，然后按上述办法处理。

（5）铝合金（断桥铝合金）门窗的连接件应伸出铝框予以内外锚固，连接件应采用不锈钢或经防腐处理的金属件，其厚度不小于 1.5mm，宽度不小于 25mm，数量、位置应符合规范规定。

（6）铝合金（断桥铝合金）门窗横向、竖向组合时，应采取套插，搭接形成曲面组合，搭接长度宜为 10mm，并用密封胶密封。

（7）铝合金（断桥铝合金）门窗框与墙体间隙塞填应按设计要求处理，如设计无要求时，应采用矿棉条或聚氨酯 PU 发泡剂等软质保温材料填塞，框四周缝隙须留 5～8mm 深的槽口用密封胶密封。

（8）铝合金（断桥铝合金）门窗玻璃安装时，要在门窗槽内放弹性垫块（如胶木等），不准玻璃与门窗直接接触，玻璃与门窗槽搭接数量应不少于 6mm，玻璃与框槽间隙应用橡胶条或密封胶压牢或填满。

（9）铝合金（断桥铝合金）门窗安装好后，经喷淋试验不得有渗漏现象。

（10）铝合金（断桥铝合金）推拉窗顶部应设限位装置，其数量和间距应保证窗扇抬高或推拉时不脱轨。

（11）门窗地脚与预埋件宜采用焊接，如不采用焊接，应在安装完地脚后，用水泥砂浆或细石混凝土将洞口缝隙填实。

（12）双层钢窗的安装间距应符合设计要求。

（13）钢门窗与墙体缝隙填嵌应饱满，表面平整；嵌套材料和方法符合设计要求。

5.1.3.2　金属门窗安装工程施工质量检验

1. 金属门窗安装工程质量检验批

质量检验批划分同木门窗安装工程。

2. 金属门窗安装工程质量检验标准与检验方法

金属门窗安装工程质量检验标准与检验方法见表5-3～表5-6。

金属门窗安装工程质量检验标准与检验方法　　　　表5-3

项目	序号	检验项目	检验标准	检验数量	检验方法
主控项目	1	门窗质量	金属门窗的品种、类型、规格、尺寸、性能、开启方向、安装位置、连接方式及铝合金（断桥铝合金）门窗的型材壁厚应符合设计要求。金属门窗的防腐处理及填嵌、密封处理应符合设计要求	每个检验批至少抽查5%，并不得少于3樘，不足3樘时应全数检查；高层建筑的外窗，每个检验批至少抽查10%，并不得少于6樘，不足6樘时应全数检查。特种门每个检验批至少抽查50%，并不得少于10樘，不足10樘时应全数检查	观察；尺量检查；检查产品合格证书、性能检测报告、进场验收记录和复检报告；检查隐蔽工程验收记录
	2	框和副框安装，预埋件	金属门窗框和副框的安装必须牢固。预埋件的数量、位置、埋设方式、与框的连接方式必须符合设计要求		手扳检查；检查隐蔽工程验收记录
	3	门窗扇安装	金属门窗扇必须安装牢固，并应开关灵活、关闭严密，无倒翘。推拉门窗扇必须有防脱落措施		观察；开启和关闭检查；手扳检查
	4	配件质量及安装	金属门窗配件的型号、规格、数量应符合设计要求，安装应牢固，位置应正确，功能应满足要求		观察；开启和关闭检查；手扳检查
一般项目	1	门窗表面质量	金属门窗表面应洁净、平整、光滑、色泽一致，无锈蚀。大面应无划痕、碰伤。漆蜡或保护层应连续		观察
	2	铝合金（断桥铝合金）门窗推拉门窗扇开关力	铝合金（断桥铝合金）门窗推拉门窗扇开关力应不大于100N		用弹簧秤检查
	3	框与墙体间缝隙	金属门窗框与墙体之间的缝隙应填嵌饱满，并采用密封胶密封。密封胶表面应光滑、顺直，无裂纹		观察；轻敲门窗框检查；检查隐蔽工程验收记录
	4	扇密封胶条或毛毡密封条	金属门窗扇的橡胶密封条或毛毡密封条应安装完好，不得脱槽		观察；开启和关闭检查
	5	排水孔	有排水孔的金属门窗，排水孔应畅通，位置和数量应符合设计要求		观察

钢门窗安装的留缝限值、允许偏差和检验方法　　　　　　表 5-4

序号	检验项目		留缝限值(mm)	允许偏差(mm)	检验数量	检验方法
1	门窗槽口宽度、高度	≤1500mm	—	2	每个检验批应至少抽查 5%，并不得少于 3 樘，不足 3 樘时应全数检查；高层建筑的外窗每个检验批应至少抽查 10%，并不得少于 6 樘，不足 6 樘时应全数检查；特种门每个检验批应至少抽查 50%，并不得少于 10 樘，不足 10 樘时应全数检查	用钢卷尺检查
1	门窗槽口宽度、高度	>1500mm	—	3		用钢卷尺检查
2	门窗槽口对角线长度差	≤2000mm	—	3		用钢卷尺检查
2	门窗槽口对角线长度差	>2000mm	—	4		用钢卷尺检查
3	门窗框的正、侧面垂直度		—	3		用1m垂直检测尺检查
4	门窗横框的水平度		—	3		用1m水平尺和塞尺检查
5	门窗横框标高		—	5		用钢卷尺检查
6	门窗竖向偏离中心		—	4		用钢卷尺检查
7	双层门窗内外框间距		—	5		用钢卷尺检查
8	门窗框、扇配合间隙		≤2	—		用塞尺检查
9	平开门窗框扇搭接宽度	门	≥6	—		用钢直尺检查
9	平开门窗框扇搭接宽度	窗	≥4	—		用钢直尺检查
10	推拉门窗框扇搭接宽度		≥6	—		用钢直尺检查
11	无下框时门扇与地面间留缝		4~8	—		用塞尺检查

铝合金门窗安装的允许偏差与检验方法　　　　　　表 5-5

序号	检验项目		允许偏差(mm)	检验数量	检验方法
1	门窗槽口宽度、高度	≤1500mm	1.5	每个检验批至少抽查 5%，并不得少于 3 樘，不足 3 樘时应全数检查；高层建筑的外窗，每个检验批至少抽查 10%，并不得少于 6 樘，不足 6 樘时应全数检查。特种门每个检验批至少抽查 50%，并不得少于 10 樘，不足 10 樘时应全数检查	用钢尺检查
1	门窗槽口宽度、高度	>1500mm	2		用钢尺检查
2	门窗槽口对角线长度差	≤2000mm	3		用钢尺检查
2	门窗槽口对角线长度差	>2000mm	4		用钢尺检查
3	门窗框的正、侧面垂直度		2.5		用垂直检测尺检查
4	门窗横框的水平度		2		用 1m 水平尺和塞尺检查
5	门窗横框标高		5		用钢尺检查
6	门窗竖向偏离中心		5		用钢尺检查
7	双层门窗内外框间距		4		用钢尺检查
8	推拉门窗扇与框搭接量		1.5		用钢直尺检查

涂色镀锌钢板门窗安装的允许偏差与检验方法　　　　　　表 5-6

序号	检验项目		允许偏差(mm)	检验数量	检验方法
1	门窗槽口宽度、高度	≤1500mm	2	每个检验批至少抽查 5%，并不得少于 3 樘，不足 3 樘时应全数检查；高层建筑的外窗，每个检验批至少抽查 10%，并不得少于 6 樘，不足 6 樘时应全数检查。特种门每个检验批至少抽查 50%，并不得少于 10 樘，不足 10 樘时应全数检查	用钢尺检查
1	门窗槽口宽度、高度	>1500mm	3		用钢尺检查
2	门窗槽口对角线长度差	≤2000mm	4		用钢尺检查
2	门窗槽口对角线长度差	>2000mm	5		用钢尺检查
3	门窗框的正、侧面垂直度		3		用垂直检测尺检查
4	门窗横框的水平度		3		用 1m 水平尺和塞尺检查
5	门窗横框标高		5		用钢尺检查
6	门窗竖向偏离中心		5		用钢尺检查
7	双层门窗内外框间距		4		用钢尺检查
8	推拉门窗扇与框搭接量		2		用钢直尺检查

5.1.4 门窗玻璃安装工程

5.1.4.1 门窗玻璃安装工程质量控制

1. 原材料质量控制

（1）进场玻璃应提供玻璃质量证明文件。

（2）检查玻璃的品种、规格、尺寸、色彩、图案和涂膜朝向应符合设计要求。

（3）镶嵌用的镶嵌条、定位块和隔片、填色材料、密封条等的品种、规格、断面尺寸、颜色、物理及化学性能应符合设计要求。

2. 施工过程质量控制

（1）木门窗和钢门窗玻璃安装前，必须清理玻璃槽内的木屑、灰浆、尘土等杂物，使油灰与槽口粘结牢固。

（2）铝合金（断桥铝合金）和塑料门窗玻璃安装前，应将玻璃槽内的灰浆、尘土、垃圾等杂物清除干净，检查排水孔是否畅通。

（3）磨砂玻璃安装时，磨砂面应向内。

（4）带密封条的玻璃压条，其密封条必须与玻璃全部紧贴，压条与型材之间无明显缝隙，压条接缝应不大于 0.5mm。

（5）检查密封胶条的转角处理是否符合要求。

5.1.4.2 门窗玻璃安装工程质量检验

1. 门窗玻璃安装工程质量检验批

检验批划分同木门窗工程。

2. 门窗玻璃安装工程质量检验标准与检验方法

门窗玻璃安装工程质量检验标准与检验方法见表 5-7。

门窗玻璃安装工程质量检验标准与检验方法　　　　　　　表 5-7

主控项目	检验方法	一般项目	检验方法
玻璃的品种、规格、尺寸、色彩、图案和涂膜朝向应符合设计要求。单块玻璃大于 1.5m^2 时应使用安全玻璃	观察；检查产品合格证、性能检测报告和进场验收记录	玻璃表面应洁净，不得有腻子、密封胶、涂料等污渍。中空玻璃内外表面均应洁净，玻璃中空层内不得有灰尘和水蒸气	观察
门窗玻璃裁割尺寸应正确。安装后的玻璃应牢固，不得有裂纹、损伤和松动	观察；轻敲检查	门窗玻璃不应直接接触型材。单面镀膜玻璃的镀膜层及磨砂玻璃的磨砂面应朝向室内。中空玻璃的单面镀膜玻璃应在最外层，镀膜层应朝向室内	观察
玻璃的安装方法应符合设计要求。固定玻璃的钉子或钢丝卡的数量、规格应保证玻璃安装牢固	观察；检查施工记录	腻子应填抹饱满、粘结牢固；腻子边缘与裁口应平齐。固定玻璃的卡子不应在腻子表面显露	观察
镶钉木压条接触玻璃处，应与裁口边缘平齐。木压条应互相紧密连接，并与裁口边缘紧贴，割角应整齐	观察		

165

主控项目	检验方法	一般项目	检验方法
密封条与玻璃、玻璃槽口的接触应紧密、平整。密封条与玻璃、玻璃槽口的边缘应粘结牢固、接缝平齐	观察	密封条不得卷边、脱槽，密封条接缝应粘接	观察
带密封条的玻璃压条，其密封条必须与玻璃全部紧贴，压条与型材之间无明显缝隙，压条接缝应不大于 0.5mm	观察；尺量检查		

复习思考题

1. 简述木门窗框（后塞口）的施工质量控制要点。

2. 简述塑料窗的安装质量控制要点。

3. 简述塑料门窗安装工程检验批的主控项目。

4. 简述铝合金门窗安装施工质量控制要点。

5. 简述玻璃安装的质量要求。

6. 简要回答塑料窗要进行哪几项性能检测。

7. 对木门窗的结合处和安装配件处有何要求？如何加以控制？

8. 对塑钢门窗拼樘料有何要求？如何加以控制？

9. 塑钢门窗框与墙体间缝隙应如何处理？如何加以控制？

质量管理职业活动训练

活动一：铝合金门窗安装工程质量验收和检验评定

1. 分组要求：全班分 6～8 个组，每组 5～7 人。

2. 资料和工具要求：

（1）铝合金门窗及五金配件产品合格证书、性能检测报告和进场验收记录。

（2）铝合金门窗抗风压、空气渗透性能和雨水渗透性能复检报告。

（3）嵌缝、密封材料合格证书。

（4）已完工程铝合金门窗。

（5）垂直检测尺、1m 水平尺和塞尺、钢尺、钢直尺。

3. 学习要求：

（1）熟悉铝合金门窗安装工程质量检验标准。

（2）熟悉铝合金门窗安装工程质量检查方法。

4. 成果：填写验收记录表。

活动二：门窗玻璃工程质量验收和检验评定

1. 分组要求：全班分 6～8 个组，每组 5～7 人。

2. 资料和工具要求：玻璃的产品合格证书、性能检测报告；检验工具；直尺。

3. 学习要求：

（1）熟悉门窗玻璃安装工程质量检验标准。

（2）熟悉门窗玻璃安装工程质量检查方法。

4. 成果：填写验收记录表。

5.2　抹　灰　工　程

抹灰工程通常指一般抹灰、装饰抹灰、清水砌体勾缝等分项工程。

5.2.1　一般抹灰工程

5.2.1.1　一般抹灰工程质量控制

1. 原材料质量要求

（1）水泥宜采用强度等级不小于 42.5 的硅酸盐水泥、普通硅酸盐水泥；水泥进场应进行外观检查，检查品种、生产日期、生产批号、强度等级等；要注意检查水泥的质量证明文件（如出厂合格证、出厂检验报告），并按规定现场随机取样进行复检，试验合格后方可使用。

（2）抹灰用石灰，一般由块状石灰熟化成石灰膏后使用，熟化时应用筛孔孔径不大于 3mm 的网筛过滤。石灰在池内熟化时间一般不少于 15d；罩面用的磨细石灰粉的熟化时间不应少于 30d。

（3）抹灰宜采用中砂（平均粒径为 0.35～0.5mm）或粗砂（平均粒径不大于 0.5mm）与中砂混合掺用，尽可能少用细砂（平均粒径为 0.25～0.35mm），不宜使用特细砂（平均粒径小于 0.25mm）。砂在使用前必须过筛，不得含有杂质，含泥量应符合标准规定。

（4）常用的建筑石膏的密度为 2.6～2.75g/cm^3，堆积密度为 800～1000kg/m^3。石膏加水后凝结硬化速度很快，规范规定初凝时间不得少于 4min，终凝时间不得超过 30min。

2. 施工过程质量控制

（1）一般抹灰应在基体或基层的质量检查合格后才能进行。

（2）正式抹灰前，应按施工方案（或安全技术交底）及设计要求抹出样板间，待有关方检验合格后，方可正式进行。

（3）检查抹灰前基层表面的尘土、污垢、油渍等是否清除干净，砌块、混凝土缺陷部位应先期进行处理，并应洒水润湿基层。

（4）抹灰前，应纵横拉通线，用于抹灰层相同的砂浆设置标志或表筋。

（5）检查抹灰层厚度，要求当抹灰厚度大于或等于 35mm 时，应采取加强措施。不同材料基体交接处表面的抹灰，应采取防止开裂的加强措施；当采用加强网时，加强网与各基体的搭接宽度不应小于 100mm。

（6）检查普通抹灰表面是否光滑、洁净，接槎是否平整，分割缝是否清晰；高级抹灰表面应光滑、洁净、颜色均匀、无抹纹，分割缝和灰线应清晰美观。

（7）检查护角、孔洞、槽、盒周围的抹灰表面是否整齐、光滑，管道后面的抹灰表面是否平整。

（8）按设计要求，构造层抹灰水泥砂浆不得抹在石灰砂浆层上；罩面石膏灰不得抹在水泥砂浆层上。

（9）外墙窗台、窗楣、雨棚、压顶和突出腰线等，上面应做出排水坡度，下面应抹滴水线或做滴水槽，滴水槽的深和宽均不小于 10mm。

5.2.1.2 一般抹灰工程质量检验

1. 一般抹灰工程质量检验批

相同材料、工艺和施工条件的室外抹灰工程每 $1000m^2$ 应划分为一个检验批，不足 $1000m^2$ 时也应划分为一个检验批；相同材料、工艺和施工条件的室内抹灰工程每 50 个自然间应划分为一个检验批，不足 50 间也应划分为一个检验批，大面积房间和走廊可按抹灰面积每 $30m^2$ 计为 1 间。

2. 一般抹灰工程质量检验标准与检验方法

一般抹灰工程质量检验标准与检验方法见表 5-8。

一般抹灰工程质量检验标准与检验方法 表 5-8

项目	序号	检验项目	检验标准		检验数量	检验方法
主控项目	1	抹灰前基层表面	应将尘土、污垢、油渍清除干净，并应洒水润湿或进行界面处理		相同材料、工艺和施工条件的室外抹灰工程，每个检验批每 $100m^2$ 应至少抽查一处，每处不得小于 $10m^2$；相同材料、工艺和施工条件的室内抹灰工程，每个检验批至少抽查 10%，并不得少于 3 间；不足 3 间时应全数检查	检查施工记录
	2	一般抹灰所用材料的品种和性能	符合设计要求；水泥的凝结时间和安定性应合格，砂浆的配合比也应符合设计要求			检查产品合格证书、进场验收记录、性能检验报告、复检报告和施工记录
	3	抹灰工程施工	应分层进行。当抹灰总厚度大于或等于 35mm 时，应采取加强措施；不同材料基体交接处表面的抹灰，应采取防止开裂的加强措施，当采用加强网时，加强网与各基层的搭接宽度不应小于 100mm			检查隐蔽工程验收记录和施工记录
	4	抹灰层与基层之间及各抹灰层之间的粘结	要求牢固，且抹灰层无脱层、空鼓现象，面层无爆灰和裂缝			观察，小锤轻击检查，检查施工记录
一般项目	1	一般抹灰工程的表面质量	普通抹灰表面应光滑、洁净、接槎应平整，分格缝应清晰；高级抹灰表面应光滑、洁净、颜色均匀、无抹纹，分格缝和灰线应清晰美观			观察和手摸检查
	2	护角、孔洞、槽、盒周围的抹灰表面	应整齐、光滑，管道后面的抹灰表面应平整			观察
	3	抹灰层的总厚度	应符合设计要求；水泥砂浆不得抹在石灰砂浆层上，罩面石膏灰不得抹在水泥砂浆层上			检查施工记录
	4	抹灰分格缝的设置	符合设计要求；宽度和深度应均匀，表面应光滑，棱角应整齐			观察和尺量检查
	5	有排水要求的部位	应做滴水线（槽），滴水线（槽）应整齐顺直，滴水线应内高外低，滴水槽的宽度和深度均不应小于 10mm			观察和尺量检查
	6	允许偏差 (mm)	项目	普通抹灰	高级抹灰	—
			立面垂直度	4	3	2m 垂直检测尺检查
			表面平整度	4	3	2m 靠尺和塞尺检查
			阴阳角方正	4	3	直角检测尺检查
			分格条（缝）的直线度	4	3	拉 5m 线，不足 5m 拉通线，钢直尺检查
			墙裙、勒脚上口的直线度	4	3	拉 5m 线，不足 5m 拉通线，钢直尺检查

注：1. 普通抹灰，本表第 3 项阴角方正可不检查。
2. 顶棚抹灰，本表第 2 项表面平整度可不检查，但应平顺。

168

5.2.2　装饰抹灰工程

5.2.2.1　装饰抹灰工程质量控制

1. 原材料质量要求

（1）水泥、砂质量控制要点同上相应要点。

（2）应控制水刷石、干粘石、斩假石的骨料质量，其质量要求是颗粒坚韧、有棱角、洁净且不得含有风化的石粒，使用时应冲洗干净并晾干。

（3）应控制彩色瓷粒质量，其粒径为 1.2～3mm，且应具有大气稳定性好、表面瓷粒均匀等。

（4）装饰砂浆中的颜料，应采用耐碱和耐晒（光）的矿物颜料，常用的有氧化铁黄、铬黄、氧化铁红、群青、钴蓝、铬绿、氧化铁棕、氧化铁黑、钛白粉等。

（5）建筑胶粘剂应选择无醛胶粘剂，产品性能参照《水溶性聚乙烯醇建筑胶粘剂》JC/T 438—2019 的要求，游离甲醛≤0.1g/kg，其他有害物质限量符合《室内装饰装修材料 胶粘剂中有害物质限量》GB 18583—2008 的要求。

2. 施工过程质量控制

（1）一般抹灰应在基体或基层的质量检查合格后才能进行。基层必须清理干净。

（2）正式抹灰前，应按施工方案（或安全技术交底）及设计要求抹出样板间，待有关方检验合格后，方可正式进行。

（3）装饰抹灰应做在已硬化、粗糙而平整的中层砂浆面上，涂抹前应洒水湿润。

（4）装饰抹灰的施工缝，应留在分格缝、墙面阴角、水落管背后或独立装饰组成部分的边缘处。每个分块必须连续作业，不显接槎。

（5）喷涂、弹涂等工艺不能在雨天进行；干粘石等工艺在大风天气不宜施工。

（6）装饰抹灰的周围墙面，窗洞口等部位，应采取遮挡措施，以防污染。

（7）检查装饰抹灰工程的表面质量。水刷石表面应石粒清晰、分布均匀、紧密平整、色泽一致，且无掉粒和接槎痕迹。斩假石表面剁纹应均匀顺直、深浅一致，且无漏剁处；阳角处应横剁并留出宽窄一致的不剁边条，棱角应无损坏。干粘石表面应色泽一致、不漏浆、不漏粘，石粒应粘结牢固、分布均匀，阳角处应无明显黑边，如图 5-1 所示。

图 5-1　抹灰工程（标筋）

5.2.2.2 装饰抹灰工程质量检验

1. 装饰抹灰工程质量检验批

装饰抹灰工程质量检验批划分同一般抹灰工程。

2. 装饰抹灰工程质量检验标准与检验方法

装饰抹灰工程质量检验标准与检验方法见表5-9。

装饰抹灰工程质量检验标准与检验方法 表 5-9

项目	序号	检验项目	检验标准	检验数量	检验方法
主控项目	1	抹灰前基层表面	应将尘土、污垢、油渍清除干净，并应洒水润湿	相同材料、工艺和施工条件的室外抹灰工程，每个检验批每100m²应至少抽查一处，每处不得小于10m²。相同材料、工艺和施工条件的室内抹灰工程，每个检验批至少抽查10%，并不得少于3间；不足3间时应全数检查	检查施工记录
	2	装饰抹灰所用材料的品种和性能	符合设计要求；水泥的凝结时间和安定性应复验合格，砂浆的配合比应符合设计要求		检查产品合格证书、进场验收记录、性能检验报告、复检报告和施工记录
	3	抹灰工程施工	应分层进行。当抹灰总厚度大于或等于35mm时，应采取加强措施；不同材料基体交接处表面的抹灰，应采取防止开裂的加强措施，当采用加强网时，加强网与各基层的搭接宽度不应小于100mm		检查隐蔽工程验收记录和施工记录
	4	各抹灰层之间及抹灰层与基层之间的粘结	必须粘接牢固，且抹灰层无脱层、空鼓和裂缝等缺陷		观察，小锤轻击检查，检查施工记录
一般项目	1	装饰抹灰工程的表面质量	水刷石表面应石粒清晰、分布均匀、紧密平整、色泽一致，且无掉粒和接槎痕迹		观察和手摸检查
			斩假石表面剁纹应均匀顺直、深浅一致，且无漏剁处；阳角处应横剁并留出宽窄一致的不剁边条，棱角应无损坏		
			干粘石表面应色泽一致、不露浆、不漏粘，石粒应粘结牢固、分布均匀，阳角处应无明显黑边		
			假面砖表面应平整、沟纹清晰、留缝整齐、色泽一致，且无掉角、脱皮、起砂等缺陷		
	2	装饰抹灰分格条（缝）的设置	应符合设计要求；宽度和深度应均匀，表面应平整光滑，棱角应整齐		观察
	3	有排水要求的部位	应做滴水线（槽），滴水线（槽）应整齐顺直，滴水线应内高外低，滴水槽的宽度和深度均不应小于10mm		观察和尺量检查

续表

项目	序号	检验项目	检验标准					检验数量	检验方法
一般项目	4	允许偏差（mm）	项目	水刷石	斩假石	干粘石	假面砖	相同材料、工艺和施工条件的室外抹灰工程，每个检验批每100m²应至少抽查一处，每处不得小于10m²。	—
			立面垂直度	5	4	5	5		2m垂直检测尺检查
			表面平整度	3	3	5	4		2m靠尺和塞尺检查
			阴阳角方正	3	3	4	4	相同材料、工艺和施工条件的室内抹灰工程，每个检验批至少抽查10%，并不得少于3间；不足3间时应全数检查	直角检测尺检查
			分格条（缝）的直线度	3	3	3	3		拉5m线，不足5m拉通线，钢直尺检查
			墙裙、勒脚上口的直线度	3	3	—	—		拉5m线，不足5m拉通线，钢直尺检查

171

复习思考题

1. 简述一般抹灰工程施工质量控制要点。

2. 简述一般抹灰工程主控项目的内容及检查方法。

3. 简述装饰抹灰工程主控项目的内容及检查方法。

4. 为什么装饰装修工程施工中应加强对材料的质量检查？

5. 试述抹灰工程质量检验的检验批和检查数量。

6. 简述一般抹灰工程施工过程中的检查项目。

7. 不同材料基体交接处，应采取何种防开裂措施？如何进行检查？

8. 施工现场对一般抹灰工程进行哪些项目的检查？如何进行检查？

质量管理职业活动训练

活动：一般抹灰工程质量验收和检验评定

1. 分组要求：全班分6～8个组，每组5～7人。

2. 资料和工具要求：

（1）施工图、设计说明及其他设计文件。

（2）材料的产品合格证书、性能检测报告、进场验收记录和复检报告。

（3）一般抹灰工程检验批质量验收记录表。

（4）2m垂直检测尺、2m靠尺和塞尺、钢直尺、钢尺和若干条5m长线段。

3. 学习要求：

（1）熟悉一般抹灰工程的技术标准。

（2）编制一般抹灰工程的质量检验方案，对照标准进行逐项检验。

4. 成果：填写一般抹灰工程检验批质量验收记录表。

5.3 饰面工程

5.3.1 饰面板安装工程

5.3.1.1 饰面板安装工程

1. 原材料质量要求

（1）饰面板的品种、规格、质量、花纹、颜色和性能应符合设计要求，木龙骨、木饰面、塑料饰面板的燃烧性能等级应符合设计要求，进场产品应有合格证书和性能检测报告，并应做进场验收记录。

（2）天然石饰面板主要有天然大理石饰面板、花岗石饰面板、青石板等，其质量要求应符合规定。

（3）人造石饰面板主要有预制水磨石饰面板、预制水刷石饰面板、人造大理石饰面板、金属饰面板、瓷板饰面板等，其质量要求如下规定：预制水磨石饰面板要求表面平整光滑石子显露均匀无磨纹、色泽鲜明、棱角齐全、底面整齐；预制水刷石饰面板要求石粒均匀紧密、表面平整、色泽均匀、棱角齐全、底面整齐；人造大理石饰面板可分为水泥型、树脂型、复合型、烧结型四类，质量要求同大理石，不宜用于室外装饰。常用的金属饰面板有铝合金饰面板、不锈钢饰面板、彩色涂层钢板（烤漆钢板）、复合钢板等，金属饰面板表面应平整、光滑、无裂缝和皱折、颜色一致、边角整齐、涂膜厚度均匀；瓷板饰面板材料应符合现行国家标准的有关规定，并应有出厂合格证，其材料应具有不燃烧性或难燃烧性及耐气候性等特点。

（4）工程中所用龙骨的品种、规格、尺寸、形状应符合设计规定。当墙体采用普通型钢时，应做除锈、防锈处理。木龙骨要干燥、纹理顺直、没有节疤。

（5）木龙骨、木饰面、塑料饰面板的燃烧性能等级应符合设计要求。

（6）镀锌膨胀螺栓的规格及拉拔试验应符合设计要求。

（7）硅胶的品种、规格、颜色等应符合设计要求，并具有出厂合格证和复检报告。

（8）安装饰面板所用的铁制锚固件、连接件，应经镀锌或防锈处理；镜面和光面的大理石、花岗石饰面板，应采用铜或不锈钢的连接件。

（9）安装装饰板所用的水泥，其体积安定性必须合格，其初凝时间不得少于45min，终凝时间不得超过12h。砂则要求颗粒坚硬、洁净，且含泥量不得大于3%（质量分数）。石灰膏不得含有未熟化的颗粒。施工所采用的其他胶结材料的品种、掺合比例应符合设计要求。

（10）室内采用的花岗石应进行放射性检测。

2. 施工过程质量控制

（1）饰面板安装工程应在主体结构、穿过墙体的所有管道、线路等施工完毕并经验收合格后进行。

（2）瓷板安装前应对基层进行验收，对影响主体安全性、适用性及饰面板安装的基层质量缺陷给予修补。

（3）饰面板安装工程安装前，应编制施工方案和进行安全技术交底，并监督其有效实施。

（4）石材饰面板安装前，应按品种、规格和颜色进行分类选配，并将其侧面和背面清扫干净，修边打眼，每块板上的上下打眼数量不少于 2 个，并用防锈金属丝穿入孔内以做系固之用。

（5）饰面板的安装顺序宜由下往上进行，避免交叉作业。

（6）饰面板挂件的规格、位置、数量及其安装质量应满足设计及相关规程的规定。

（7）石材饰面板安装时，缝宽用木楔调整，并确保外表面平整垂直及板的上沿平顺。

（8）灌注砂浆的施工缝位置应留在饰面板水平接缝以下 50～100mm 处。灌注砂浆硬化后，将填缝材料清除。

（9）饰面板的接缝宽度允许偏差应符合表 5-10 的规定。

饰面板接缝宽度允许偏差　　　　　　　　　　　　　　表 5-10

序号	名称		接缝宽度允许偏差（mm）
1	石板	光面	1
		剁斧石	2
		蘑菇石	3
2	陶瓷板		1
3	木板		1
4	金属板		1
5	塑料板		1

5.3.1.2 饰面板安装工程施工质量检验

1. 饰面板安装工程质量检验批

饰面板安装工程质量检验批划分同一般抹灰工程。

2. 饰面板安装工程质量检验标准与检验方法

饰面板安装工程质量检验标准与检验方法见表 5-11。

5.3.2 饰面砖粘贴工程

5.3.2.1 饰面砖粘贴工程质量控制

1. 原材料质量要求

（1）釉面瓷砖要求尺寸一致，颜色均匀，无缺釉、脱釉现象，无凸凹扭曲和裂纹、夹心等缺陷，边缘和棱角整齐。

饰面板安装工程质量检验标准与检验方法　　　　　　　　　　　表 5-11

174

项目	序号	检验项目	检验标准	检验数量	检验方法
主控项目	1	饰面板的品种、规格、颜色和性能	应符合设计要求及国家现行标准的有关规定。木龙骨、木饰面板和塑料饰面板的燃烧性能等级应符合设计要求	相同材料、工艺和施工条件的室外饰面板工程每 1000m^2 应划分为一个检验批，不足 1000m^2 也应划分为一个检验批。检查数量应符合下列规定： 1. 室内每个检验批应至少抽查 10%，并不得少于 3 间，不足 3 间时应全数检查。 2. 室外每个检验批每 100m^2 应至少抽查一处，每处不得小于 10m^2	观察；检查产品合格证书、进场验收记录和性能检验报告，石板和木板要检查复验报告
	2	石板及陶瓷板孔、槽的数量、位置和尺寸	应符合设计要求		检查进场验收记录和施工记录
	3	石板和陶瓷板安装工程的预埋件（或后置埋件）、木板和金属板及塑料板安装工程的龙骨、连接件的材质、数量、规格、位置、连接方法和防腐处理	应符合设计要求。后置埋件的现场拉拔力应符合设计要求。安装应牢固		手扳检查；检查进场验收记录、隐蔽工程验收记录和施工记录，石板和陶瓷板要检查现场拉拔检验报告
	4	采用满粘法施工的石板和陶瓷板工程，石板或陶瓷板与基层之间的粘结料	应饱满、无空鼓。粘结应牢固		用小锤轻击检查；检查施工记录；检查外墙石板或陶瓷板粘结强度检验报告
	5	外墙金属板的防雷装置	应与主体结构防雷装置可靠接通		检查隐蔽工程验收记录
一般项目	1	饰面板表面	应平整、洁净、色泽一致，且石板、陶瓷板、木板、塑料板表面应无缺损。石板和陶瓷板表面应无裂痕且石板表面无泛碱等污染		观察
	2	石板、陶瓷板填缝	应密实、平直，宽度和深度应符合设计要求，填缝材料色泽应一致		观察；尺量检查
	3	采用湿作业法施工的石板安装工程	石板应进行防碱封闭处理。石板与基体之间的灌注材料应饱满、密实		用小锤轻击检查；检查施工记录
	4	饰面板上的孔洞	应套割吻合，边缘应整齐		观察
	5	木板和金属板、塑料板接缝	应平直，宽度应符合设计要求		观察；尺量检查

一般项目 6 允许偏差（mm）

项目	石板 光面	石板 剁斧石	石板 蘑菇石	陶瓷板	木板	金属板	塑料板	检验方法
立面垂直度	2	3	3	2	2	2	2	用 2m 垂直检测尺检查
表面平整度	2	3	—	2	1	3	3	用 2m 靠尺和塞尺检查
阴阳角方正	2	4	4	2	3	3	3	用 200m 直角检测尺检查
接缝直线度	2	4	4	2	2	2	2	拉 5m 线，不足 5m 拉通线，用钢直尺检查
墙裙、勒脚上口直线度	2	3	3	2	2	2	2	
接缝高低差	1	3	—	1	1	1	1	用钢直尺和塞尺检查
接缝宽度	1	2	2	1	1	1	1	用钢直尺检查

（2）饰面砖的品种、规格、图案、颜色和性能应符合设计要求。进场后应派人进行挑选，并分类堆放备用。使用前，应在清水中浸泡 2h 以上，晾干后方可使用。

（3）陶瓷锦砖要求规格颜色一致，无受潮变色现象，拼接在纸板上的图案应符合设计要求，纸板完整，颗粒齐全，无缺棱掉角及碎粒，常用于室内外墙面及室内地面。

（4）水泥、石灰、砂和纸筋同一般抹灰。

2. 施工过程的质量控制

（1）饰面砖粘贴工程应在主体结构、穿过墙体的所有管道及线路等施工完毕并经验收合格后进行。

（2）饰面砖粘贴前，应编制施工方案和进行安全技术交底，并监督其有效实施。

（3）饰面砖粘贴前，应对基层进行验收，对于不满足要求的基层必须进行处理。当基体的抗拉强度小于外墙面砖粘贴强度时，必须进行加固处理，加固后应对粘贴样板进行强度检测；对于加气混凝土砌块、轻质砌块、轻质墙板等基体，若采用外墙面饰面砖作贴面装饰时，必须有可靠的粘贴质量保证措施，否则，不宜采用外墙面砖饰面；对于混凝土基体表面，应采用聚合物砂浆或其他界面处理剂做结合层。

（4）外墙饰面粘贴前和施工过程中，均应在相同基层上做样板件，并对样板件的饰面砖粘贴强度进行检验。饰面砖粘结必须牢固。

（5）饰面砖的粘贴施工，必须按经批准的施工方案执行。

（6）在施工过程中应对以下几个方面的质量进行检查，发现问题及时提出整改措施，杜绝事后验收的被动局面发生。

1）检查饰面砖表面是否平整、洁净、色泽一致，无裂痕和缺损。其排列方式、分格及图案是否符合设计要求。

2）检查满贴法施工的饰面砖工程是否空鼓、有裂缝。

3）检查饰面砖接缝是否平直、光滑，嵌填要求连续、密实；宽度和深度应符合设计要求。

4）检查墙面突出物、防震缝、伸缩缝、沉降缝等部位周围的饰面砖，要求应整砖套割吻合，边缘应整齐。墙裙、贴脸突出墙面的厚度应一致。

5）检查阴阳角处搭接方式、非整砖使用部位是否符合设计要求。

5.3.2.2 饰面砖粘贴工程质量检验

1. 饰面砖粘贴工程质量检验批

饰面砖粘贴工程质量检验批划分同一般抹灰工程。

2. 饰面砖粘贴工程质量检验标准与检验方法

饰面砖粘贴工程质量检验标准与检验方法见表 5-12。

5.3.3 涂饰工程

5.3.3.1 涂饰工程质量控制

1. 原材料质量控制

（1）腻子：材料进入现场应有产品合格证、性能检验报告、出厂质量保证书、进场

饰面砖粘贴工程质量检验标准与检验方法　　　　　　　　　表 5-12

项目	序号	检验项目	检验标准		检验数量	检验方法
主控项目	1	饰面砖的品种、规格、图案、颜色和性能	符合设计要求		相同材料、工艺和施工条件的室内饰面板（砖）工程，每个检验批至少抽查 10%，并不得少于 3 间；不足 3 间时应全数检查。相同材料、工艺和施工条件的室外饰面板（砖）工程，每个检验批每 100m² 应至少抽查一处，每处不得小于 10m²	观察，检查产品合格证书、进场验收记录、性能检测报告和复检报告
	2	饰面砖粘贴工程的找平、防水、粘结和勾缝的材料及施工方法	符合设计要求、国家现行产品标准和工程技术标准的规定			检查产品合格证书、复检报告和隐蔽工程验收记录
	3	饰面砖粘贴	必须牢固			检查样板件粘接强度检测报告和施工记录
	4	满粘法施工的饰面砖工程	应无空鼓、裂缝			观察，小锤轻击检查
一般项目	1	饰面砖表面	平整、洁净、色泽一致，无裂痕和缺损			观察
	2	阴阳角处的搭接方式、非整砖使用部位	符合设计要求			观察
	3	饰面砖接缝	应平直、光滑，嵌填连续、密实，宽度和深度符合设计要求			观察和尺量检查
	4	墙面突出物周围的饰面砖	应整砖套割吻合，边缘应整齐，墙裙、贴脸突出墙面的厚度应一致			观察和尺量检验
	5	有排水要求的部位	做滴水（线）槽，且滴水（线）槽应顺直，流水坡向应正确，坡度应符合设计要求			观察和水平尺检查

项目	序号		项目	外墙面砖	内墙面砖	检验数量	检验方法
一般项目	6	粘贴允许偏差（mm）	立面垂直度	3	2		2m 垂直检测尺检查
			表面平整度	4	3		2m 靠尺和塞尺检查
			阴阳角方正	3	3		直角检测尺检查
			接缝的直线度	3	2		拉 5m 线，不足 5m 拉通线，钢直尺检查
			接缝的高低差	1	0.5		用钢直尺和塞尺检查
			接缝宽度	1	1		用钢直尺检查

验收记录，水泥、胶粘剂的质量应按有关规定进行复试，严禁使用安定性不合格的水泥，严禁使用粘结强度不达标的胶粘剂。普通硅酸盐水泥强度等级不得低于 32.5。超过 90d 的水泥应进行复检，复检不达标的不得使用。

配套使用的腻子和封底材料必须与选用饰面涂料性能相适应，应符合《复层建筑涂料》GB/T 9779—2015 的规定，且不易开裂。

建筑室内用胶粘剂材料必须符合《民用建筑工程室内环境污染控制标准》GB 50325—2020 的有关要求。

（2）涂料：涂料类型的选用应符合设计要求。检查材料的产品合格证、性能检测报告及进场验收记录。进场涂料按有关规定进行复试，并经试验鉴定合格后方可使用。超过出场保质期的涂料应进行复验，复验达不到质量标准不得使用。

室内用水性涂料、溶剂型涂料必须符合《民用建筑工程室内环境污染控制标准》GB 50325—2020 的有关要求。

2. 施工过程质量控制

（1）检查基层是否牢固，基层应不开裂、不掉粉、不起砂、不空鼓、无剥离、无石灰爆裂点和无附着力不良的旧涂层等。

（2）检查基层的表面平整度、立面垂直度、阴阳角垂直、方正和有无缺棱掉角现象，检查分格缝深浅是否一致且横平竖直。基层允许偏差应符合表 5-13 的要求且表面应平而不光。

基层允许偏差（mm） 表 5-13

项目	普通级	中级	高级
表面平整度	≤5	≤4	≤2
阴阳角垂直	—	≤4	≤2
阴阳角方正	—	≤4	≤2
立面垂直度	—	≤5	≤3
分格缝深浅一致和横平竖直	—	≤3	≤1

（3）检查基层清洁度，基层表面应无灰尘、无浮浆、无油迹、无锈斑、无霉点、无盐类析出物和无青苔等杂物。

（4）检查基层干燥程度，涂刷溶剂型涂料时，基层含水率不得大于 8%；涂刷乳液型涂料时，基层含水率不得大于 10%，木材基层的含水率不得大于 12%。

（5）检查基层的 pH 值，基层的 pH 值不得大于 10。厨房、卫生间必须使用耐水腻子。

（6）检查涂料的品种、型号、性能是否符合设计要求。

（7）检查涂料涂饰是否均匀，粘结牢固，涂料不得漏涂、透底、起皮和掉粉。

5.3.3.2　涂饰工程质量检验

1. 涂饰工程质量检验批与检验数量

检验批：室外涂饰工程每一栋楼的同类涂料涂饰的墙面每 1000m² 应划分为一个检验批，不足 1000m² 也应划分为一个检验批；室内涂饰工程同类涂料涂饰墙面每 50 间（大面积房间和走廊按涂饰面积 30m² 为一间）应划分为一个检验批，不足 50 间也应划分为一个检验批。

检查数量：室外涂饰工程每 100m² 应至少检查一处，每处不得小于 10m²。室内涂饰工程每个检验批应至少抽查 10%，并不得少于 3 间；不足 3 间时应全数检查。

2. 涂饰工程质量检验标准和检验方法

涂饰工程质量检验标准及检验方法见表 5-14。

177

涂饰工程质量检验标准及检验方法 表 5-14

分项工程	主控项目	检验方法	一般项目	检验方法
水性涂料涂饰工程	水性涂料涂饰工程所用涂料的品种、型号和性能应符合设计要求	检查产品合格证书、性能检测报告、有害物质限量检查报告和进场验收记录	薄涂料的涂饰质量和检验方法应符合《建筑装饰装修工程质量验收标准》GB 50210—2018相关要求的规定	观察
	水性涂料涂饰工程的颜色、图案应符合设计要求	观察	厚涂料的涂饰质量和检验方法应符合《建筑装饰装修工程质量验收标准》GB 50210—2018相关要求的规定	观察
	水性涂饰均匀、粘结牢固，不得漏涂、透底、起皮和掉粉	观察；手摸检查	复层涂料的涂饰质量和检验方法应符合《建筑装饰装修工程质量验收标准》GB 50210—2018相关要求的规定	观察
	水泥涂料涂饰工程的基层处理应符合《建筑装饰装修工程质量验收标准》GB 50210—2018相关要求的规定	观察；手摸检查；检查施工记录	涂层与其他装修材料和设备衔接处应吻合，界面应清晰	观察
溶剂型涂料涂饰工程	溶剂型涂料涂饰工程所选用涂料的品种、型号和性能应符合设计要求	检查产品合格证书、性能检测报告和进场验收记录	色漆的涂饰质量和检验方法应符合《建筑装饰装修工程质量验收标准》GB 50210—2018相关要求的规定	观察
	溶剂型涂料涂饰工程的颜色、光泽、图案应符合设计要求	观察	清漆的涂饰质量和检验方法应符合《建筑装饰装修工程质量验收标准》GB 50210—2018相关要求的规定	观察
	溶剂型涂料涂饰工程应涂饰均匀、粘结牢固，不得漏涂、透底、起皮和反锈	观察；手摸检查	涂层与其他装修材料和设备衔接处应吻合，界面应清晰	观察
	溶剂型涂料涂饰工程的基层处理应符合《建筑装饰装修工程质量验收标准》GB 50210—2018相关要求的规定	观察；手摸检查；检查施工记录	—	
美术涂饰工程	美术涂饰所用材料的品种、型号和性能应符合设计要求	观察；检查产品合格证书、性能检测报告和进场验收记录	美术涂饰表面应洁净，不得有流坠现象	观察
	美术涂饰工程应涂饰均匀、粘结牢固，不得有漏涂、透底、起皮、掉粉和反锈	观察；手摸检查	仿花纹涂饰的饰面应具有被模仿材料的纹理	观察
	美术涂饰工程的基层处理应符合《建筑装饰装修工程质量验收标准》GB 50210—2018相关要求的规定	观察；手摸检查；检查施工记录	套色涂饰的图案不得移位，纹理和轮廓清晰	观察
	美术涂饰的套色、花纹和图案应符合设计要求	观察	—	

复习思考题

1. 简述镶贴饰面板施工质量控制要点。
2. 简述釉面砖施工质量控制要点。
3. 饰面板安装过程中应对哪些项目进行检查？
4. 室外饰面砖粘贴过程中应对哪些项目进行检查？
5. 如何检测饰面砖是否粘贴牢固？
6. 简述涂料涂饰工程的质量要求。
7. 简要回答涂料涂饰工程的质量控制要点。

质量管理职业活动训练

活动一：饰面砖粘贴工程质量验收和检验评定

1. 分组要求：全班分 6～8 个组，每组 5～7 人。
2. 资料和工具要求：
(1) 饰面砖工程的施工图、设计说明以及其他相关设计文件。
(2) 材料产品的合格证书、性能检测报告、进场验收记录和复检报告。
(3) 饰面板安装工程检验批质量验收记录表。
(4) 2m 靠尺和塞尺、2m 垂直检测尺、直角检测尺、钢直尺和塞尺、若干条 5m 长线段。
3. 学习要求：
(1) 熟悉饰面砖粘贴工程质量检验标准。
(2) 熟悉饰面砖粘贴工程质量检查方法。
4. 成果：填写饰面砖粘贴工程检验批质量验收记录表。

活动二：涂料涂饰工程质量验收和检验评定

1. 分组要求：全班分 6～8 个组，每组 5～7 人。
2. 资料和工具要求：
(1) 涂料涂饰施工图、设计说明以及其他相关设计文件。
(2) 材料产品的合格证书、性能检测报告、进场验收记录和复检报告。
(3) 涂料涂饰工程检验批质量验收记录表。
3. 学习要求：
(1) 熟悉涂料涂饰工程质量检验标准。
(2) 熟悉涂料涂饰工程质量检查方法。
4. 成果：填写涂料涂饰工程检验批质量验收记录表。

5.4　楼地面工程

5.4.1　基层工程

5.4.1.1　基层工程质量控制

1. 原材料质量要求

（1）基土严禁采用淤泥、腐殖土、冻土、耕植土、膨胀土和含有8%（质量分数）以上有机物质的土作为填土。

（2）填土应保持最优含水率，重要工程或大面积填土前，应取土样按击实试验确定最优含水率与相应的最大干密度。

（3）灰土垫层应采用熟化石灰粉与黏土（含粉质黏土、粉土）的拌合料铺设，其厚度不应小于100mm。灰土体积比应符合设计要求。

（4）碎石或卵石的粒径不应大于其厚度的2/3，含泥量不应大于2%。

（5）砂为中粗砂，其含泥量不应大于3%水泥砂浆体积比或水泥混凝土强度等级应符合设计要求，且水泥砂浆体积比不应小于1：3（或相应的强度等级）；水泥混凝土强度等级不应小于C15。

（6）找平层应采用水泥砂浆或水泥混凝土铺设，并应符合设计规定。隔离层的材料，其材质应经有资质的检测单位认定。

（7）当采用掺有防水剂的水泥类找平层作为防水隔离层时，其掺量和强度等级（或配合比）应符合设计要求。

（8）填充层应按设计要求选用材料，其密度和导热系数应符合国家有关产品标准的规定。

2. 施工过程质量控制

（1）基层铺设前，应检查其下一层表面是否干净、有无积水。

（2）施工时，应检查在垫层、找平层内埋设暗管时，管道是否按设计要求予以稳固。待隐蔽工程完工后，经验收合格方可进行垫层的施工。

（3）对填方材料应按设计要求验收合格后方可填入，基压实质量必须符合要求。

（4）建筑地面工程基层（各构造层）的铺设，应待下一层检验合格后方可进行上一层施工。基层施工要注意与相关专业（如管线安装专业）的相互配合与交接检验。

（5）施工时，应随时检查基层的标高、坡度、厚度等是否符合设计要求，基层表面是否平整、是否符合规定。

（6）灰土垫层应铺设在不受地下水浸泡的基土上，施工后应有防止水浸泡的措施。

（7）施工时，应检查对有防水要求的建筑地面工程在铺设前是否对立管、套管和地面与楼板的节点之间进行了密封处理，排水坡度是否符合设计要求。

（8）施工时，应检查在水泥类找平层上铺设沥青类防水卷材、防水涂料或以水泥类材料作为防水隔离层时，其表面是否坚固、洁净、干燥，且在铺设前是否涂刷了基层处理剂，基层处理剂是否采用了与卷材性能配套的材料或采用了同类涂料的底子油。

（9）施工时，应检查铺设防水隔离层时，在管道穿过楼板面四周防水材料是否向上铺涂，且超过套管的上口；在靠近墙面处，是否高出面层200～300mm或按设计要求的高度铺涂，阴阳角和管道穿过楼板面的根部是否增设了附加防水隔离层。

（10）施工时，检查填充层的下一层表面是否平整。当为水泥类时，是否洁净、干燥，并不得有空鼓、裂缝和起砂等缺陷。

5.4.1.2　基层工程质量检验

基层工程质量检验标准与检验方法见表 5-15。

基层工程质量检验标准与检验方法　　　　　　　　　表 5-15

项目	序号	检验项目		检验标准	检验数量	检验方法
主控项目	1	基土	材料	严禁采用淤泥、腐殖土、冻土、耕植土、膨胀土和含有机物质大于8%(质量分数)的土作为填土	每检验批应以各子分部工程的基层(各构造层)和各类面层所划分的分项工程按自然间(或标准间)检验,抽查数量随机检验不应少于3间;不足3间应全数检查;其中走廊(过道)应以10延长米为一间,工业厂房(按单跨计)、礼堂、门厅应以两个轴线为1间计算。有防水要求的建筑地面子分部工程的分项工程施工质量,每检验批抽查数量应按其房间总数随机检验不应少于4间,不足4间应全数检查	观察和检查土质记录
			质量	应均匀密实,压实系数应符合设计要求,设计无要求时,不应小于0.90		观察和检查实验记录
	2	垫层	灰土体积比	应符合设计要求		观察和检查配合比通知单记录
	3	找平层	材料粒径及含泥量	碎石或卵石的粒径不应大于其厚度的2/3,含泥量不应大于2%(质量分数);砂为中粗砂,其含泥量不应大于3%		观察和检查材质合格证明文件及检测报告
			体积比	水泥砂浆体积比或水泥混凝土强度等级应符合设计要求,且水泥砂浆体积比不应小于1∶3(或相应的强度等级);水泥混凝土强度等级不应小于C15		观察和检查配合比通知单及检测报告
			渗漏	有建筑要求的建筑地面工程的立管、套管、地漏处严禁渗漏,坡向应正确,无积水		观察和蓄水、泼水检验或坡度尺检查
	4	隔离层	构造	厕浴间和有防水要求的建筑地面必须设置防水隔离层。楼层结构必须采用现浇混凝土或整块预制混凝土板,混凝土强度等级不应低于C20;楼板四周除门洞外,应做混凝土翻边,其高度不应小于120mm。施工时结构层标高和预留洞位置应准确,严禁乱凿洞		观察和钢尺检查
			强度	水泥类防水隔离层的防水性能和强度等级必须符合设计要求		观察和检查检测报告
			渗漏	防水隔离层严禁渗漏,坡度应正确,排水通畅		观察和蓄水、泼水检验或坡度尺检查,并检查检验记录
	5	填充层	材料质量	必须符合设计要求和国家产品标准的规定		观察和检查材质合格证明文件、检测报告
			配合比	必须符合设计要求		观察和检查材质配合比通知单

项目	序号	检验项目		检验标准	检验数量	检验方法
一般项目	1	基土	表面平整度，（标高）	15mm，（0 —50mm）	每检验批应以各子分部工程的基层（各构造层）和各类面层所划分的分项工程按自然间（或标准间）检验，抽查数量应随机检验不应少于3间；不足3间应全数检查；其中走廊（过道）应以10延长米为一间，工业厂房（按单跨计）、礼堂、门厅应以两个轴线为1间计算。有防水要求的建筑地面子分部工程的分项工程施工质量，每检验批抽查数量应按其房间总数随机检验不应少于4间，不足4间应全数检查	2m靠尺和楔形塞尺检查（水准仪）
	2	垫层	石灰、黏土	熟化石灰颗粒粒径不得大于5mm；黏土（或粉质黏土、粉土）内不得含有机物质，其颗粒粒径不得大于15mm		观察和检查材质合格记录
			表面平整度，（标高）	灰土、三合土、炉渣、混凝土为10mm，（±10mm）；砂、砂石为15mm，（±20mm）		观察和检查材质合格记录（水准仪）
	3	找平层	空鼓	要求找平层与下一层结合牢固，不得有空鼓现象		小锤轻击检查
			表面	应密实，不得有起砂、蜂窝和裂缝等缺陷		观察
			表面平整度，（标高）	水泥砂浆结合层铺设板（砖）块面层为5mm，（±8mm）；沥青胶结料做结合层铺设花木地板（块）面层为3mm，（±4mm）；用胶粘剂结合层铺设花木地板、塑料板、强化复合地板、竹地板面层为2mm，（±4mm）		2m靠尺和楔形塞尺检查（水准仪）
	4	隔离层	厚度	应符合设计要求		观察和钢尺检查
			质量	隔离层与其下一层粘结牢固，不得有空鼓现象；防水涂层应平整、均匀，无脱皮、裂缝、鼓泡等缺陷		小锤轻击检查和观察
	5	填充层	质量要求	松散材料填充层铺设应密实，板块状材料填充层应压实，无翘曲		观察
			表面平整度，（标高）	松散材料7mm，（±4mm）；板块状材料5mm，（±4mm）		2m靠尺和楔形塞尺检查（水准仪）

注：1. 坡度，不大于房间相应尺寸的2/1000，且不大于30mm（用坡度尺检查）。

2. 厚度，在个别地方不大于设计厚度的1/10（用钢尺检查）。

5.4.2 厕浴间（隔离层）工程

5.4.2.1 厕浴间（隔离层）工程质量控制

1. 原材料质量要求

（1）隔离层的材料，应符合设计要求。其材质应经有资质的检测单位认定，从源头上进行材质控制。

（2）基层涂刷的处理剂应与隔离层材料（卷材、防水涂料）具有相容性。

2. 施工过程质量控制

（1）在水泥类找平层上铺设沥青类防水卷材，防水涂料或以水泥类材料作为防水隔离层时，基层表面应坚固、清洁、干燥。铺设前，应涂刷基层处理剂，基层处理剂应采用与卷材性能配套的材料或采用同类涂料的底子油。

（2）水泥类材料作隔离层的施工要点。采用刚性隔离层时，应采用硅酸盐水泥或普通硅酸盐水泥，水泥强度等级不应低于 32.5 级。当掺用防水剂时，其掺量和强度等级（或配合比）应符合设计要求。

（3）铺设隔离层时，在管道穿过楼面四周，防水材料应向上铺涂，并超过套管上口；在靠近墙面处，应高出面层 200~300mm，或按设计要求的高度铺涂。阴阳角和管道穿过楼面的根部应增加铺涂附加水隔离层。

（4）铺设隔离层时，在厕浴间门洞口、铺底管道的穿墙口处的隔离层应连续铺设过洞口。

（5）铺设隔离层时，应注意控制穿过楼面管道背后等施工困难处的涂铺质量。

（6）防水材料铺设后，必须做蓄水检验。蓄水深度应为 20~30mm，24h 内无渗漏为合格，并做记录。

（7）隔离层铺设后，应作好成品的保护工作，防止隔离层破坏。

（8）进行厕浴间地面垫层施工时，应采取防止隔离层损坏的措施。

5.4.2.2 厕浴间（隔离层）工程质量检验

1. 厕浴间（隔离层）工程质量检验数量

基层（各构造层）和各类面层的分项工程的施工质量验收应按每一层次或每层施工段（或变形缝）作为检验批，高层建筑的标准层可按每三层作为检验批。每检验批应以各个分部工程的基层（各构造层）和各类面层所划分的分项工程按自然间（或标准层）检验，抽查数量应随机检验不应少于 3 间，不足 3 间应全数检查，其中走廊（过道）应以 10 延长米为 1 间，工业厂房、礼堂、门厅应以两个轴线为 1 间计算；有防水要求的建筑地面分部工程的分项工程施工质量每检验批抽查数量应按其房间总数随机检验，不应少于 4 间，不足 4 间应全数检查。

2. 厕浴间（隔离层）工程质量检验标准与检验方法

厕浴间（隔离层）工程质量检验标准与检验方法见表 5-16。

厕浴间（隔离层）工程质量检验标准与检验方法　　　　　　　　表 5-16

项目	序号	检验项目	检验标准	检验方法
主控项目	1	材料质量	设计要求	观察和检查材质合格证明文件、检测报告
	2	隔离层设置要求	厕浴间和有防水要求的建筑地面必须设置防水隔离层。楼层结构必须采用现浇混凝土或整块预制混凝土板，混凝土强度等级不应小于 C20；楼板四周除门洞外，应做混凝土翻边，其高度不应小于 120mm。施工时结构层标高和预留孔洞位置应准确，严禁乱凿洞	观察和钢尺检查
	3	水泥类隔离层防水性质	水泥类防水隔离层的防水性能和强度等级必须符合设计要求	观察和检查检测报告
	4	防水层防水要求	防水隔离层严禁渗漏，坡向应正确、排水通畅	观察和蓄水、泼水检验或坡度尺检查及检查检验记录

项目	序号	检验项目		检验标准	检验方法
一般项目	1	隔离层厚度		设计要求	观察和用钢尺检查
	2	与下一层的粘贴		隔离层与其下一层粘结牢固，不得有空鼓；防水涂层应平整、均匀，无脱皮、起壳、裂缝、鼓泡等缺陷	观察和尺量检查
	3	允许偏差	表面平整度	3mm	用2m靠尺和楔形塞尺检查
			标高	+4mm	用水准仪检查
			坡度	2/100，且≤30mm	用坡度尺检查
			厚度	<1/10	用钢尺检查

5.4.3　整体楼地面工程

5.4.3.1　整体楼地面工程质量控制

1. 原材料质量要求

（1）整体楼地面面层材料应有出厂合格证、样品试验报告以及材料性能检测报告。

（2）应控制水泥品种与质量，面层中采用的水泥应为硅酸盐水泥、普通硅酸盐水泥，其强度等级不应小于42.5，不同品种、不同强度等级的水泥严禁混用；砂应为中粗砂，当采用石屑时，其粒径应为1~5mm，且含泥量不应大于3%（质量分数）。

（3）要检查水泥混凝土采用的粗骨料，其最大粒径不应大于面层厚度的2/3，细石混凝土面采用的石子粒径不应大于15mm。

（4）白色或浅色的水磨石面层，应采用白水泥；深色的水磨石面层，宜采用硅酸盐水泥、普通硅酸盐水泥或矿渣硅酸盐水泥；同颜色的面层应使用同一批水泥。

（5）应严格控制各类整体面层的配合比。

2. 施工过程质量控制

（1）楼面、地面施工前应先在房间的墙上弹出标高控制线（50线）。

（2）基层应清理干净，表面应粗糙，湿润但不得有积水。

（3）水泥砂浆面层的厚度是否符合设计要求，且不应小于20mm。

（4）水泥砂浆面层的抹平工作应在初凝前完成，压光工作应在终凝前完成。地面压光后24h铺锯末洒水养护，保持湿润，且养护不得少于7d；抗压强度达到5MPa后，方准上人行走；抗压强度应达到设计要求后，方可正常使用。

（5）当水泥砂浆面层内埋设管线等出现局部厚度减薄时，应按设计要求做防止面层开裂处理后方可施工。

（6）水泥混凝土面层原则上是不应留置施工缝。当施工间歇超过允许时间规定，在继续浇筑混凝土时，应对已凝结的混凝土接槎处进行处理；再浇筑混凝应不显接槎。

（7）养护和成品保护：细石混凝土面层铺设后1d内，可用锯末、草带、砂或其他材料覆盖，在常温下洒水养护。养护期不少于7d，且禁止上人走动或进行其他作业。

（8）水磨石面层的结合层的水泥砂浆体积比宜为1:3，相应的强度等级不应小于

M10，水泥砂浆稠度宜为 30～35mm。

（9）水泥石粒必须严格按配合比计量。

（10）控制拌合料的铺设和压实质量。

5.4.3.2 整体楼地面工程质量检验

整体楼地面工程质量检验标准与检验方法见表 5-17。

整体楼地面工程质量检验标准与检验方法

表 5-17

项目	序号	检验项目		检验标准	检验数量	检验方法
主控项目	1	水泥混凝土面层	材料	水泥混凝土采用的粗骨料，其最大粒径不应大于面层厚度的 2/3，细石混凝土面层采用的石子粒径不应大于 15mm	每检验批应以各子分部工程的基层（各构造层）和各类面层所划分的分项工程按自然间（或标准间）检验，抽查数量应随机检验不应少于 3 间；不足 3 间应全数检查；其中走廊（过道）应以 10 延长米为一间，工业厂房（按单跨计）、礼堂、门厅应以两个轴线为 1 间计算。	观察检查和检查材质合格证明文件及检测报告
			强度	面层的强度等级应符合设计要求，且水泥混凝土面层强度等级不应小于 C20；水泥混凝土垫层兼面层强度等级不应小于 C15		检查配合比通知单和检测报告
	2	水泥砂浆面层		水泥砂浆面层的体积比（强度等级）必须符合设计要求，且体积比应为 1∶2，强度等级不应小于 M15		检查配合比通知单和检测报告
一般项目	1	踏步		楼梯踏步的宽度、高度应符合设计要求。楼层梯段相邻踏步高度差不应大于 10mm，每踏步两段宽度差不应大于 10mm；旋转楼梯段的每踏步两段宽度的允许偏差为 5mm。楼梯踏步的齿角应整齐，防滑条应顺直	有防水要求的建筑地面子分部工程的分项工程施工质量，每检验批抽查数量应按其房间总数随机检验，不应少于 4 间，不足 4 间应全数检查	观察检查和钢尺检查
	2	表面平整度		水泥混凝土面层 5mm，水泥砂浆面层 4mm，普通水磨石面层 3mm，高级水磨石面层 2mm		2m 靠尺和楔形塞尺检查
	3	踢脚线上口平直		水泥混凝土面层 4mm，水泥砂浆面层 4mm，普通水磨石面层 3mm，高级水磨石面层 3mm		拉 5m 线和钢尺检查
	4	缝格平直		水泥混凝土面层 3mm，水泥砂浆面层 3mm，普通水磨石面层 3mm，高级水磨石面层 2mm		

5.4.4 板块楼地面工程

5.4.4.1 板块楼地面工程质量控制

1. 原材料质量要求

（1）板块的品种、规格、花纹图案以及质量必须符合设计要求，必须有材质合格证明文件及检测报告。检查中应注意大理石、花岗岩等天然石材有害杂质的限量报告，必须符合现行国家相关标准规定。

（2）胶粘剂、沥青胶结材料和涂料等材料应按设计选用，并应符合现行国家的标准

185

的规定。

（3）砖面层的表面应洁净、图案清晰、色泽一致、接缝平整、深浅一致、周边顺直。板块无裂纹、掉角和缺棱等缺陷。

（4）配制水泥砂浆时应采用硅酸盐水泥、普通硅酸盐水泥或矿渣硅酸盐水泥，其水泥强度等级不宜小于32.5。

2. 施工过程质量控制

（1）施工前应检查地面垫层、预埋管线等是否全部完工，并已办完隐蔽工程验收手续。

（2）施工前应在室内墙面弹出标高控制线（50线），以控制标高。

（3）穿越楼板管道的洞口要用C20混凝土填塞密实；有防水构造层的蓄水试验合格，并已办理完验收手续。

（4）基层已经清理，并达到粗糙、洁净和潮湿的要求；地漏和排水口已预先封堵。

（5）水泥类基层的抗压强度等级，达到铺设板块面层时不得低于1.2MPa的要求。

（6）板块地面的水泥类找平层，宜用干硬性水泥砂浆，且不能过稀和过厚，否则易引起地面空鼓。

（7）有地漏等带有坡度的面层，其表面坡度应符合设计要求。

（8）检查板块的铺砌是否符合设计要求，当设计无要求时，宜避免出现小于1/4板块面积的边角料。

（9）水泥砂浆铺设的板块地面铺设完毕，应予以覆盖并浇水养护不少于7d。

5.4.4.2 板块楼地面工程质量检验

板块楼地面工程质量检验标准与检验方法见表5-18。

板块楼地面工程质量检验标准与检验方法　　　　表5-18

项目	序号	检验项目	检验标准	检验数量	检验方法
主控项目	1	板块品种、质量	符合设计要求	每检验批应以各子分部工程的基层（各构造层）和各类面层所划分的分项工程按自然间（或标准间）检验，抽查数量应随机检验，不应少于3间；不足3间应全数检查；其中走廊（过道）应以10延长米为一间，工业厂房（按	观察和检查材质合格证明文件及检测报告
	2	面层与其下一层的结合(粘结)	应牢固，无空鼓现象		小锤轻击检查
一般项目	1	板块	砖面层的表面应洁净、图案清晰、色泽一致、接缝平整、深浅一致、周边顺直，板块无裂纹、掉角和缺棱等缺陷		观察
	2	踢脚线	表面应洁净、高度一致、结合牢固、出墙厚度一致		观察和小锤轻击及钢尺检查
	3	楼梯踏步和台阶板块的缝隙宽度	应一致，齿角整齐，楼层相邻踏步高度差不应大于10mm,防滑条顺直		观察和钢尺检查

续表

项目	序号	检验项目		检验标准					检验数量	检验方法
一般项目	4	面层表面的坡度		应符合设计要求，不倒泛水、无积水；与地漏、管道结合处应严密牢固，无渗漏现象					单跨计）、礼堂、门厅应以两个轴线为1间计算。	观察和泼水或坡度尺及蓄水检查
	5	板块面层的允许偏差（mm）	项目	陶瓷锦砖面层	缸砖面层	水泥花砖面层	水磨石板块面层	活动地板面层	有防水要求的建筑地面子分部工程的分项工程施工质量，每检验批抽查数量应按其房间总数随机检验，不应少于4间，不足4间应全数检查	—
			表面平整度	2.0	4.0	3.0	3.0	2.0		2m靠尺和楔形塞尺检查
			缝格平直	3.0	3.0	3.0	3.0	2.5		拉5m线和钢尺检查
			接缝高低差	0.5	1.5	0.5	1.0	0.4		钢尺和楔形塞尺检查
			踢脚线上口平直	3.0	4.0	—	4.0	—		拉5m线和钢尺检查
			板块间隙宽度	2.0	2.0	2.0	2.0	0.3		钢尺检查

187

复习思考题

1. 简述楼地面工程中混凝土垫层质量控制要点。

2. 简述基层工程的质量控制要点。

3. 简述隔离层工程施工质量控制要点。

4. 简述整体楼地面工程主控项目和一般项目的内容及其检查方法。

5. 试述水泥混凝土垫层的质量验收标准。

6. 试述找平层质量检验标准的主控项目及其检验方法。

7. 试述楼地面基层工程、整体楼地面工程、板块楼地面工程的检验批和检查数量。

8. 某高层办公楼地上11层，地下2层，基础类型为梁式筏板基础，主体结构为框架-剪力墙结构。地面采用细石混凝土，第6层的施工时间是7月的炎热季节，施工过程中发现7层房间地坪质量不符合要求，因此对该质量问题进行调查，发现大量房间地坪起砂。

请回答以下问题：

(1) 造成该质量问题可能的原因是什么？

(2) 此类问题应采取的预防措施有哪些？

质量管理职业活动训练

活动：板块楼地面（地砖、陶瓷锦砖或木板面层任选其一）工程质量验收和检验评定

1. 分组要求：全班分6～8个组，每组5～7人。

2. 资料和工具要求：

(1) 材料产品的合格证书、性能检测报告、进场验收记录和复检报告。

(2) 砂浆配合比通知单和检测报告。

(3) 板块楼地面工程检验批质量验收记录表。

(4) 2m靠尺和塞尺、2m垂直检测尺、小锤、钢直尺和塞尺、若干条5m长线段。

3. 学习要求：

(1) 熟悉板块楼地面工程质量检验标准。

(2) 熟悉板块楼地面工程质量检查方法。

4. 成果：填写板块楼地面工程检验批质量验收记录表。

5.5　建筑节能工程

5.5.1　墙体节能工程

5.5.1.1　墙体节能工程质量控制

1. 原材料质量要求

（1）建筑节能使用的材料。建筑节能工程使用的材料、设备等，必须符合设计要求及国家有关标准规定，严禁使用国家明令禁止使用与淘汰的材料和设备。

（2）建筑节能材料和设备的进场验收应符合下列规定。

1）对材料和设备的品种、规格、包装、外观和尺寸等进行检查验收，并应经监理工程师（建设单位代表）确认，形成相应的验收记录。

2）对材料和设备的质量证明文件进行核查，并应经监理工程师（建设单位代表）确认，纳入工程技术档案。进入施工现场用于节能工程的材料和设备均应具有出厂合格证、中文说明书及相关性能检测报告；定型产品和成套技术应有型式检验报告，进口材料和设备应规定进行出入境商品检验。

3）材料和设备应按照《建筑节能工程施工质量验收标准》GB 50411—2019 的相关规定，在施工现场抽样复验。复验应为见证取样送检。

4）墙体节能工程使用的保温隔热材料，其导热系数、密度、抗压强度或压缩强度、燃烧性能等应符合设计要求。

5）严寒和寒冷地区外保温使用的粘结材料，其冻融试验结果应符合该地区最低气温环境的使用要求。

2. 施工过程质量控制

（1）建筑节能工程应按照经审查合格的设计文件和经审查批准的施工方案组织施工。本条为强制性条文，施工执行时须特别重视。

（2）承担建筑节能工程的施工企业应具备相应的资质；施工现场应建立相应的质量管理体系、施工质量控制和检验制度，具有相应的施工技术标准。

（3）建筑节能工程施工前，施工单位应编制建筑节能工程施工方案并经监理（建设）单位审查批准。施工单位应对从事建筑节能施工作业的人员进行技术交底和必要的实际操作培训。

（4）建筑节能工程采用"四新"技术的规定。建筑节能工程采用的新技术、新设备、新材料、新工艺，应按照有关规定进行评审、鉴定及备案。施工前应对新的或首次采用的施工工艺进行评价，并制定专门的施工技术方案。

（5）建筑节能工程的施工作业环境和条件，应满足相关标准和施工工艺的要求。节能保温材料不宜在雨雪天气中露天施工。

（6）建筑节能工程施工前，对于采用相同建筑节能设计的房间（墙面）和构造做法，应按施工方案及安全技术交底的要求，在现场采用相同材料和工艺制作样板间或样板件，经有关各方确认后方可进行大面积施工。

（7）墙体节能工程应对下列部位或内容进行隐蔽工程验收，并应有详细的文字记录和必要的图像资料：

1）保温层附着的基层及其表面处理；

2）保温板粘结或固定；

3）锚固件；

4）增强网铺设；

5）墙体热桥部位处理；

6）预置保温板或预制保温墙板的板缝及构造节点；

7）现场喷涂或浇筑有机类保温材料的界面；

8）被封闭的保温材料厚度；

9）保温隔热砌块填充墙体。

（8）主体结构完成后进行施工的墙体节能工程，应在基层质量验收合格后施工，施工过程中应及时进行质量检查、隐蔽工程验收和检验批验收，施工完成后应进行墙体节能分项工程验收。与主体结构同时施工的墙体节能工程，应与主体结构一同验收。

5.5.1.2 墙体节能工程质量检验

1. 墙体节能工程质量检验批与检验数量

检验批：可根据与施工流程相一致且方便施工与验收的原则，由施工单位与监理（建设）单位共同商定。

检验数量：采用相同材料、工艺和施工做法的墙面，每 1000m^2 面积划分为一个检验批，不足 1000m^2 也为一个检验批。

2. 墙体节能工程质量检验标准与检验方法

墙体节能工程质量检验标准与检验方法见表 5-19。

墙体节能工程质量检验标准与检验方法　　　　　　　表 5-19

项目	序号	检验项目	检验标准	检验数量	检验方法
主控项目	1	材料、构件等进厂验收	用于墙体节能的材料、构件等，其品种、规格应符合设计要求和相关标准的规定。使用的保温隔热材料，其导热系数、密度、抗压强度或压缩强度、燃烧性能应符合设计要求	按进场批次，每批随机抽取 3 个试样进行检查；质量证明文件应按照其出厂检验批进行核查	观察、尺量检查；核查质量证明文件。核查质量证明文件及进场复检报告
	2	保温隔热材料和粘接材料的复验及性能	复验保温材料的导热系数、密度、抗压强度或压缩强度；粘结材料的粘结强度；增强网的力学性能、抗腐蚀性能	同厂家、同品种产品，按照扣除门窗洞口后的保温墙面面积所使用的材料用量在 5000m^2 以内时，应复验一次，面积每增加 5000m^2 应增加一次。同工程项目、同施工单位且同期施工的多个单位工程，可合并计算抽检面积，当符合《建筑节能工程施工质量验收标准》GB 50411—2019 第 3.2.3 条的规定时，检验批容量可以扩大一倍	随机抽样送检，核查复检报告
	3	严寒和寒冷地区外保温粘结材料的冻融	冻融试验结果应符合该地区最低气温环境的使用要求	全数检查	核查质量证明文件

项目	序号	检验项目	检验标准	检验数量	检验方法
主控项目	4	基层基础	墙体节能工程施工前应按照设计和施工方案的要求对基层进行处理，处理后的基层应符合保温层施工方案的要求	全数检查	对照设计和施工方案观察；核查隐蔽工程验收记录
	5	各层构造做法	应符合设计要求，并应按照经过审批的施工方案施工	全数检查	对照设计和施工方案观察；核查隐蔽工程验收记录
	6	墙体节能工程施工	保温材料的厚度必须符合设计要求；保温板材与基层及各构造层之间的粘结或连接必须牢固，粘结强度和连接方式应符合设计要求。保温板材与基层的粘结强度应做现场拉拔试验。保温浆料应分层施工；当采用保温浆料做外保温时，保温层与基层之间及各层之间的粘结必须牢固，不应脱层、空鼓和开裂；当墙体节能工程的保温层采用预置或后置锚固件固定时，锚固件数量、位置、锚固深度和拉拔力应符合设计要求；后置锚固件应进行锚固力现场拉拔试验	每个检验批抽查不少于3处	观察；手扳检查；保温材料厚度采用钢针插入或剖开尺量检查；粘结强度和锚固力核查试验报告；核查隐蔽工程验收记录
	7	预制保温板浇筑混凝土墙体	保温板的安装位置应正确、接缝严密，保温板在浇筑混凝土过程中不得移位、变形，保温板表面应采取界面处理措施，与混凝土粘结应牢固	全数检查	观察；核查隐蔽验收记录
	8	保温浆料作保温层时，保温浆料的同条件试件应见证取样送检	在施工中制作同条件养护试件，检测其导热系数、干密度和压缩强度。保温浆料的同条件养护试件应见证取样送检	同厂家、同品种产品，按照扣除门窗洞口后的保温墙面面积所使用的材料用量在5000m² 以内时，应复验一次，面积每增加5000m²应增加一次。同工程项目、同施工单位且同期施工的多个单位工程，可合并计算抽检面积	检查试验报告
	9	各类饰面层的基层及面层施工	应符合设计和《建筑装饰装修工程质量验收标准》GB 50210—2018 的要求，并应符合下列规定：1)饰面层施工的基层应无脱层、空鼓和裂缝，基层应平整、洁净，含水率应符合饰面层施工的要求。2)外墙外保温工程不宜采用粘贴面砖做饰面层；当采用时，其安全性与耐久性必须符合设计要求。饰面砖应做粘结强度拉拔试验，试验结果应符合设计和有关标准的规定。3)外墙外保温工程的饰面层不得渗漏。当外墙外保温工程的饰面层采用饰面板开缝安装时，保温层表面应具有防水功能或采取其他防水措施。4)外墙保温层及饰面层与其他部位交接的收口处，应采取防水措施	全数检查	观察；核查试验报告和隐蔽工程验收记录

续表

项目	序号	检验项目	检验标准	检验数量	检验方法
主控项目	10	保温砌块砌筑的墙体施工	应采用具有保温功能的砂浆砌筑。砌筑砂浆的强度等级应符合设计要求。砌体的水平灰缝饱满度不应低于90%，竖直灰缝饱满度不应低于80%	每楼层的每个施工段至少抽查一次，每次抽查5处，每处不少于3个砌块	对照设计核查施工方案和砌筑砂浆强度试验报告。用百格网检查灰缝砂浆饱满度
	11	预制保温板墙体施工	保温墙板应有型式检验报告，型式检验报告中应包含安装性能的检验；保温墙板的结构性能、热工性能及与主体结构的连接方法应符合设计要求，与主体结构连接必须牢固；保温墙板的板缝处理、构造节点及嵌缝做法应符合设计要求；保温墙板板缝不得渗漏	型式检验报告、出厂检验报告全数核查；其他项目每个检验批抽查5%，并不少于3块(处)	核查型式检验报告、出厂检验报告、对照设计观察和淋水试验检查；核查隐蔽工程验收记录
	12	隔汽层的设置及做法	隔汽层的位置、使用的材料及构造做法应符合设计要求和相关标准的规定。隔汽层应完整、严密，穿透隔汽层处采取密封措施。隔汽层冷凝水排水构造应符合设计要求	每个检验批抽查5%，并不少于3处	对照设计观察检查；核查质量证明文件和隐蔽工程验收记录
	13	外墙或毗邻不采暖空间墙体上的门窗洞口、凸窗四周的侧面的保温措施	外墙或毗邻不采暖空间墙体上的门窗洞口四周的侧面，墙体上凸窗四周的侧面，应按设计要求采取节能保温措施	每个检验批抽查5%，并不少于5个洞口	对照设计观察检查，必要时抽样剖开检查；核查隐蔽工程验收记录
	14	外墙热桥部位的施工	严寒和寒冷地区外墙热桥部位，应按设计要求采取节能保温等隔断热桥措施	按不同热桥种类，每种抽查20%，并不少于5处	对照设计和施工方案观察检查；核查隐蔽工程验收记录
一般项目	1	保温材料与构件的外观和包装	进场节能保温材料与构件的外观和包装应完整无破损，符合设计要求和产品标准的规定	全数检查	观察检查
	2	加强网的铺贴和搭接	当采用加强网作为防止开裂的措施时，加强网的铺贴和搭接应符合设计和施工方案的要求。砂浆抹压应密实，不得空鼓，加强网不得皱褶、外露	每个检验批抽查不少于5处，每处不少于2m²	观察检查；核查隐蔽工程验收记录
	3	设置空调房间外墙热桥部位	设置空调的房间，其外墙热桥部位应按设计要求采取隔断热桥措施	按不同热桥种类，每种抽查10%，并不少于5处	对照设计和施工方案观察检查；核查隐蔽工程验收记录
	4	穿墙套管、脚手架眼、孔洞等	应按照施工方案采取隔断热桥措施，不得影响墙体热工性能	全数检查	对照施工方案观察检查
	5	墙体保温板材接缝方法	墙体保温板材接缝方法应符合施工方案要求。保温板接缝应平整严密	每个检验批抽查不少于5处	对照方案，剖开检查

191

5.5.2 门窗节能工程

门窗节能工程包括金属门窗、塑料门窗、木质门窗、各种复合门窗、特种门窗、天窗以及门窗玻璃安装等。

5.5.2.1 门窗节能工程质量控制

1. 原材料质量要求

（1）建筑门窗进场后，应对其外观、品种、规格及附件等进行检查验收，对质量证明文件进行核查。

（2）建筑外窗的品种、规格应符合设计和相关标准的规定。

2. 施工过程质量控制

保温门窗质量控制除与门窗安装工程相同外尚应注意以下几个方面：

（1）施工前，应当明确建筑设计对建筑外窗的气密性、保温性能、中空玻璃露点、玻璃遮阳系数、可见光透射比等要求。

（2）应当按照地区类别对气密性、传热系数、玻璃遮阳系数、可见光透射比、中空玻璃露点按规定进行随机取样送检。

（3）严格控制窗用型材的规格尺寸、准确度、尺寸稳定性和组装精确度，增加开启部位的搭接量。

（4）选用性能优良的气密条、密封条，提高外窗的气密水平。

（5）建筑外门窗工程施工中，应对门窗框与墙体接缝处的保温填充做法进行隐蔽工程验收，并应有隐蔽工程验收记录和必要的图像资料。

（6）应特别重视外门窗洞周围与墙的接触部位的保温和密封处理，外门窗与副框之间的缝隙亦应用密封胶密封处理。

5.5.2.2 门窗节能工程质量检验

门窗节能工程质量检验标准与检验方法见表5-20。

门窗节能工程质量检验标准与检验方法 表5-20

项目	序号	检验项目	检验标准	检验数量	检验方法
主控项目	1	建筑外门窗的进场检验	建筑外窗的气密性、保温性能、中空玻璃露点、玻璃遮阳系数和可见光透射比应符合设计要求	全数检查	核查质量证明文件和复检报告
	2	外窗的性能参数及复验	建筑外窗进入施工现场时，应按地区类别对其下列性能进行复验：1）严寒、寒冷地区：气密性、传热系数和中空玻璃露点；2）夏热冬冷地区：气密性、传热系数、玻璃遮阳系数、可见光透射比、中空玻璃露点；3）夏热冬暖地区：气密性、玻璃露点	同一厂家同一品种同一类型的产品各抽查不少于3樘（件）	观察；核查质量证明文件

续表

项目	序号	检验项目	检验标准	检验数量	检验方法
主控项目	3	建筑门窗采用的玻璃品种及中空玻璃密封	建筑门窗采用玻璃品种应符合设计要求。中空玻璃应采用双道密封	每个检验批应抽查5%，并不少于3樘，不足3樘时应全数检查；高层建筑的外窗，每个检验批至少抽查10%，并不少于6樘，不足6樘时应全数检查。特种门每个检验批应抽查50%，并不少于10樘，不足10樘时应全数检查	观察；核查质量证明文件
	4	金属外门窗隔断热桥措施	金属外门窗隔断热桥措施应符合设计要求和产品标准的规定，金属副框的隔断热桥措施应与门窗框的隔断热桥措施相当	同一厂家同一品种、类型的产品各抽查不少于1樘。金属副框的隔断热桥措施按检验批抽验30%	随机抽样，对照产品设计图纸，剖开或拆开检查
	5	严寒、寒冷地区的建筑外窗采用推拉窗或凸窗的气密性试验	严寒、寒冷、夏热冬冷地区的建筑外窗，应对气密性做现场实体检验，检测结果应满足设计要求	同一厂家同一品种、类型的产品各抽查不少于3樘	随机抽样现场检验
	6	外门窗框或副框与洞口之间的密封；外门窗框与副框之间的密封	外门窗框或副框与洞口之间的间隙应采用弹性闭孔材料填充饱满，并使用密封胶密封；外门窗框与副框之间的缝隙应使用密封胶密封	全数检查	观察；核查隐蔽工程验收记录
	7	严寒、严冷地区的外门安装	应按照设计要求采取保温、密封等节能措施	全数检查	观察
	8	外窗遮阳设施的性能及安装	外窗遮阳设施的性能、尺寸应符合设计和产品标准要求；遮阳设施的安装位置正确、牢固，满足安全和使用功能的要求	每个检验批应抽查5%，并不少于3樘，不足3樘时应全数检查；高层建筑的外窗，每个检验批至少抽查10%，并不少于6樘，不足6樘时应全数检查。特种门每个检验批应抽查50%，并不少于10樘，不足10樘时应全数检查；安装牢固程度全数检查	核查质量证明文件；观察、尺量、手扳检查
	9	特种门的性能及安装	特种门的性能应符合设计和产品标准要求；特种门安装中的节能措施，应符合设计要求	全数检查	核查质量证明文件；观察、尺量检查
	10	天窗安装	天窗安装的位置、坡度应正确，封闭严密，嵌缝处不得渗漏	每个检验批应抽查5%，并不少于3樘，不足3樘时应全数检查；高层建筑的外窗，每个检验批至少抽查10%，并不少于6樘，不足6樘时应全数检查。特种门每个检验批应抽查50%，并不少于10樘，不足10樘时应全数检查	观察、尺量检查；淋水检查

项目	序号	检验项目	检验标准	检验数量	检验方法
一般项目	1	门窗扇镶嵌和玻璃的密封条的性能及安装	门窗扇密封条和玻璃镶嵌的密封条，其物理性能符合相关标准的规定。密封条安装位置正确，镶嵌牢固，不得脱槽，接头处不得开裂。关闭门窗时密封条应接触严密	全数检查	观察
	2	门窗镀（贴）膜玻璃的安装及密封	门窗镀（贴）膜玻璃的安装方向应正确，中空玻璃的均压管应密封处理	全数检查	观察
	3	外门窗遮阳设置调节应灵活、能调节到位	外门窗遮阳设施调节应灵活，能调节到位	全数检查	现场调节试验检查

5.5.3　屋面节能工程

屋面节能工程，包括采用松散保温材料、现浇保温材料、喷涂保温材料、板材、块材等保温隔热材料的屋面节能工程。

5.5.3.1　屋面节能工程质量控制

1. 原材料质量要求

同教学单元 4 屋面工程。

2. 施工过程质量控制

屋面保温节能工程施工质量控制除与屋面工程相同外尚应注意以下几个方面：

（1）屋面保温隔热工程的施工，应在基层质量验收合格后进行。施工过程中应及时进行质量检查、隐蔽工程验收和检验批验收，施工完成后应进行屋面节能分项工程验收。

（2）屋面保温隔热工程应对下列部位进行隐蔽工程验收，并应有详细的文字记录和必要的图像资料：

1）基层；

2）保温层的敷设方式、厚度；板材缝隙填充质量；

3）屋面热桥部位；

4）隔汽层。

（3）屋面保温隔热层施工完成后，应及时进行找平层和防水层的施工，避免保温隔热层受潮、浸泡或受损。

5.5.3.2　屋面节能工程质量检验

屋面节能工程质量检验标准与检验方法见表 5-21。

屋面节能工程质量检验标准与检验方法　　　　表 5-21

项目	序号	检验项目	检验标准	检验数量	检验方法
主控项目	1	保温隔热材料进场验收	用于屋面节能工程的保温隔热材料,其品种、规格应符合设计要求和相关标准的规定。其导热系数、密度、抗压强度或压缩强度、燃烧性能应符合设计要求	按进场批次,每批随机抽取 3 个试样进行检查;质量证明文件应按照其出厂检验批进行核查	观察、尺量检查;核查质量证明文件及进场复检报告
	2	保温隔热材料的性能及复验	屋面节能工程使用的保温隔热材料,进场时应对其导热系数、密度、抗压强度或压缩强度、燃烧性能、吸水率、反射隔热等进行复验,复验应为见证取样送检	同一厂家同一品种的产品各抽查不少于3组	随机抽样送检,核查复检报告
	3	保温隔热架空层的施工	屋面保温隔热层的敷设方式、厚度、缝隙填充质量及屋面热桥部位的保温隔热做法,必须符合设计要求和有关标准的规定	每个检验批抽查3处,每处 10m²	观察、尺量检查
	4	通风隔热架空层的施工	屋面的通风隔热架空层,其架空高度、安装方式、通风口位置及尺寸应符合设计及有关标准要求。架空层内不得有杂物。架空面层应完整,不得有断裂和露筋等缺陷	每个检验批抽查3处,每处 10m²	观察、尺量检查
	5	采光屋面的性能及节点的构造做法	采光屋面的传热系数、遮阳系数、可见光透射比、气密性应符合设计要求。节点的构造做法应符合设计和相关标准的要求	全数检查	核查质量证明文件;观察检查
	6	采光屋面的安装	采光屋面的安装应牢固,坡度正确,封闭严密,嵌缝处不得渗漏	全数检查	观察、尺量检查;淋水检查;核查隐蔽工程验收记录
	7	屋面的隔汽层位置应符合设计要求,隔汽层应完整、严密	屋面的隔汽层位置应符合设计要求,隔汽层应完整、严密	每 100m² 抽查一处,每处 10m²,整个屋面抽查不得少于3处	对照设计观察检查;核查隐蔽工程验收记录
一般项目	1	屋面保温隔热层的施工	屋面保温隔热层应按施工方案施工,并应符合下列规定:松散材料应分层敷设、按要求压实、表面平整、坡向正确;现场采用喷、浇、抹等工艺施工的保温层,其配合比应计量准确,搅拌均匀、分层连续施工,表面平整,坡向正确。板材应粘贴牢固、缝隙严密、平整	每个检验批抽查3处,每处 10m²	观察、尺量、称重检查
	2	金属板保温夹芯屋面的施工	金属板保温夹芯屋面应铺装牢固、接口严密、表面洁净、坡向正确	全数检查	观察、尺量检查;核查隐蔽工程验收记录
	3	坡屋面、内架空屋面当采光敷设与屋面内侧的保温材料作保温隔热层时的施工	坡屋面、内架空屋面当采用敷设于屋面内侧的保温材料做保温隔热层时,保温隔热层应有防潮措施,其表面应有保护层,保护层的做法应符合设计要求	每个检验批抽查3处,每处 10m²	观察;核查隐蔽工程验收记录

5.5.4　地面节能工程

地面节能工程的质量验收，包括地面接触室外空气、土壤或毗邻不采暖空间的地面节能工程。

地面节能工程的质量验收应符合下列规定：

（1）地面节能工程的施工，应在主体或基层质量验收合格后进行。施工过程中应及时进行质量检查、隐蔽工程验收和检验批验收，施工完工后应进行地面节能分项工程验收。

（2）地面节能工程应对下列部位进行隐蔽工程验收，并应有详细的文字记录和必要的图像资料：

1）基层；

2）被封闭的保温材料的厚度；

3）保温材料粘结；

4）隔断热桥部位。

5.5.4.1　地面节能工程质量控制

1. 原材料质量要求

（1）地面节能工程使用的保温材料，其导热系数、密度、抗压强度或压缩强度、燃烧性能应符合设计要求。

（2）用于地面工程的保温材料，其品种、规格符合设计要求和有关标准的规定。

（3）地面节能工程采用的保温材料，进场时应对其导热系数、密度、抗压强度或压缩强度、燃烧性能进行复验，复验应为见证取样送检。

2. 施工过程质量控制

（1）楼地面填充层施工应注意以下几个方面：

1）松散保温填充层铺设高度符合控制铺设厚度要求；松散保温材料应分层铺平，分层压实，每层虚铺厚度不宜大于150mm。

2）整体保温材料填充层，应按设计要求的配合比拌制整体保温材料；铺设时应分层压实，其虚铺厚度与压实程度应通过试验确定，表面应平整。

3）板状保温材料铺设填充层时，应分层错缝铺贴，每层板厚应统一，厚度应符合设计要求，板状保温材料不应有破损，缺棱掉角现象。

（2）保温板与基层之间各构造层之间的粘结应牢固，缝隙应严密。特别是地下室顶板、首层封闭式阳台底粘贴的XPS板、EPS板等处由于容易脱落，施工时应予以特别注意。

（3）保温浆料应分层施工，每层的厚度不应超过20mm。如果过厚在自重作用下，易产生空鼓和脱落。

（4）穿越地面直接接触室外空气的管道，隔断热桥的保温措施应符合设计要求。

5.5.4.2　地面节能工程质量检验

地面节能工程质量检验标准与检验方法见表5-22。

地面节能工程质量检验标准与检验方法　　　　　　　　　　表 5-22

项目	序号	检验项目	检验标准	检验数量	检验方法
主控项目	1	保温材料进场验收	用于地面节能工程的保温材料,其品种、规格应符合设计要求和相关标准的规定	按进场批次,每批随机抽查 3 个试样进行检查;质量证明文件按照其出厂检验批进行核查	观察、尺量或称重检查;核查质量证明文件
	2	保温材料进场时应进行见证取样、送检复验	地面节能工程采用的保温材料,进场时应对其导热系数、密度、抗压强度或压缩强度、燃烧性能进行复验	同厂家、同品种产品,地面面积在1000m² 以内应复验 1 次,面积每增加 1000m² 应增加 1 次。同工程项目、同施工单位且同期施工的多个单位工程,可合并计算抽检面积,当符合 GB 50411—2019 第 3.2.3 条的规定时,检验批容量可以扩大一倍	随机抽样送检,核查复检报告
	3	地下室顶板和架空楼板底面	地下室顶板和架空楼板底面的保温隔热材料应符合设计要求,并应粘贴牢固	每个检验批应抽查 3 处	观察检查,核查质量证明文件
	4	基层处理	地面节能工程施工前,应对基层进行处理,使其达到设计和施工方案的要求	全数检查	对照设计和施工方案观察检查
	5	地面保温层、隔离层、保护层	地面保温层、隔离层、保护层等各层的设置和构造做法以及保温层的厚度应符合设计要求,并应按施工方案施工	每个检验批抽查3 处,每处 10m²	对照设计和施工方案观察检查;尺量检查
	6	地面节能工程的施工质量	地面节能工程的施工质量应符合下列规定:①保温板与基层之间、各构造层之间的粘结应牢固,缝隙应严密;②穿越地面到室外的各种金属管道应按设计要求采取保温隔热措施	每个检验批抽查3 处,每处 10m²	观察;核查隐蔽工程验收记录
	7	有防水要求的地面的节能保温做法	有防水要求的地面,其节能保温做法不得影响地面排水坡度,保温层面层不得渗漏	全数检查	观察、尽量检查、核查防水层蓄水试验记录
	8	严寒、严冷地区的建筑首层直接与土壤接触的地面、采暖地下室与土壤接触的外墙、毗邻不采暖空间的地面及底面直接接触室外空气的地面	严寒、寒冷地区的建筑首层直接与土壤接触的地面、采暖地下室与土壤接触的外墙、毗邻不采暖空间的地面以及底面直接接触室外空气的地面应按设计要求采取保温措施	全数检查	观察检查,核查隐蔽工程验收记录

项目	序号	检验项目	检验标准	检验数量	检验方法
主控项目	9	保温层的表面防潮层、保护层	保温层的表面防潮层、保护层应符合设计要求	全数检查	观察检查，核查隐蔽工程验收记录
一般项目	1	采用地面辐射采暖的工程的地面节能做法	采用地面辐射采暖的工程，其地面节能做法应符合设计要求和现行行业标准《辐射供暖供冷技术规程》JGJ 142 的规定	每个检验批抽查 3 处	观察，核查隐蔽工程验收记录
一般项目	2	接触土壤地面的保温层下面的防潮层	接触土壤地面的保温层下面的防潮层应符合设计要求	每个检验批抽查 3 处	观察，核查隐蔽工程验收记录

198

复习思考题

1. 简述墙体节能工程复验项目的内容。

2. 简述门窗节能工程复验项目的内容。

3. 简述墙体节能工程主控项目和一般项目的内容及其检查方法。

4. 简述门窗节能工程主控项目和一般项目的内容及其检查方法。

5. 简述墙体节能工程的质量控制要点。

6. 简述地面节能工程的施工质量控制要点。

7. 简述门窗节能工程的质量控制要点。

质量管理职业活动训练

活动：墙体节能工程质量验收和检验评定

1. 分组要求：全班分 6～8 个组，每组 5～7 人。

2. 资料和工具要求：

（1）材料产品的合格证书、性能检测报告、进场验收记录和复检报告。

（2）隐蔽工程验收记录。

（3）施工记录。

（4）应复验的材料及其性能指标。

（5）墙体节能工程检验批质量验收记录表。

（6）百格网。

3. 学习要求：

（1）熟悉墙体节能工程质量检验标准。

（2）熟悉墙体节能工程质量检查方法。

4. 成果：填写墙体节能工程检验批质量验收记录表。

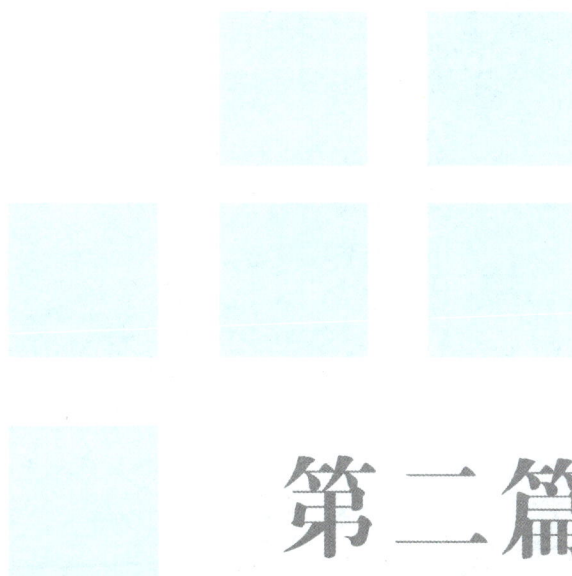

第二篇

建筑工程安全管理

教学单元 6

安全生产管理及
安全生产预控

【教学目标】通过本单元的学习，学生应当了解危险源的概念及分析方法；熟悉安全与安全生产管理的相关概念；熟悉安全生产检查、安全教育和程职业健康管理和安全事故的分类、事故处理的相关规定。掌握建筑安全生产控制的程序与方法；熟悉建筑工程安全生产相关的法律、法规。熟悉施工组织设计、专项施工方案安全措施以及安全技术交底的有关规定与要求。

6.1　安全与安全管理概述

6.1.1　安全与安全管理的概念

1. 安全

安全即没有危险不出事故，是指人的身体健康不受伤害，财产不受损伤，保持完整无损的状态。安全可分为人身安全和财产安全两种情形。

2. 安全生产

狭义的安全生产，是指生产过程处于避免人身伤害、物的损坏及其他不可接受的损害风险（危险）的状态。不可接受的损害风险（危险）通常是指超出了法律、法规和规章的要求；超出了安全生产的方针、目标和企业的其他要求；超出了人们普遍接受的（通常是隐含）要求。

广义的安全生产除了直接对生产过程的控制外，还应包括劳动保护和职业卫生健康。

安全与否是相对危险的接受程度来判定的，是一个相对的概念。世上没有绝对的安全，任何事物都存在不安全的因素，即都具有一定的危险性，当危险降低到人们普遍接受的程度时，就认为是安全的。

6.1.2　安全生产管理

安全管理
基本知识

6.1.2.1　管理的概念

管理，简单的理解是"管辖""处理"的意思。是管理者在特定的环境下，为了实现一定的目标，对其所能支配的各种资源进行有效的计划、组织、领导和控制等一系列活动的过程。

6.1.2.2　安全生产管理的概念

在企业管理系统中，含有多个具有某种特定功能的子系统，安全管理就是其中的一个。这个子系统是由企业中有关部门的相应人员组成的。该子系统的主要目的就是通过管理的手段，实现控制事故、消除隐患、减少损失的目的，使整个企业达到最佳的安全水平，为劳动者创造一个安全舒适的工作环境。因而安全管理的定义即为：以安全为目的，进行有关决策、计划、组织和控制方面的活动。

控制事故可以说是安全管理工作的核心，而控制事故最好的方式就是实施事故预防，即通过管理和技术手段的结合，消除事故隐患，控制不安全行为，保障劳动者的安全，这也是"预防为主"的本质所在。

但根据事故的特性可知，由于受技术水平、经济条件等各方面的限制，有些事故是难以完全避免的。因此，控制事故的第二种手段就是应急措施，即通过抢救、疏散、抑

制等手段，在事故发生后控制事故的蔓延，把事故的损失减少到最小。

事故总是带来损失。对于一个企业来说，一个重大事故在经济上的打击是相当沉重的，有时甚至是致命的。因而在实施事故预防和应急措施的基础上，通过购买财产、工伤、责任等保险，以保险补偿的方式，保证企业的经济平衡和在发生事故后恢复生产的基本能力，也是控制事故的手段之一。

所以，也可以说，安全管理就是利用管理的活动，将事故预防、应急措施与保险补偿三种手段有机地结合在一起，以达到保障安全的目的。

在企业安全管理系统中，专业安全工作者起着非常重要的作用。他们既是企业内部上下沟通的纽带，更是企业领导者在安全方面的得力助手。在掌握充分资料的基础上，为企业安全生产实施日常监管工作，并向有关部门或领导提出安全改造、管理方面的建议。归纳起来，专业安全工作者的工作可分为四个部分。

（1）分析。对事故与损失产生的条件进行判断和估计，并对事故的可能性和严重性进行评价，即进行危险分析与安全评价，这是事故预防的基础。

（2）决策。确定事故预防和损失控制的方法、程序和规划，在分析的基础上制订出合理可行的事故预防、应急措施及保险补偿的总体方案，并向有关部门或领导提出建议。

（3）信息管理。收集、管理并交流与事故和损失控制有关的资料、情报信息，并及时反馈给有关部门和领导，保证信息的及时交流和更新，为分析与决策提供依据。

（4）测定。对事故和损失控制系统的效能进行测定和评价，并为取得最佳效果做出必要的改进。

6.1.2.3　建筑工程安全生产管理的含义

所谓建筑工程安全生产管理，是指为保证建筑生产安全所进行的计划、组织、指挥、协调和控制等一系列管理活动，目的在于保护职工在生产过程中的安全与健康，保证国家和人民的财产不受到损失，保证建筑生产任务的顺利完成。建筑工程安全生产管理包括：建设行政主管部门对于建筑活动过程中安全生产的行业管理；安全生产行政主管部门对建筑活动过程中安全生产的综合性监督管理；从事建筑活动的主体（包括建筑施工企业、建筑勘察单位、设计单位和工程监理单位）为保证建筑生产活动的安全生产所进行的自我管理等。

6.1.2.4　安全生产的基本方针

"安全第一、预防为主、综合治理"是我国安全生产管理的基本方针。

《建筑法》规定："建筑工程安全生产管理必须坚持安全第一，预防为主的方针"，《中华人民共和国安全生产法》（以下简称《安全生产法》）在总结我国安全生产管理的经验的基础上，再一次将"安全第一，预防为主"规定为我国安全生产的基本方针。

我国安全生产方针经历了一个从"安全生产"到"安全生产、预防为主"以及"安全生产、预防为主、综合治理"的产生和发展过程，且强调在生产中要做好预防工作，尽可能地将事故消灭在萌芽状态之中。因此，对于我国安全生产方针的含义，应从这一方针的产生和发展去理解，归纳起来主要有以下几个方面内容：

（1）安全与生产的辩证关系。在生产建设中，必须用辩证统一的观点处理好安全与生产的关系。这就是说，项目领导者必须善于安排好安全工作与生产工作，特别是在生产任务繁忙的情况下，安全工作与生产工作发生矛盾时，更应处理好两者的关系，不要把安全工作挤掉。越是生产任务忙，越要重视安全，把安全工作搞好，否则，招致工伤事故，既妨碍生产，又影响企业信誉，这是多年来生产实践证明了的一条重要经验。

（2）安全生产工作必须强调"预防为主"。安全生产工作的预防为主是现代生产发展的需要。现代科学技术日新月异，而且往往又是多学科综合运用，安全问题十分复杂，稍有疏忽就会酿成事故。"预防为主"就是要在事故前做好安全工作，"防患于未然"。依靠科技进步，加强安全科学管理，搞好科学预测与分析工作；把工伤事故和职业危害消灭在萌芽状态中。"安全第一、预防为主"两者是相辅相成、相互促进的。"预防为主"是实现"安全第一"的基础。要做到"安全第一"，首先要搞好预防措施，预防工作做好了，就可以保证安全生产，实现"安全第一"，否则"安全第一"就是一句空话，这也是在实践中所证明了的一条重要经验。

（3）安全生产工作必须强调综合治理。由于现阶段我国的安全生产工作出现的严峻形势，原因是多方面的，既有安全监管体制和制度方面的原因，也有法律制度不健全的原因，也有科技发展落后的原因，还与整个民族安全文化素质有密切的关系等等，所以要搞好安全生产工作，就要在完善安全生产管理的体制机制、加强安全生产法制建设、推动安全科学技术创新、弘扬安全文化等方面进行综合治理。

6.1.2.5　建筑施工安全管理中的不安全因素

1. 人的不安全因素

人的不安全因素，是指对安全产生影响的人方面的因素，即能够使系统发生故障或发生性能不良的事件的人员、个人的不安全因素和违背设计和安全要求的错误行为。人的不安全因素可分为个人的不安全因素和人的不安全行为两个大类。

（1）个人的不安全因素

个人的不安全因素是指人员的心理、生理、能力中所具有不能适应工作、作业岗位要求的影响安全的因素。个人的不安全因素主要包括：

1）心理上的不安全因素，是指人在心理上具有影响安全的性格、气质和情绪，如急躁、懒散、粗心等。

2）生理上的不安全因素，包括视觉、听觉等感觉器官、体能、年龄、疾病等不适合工作或作业岗位要求的影响因素。

3）能力上的不安全因素，包括知识技能、应变能力、资格等不能适应工作和作业岗位要求的影响因素。

（2）人的不安全行为

人的不安全行为是指造成事故的人为错误，是人为地使系统发生故障或发生性能不良事件，是违背设计和操作规程的错误行为。

不安全行为在施工现场的类型，可分为13大类：

1）操作失误、忽视安全，忽视警告；

2）造成安全装置失效；

3）使用不安全设备；

4）手代替工具操作；

5）物体存放不当；

6）冒险进入危险场所；

7）攀坐不安全位置；

8）在起吊物下作业、停留；

9）在机器运转时进行检查、维修、保养等工作；

10）有分散注意力行为；

11）没有正确使用个人防护用品、用具；

12）不安全装束；

13）对易燃易爆等危险物品处理错误。

不安全行为产生的主要原因是：系统、组织的原因；思想责任心的原因；工作的原因。诸多事故分析表明，绝大多数事故不是因技术解决不了造成的，多是违规、违章所致。由于安全上降低标准、减少投入；安全组织措施不落实、不建立安全生产责任制；缺乏安全技术措施；没有安全教育、安全检查制度；不做安全技术交底、违章指挥、违章作业、违反劳动纪律等人为的原因造成的，所以必须重视和防止产生人的不安全因素。

2. 施工现场物的不安全状态

物的不安全状态是指能导致事故发生的物质条件，包括机械设备等物质或环境所存在的不安全因素。

（1）物的不安全状态的内容

1）物（包括机器、设备、工具、物质等）本身存在的缺陷；

2）防护保险方面的缺陷；

3）物的放置方法的缺陷；

4）作业环境场所的缺陷；

5）外部和自然界的不安全状态；

6）作业方法导致的物的不安全状态；

7）保护器具信号、标志和个体防护用品的缺陷。

（2）物的不安全状态的类型

1）防护等装置缺乏或有缺陷；

2）设备、设施、工具、附件有缺陷；

3）个人防护用品用具缺少或有缺陷；

4）施工生产场地环境不良。

3. 管理上的不安全因素

管理上的不安全因素，通常也称为管理上的缺陷，也是事故潜在的不安全因素，作为间接的原因共有以下方面：

（1）技术上的缺陷；

（2）教育上的缺陷；

（3）生理上的缺陷；

（4）心理上的缺陷；

（5）管理工作上的缺陷；

（6）教育和社会、历史上的原因造成的缺陷。

6.1.2.6 建设工程安全生产管理的特点

1. 安全生产管理涉及面广、涉及单位多

由于建设工程规模大、生产周期长，生产工艺复杂、工序多，在施工过程中流动作业多，高处作业多，作业位置多变及多工种的交叉作业等，遇到不确定因素多，所以安全管理工作涉及范围大，控制面广。建筑施工企业是安全管理的主体，但安全管理不仅仅是施工单位的责任，材料供应单位、建设单位、勘察设计单位、监理单位以及建设行政主管部门等，这些单位也要为安全管理承担相应的责任与义务。

2. 安全生产管理动态性

（1）建设工程项目的单件性及建筑施工的流动性。由于建设工程项目的单件性，使得每项工程所处的条件不同，所面临的危险因素和防范措施也会有所改变，员工在转移工地后，熟悉一个新的工作环境需要一定的时间，有些制度和安全技术措施会有所调整，员工同样有个熟悉的过程。

（2）工程项目施工的分散性。因为现场施工是分散于施工现场的各个部位，尽管有各种规章制度和安全技术交底的环节，但是面对具体的生产环境时，仍然需要自己的判断和处理，有经验的人员还必须适应不断变化的情况。

（3）产品多样性，施工工艺多变性

建设产品多样性，施工生产工艺复杂多变性，如一栋建筑物从基础、主体至竣工验收，各道施工工序均有其不同的特性，其不安全因素各不相同。同时，随着工程建设进度，施工现场的不安全因素也在随时变化，要求施工单位必须针对工程进度和施工现场实际情况及时地采取安全技术措施和安全管理措施予以保证。

3. 产品的固定性导致作业环境的局限性

建筑产品坐落在一个固定的位置上，导致了必须在有限的场地和空间上集中大量的人力、物资、机具来进行交叉作业，导致作业环境的局限性，因而容易产生物体打击等伤亡事故。

4. 露天作业导致作业条件恶劣性

建设工程施工大多是在露天空旷的场地上完成的，导致工作环境相当艰苦，容易发生伤亡事故。

5. 体积庞大带来了施工作业高空性

建设产品的体积十分庞大，操作工人大多在几十米，甚至几百米进行高空作业，因而容易产生高空坠落的伤亡事故。

6. 手工操作多，体力消耗大，强度高导致个体劳动保护任务艰巨

在恶劣的作业环境下，施工工人的手工操作多，体能耗费大，劳动时间和劳动强度都比其他行业要大，其职业危害严重，带来了个人劳动保护的艰巨性。

7. 多工种立体交叉作业导致安全管理的复杂性

近年来，建筑由低向高发展，劳动密集型的施工作业只能在极其有限空间展开，致使施工作业的空间要求与施工条件的供给的矛盾日益突出，这种多工种的立体交叉作业，将导致机械伤害、物体打击等事故增多。

8. 安全生产管理的交叉性

建设工程项目是开放系统，受自然环境和社会环境影响很大，安全生产管理需要把工程系统和环境系统及社会系统相结合。

9. 安全生产管理的严谨性

安全状态具有触发性，安全管理措施必须严谨，一旦失控，就会造成损失和伤害。

6.1.2.7 施工现场安全管理的范围与基本原则

1. 施工现场安全管理的范围

安全管理的中心问题，是保护生产活动中，人的健康与安全以及财产不受损伤，保证生产顺利进行。

宏观的安全管理概括地讲包括劳动保护、施工安全技术和职业健康安全，既相互联系又相互独立的三个方面：

（1）劳动保护偏重于以法律、法规、规程、条例、制度等形式规范管理或操作行为，从而使劳动者的劳动安全与身体健康，得到应有的法律保障。

（2）施工安全技术侧重于对"劳动手段与劳动对象"的管理，包括预防伤亡事故的工程技术和安全技术规范、规程、技术规定、标准条例等，以规范物的状态，减轻对人或物的威胁。

（3）职业健康安全着重于施工生产中粉尘、振动、噪声、毒物的管理。通过防护、医疗、保健等措施，保护劳动者的安全与健康，不受到有害因素的危害。

2. 施工现场安全管理的基本原则

（1）管生产的同时管安全

安全寓于生产之中，并对生产发挥促进与保证作用，安全管理是生产管理重要组成部分，安全与生产在实施过程中，两者存在着密切联系，没有安全就绝不会有高效益的生产。无数事实证明，只抓生产忽视安全管理的观念和做法是极其危险和有害的。因此，各级管理人员必须负责管理安全工作，在管理生产的同时管安全。

（2）明确安全生产管理的目标

安全管理的内容是对生产中人、物、环境因素状态的管理，有效地控制人的不安全行为和物的不安全状态，消除或避免事故，达到保护劳动者安全与健康和财物不受损的目标。

有了明确的安全生产目标，安全管理就有了清晰的方向。安全管理的一系列工作才可能朝着这一目标有序展开。没有明确目的安全生产目标，安全管理就成了一种盲目的行为。盲目的安全管理，人的不安全行为和物的不安全状态就不会得到有效的控制，危险因素就会依然存在，事故最终不可避免。

（3）必须贯彻预防为主的方针

安全生产的方针是"安全第一，预防为主"。安全第一是把人身和财产安全放在首位，安全为了生产，生产必须保证人身和财产安全，充分体现"以人为本"的理念。

"预防为主"，是实现安全第一的重要手段，采取正确的措施和方法进行安全控制，使安全生产形势向安全生产目标的方向发展。进行安全管理不是处理事故，而是在生产活动中，针对生产的特点，对各生产因素进行管理，有效地控制不安全因素的发生、发展与扩大，把事故隐患，消灭在萌芽状态。

3. 坚持"四全"动态管理

安全管理涉及生产活动中的方方面面，涉及参与安全生产活动的各个部门和每一个人，涉及从开工到竣工交付的全部生产过程，涉及全部的生产时间，涉及一切变化着的生产因素。因此，生产活动中必须坚持全员、全过程、全方位、全天候的动态安全管理。

4. 安全管理重在控制

进行安全管理的目的是预防，消灭事故，防止或消除事故伤害，保护劳动者的安全健康与财产安全。在安全管理的前四项内容中，虽然都是为了达到安全管理的目标，但是对安全生产因素状态的控制与安全管理的关系更直接，显得更为突出，因此对生产中的人的不安全行为和物的不安全状态的控制，必须看作是动态的安全管理的重点。事故的发生，是由于人的不安全行为运动轨迹与物的不安全状态运动轨迹的交叉。事故发生的原理，也说明了对生产因素状态的控制，应该当作安全管理重点。把约束当作安全管理重点是不正确的，是因为约束缺乏带有强制性的手段。

5. 在管理中发展、提高

既然安全管理是在变化着的生产活动中的管理，是一种动态的过程，其管理就意味着是不断发展的、不断变化的，以适应变化的生产活动。然而更为重要的是要不间断地摸索新的规律，总结管理、控制的办法与经验，掌握新的变化后的管理方法，从而使安全管理不断地上升到新的高度。

6.1.2.8 危险源、重大风险的识别与判断

1. 危险源的概念

（1）危险源的定义

危险源是各种事故发生的根源，是指可能导致死亡、伤害或疾病、财产损失、工作环境破坏或这些情况组合的根源或状态。包括人的不安全行为、物的不安全状态、管理上的缺陷和环境上的缺陷等。该定义包括以下四个方面的含义：

1）决定性。事故的发生以危险源的存在为前提，危险源的存在是事故发生的基础，离开了危险源就不会有事故。

2）可能性。危险源并不必然导致事故，只有失去控制或控制不足的危险源才可能导致事故。

3）危害性。危险源一旦转化为事故，会给生产和生活带来不良影响，还会对人的生命健康、财产安全以及生存环境等造成危害。

4）隐蔽性。危险源是潜在的，一般只有当事故发生时才会明确地显现出来。人们对危险源及其危险性的认识往往是一个不断总结教训并逐步完善的过程。

（2）危险源的分类

危险源的分类是为了便于进行危险源的识别与分析。危险源的分类方法有多种，可

按危险源在事故发生过程中的作用、引起的事故类型、导致事故和职业危害的直接原因、职业病类别等分类。

1）按危险源在事故发生过程中的作用分类

在实际生活和生产过程中的危险源是以多种多样的形式存在，危险源导致事故可归结为能量的意外释放或有害物质的泄漏。根据危险源在事故发生发展中的作用把危险源分为第一类危险源和第二类危险源。

第一类危险源是指可能发生意外释放的能量的载体或危险物质。通常把产生能量的能量源或拥有能量的能量载体作为第一类危险源来处理。

第二类危险源是指造成约束、限制能量措施失效或破坏的各种不安全因素。生产过程中的能量或危险物质受到约束或限制，在正常情况下，不会发生意外释放，即不会发生事故。但是一旦约束或限制能量或危险物质的措施受到破坏或失效（故障），则将发生事故。第二类危险源包括人的不安全行为、物的不安全状态和不利环境条件三个方面。建筑工地绝大部分危险和有害因素属于第二类危险源。

人的不安全行为是指使事故有可能或有机会发生的人的行为，包括操作失误、忽视安全、使用不安全设备、物体存放不当等，主要表现为违章指挥、违章作业、违反劳动纪律等。

物的不安全状态是指使事故有可能或有机会发生的物体、物质的状态，如设备故障或缺陷。

事故的发生是两类危险源共同作用的结果，第一类危险源是事故的前提，是事故的主体，决定事故的严重程度；第二类危险源的出现是第一类危险源导致事故的必要条件，决定事故发生的可能性大小。

2）按引起的事故类型分类

综合考虑事故的起因物、致害物、伤害方式等特点，将危险源及危险源造成的事故分为20类。施工现场危险源识别时，对危险源或其造成的伤害的分类多采用此法。具体分为：物体打击、车辆伤害、机械伤害、起重伤害、触电、淹溺、灼烫、火灾、高处坠落、坍塌、冒顶片帮、透水、放炮、火药爆炸、瓦斯爆炸、锅炉爆炸、容器爆炸、其他爆炸（化学爆炸、炉膛、钢水爆炸等）、中毒和窒息、其他伤害（扭伤、跌伤、野兽咬伤等）。在建设工程施工生产中，最主要的事故类型是高处坠落、物体打击、触电事故、机械伤害、坍塌事故、火灾和爆炸等。

2. 危险源、重大风险的识别与判断

（1）危险源辨识

危险源辨识是识别危险源的存在并确定其特性的过程。

（2）危险源辨识的方法

施工现场危险源辨识的方法有：专家调查法、安全检查表法、现场调查法、工作任务分析法、危险与可操作性研究、事件树分析、故障树分析等，其中现场调查法是主要采用的方法。

1）专家调查法，是通过向有经验的专家咨询、调查、辨识分析和评价危险源的一类方法。其优点是简便易行，其缺点是受专家的知识、经验和占有资料的限制，可能出现遗漏。常用的有：头脑风暴法和德尔菲法。

头脑风暴法是通过专家创造性的思考，从而产生大量的观点、问题和议题的方法。其特点是多人讨论，集思广益，可以弥补个人判断的不足，常采取专家会议的方式来相互启发交换意见，使危险、危害因素的辨识更加细致、具体。常用于目标比较单纯的议题，如果涉及面较广，包含因素多，可以分解目标，再对单一目标或简单目标使用本方法。

德尔菲法是采用背对背的方式对专家进行调查，主要特点是避免了集体讨论中的从众性倾向，更代表专家的真实意见。要求对调查的各种意见进行汇总统计处理，再反馈给专家反复征求意见。

2）安全检查表法，实际就是实施安全检查和诊断项目的明细表。运用已编制好的安全检查表，进行系统的安全检查，辨识工程项目存在的危险源。检查表的内容一般包括分类项目、检查内容及要求、检查以后处理意见等。

安全检查表法的优点是：简单易懂，容易掌握，可以事先组织专家编制检查项目使安全检查做到系统化、完整化，缺点是一般只能做出定性评价。

3）现场调查法，通过询问交谈、现场观察、查阅有关记录，获取外部信息，加以分析研究，可识别有关的危险源。

询问交谈：对于施工现场的某项作业技术活动有经验的人，往往能指出其作业技术活动中的危险源，从中可初步分析出该项作业技术活动中存在的各类危险源。

现场观察：通过对施工现场作业环境的现场观察，可发现存在的危险源，但要求从事现场观察的人员具有安全生产、劳动保护、环境保护、消防安全等法律法规知识，掌握建设工程安全生产、职业健康安全等法律法规、标准规范知识。

查阅有关记录：查阅企业的事故、职业病记录，可从中发现存在的危险源。

获取外部信息：从有关类似企业、类似项目、文献资料、专家咨询等方面获取有关危险源信息，加以分析研究，有助于识别本工程项目施工现场有关的危险源。

检查表：运用已编制好的检查表，对施工现场进行系统的安全检查，可以识别出存在的危险源。

（3）危险源识别注意事项

1）充分了解危险源的分布，从范围上讲，应包括施工现场内受到影响的全部人员、活动与场所，以及受到影响的毗邻社区等，也包括相关方（分包单位、供应单位、建设单位、工程监理单位等）的人员、活动与场所可能施加的影响。从内容上，应涉及所有可能的伤害与影响，包括人为失误，物料与设备过期、老化、性能下降造成的问题。从状态上讲，应考虑三种状态：正常状态、异常状态、紧急状态。从时态上讲，应考虑三种时态：过去、现在、将来。

2）弄清危险源伤害的方式或途径。

3）确认危险源伤害的范围。

4）要特别关注重大危险源，防止遗漏。

5）对危险源保持高度警觉，持续进行动态识别。

6）充分发挥全体员工对危险源识别的作用，广泛听取每一个员工（包括供应商、分包商的员工）的意见和建议，必要时还可征求设计单位、工程监理单位、专家和政府主管部门等的意见。

（4）风险评价方法

风险是某一特定危险情况发生的可能性和后果的结合。风险评价是评估危险源所带来的风险大小及确定风险是否可容许的全过程。根据评价结果对风险进行分级，弄清楚哪些是高度风险，哪些是一般风险，哪些是可忽略，按不同级别的风险有针对性地进行风险控制。

评价应围绕可能性和后果两个方面综合进行。安全风险评价的方法很多，如专家评估法、作业条件危险性评价法、安全检查表法、预先危险分析法等，一般通过定量和定性相结合的方法进行危险源的评价。主要采取专家评估法直接判断，必要时可采用定量风险评价法、作业条件危险性评价法、安全检查表法判断。

1）专家评估法，组织有丰富知识，特别是有系统安全工程知识的专家、熟悉本工程项目施工生产工艺的技术和管理人员组成评价组，通过专家的经验和判断能力，对管理、人员、工艺、设备、设施、环境等方面已识别的危险源，评价出本工程施工安全有重大影响的重大危险源。

2）定量风险评价法，将安全风险的大小用事故发生的可能性 p 与发生事故后果的严重程度 f 的乘积来衡量。

$$R = p \cdot f$$

式中　R——风险的大小；

　　　p——事故发生的概率；

　　　f——事故后果的严重程度。

根据估算结果，可按表 6-1 对风险的大小进行分级。

风险分级　　　　　　　　　　　　　　　　　　　　　表 6-1

可能性	后果		
	轻度损失（轻微伤害）	中度损失（伤害）	重大损失（严重伤害）
很大	Ⅲ	Ⅳ	Ⅴ
中等	Ⅱ	Ⅲ	Ⅳ
极小	Ⅰ	Ⅱ	Ⅲ

3）作业条件危险性评价法：用与系统危险性有关的三个因素指标之积来评价作业条件的危险性，危险性以下式表示：

$$D = L \times E \times C$$

式中　L——发生事故的可能性大小，按表 6-2 取值；

　　　E——人体暴露在危险环境中的频繁程度，按表 6-3 取值；

　　　C——发生事故产生的后果，按表 6-4 取值；

　　　D——风险值。

发生事故的可能性大小 *L* 表 6-2

分数值	事故发生的可能性	分数值	事故发生的可能性
10	必然发生	0.5	很不可能,可以设想
6	相当可能	0.2	极不可能
3	可能,但不经常	0.1	实际不可能
1	可能性小,完全意外		

人体暴露在危险环境中的频繁程度 *E* 表 6-3

分数值	暴露于危险环境的频繁程度	分数值	暴露于危险环境的频繁程度
10	连续暴露	2	每月一次暴露
6	每天工作时间内暴露	1	每年几次暴露
3	每周一次或偶然暴露	0.5	非常罕见暴露

发生事故产生的后果 *C* 表 6-4

分数值	发生事故产生的后果	分数值	发生事故产生的后果
100	大灾难,许多人死亡(10 人以上死亡/直接经济损失 100 万～300 万元)	7	严重(伤残/经济损失 1 万～10 万元)
40	灾难,多人死亡(3～9 人死亡/直接经济损失 30 万～100 万元)	3	较严重(重伤/经济损失 1 万元以下)
15	非常严重(1～2 人死亡/直接经济损失 10 万～30 万元)	1	引人关注,轻伤(损失 1～105 工日的失能伤害)

　　根据公式就可以计算作业的危险性程度,一般,*D* 值等于或大于 70 分值以上的显著危险、高度危险和极其危险统称为重大风险;*D* 值小于 70 分值的一般危险和稍有危险统称为一般风险,见表 6-5。

危险性分值 表 6-5

D 值	危险程度	风险等级
＞320	极其危险,不能继续作业	5
160～320	高度危险,要立即整改	4
70～160	显著危险,需整改	3
20～70	一般危险,需注意	2
＜20	稍有危险,可以接受	1

　　危险等级的划分是凭经验判断,难免带有局限性,应用时需根据实际情况予以修正。作业条件危险性评价法示例见表 6-6。

作业条件危险性评价法示例 表 6-6

序号	作业活动	危险因素	可能导致的事故	评分法										危险等级	是否确定为重大安全风险
				发生事故的可能性(L)			暴露的频繁程度(E)			产生的后果(C)			D (L×E×C)		
				10	3	1	10	6	3	40	7	3			
1	主体工程施工	架体外架防护、层间防护未设防护栏安全网,挡脚板	物体打击高处坠落		√				√	√			360	5	√
2	主体工程施工	混凝土浇捣过程噪声	听力危害		√				√			√	27	2	×
3	主体工程施工	混凝土浇捣不按操作规程进行	机械伤害		√				√		√		63	2	×
4	主体工程施工	焊接漏电、破皮、火花、辐射、有害气体	触电、火灾、灼伤、视力伤害、中毒和窒息		√			√				√	54	2	×

4）安全检查表法，把过程加以展开，列出各层次的不安全因素，然后确定检查项目，以提问的方式把检查项目按过程的组成顺序编制成表，按检查项目进行检查或评审。

（5）重大危险源的判断依据

凡符合以下条件之一的危险源，均可判定为重大危险源：

1）严重不符合法律法规、标准规范和其他要求；

2）相关方有合理抱怨和要求；

3）曾经发生过事故，且未采取有效防范控制措施；

4）直接观察到可能导致危险且无适当控制措施；

5）通过作业条件危险性评价方法，总分＞160 分是高度危险的。

重大危险源具体评价时，应结合工程和服务的主要内容进行，并考虑日常工作中的重点。

安全风险评价结果应形成评价记录，一般可与危险源识别结果合并记录，通常列表记录。对确定的重大危险源还应另列清单，并按优先考虑的顺序排列。

施工现场危险源识别、评价结果参见表 6-7、表 6-8。

施工现场危险源识别、评价结果表示例　　　　　　　　　　　表 6-7

（按作业活动分类编制）

序号	施工阶段	作业活动	危险源	可能导致的事故	风险级别	控制措施
1	基坑施工	土方机械	铲运机行驶时驾驶室外载人	机具伤害	一般	管理程序、应急预案
2	基坑施工	土方机械	多台铲运机同时作业时，未空开安全距离	机具伤害	一般	管理程序、应急预案
3	结构施工	钢筋工程	钢筋机械无漏电保护器	触电	一般	管理程序、应急预案
4	结构施工	钢筋工程	钢筋在吊运中未降到1m就靠近	物体打击	一般	管理程序、应急预案

施工现场危险源识别、评价结果表示例　　　　　　　　　　　表 6-8

（按造成的危害分类编制）

序号	危险源	可能对安全产生的影响	可能性			严重性			综合得分	评价结果	策划结果
			可能	不太可能	几乎不太可能	严重	重大	一般			
			3	2	1	3	2	1			
1	脚手板有探头板	高处坠落		√			√		4	一般	检查
2	脚手板不满铺	高处坠落	√					√	3	一般	检查
3	悬挑脚手架防护不严密	高处坠落	√				√		6	重大	控制

　　我们在识别了危险源并弄清了风险的大小后，便可按不同级别的风险有针对性地进行安全控制。

复习思考题

　　1. 什么是安全？什么是安全生产？

　　2. 安全管理、建筑工程安全生产管理的含义是什么？

　　3. 施工现场的不安全因素有哪些？

　　4. 何谓人的不安全行为？不安全行为在施工现场的分类有哪些？

　　5. 安全生产的方针是什么？

　　6. 简述建筑工程安全生产管理的特点。

　　7. 简述施工现场安全管理的原则与范围。

　　8. 什么是危险源？什么是第一类危险源？什么是第二类危险源？

9. 简述危险识别与评价的意义。

安全管理职业活动训练

活动：施工现场不安全因素分析

1. 分组要求：全班分 6～8 个组，每组 5～7 人。

2. 活动内容：选择某一施工现场，组织学生以组为单位，观察分析该施工现场的不安全因素。

3. 成果：以小组为单位写出分析报告，并召开讨论会。

安全生产
法律规则

6.2 建筑工程安全生产的相关法律、法规

安全生产法律法规，是指国家关于改善劳动条件，实现安全生产，为保护劳动者在生产过程中的安全和健康的各种法律、法规、规章和规范性文件的总和。在建筑活动中施工管理者必须遵循相关的法律、法规及标准，同时应当了解法律、法规及标准各自的地位及相互关系。

6.2.1 建筑法律

建筑法律一般是全国人大及其常务委员会制定，经国家主席签署主席令予以公布，由国家政权保证执行的规范性文件，是对建筑管理活动的宏观规定，侧重于对政府机关、社会团体、企事业单位的组织、职能、权利、义务等，以及建筑产品生产组织管理和生产基本程序进行规定，是建筑法律最高层次，具有最高法律效力，其地位和效力仅次于宪法。安全生产法律是制定安全生产行政法规、标准、地方法规的依据。典型的建筑法律有：《中华人民共和国建筑法》《中华人民共和国安全生产法》《中华人民共和国消防法》。

1. 中华人民共和国建筑法

《建筑法》是我国第一部规范建筑活动的部门法律，它的颁布施行强化了建筑工程质量和安全的法律保障。《建筑法》通篇贯穿了质量与安全问题，具有很强的针对性，对影响建筑工程质量和安全的各方面因素作了较为全面的规范。

《建筑法》颁布的意义在于：

1）规范了我国各类房屋建筑及其附属设施建造和安装活动的重要法律。

2）它的基本精神是保证建筑工程质量与安全、规范和保障建筑各方主体的权益。

3）对建筑施工许可、建筑工程发包与承包、建筑安全生产管理、建筑工程质量管理等主要方面做出原则规定，对加强建筑质量管理发挥了积极的作用。

4）它的颁布对加强建筑活动的监督管理，维护建筑市场秩序，保证建设工程质量和安全，促进建筑业的健康发展，提供了法律保障。

5）它实现了"三个规范"，即规范市场主体行为，规范市场主体的基本关系，规范市场竞争秩序。

它主要规定了建筑许可、建筑工程发包承包、建筑工程监理、建筑安全生产管理、建筑工程质量管理及相应法律责任等方面的内容。

《建筑法》确立了施工许可制度、单位和人员从业资格制度、安全生产责任制度、群防群治制度、项目安全技术管理制度、施工现场环境安全防护制度、安全生产教育培训制度、意外伤害保险制度、伤亡事故处理报告制度等各项制度。

针对安全生产管理制度制定的相关措施是：

1）建筑工程设计应当符合按照国家规定制定的建筑安全规程和技术规范，保证工程的安全措施。

2）建筑施工企业在编制施工组织设计时，应当根据建筑工程的特点制定相应的安全技术措施。

3）施工现场对比邻的建筑物、构筑物的特殊作业环境可能造成损害的，建筑施工企业应当采取安全防护措施。

4）建筑施工企业的法人代表人对本企业的安全生产负责，施工现场安全由建筑施工企业负责，实行施工总承包的，由总承包单位负责。

5）建筑施工企业必须为从事危险作业的职工办理意外伤害保险，支付保险费。

6）涉及建筑主体和承重结构变动的装修工程，施工前应提出设计方案，没有设计方案的不得施工。

7）房屋拆除应当由具备保证安全条件的建筑施工单位承担，由建筑施工单位负责人对安全负责。

2. 中华人民共和国安全生产法

《安全生产法》是安全生产领域的综合性基本法，它是我国第一部全面规范安全生产的专门法律；是我国安全生产法律体系的主体法；是各类生产经营单位及其从业人员实现安全生产所必须遵循的行为准则；是各级人民政府及其有关部门进行监督管理和行政执法的法律依据；是制裁各种安全生产违法犯罪的有力武器。

《安全生产法》的意义在于：它明确了生产经营单位必须做好安全生产的保证工作，既要在安全生产条件上、技术上符合生产经营的要求，也要在组织管理上建立健全安全生产责任并进行有效落实；明确了从业人员为保证安全生产所应尽的义务，也明确了从业人员进行安全生产所享有的权利；明确规定了生产经营单位负责人的安全生产责任；明确了对违法单位和个人的法律责任追究制度；明确了要建立事故应急救援制度，制定应急救援预案，形成应急救援预案体系。

《安全生产法》中提供了四种监督途径，即工会民主监督、社会舆论监督、公众举报监督和社区服务监督。

《安全生产法》确立了其基本法律制度如：政府的监管制度、行政责任追究制度、从业人员的权利义务制度、安全救援制度、事故处理制度、隐患处置制度、关键岗位培训制度、生产经营单位安全保障制度、安全中介服务制度等。

3. 其他有关建设工程安全生产的法律

《中华人民共和国劳动法》《中华人民共和国刑法》《中华人民共和国消防法》《中华人民共和国环境保护法》《中华人民共和国大气污染防治法》《中华人民共和国固体废物污染环境防治法》《中华人民共和国环境噪声污染防治法》等。

6.2.2 建筑行政法规

建筑行政法规是对法律的进一步细化，是国务院根据有关法律中的授权条款和管理全国建筑行政工作的需要制定的，是法律体系的第二层次，以国务院令形式公布。

在建筑行政法规层面上，《安全生产许可证条例》和《建设工程安全生产管理条例》是建设工程安全生产法规体系中主要的行政法规。在《安全生产许可证条例》中，我国第一次以法律形式确立了企业安全生产的准入制度，是强化安全生产源头管理，全面落实"安全第一，预防为主"安全生产方针的重大举措。《建设工程安全生产管理条例》是根据《建筑法》和《安全生产法》制定的一部关于建筑工程安全生产的专项法规。

1. 《建设工程安全生产管理条例》的主要内容

该条例确立了建设工程安全生产的基本管理制度，其中包括明确了政府部门的安全生产监管制度和《建筑法》对施工企业的五项安全生产管理制度的规定；规定了建设活动各方主体的安全责任及相应的法律责任，其中包括明确规定了建设活动各方主体应承担的安全生产责任；明确了建设工程安全生产监督管理体制；明确了建立生产安全事故的应急救援预案制度。

该条例较为详细地规定了建设单位、勘察、设计、工程监理、其他有关单位的安全责任和施工单位的安全责任，以及政府部门对建设工程安全生产实施监督管理的责任等。

2. 《安全生产许可证条例》的主要内容

该条例的颁布实行标志着我国依法建立起了安全生产许可制度，其主要内容如下：国家对矿山企业、建筑施工企业和危险化学品、烟花爆竹、民用爆破器材生产企业（以下统称企业）实行安全生产许可制度、企业取得安全生产许可证应当具备的安全生产条件、企业进行生产前，应当依照条例的规定向安全生产许可证颁发管理机关申请领取安全生产许可证，并提供条例第六条规定的相关文件、资料。安全生产许可证颁发管理机关应当自收到申请之日起45日内审查完毕，经审查符合该条例规定的安全生产条件的，颁发安全生产许可证；不符合该条例规定的安全生产条件的，不予颁发安全生产许可证，书面通知企业并说明理由、安全生产许可证的有效期为三年。该条例明确规定了企业要取得安全生产许可证应具备的安全生产条件。

3. 《建筑安全生产监督管理规定》的主要内容

该规定指出：建筑安全生产监督管理应当根据"管生产必须管安全"的原则，贯彻"预防为主"的方针，依靠科学管理和技术进步，推动建筑安全生产工作的开展，控制人身伤亡事故的发生。并规定了各级建设行政主管部门的安全生产监督管理工作的内容和职责。

4.《建设工程施工现场管理规定》的主要内容

该规定指出：建设工程开工实行施工许可制度；规定了施工现场实行封闭式管理、文明施工；任何单位和个人，要进入施工现场开展工作，必须经主管部门的同意。还对施工现场的环境保护提出了明确的要求。

5.《生产安全事故报告和调查处理条例》的主要内容

《生产安全事故报告和调查处理条例》于 2007 年 3 月 28 日国务院第 172 次常务会议通过，自 2007 年 6 月 1 日起施行。国务院 1989 年 3 月 29 日公布的《特别重大事故调查程序暂行规定》和 1991 年 2 月 22 日公布的《企业职工伤亡事故报告和处理规定》同时废止。该条例就事故报告、事故调查、事故处理和事故责任作了明确的规定。

6.《国务院关于特大安全事故行政责任追究的规定》的主要内容

该规定对各级政府部门对特大安全事故的预防、处理职责作了相应规定，并明确了对特大安全事故行政责任进行追究的有关规定。其主要内容概述如下：各级政府部门对特大安全事故预防的法律规定、各级政府部门对特大安全事故处理的法律规定、各级政府部门负责人对特大安全事故应承担的法律责任。

7.《特种设备安全监察条例》的主要内容

《特种设备安全监察条例》规定了特种设备的生产（含设计、制造、安装、改造、维修）、使用、检验检测及其监督检查，应当遵守该条例。军事装备、核设施、航空航天器、铁路机车、海上设施和船舶以及煤矿矿井使用的特种设备的安全监察不适用该条例。房屋建筑工地和市政工程工地用起重机械的安装、使用的监督管理，由建设行政主管部门依照有关法律、法规的规定执行。

8.《国务院关于进一步加强安全生产的决定》的主要内容

国务院于 2004 年 1 月 9 日发布了《国务院关于进一步加强安全生产的决定》（国发〔2004〕2 号），共 23 条，分 5 部分，包括：提高认识，明确指导思想和奋斗目标；完善政策，大力推进安全生产各项工作；强化管理，落实生产经营单位安全生产主体责任；完善制度，加强安全生产监督管理；加强领导，形成齐抓共管的合力。

6.2.3　工程建设标准

工程建设标准，是做好安全生产工作的重要技术依据，对规范建设工程各方责任主体的行为、保障安全生产具有重要意义。根据标准化法的规定，标准包括国家标准、行业标准、地方标准和企业标准。

国家标准是指由国务院标准化行政主管部门或者其他有关主管部门对需要在全国范围内统一的技术要求制定的技术规范。

行业标准是指国务院有关主管部门对没有国家标准而又需要在全国某个行业范围内统一的技术要求所制定的技术规范。

1.《建筑施工安全检查标准》的主要内容

《建筑施工安全检查标准》JGJ 59—2011 是强制性行业标准，于 2012 年实施。

该标准采用安全系统工程原理，结合建筑施工伤亡事故规律，依据国家有关法律法规、标准和规程，对安全生产检查提出了明确的要求，包括：要有定期安全检查制度；安全检查要有记录；检查出事故隐患整改要做到定人、定时间、定措施；对重大事故隐患整改通知书所列项目应如期完成。

制定该标准的目的是为了科学地评价建筑施工安全生产情况，提高安全生产工作和文明施工的管理水平，预防伤亡事故的发生、确保职工的安全和健康，实现检查评价工作的标准化和规范化。

2.《施工企业安全生产评价标准》的主要内容

《施工企业安全生产评价标准》JGJ/T 77—2010 是一部推荐性行业标准，于 2010 年正式实施。制定该标准的目的是为了加强施工企业安全生产的监督管理，科学地评价施工企业安全生产业绩及相应的安全生产能力，实现施工企业安全生产评价工作的规范化和制度化，促进施工企业安全生产管理水平的提高。

3.《施工现场临时用电安全技术规范》JGJ 46—2005 的主要内容

该规范明确规定了：施工现场临时用电施工组织设计的编制、专业人员、技术档案管理要求，外电线路与电气设备防护、接地预防类、配电室及自备电源、配电线路、配电箱及开关箱、电动建筑机械及手持电动工具、照明以及实行 TN-S 三相五线制接零保护系统的要求等方面的安全管理及安全技术措施的要求。

4.《建筑施工高处作业安全技术规范》JGJ 80—2016 的主要内容

该规范规定了：高处作业的安全技术措施及其所需料具；施工前的安全技术教育及交底；人身防护用品的落实；上岗人员的专业培训考试、持证上岗和体格检查；作业环境和气象条件；临边、洞口、攀登、悬空作业、操作平台与交叉作业的安全防护设施的计算、安全防护设施的验收等。

5.《龙门架及井架物料提升机安全技术规范》JGJ 88—2010 的主要内容

该规范规定：安全提升机架体人员应按高处作业人员的要求，经过培训持证上岗；使用单位应根据提升机的类型制订操作规程，建立管理制度及检修制度；应配备经正式考试合格持有操作证的专职司机；提升机应具有相应的安全防护装置并满足其要求。

6.《建筑施工扣件式钢管脚手架安全技术规范》JGJ 130—2011 的主要内容

该规范对工业与民用建筑施工用落地式单、双排扣件式钢管脚手架的设计与施工，以及水平混凝土结构工程施工中模板支架的设计与施工作了明确规定。

7.《建筑机械使用安全技术规程》JGJ 33—2012 的主要内容

该规程主要内容包括：总则、一般规定（明确了操作人员的身体条件要求、上岗作业资格、防护用品的配置以及机械使用的一般条件）和 10 大类建筑机械使用所必须遵守的安全技术要求。

8.《工程建设标准强制性条文》（房屋建筑部分）的主要内容

该条文"第九篇　施工安全"以摘编的方式，将工程建设现行国家和行业标准中涉及人民生命财产安全、人身健康、环境保护和其他公众利益的必须严格执行的强制性规定汇集在一起，是《建筑工程质量管理条例》的一个配套文件。

复习思考题

1. 试分析《中华人民共和国建筑法》颁布实施的意义。
2. 试分析《中华人民共和国安全生产法》颁布实施的意义。
3. 简述《建设工程安全生产管理条例》的主要内容。

安全管理职业活动训练

案例分析

（1）案例内容：2022 年 10 月××日上午，××市某建筑公司××分公司承建的××电视台演播中心裙楼工地发生一起重大职工因工伤亡事故。大演播厅舞台在浇筑顶部混凝土施工中，因模板支撑系统失稳，大演播厅舞台屋盖坍塌，造成 6 人死亡，35 人受伤（其中重伤 11 人），直接经济损失 70.7815 万元。

（2）工程概况：××电视台演播中心采用现浇框架剪刀墙结构体系。演播中心工程大演播厅总高 38m（其中地下 8.70m，地上 29.30m），面积 624m^2。

（3）工程建设情况：在大演播厅舞台支撑系统支架搭设前，项目部按搭设顶部模板支撑系统的施工方法，完成了三个演播厅、一个门厅和一个观众厅的施工（都没有施工方案）。

2022 年 1 月，该建筑公司××分公司由项目工程师茅某编制了"上部结构施工组织设计"，并于 1 月 30 日经项目副经理成某和分公司副主任工程师赵某批准实施。

7 月 22 日开始搭设大演播厅舞台顶部模板支撑系统，由于工程需要和材料供应等方面的问题，支架搭设施工时断时续。搭设时没有施工方案，没有图纸，没有进行技术交底。由项目部副经理成某决定支架三维尺寸按常规（即前五个厅的支架尺寸）进行搭设，由项目部施工人员丁某在现场指挥搭设。搭设开始约 15 天后，××分公司副主任工程师赵某将"模板工程施工方案"交给丁某。丁某看到施工方案后，向成某作了汇报，成某答复还按以前的规格搭架子，到最后再加固。

模板支撑系统支架由××三建劳务公司组织现场的朱某工程队进行搭设（朱某是以个人名义挂靠在××三建江浦劳务基地，事故发生时朱某工程队共 17 名民工，其中 5 人无特种作业人员操作证），搭设支架的全过程中，没有办理自检、互检、交接检、专职检的手续，搭设完毕后未按规定进行整体验收。

10 月 17 日开始进行支撑系统模板安装，10 月 24 日完成。23 日木工工长孙某向项目部副经理成某反映水平杆加固没有到位，成某即安排架子工加固支架，25 日浇筑混凝土时仍有 6 名架子工在加固支架。

10 月 25 日 6 时 55 分开始浇筑混凝土，项目部资料质量员姜某 8 时多才补填混凝土浇捣令，并送监理公司总监韩某签字，韩某将日期签为 24 日。

（4）事故发生：浇筑现场由项目部混凝土工长邢某负责指挥。浇筑时，由于输送混凝土管有冲击和振动等影响，部分支撑管件受力过大和失稳，出现大厅内模板支架系统整体倒塌。屋顶模板上正在浇筑混凝土的工人纷纷随塌落的支架和模板坠落，部分工人被塌落的支架、楼板和混凝土浆淹埋。

（5）分析以上案例回答以下问题：

1）有关单位和责任人分别违反了哪些法规？

2）有关单位及施工人员应如何处理才能避免事故的发生？

6.3　建立健全安全生产管理制度

制度建设是做好一切工作特别是安全工作的基础，建立和不断完善安全管理制度体系，切实将各项安全管理制度落实到建筑生产中是实现安全生产的管理目标的重要手段。

6.3.1　建筑施工企业安全许可制度

为了严格规范建筑施工企业安全生产条件，进一步加强安全生产监督管理，防止和减少生产安全事故，建设部根据《安全生产许可证条例》《建设工程安全生产管理条例》等有关行政法规，于 2004 年 7 月发布《建筑施工企业安全生产许可证管理规定》（以下简称《规定》）。

国家对建筑施工企业实行安全生产许可制度。建筑施工企业未取得安全生产许可证的，不得从事建筑施工活动。

《规定》主要内容如下：

1. 安全生产许可证的申请条件

建筑施工企业取得安全生产许可证，应当具备下列安全生产条件：

（1）建立、健全安全生产责任制，制定完备的安全生产规章制度和操作规程；

（2）保证本单位安全生产条件所需资金的投入；

（3）设备安全生产管理机构，按照国家有关规定配备专职安全生产管理人员；

（4）主要负责人、项目负责人、专职安全生产管理人员经建设主管部门或者其他有关部门考核合格；

（5）特种作业人员经有关业务主管部门考核合格，取得特种操作资格证书；

（6）管理人员和作业人员每年至少进行一次安全生产教育培训并考核合格；

（7）依法参加工伤保险，依法为施工现场从事危险作业的人员办理意外伤害保险，为从业人员交纳保险费；

（8）施工现场的办公、生活区作业场所和安全防护用具、机械设备、施工机具及配件符合有关安全生产法律、法规、标准和规程的要求；

（9）有职业危害防治措施，并为作业人员配备符合国家标准或者行业标准的安全防护用具和安全防护服装；

（10）依法进行安全评价；

（11）有对危险性较大的分部分项工程及施工现场易发生重大事故的部位、环节的预防、监控措施和应急预案；

（12）有安全事故应急救援预案、应急救援组织或者应急救援人员，配备必要的应急救援器材、设备；

（13）法律、法规规定的其他条件。

2. 安全生产许可证的申请与颁发

建筑施工企业从事建筑施工活动前，应当依照《规定》向省级以上建设主管部门申请领取安全生产许可证。中央管理的建筑施工企业（集团公司、总公司）应当向国务院建设主管部门申请领取安全生产许可证，其他的建筑施工企业，包括中央管理的建筑施工企业（集团公司、总公司）下属的建筑施工企业，应当向企业注册所在地省、自治区、直辖市人民政府建设主管部门申请领取安全生产许可证。

6.3.2　建筑施工企业安全教育培训管理制度

6.3.2.1　安全生产教育的基本要求

安全教育和培训要体现全面、全员、全过程。施工现场所有人均应接受过安全培训与教育，确保他们先接受安全教育懂得相应的安全知识后才能上岗。《企业主要责任人、项目负责人和专职安全生产管理人员安全生产考核管理暂行规定》规定，企业主要责任人、项目负责人和专职安全生产管理人员必须经建设行政主管部门或其他有关部门安全生产考核，考试合格取得安全生产合格证书后方可担任相应职务；教育要做到经常性。根据工程项目的不同、工程进展和环境的不同，对所有人员，尤其是施工现场的一线管理人员和工人实行动态的教育，做到经常化和制度化。为达到经常性安全教育的目的，教育可采用出板报、上安全课、观看安全教育影视片资料等形式，如图 6-1 所示，但更重要的是必须认真落实班前安全教育活动和安全技术交底制度，因为通过日常的班前教育活动和安全技术交底，告知工人在施工中应注意的问题和措施，也就可以让工人了解和掌握相关的安全知识，起到反复性和经常性的教育和学习的作用。《建筑施工安全检查标准》JGJ 59—2011 对安全教育提出如下要求：

图 6-1　安全教育

（1）企业和项目部必须建立安全教育制度。

（2）新工人应进行三级安全教育，即凡公司招收的新工人，及分配来的实习和代培人员，分别由公司进行一级安全教育，项目经理部进行二级安全教育，现场施工员及班组长进行三级安全教育，并要有安全教育的内容，时间及考核结果记录。

（3）安全教育要有具体的安全教育内容。

（4）工人变换工种时要进行安全教育。

（5）工人应掌握和了解本专业的安全规程和技能。

（6）施工管理人员应按规定进行年度培训。

（7）专职安全管理人员应按规定参加年度考核培训，年度考核培训合格才能上岗。

6.3.2.2 教育和培训时间

《建筑业企业职工安全培训教育暂行规定》的要求如下：

（1）企业法人代表、项目经理每年不少于30学时；

（2）专职管理和技术人员每年不少于40学时；

（3）其他管理和技术人员每年不少于20学时；

（4）特殊工种每年不少于20学时；

（5）其他职工每年不少于15学时；

（6）待、转、换岗位重新上岗前，接受一次不少于20学时的培训；

（7）新工人的公司、项目、班组三级培训教育时间分别不少于15学时、15学时、20学时。

6.3.2.3 教育和培训的内容

教育和培训按等级、层次和工作性质分别进行，三级安全教育是每个刚进企业的新工人必须接受的首次安全生产方面的基本教育，三级安全教育是指公司（即企业）、项目（或工程处，施工处、工区）、班组这三级。对新工人或调换工种的工人，必须按规定进行安全教育和技术培训，经考核合格，方准上岗。各级安全培训教育的主要内容为：

（1）公司教育

公司级的安全培训教育的主要内容为：

1）国家和地方有关安全生产、劳动保护的方针、政策、法律、法规、规范、标准及规章。

2）企业及其上级部门（主管局、集团、总公司、办事处等）印发的安全管理规章制度。

3）安全生产与劳动保护工作的目的、意义等。

（2）项目（或工程处、施工处、工区）级教育

项目级教育是新工人被分配到项目以后进行的安全教育。

项目经理部级安全培训教育的主要内容是：

1）建设工程施工生产的特点，施工现场的一般安全管理规定、要求。

2）施工现场的主要事故类别，常见多发性事故的特点、规律及预防措施，事故教训等。

3）本工程项目施工的基本情况（工程类型、施工阶段、作业特点等），施工中应当注意的安全事项。

（3）班组教育

班组教育又称岗前教育，其主要内容有：

1）本工种作业的安全技术操作要求。

2）本班组施工生产概况，包括工作性质、职责、范围等。

3）本人及本班组在施工过程中，所使用、所遇到的各种生产设备、设施、电气设

备、机械、工具的性能、作用、操作要求、安全防护要求。

4）个人使用和保管的各类劳动防护用品的正确穿戴、使用方法及劳防用品的基本原理与主要功能。

5）发生伤亡事故或其他事故。如火灾、爆炸、设备管理事故等，应采取的措施（救助抢险、保护现场、报告事故等）要求。

（4）三级教育的要求

1）三级教育一般由企业的安全、教育、劳动、技术等部门配合进行。

2）受教育者必须经过考试合格后才准许进入生产岗位。

3）给每一名职工建立职工劳动保护教育卡，记录三级教育、变换工种教育等教育考核情况，并由教育者与受教育者双方签字后入册。

6.3.2.4 特种作业人员培训（图6-2a）

（1）建筑企业特种作业人员一般包括建筑电工、焊工、建筑架子工、司炉工、爆破工、机械操作工、起重工、塔式起重机司机及指挥人员、人货两用电梯司机等。

（2）建筑企业特种作业人员除进行一般安全教育外，还要执行《建筑施工安全检查标准》JGJ 59—2011的有关规定，按国家、政府、地方和企业规定进行本工种专业培训、资格考核，取得《中华人民共和国特种作业操作证》（图6-2b）后上岗。

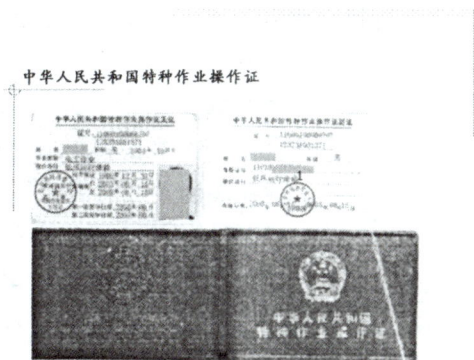

(a) (b)

图 6-2 特种作业人员培训

（a）特种作业人员培训；（b）特种作业操作证

（3）特种作业人员取得岗位操作证后每年仍应接受有针对性的安全培训。

6.3.2.5 三类人员考核任职制度

三类人员考核任职制度是从源头上加强安全生产监管的有效措施，是强化建筑施工安全生产管理的重要手段。

依据建设部《关于印发〈建筑施工企业主要负责人、项目负责人、专职安全生产管理人员安全生产考核管理暂行规定〉的通知》（建质〔2004〕59号）的规定，为贯彻落实《安全生产法》《建筑工程安全生产管理条例》和《安全生产许可证条例》，提高建筑施工企业主要负责人、项目负责人、专职安全生产管理人员安全生产知识水平和管理能

223

力，保证建筑施工安全生产，对建筑施工企业三类人员进行考核认定。三类人员应当经建设行政主管部门或者其他有关部门考核合格后方可任职。

1. 三类人员考核任职制度的对象

（1）建筑施工企业的主要负责人、项目负责人、专职安全生产管理人员。

（2）建筑施工企业主要负责人包括企业法定代表人、经理、企业分管安全生产工作的副经理等。

（3）建筑施工企业项目负责人，是指经企业法人授权的项目管理的负责人等。

（4）建筑施工企业专职安全生产管理人员，是指在企业专职从事安全生产管理工作的人员，包括企业安全生产管理机构的负责人及其工作人员和施工现场专职安全生产管理人员。

2. 三类人员考核任职的主要内容

（1）考核的目的和依据：根据《安全生产法》《建筑工程安全生产管理条例》和《安全生产许可证条例》等法律法规，旨在提高建筑施工企业主要负责人、项目责任人和专职安全生产管理人员的安全生产知识水平和管理能力，保证建筑施工安全生产。

（2）考核范围：在中华人民共和国境内从事建设工程施工活动的建筑施工企业管理人员以及实施和参与安全生产考核管理的人员，建筑施工企业管理人员必须经建设行政主管部门或者其他有关部门安全生产考核，考核合格取得安全生产考核合格证书后，方可担任相应职务。建筑施工企业管理人员安全生产考核内容包括安全生产知识和管理能力。

6.3.2.6 班前教育制度

《建筑施工安全检查标准》JGJ 59—2011对班前活动提出如下的要求：

（1）要建立班前活动制度，班前活动，是安全管理的一个重要环节，是提高工人的安全素质，落实安全技术措施，减少事故发生的有效途径。班前安全活动是班组长或管理人员，在每天上班前，检查了解班组的施工环境、设备和工人的防护用品的佩戴情况，总结前一天的施工情况，根据当天施工任务特点和分工情况，讲解有关的安全技术措施，同时预知操作中可能出现的不安全因素，提醒大家注意和采取相应的防范措施。

（2）班前安全活动要有记录，每次班前活动均应简要记录重点活动内容，活动记录应收录为安全管理档案资料。

6.3.2.7 安全生产的经常性教育

企业在做好新工人入场教育、特种作业人员安全生产教育和各级领导干部、安全管理干部的安全生产培训的同时，还必须把经常性的安全教育贯穿于管理工作的过程，并根据接受教育对象的不同特点，采取多层次、多渠道和各种方法进行。安全生产教育多种多样，应贯彻及时性、严肃性、真实性，做到简明、醒目，具体形式如下：

（1）施工现场（车间）入口处的安全纪律牌。

（2）举办安全生产训练班、讲座、报告会、事故分析会。

（3）建立安全防护教育室，举办安全防护展览。

（4）举办安全防护广播，印发安全防护简报、通报等，办安全防护黑板报、宣传栏。

（5）张挂安全防护标志和标语口号。

（6）举办安全防护文艺演出、放映安全防护音像制品。

（7）组织家属做好职工的安全生产思想工作。

6.3.2.8　安全教育与培训检查

《建筑施工安全检查标准》JGJ 59—2011对安全教育与培训的监督检查主要是以下几个方面：

（1）检查施工单位的安全教育制度。建筑施工企业要广泛开展安全生产宣传教育，使各级领导和广大职工真正认识到安全生产的重要性、必要性，懂得安全生产、文明施工的科学知识，牢固树立安全第一的思想，自觉地遵守各项安全生产法令和规章制度。因此，企业要建立健全安全教育和培训考核制度。

（2）检查新入场工人三级安全教育情况。现在临时劳务工多，伤亡事故多发生在临时劳务工之中，因此在三级安全教育上，应把临时劳务工作为新入场工人对待。新工人（包括合同工、临时工、学徒工、实习和代培人员）都必须进行三级安全教育。主要检查施工单位、工区、班组对新入场工人的三级教育考核记录。

（3）检查安全教育内容。安全教育要有具体内容，要把《建筑工人安全技术操作规程》作为安全教育的重要内容，做到人手一册，除此以外，企业、工程处、项目经理部、班组都要有具体的安全教育内容。电工、焊工、架子工、司炉工、爆破工、机械工及起重工、打桩机和各种机动车辆司机等特殊工种要有相应的安全教育内容。经教育合格后，方准独立操作，每年还要复审。对从事有尘毒危害作业的工人，要进行尘毒危害和防治知识教育，也应有安全教育内容。

主要检查每个工人包括特殊工种工人是否人手一册《建筑工人安全技术操作规程》，检查企业、工程处、项目经理部、班组的安全教育资料。

（4）检查交换工种时是否进行安全教育。各工种工人及特殊工种工人除懂得一般安全生产知识外，还要懂各自的安全技术操作规程，当采用新技术、新工艺、新设备施工和调换工作岗位时，要对操作人员进行新技术操作和新岗位的安全教育，未经教育不得上岗操作。主要检查变换工种的工人在调换工种时重新进行安全教育的记录；检查采用新技术、新工艺、新设备施工时，应进行新技术操作安全教育的记录。

（5）检查工人对本工种安全操作规程的熟悉程度。该条是考核各工种工人掌握《建筑工人安全技术操作规程》的熟悉程度，也是施工单位对各工种工人安全教育效果的检查。按《建筑工人安全技术操作规程》的内容，到施工现场（车间）进行随机抽查各工种工人对本工种安全技术操作规程的问答，各工种工人宜抽2人以上进行问答。

（6）检查施工管理人员的年度培训。若各级建设行政主管部门，行文规定施工单位的施工管理人员进行年度有关安全生产方面的培训，施工单位应按各级建设行政主管部门文件规定，安排施工管理人员去培训。施工单位内部也要规定施工管理人员每年进行一次有关安全生产工作的培训学习。主要检查施工管理人员是否进行年度培训的记录。

（7）检查专职安全员的年度培训考核情况。建设部、各省、自治区、直辖市建设行政主管部门规定专职安全员要进行年度培训考核，具体由县级、地区（市）级建设行政主管部门经办。建设企业应根据上级建设行政主管部门的规定，对本企业的专职安全员进行年度培训考核，提高专职安全员的专业技术水平和安全生产工作的管理水平。按上级建设行政管理部门和本企业有关安全生产管理文件，考核专职安全员是否进行年度培训考核及考核是否合格，未进行安全培训的或考核不合格的，是否仍在岗工作等。

6.3.3 安全生产责任制度

安全生产责任制度就是对各级负责人、职能部门以及各类施工人员在管理和施工过程中应当承担的责任作出明确的规定。具体来说，就是将安全生产责任分解到施工单位的主要负责人、项目负责人、班组长以及每个岗位的作业人员身上。安全生产责任制度是施工企业最基本的安全管理制度，是施工企业安全生产管理的核心和中心环节。依据《建设工程安全生产管理条例》和《建筑施工安全检查标准》的相关规定，安全生产责任制度的主要内容如下：

1. 安全生产责任制的基本要求

（1）公司和项目部必须建立健全安全生产责任制，制定各级人员和部门的安全生产职责，并要打印成文。

（2）各级管理部门及各类人员均要认真执行责任制。公司及项目部应制定与安全生产责任制相应的检查和考核办法，执行情况的考核结果应有记录。

（3）经济承包合同中必须要有具体的安全生产指标和要求。在企业与业主、企业与项目部、总包单位与分包单位、项目部与劳务队的承包合同中都应确定安全生产指标、要求和安全生产责任。

（4）项目部应为项目的主要工种印制相应的安全技术操作规程，并应将安全技术操作规程列为日常安全活动和安全教育的主要内容，并悬挂在操作岗位前。

（5）施工现场应按规定配备专（兼）职安全员。建筑工程、建筑装饰、装修工程的专职安全员应按规定配置足够的专职安全员（一般，建筑面积1万平方米以及以下的工程至少1人；1万～5万平方米的工程至少2人；5万平方米以上的工程至少3人）。并应设置安全主管，按土建、机电设备等专业设置专职安全生产管理人员。不论是兼职或是专职安全员都必须有安全员证。

（6）管理人员责任制考核要合格。企业或项目部要根据责任制的考核办法定期进行考核，督促和要求各级管理人员的责任制考核都要达到合格。各级管理人员也必须清楚了解自己的安全生产工作职责。

2. 有关人员的安全职责

（1）项目经理的职责

项目经理是本项目安全生产的第一责任者，负责整个项目的安全生产工作，对所管辖工程项目的安全生产负直接领导责任。

1）对合同工程项目生产经营过程中的安全生产负全面领导责任。

2）在项目施工生产全过程中，认真贯彻落实安全生产方针政策、法律法规和各项规章制度，结合项目工程特点及施工全过程的情况，制定本项目工程各项安全生产管理办法，或有针对性地提出安全管理要求，并监督其实施。严格履行安全考核指标和安全生产奖惩办法。

3）在组织项目工程业务承包，聘用业务人员时，必须本着安全工作只能加强的原则，根据工程特点确定安全工作的管理制度、配备人员，并明确各业务承包人的安全责任和考核指标，支持、指导安全管理人员的工作。

4）健全和完善用工管理手续，录用外包队必须及时向有关部门申报，严格用工制度与管理，适时组织上岗安全教育，要对外包工队的健康与安全负责，加强劳动保护工作。

5）认真落实施工组织设计中的安全技术措施及安全技术管理的各项措施，严格执行安全技术审批制度，组织并监督项目工程施工中的安全技术交底制度和设备、设施验收制度的实施。

6）领导、组织施工现场定期的安全生产检查，发现施工生产中不安全问题，组织采取措施，及时解决。对上级提出的安全生产与管理方面的问题，要定时、定人、定措施予以解决。

7）发生事故，及时上报，保护好现场，做好抢救工作，积极配合事故的调查，认真落实纠正和防范措施，吸取事故教训。

（2）项目技术负责人职责

1）对项目工程生产经营中的安全生产负技术责任。

2）贯彻、落实安全生产方针、政策，严格执行安全技术规程、规范、标准，结合项目工程特点，主持项目工程的安全技术交底。

3）参加或组织编制施工组织设计；编制、审查施工方案时，要制定、审查安全技术措施，保证其可行性与针对性，并随时检查、监督、落实。

4）主持制定专项施工方案、技术措施计划和季节性施工方案的同时，制定相应的安全技术措施并监督执行，及时解决执行中出现的问题。

5）及时组织应用新材料、新技术、新工艺及相关人员的安全技术培训。认真执行安全技术措施与安全操作规程，预防施工中因化学物品引起的火灾、中毒或其新工艺实施中可能造成的事故。

6）主持安全防护设施和设备的检查验收，发现设备、设施的不正常情况应及时采取措施，严格控制不符合标准要求的防护设备、设施投入使用。

7）参加安全生产检查，对施工中存在的不安全因素，从技术方面提出整改措施及时予以消除。

8）参加、配合因工伤及重大未遂事故的调查，从技术上分析事故的原因，提出防范措施、意见。

（3）施工员的职责

1）严格执行安全生产各项规章制度，对所管辖单位工程的安全生产负直接领导责任。

2）认真落实施工组织设计中安全技术措施，针对生产任务特点，向作业班组进行详细的书面安全技术交底，履行签认手续并对规程、措施、交底要求执行情况随时检查，随时纠正违章作业。

3）随时检查作业内的各项防护设施、设备的安全状况，随时消除不安全因素，不违章指挥。

4）配合项目安全员定期和不定期地组织班组学习安全操作规程，开展安全生产活动，督促、检查工人正确使用个人防护用品。

5）对应用的新材料、新工艺、新技术严格执行申报和审批制度，发现问题，及时停止使用，并报有关部门或领导。

6）发生工伤事故、未遂事故要立即上报，保护好现场；参与工伤及其他事故的调查处理。

（4）安全员的职责

1）认真贯彻执行劳动保护、安全生产的方针、政策、法令、法规、规范标准，做好安全生产的宣传教育和管理工作，推广先进经验。对本项目的安全生产负检查、监督的责任。

2）深入施工现场，负责施工现场生产巡视督查，并做好记录，指导下级安全技术人员工作，掌握安全生产情况，调查研究生产中的不安全问题，提出改进意见和措施，并对执行情况进行监督检查。

3）协助项目经理组织安全活动和安全检查。

4）参加审查施工组织设计和安全技术措施计划，并对执行情况进行监督检查。

5）组织本项目新工人的安全技术培训、考核工作。

6）制止违章指挥、违章作业，发现现场存在安全隐患时，应及时向企业安全生产管理机构和工程项目经理报告，遇有险情有权暂停生产，并报告领导处理。

7）进行工伤事故统计分析和报告，参加工伤事故调查、处理。

8）负责本项目部的安全生产、文明施工、劳务手续的办理及治安保卫的管理工作。

（5）班组长的职责

1）认真执行安全生产规章制度及安全操作规程，合理安排班组人员工作，对本班组人员在生产中的安全和健康负责。

2）经常组织班组人员学习安全操作规程，监督班组人员正确使用个人劳保用品，不断提高自保能力。

3）认真落实安全技术交底，做好班前教育工作，不违章指挥、冒险蛮干。

4）随时检查班组作业现场安全生产状况，发现问题及时解决并上报有关领导。

5）认真做好新工人的岗位教育。

6）发生工伤事故及未遂事故，保护好现场，立即上报有关领导。

6.3.4 施工组织设计和专项施工方案的安全编审制度

施工组织设计或专项施工方案是组织建筑工程施工的纲领性文件，是指导施工准备和组织施工的全面性的技术、经济文件，是指导现场施工的规范性文件。

1. 安全施工方案编审制度

《建筑施工安全检查标准》JGJ 59—2011 对施工组织设计或施工方案提出如下的要求：

（1）施工组织设计中要有安全技术措施。《建筑工程安全生产管理条例》规定施工单位应在施工组织设计中编制安全技术措施和施工现场临时用电方案。

（2）施工组织设计必须经审批以后才能实施施工。工程技术人员编制的安全专项施工方案，由施工企业技术部门专业技术人员及专业监理工程师进行审核，审核合格，由施工企业技术负责人，监理单位的总监理工程师签字。无施工组织设计（方案）或施工组织设计（方案）未经审批的不能开始该项目的施工，实施过程中，也不得擅自更改。

（3）对专业性较强的项目，应单独编制专项施工组织设计（方案）。建筑施工企业应按规定对达到一定规模的危险性较大的分部、分项工程在施工前由施工企业专业工程技术人员编制安全专项施工方案，并附具安全验算结果，由施工企业技术部门专业技术人员及专业监理工程师进行审核，审核合格，由施工企业技术负责人、监理单位的总监理工程师签字，由专职安全生产管理人员监督执行。对于特别重要的专项施工方案还应组织安全专项施工方案专家组进行论证、审查。

（4）安全措施要全面、要有针对性。编制安全技术措施时要结合现场实际、工程具体特点以及企业或项目部的安全技术装备和安全管理水平等来制定，把施工中的各种不利因素和安全隐患考虑周全，并制定详尽的措施一一予以解决。

（5）安全措施要落实。安全技术措施不仅要具体、要有针对性，还要在施工中落实到实处，防止应付检查编计划，空喊口号不落实，使安全措施流于形式。

2. 安全技术措施及方案变更管理

（1）施工过程中如发生设计变更，选定的安全技术措施也必须随着变更，否则不准施工。

（2）施工过程中确实需要修改拟定的技术措施时，必须经编制人同意，并办理修改审批手续。

6.3.5 安全技术交底制度

安全技术交底制度是安全制度的重要组成部分。为贯彻落实国家安全生产方针、政策、规程规范、行业标准及企业各种规章制度，及时对安全生产、工人职业健康进行有效预控，提高施工管理、操作人员的安全生产管理水平及其操作技能，努力创造安全生产环境。根据《中华人民共和国安全生产法》《建设工程安全生产管理条例》《施工企业安全检查标准》等有关规定，在进行工程技术交底的同时要进行安全技术交底。《建筑施工安全检查标准》JGJ 59—2011 对安全技术交底提出如下的要求：

（1）施工企业应建立健全安全交底制度，并分级进行书面文字交底，交底要履行签字手续。

（2）安全技术交底是对施工方案的细化和补充，技术交底必须具体、明确、针对性强。分部分项工程的交底，不但要口头讲解，同时还应附以书面文字交底资料。

6.3.6 安全检查制度

1. 安全生产检查的意义

（1）通过检查，可以发现施工（生产）中的不安全因素（人的不安全行为和物的不安全状态）、职业健康不卫生问题，从而采取对策，消除不安全因素，保障安全生产。

（2）利用安全生产检查，进一步宣传、贯彻、落实党和国家安全生产方针、政策和各项安全生产规章制度。

（3）安全检查实质上也是一次群众性的安全教育。通过检查，增强领导和群众安全意识，纠正违章指挥、违章作业，提高安全生产的自觉性和责任感。

（4）通过检查可以互相学习、总结经验、吸取教训、取长补短，有利于进一步促进安全生产工作。

（5）通过安全生产检查，了解安全生产状态，为分析安全生产形势、研究加强安全管理提供信息和依据。

2. 安全检查制度

以往安全检查主要靠感性和经验，进行目测、口讲。安全评价也往往是"安全"或"不安全"的定性估计多。随着安全管理科学化、标准化、规范化、安全检查工作也不断地进行改革、深化。目前安全检查基本上都采用安全检查表和实测的检测手段，进行定性定量的安全评价。《建筑施工安全检查标准》JGJ 59—2011 对安全检查提出了具体要求：

（1）安全检查要有定期的检查制度。项目参建单位特别是建筑安装工程施工企业，要建立健全确实可行的安全检查制度，并把各项制度落实到工程实际当中。建筑安装工程施工企业除进行日常性的安全检查外，还要制定和实施定期的安全检查。

（2）组织领导。各种安全检查都应该根据检查要求配备力量，特别是大范围、全国性安全检查，要明确检查负责人，抽调专业人员参加检查，进行分工，明确检查内容、标准及要求。

（3）要有明确的目的。各种安全检查都应有明确的检查目的和检查项目、内容及标准。重要内容（如，在安全管理上，安全生产责任制的落实，安全技术措施经费的提取使用等）、关键部位，如安全设施（《建筑施工安全检查标准》JGJ 59—2011 "保证项目"）要重点检查。大面积或数量多的相同内容的项目，可采取系统的观感和一定数量的测点相结合的检查方法。检查时尽量采用检测工具，用数据说话。对现场管理人员和操作工人不仅要检查是否有违章指挥和违章作业行为，还应进行应知抽查，以便了解管理人员及操作工人的安全素质。

（4）检查记录是安全评价的依据，因此要认真、详细。特别是对隐患的记录必须具体（如隐患的部位、危险性程度等），然后整理出需要立即整改的项目和在一段时间内必须整改的项目，并及时将检查结果通知有关人员，安全技术交底和班前教育活动更具针对性。做好有关安全问题和隐患记录，并及时建立安全管理档案。

（5）安全评价。安全检查后要认真地、全面地进行系统分析，并进行安全评价。哪些检查项目已达标；哪些检查项目虽然基本上达标，但具体还有哪些方面需要进行完善；哪些项目没有达标，存在哪些问题需要整改。要及时填写安全检查评分表（安全检查评分表应记录每项扣分的原因）、事故隐患通知书、违章处罚通知书或停工通知等。受检单位（即使本单位自检也需要安全评价）根据安全评价结果，研究对策，进行整改和加强管理。

（6）整改是安全检查工作重要组成部分，是检查结果的归宿。整改工作包括隐患登记、整改、复查、销案。

检查中发现的隐患应该进行登记，不仅是作为整改的备查依据，而且是提供安全动态分析的重要信息渠道。如各单位或多数单位（工地、车间）安全检查都发现同类型隐患，说明是"通病"。若某单位安全检查中经常出现相同隐患，说明没有整改或整改不彻底形成"顽固症"。根据隐患记录信息流，可以作出指导安全管理的决策。

安全检查中查出的隐患除进行登记外，还应发出隐患整改通知单，引起整改单位重视。对凡是有继发性事故危险的隐患，检查人员应责令停工，被查单位必须立即整改。对于违章指挥、违章作业行为，检查人员可以当场指出，进行纠正。被检查单位领导对查出的隐患，应立即研究整改方案，进行"三定"（即定人、定期限、定措施），立项进行整改，负责整改的单位、人员在整改完成后要及时向安全等有关部门反馈信息，安全等有关部门要立即派人进行复查，经复查整改合格，进行销案。

6.3.7　安全事故处理

1. 安全事故等级划分

《生产安全事故报告和调查处理条例》规定，根据生产安全事故（以下简称事故）造成的人员伤亡或者直接经济损失，事故一般分为以下等级：

（1）特别重大事故，是指造成 30 人以上死亡，或者 100 人以上重伤（包括急性工业中毒），或者 1 亿元以上直接经济损失的事故；

（2）重大事故，是指造成 10 人以上 30 人以下死亡，或者 50 人以上 100 人以下重伤，或者 5000 万元以上 1 亿元以下直接经济损失的事故；

（3）较大事故，是指造成 3 人以上 10 人以下死亡，或者 10 人以上 50 人以下重伤，或者 1000 万元以上 5000 万元以下直接经济损失的事故；

（4）一般事故，是指造成 3 人以下死亡，或者 10 人以下重伤，或者 1000 万元以下直接经济损失的事故。

2. 事故报告

《生产安全事故报告和调查处理条例》规定：

（1）事故发生后，事故现场有关人员应当立即向本单位负责人报告；单位负责人接到报告后，应当于 1 小时内向事故发生地县级以上人民政府安全生产监督管理部门和负有安全生产监督管理职责的有关部门报告。

情况紧急时，事故现场有关人员可以直接向事故发生地县级以上人民政府安全生产监督管理部门和负有安全生产监督管理职责的有关部门报告。

（2）安全生产监督管理部门和负有安全生产监督管理职责的有关部门接到事故报告后，应当依照下列规定上报事故情况，并通知公安机关、劳动保障行政部门、工会和人民检察院：

1）特别重大事故、重大事故逐级上报至国务院安全生产监督管理部门和负有安全生产监督管理职责的有关部门；

2）较大事故逐级上报至省、自治区、直辖市人民政府安全生产监督管理部门和负有安全生产监督管理职责的有关部门；

3）一般事故上报至设区的市级人民政府安全生产监督管理部门和负有安全生产监督管理职责的有关部门。

安全生产监督管理部门和负有安全生产监督管理职责的有关部门依照前款规定上报事故情况，应当同时报告本级人民政府。国务院安全生产监督管理部门和负有安全生产监督管理职责的有关部门以及省级人民政府接到发生特别重大事故、重大事故的报告后，应当立即报告国务院。

必要时，安全生产监督管理部门和负有安全生产监督管理职责的有关部门可以越级上报事故情况。

（3）安全生产监督管理部门和负有安全生产监督管理职责的有关部门逐级上报事故情况，每级上报的时间不得超过2小时。

（4）事故报告后出现新情况的，应当及时补报。

自事故发生之日起30日内，事故造成的伤亡人数发生变化的，应当及时补报。道路交通事故、火灾事故自发生之日起7日内，事故造成的伤亡人数发生变化的，应当及时补报。

（5）事故发生单位负责人接到事故报告后，应当立即启动事故相应应急预案，或者采取有效措施，组织抢救，防止事故扩大，减少人员伤亡和财产损失。

（6）事故发生地有关地方人民政府、安全生产监督管理部门和负有安全生产监督管理职责的有关部门接到事故报告后，其负责人应当立即赶赴事故现场，组织事故救援。

（7）事故发生后，有关单位和人员应当妥善保护事故现场以及相关证据，任何单位和个人不得破坏事故现场、毁灭相关证据。

因抢救人员、防止事故扩大以及疏通交通等原因，需要移动事故现场物件的，应当做出标志，绘制现场简图并做出书面记录，妥善保存现场重要痕迹、物证。

（8）事故发生地公安机关根据事故的情况，对涉嫌犯罪的，应当依法立案侦查，采取强制措施和侦查措施。犯罪嫌疑人逃匿的，公安机关应当迅速追捕归案。

（9）安全生产监督管理部门和负有安全生产监督管理职责的有关部门应当建立值班制度，并向社会公布值班电话，受理事故报告和举报。

（10）报告事故应当包括下列内容：

1）事故发生单位概况；

2）事故发生的时间、地点以及事故现场情况；

3）事故的简要经过；

4）事故已经造成或者可能造成的伤亡人数（包括下落不明的人数）和初步估计的直接经济损失；

5）已经采取的措施；

6）其他应当报告的情况。

3. 事故处理

《生产安全事故报告和调查处理条例》规定：

（1）重大事故、较大事故、一般事故，负责事故调查的人民政府应当自收到事故调查报告之日起 15 日内做出批复；特别重大事故，30 日内做出批复，特殊情况下，批复时间可以适当延长，但延长的时间最长不超过 30 日。

有关机关应当按照人民政府的批复，依照法律、行政法规规定的权限和程序，对事故发生单位和有关人员进行处罚，对负有事故责任的国家工作人员进行处分。

事故发生单位应当按照负责事故调查的人民政府的批复，对本单位负有事故责任的人员进行处理。

负有事故责任的人员涉嫌犯罪的，依法追究刑事责任。

（2）事故发生单位应当认真吸取事故教训，落实防范和整改措施，防止事故再次发生。防范和整改措施的落实情况应当接受工会和职工的监督。

安全生产监督管理部门和负有安全生产监督管理职责的有关部门应当对事故发生单位落实防范和整改措施的情况进行监督检查。

（3）事故处理的情况由负责事故调查的人民政府或者其授权的有关部门、机构向社会公布，依法应当保密的除外。

第三十五条 事故发生单位主要负责人有下列行为之一的，处上一年年收入 40% 至 80% 的罚款；属于国家工作人员的，并依法给予处分；构成犯罪的，依法追究刑事责任：

（一）不立即组织事故抢救的；

（二）迟报或者漏报事故的；

（三）在事故调查处理期间擅离职守的。

4. 法律责任

《生产安全事故报告和调查处理条例》规定：

（1）事故发生单位及其有关人员有下列行为之一的，对事故发生单位处 100 万元以上 500 万元以下的罚款；对主要负责人、直接负责的主管人员和其他直接责任人员处上一年年收入 60% 至 100% 的罚款；属于国家工作人员的，并依法给予处分；构成违反治安管理行为的，由公安机关依法给予治安管理处罚；构成犯罪的，依法追究刑事责任：

1）谎报或者瞒报事故的；

2）伪造或者故意破坏事故现场的；

3）转移、隐匿资金、财产，或者销毁有关证据、资料的；

4）拒绝接受调查或者拒绝提供有关情况和资料的；

5）在事故调查中作伪证或者指使他人作伪证的；

6）事故发生后逃匿的。

（2）事故发生单位对事故发生负有责任的，依照下列规定处以罚款：

1）发生一般事故的，处 10 万元以上 20 万元以下的罚款；

2）发生较大事故的，处 20 万元以上 50 万元以下的罚款；

3）发生重大事故的，处 50 万元以上 200 万元以下的罚款；

4）发生特别重大事故的，处 200 万元以上 500 万元以下的罚款。

（3）事故发生单位主要负责人未依法履行安全生产管理职责，导致事故发生的，依照下列规定处以罚款；属于国家工作人员的，并依法给予处分；构成犯罪的，依法追究刑事责任：

1）发生一般事故的，处上一年年收入 30% 的罚款；

2）发生较大事故的，处上一年年收入 40% 的罚款；

3）发生重大事故的，处上一年年收入 60% 的罚款；

4）发生特别重大事故的，处上一年年收入 80% 的罚款。

（4）有关地方人民政府、安全生产监督管理部门和负有安全生产监督管理职责的有关部门有下列行为之一的，对直接负责的主管人员和其他直接责任人员依法给予处分；构成犯罪的，依法追究刑事责任：

1）不立即组织事故抢救的；

2）迟报、漏报、谎报或者瞒报事故的；

3）阻碍、干涉事故调查工作的；

4）在事故调查中作伪证或者指使他人作伪证的。

（5）事故发生单位对事故发生负有责任的，由有关部门依法暂扣或者吊销其有关证照；对事故发生单位负有事故责任的有关人员，依法暂停或者撤销其与安全生产有关的执业资格、岗位证书；事故发生单位主要负责人受到刑事处罚或者撤职处分的，自刑罚执行完毕或者受处分之日起，5 年内不得担任任何生产经营单位的主要负责人。

为发生事故的单位提供虚假证明的中介机构，由有关部门依法暂扣或者吊销其有关证照及其相关人员的执业资格；构成犯罪的，依法追究刑事责任。

（6）参与事故调查的人员在事故调查中有下列行为之一的，依法给予处分；构成犯罪的，依法追究刑事责任：

1）对事故调查工作不负责任，致使事故调查工作有重大疏漏的；

2）包庇、袒护负有事故责任的人员或者借机打击报复的。

（7）违反本条例规定，有关地方人民政府或者有关部门故意拖延或者拒绝落实经批复的对事故责任人的处理意见的，由监察机关对有关责任人员依法给予处分。

（8）本条例规定的罚款的行政处罚，由安全生产监督管理部门决定。

法律、行政法规对行政处罚的种类、幅度和决定机关另有规定的，依照其规定。

6.3.8　安全标志规范悬挂制度

安全标志由安全色、几何图形和图形符号构成，以此表达特定的安全信息。安全标志分为禁止标志、警告标志、指令标志、提示标志四类。

《建筑施工安全检查标准》JGJ 59—2011 对施工现场安全标志设置提出具体要求：

（1）由于建筑生产活动大多为露天、高处作业，不安全因素较多，有些工作危险性较大是事故多发的行业，为引起人们对不安全因素的注意，预防发生事故，建筑施工企业在施工组织设计或施工组织的安全方案中或其他相关的规划、方案中必须绘制安全标志平面图。

（2）项目部必须按批准的安全标志平面图，设置安全标志，坚决杜绝不按规定规范设置或不设置安全标志的行为。常见的安全标志如图 6-3 所示。

禁止吸烟	禁止触摸	禁止跨越	禁止烟火
禁止攀登	禁止跳下	禁止启动	禁止乘人
紧急出口	注意安全	当心火灾	当心触电
必须戴安全帽	必须戴防护手套	必须系安全带	

图 6-3　常见的安全标志

6.3.9 其他制度

建筑施工企业、项目部建立以上制度的同时，尚应建立文明施工管理制度、施工起重机械使用登记制度、安全生产事故应急救援制度、意外伤害保险制度、消防安全管理制度、施工供电、用电管理制度；施工区交通管理制度；安全例会制度；防尘、防毒、防爆安全管理制度等。

复习思考题

1. 简述《建筑施工安全检查标准》JGJ 59—2011 对安全、安全教育与培训的要求。
2. 简要回答"三级教育"的含义及其教育的内容。
3. 特种作业人员的安全教育和培训有哪些要求？
4. 在施工现场应如何做好安全技术交底？
5. 施工现场班前教育活动的内容有哪些？
6. 简述《建筑施工安全检查标准》JGJ 59—2011 对安全生产责任制的要求。
7. 简述《建筑施工安全检查标准》JGJ 59—2011 对安全生产施工组织设计的要求。
8. 简述《建筑施工安全检查标准》JGJ 59—2011 对安全生产检查的要求。
9. 国家的有关规定对企业发生伤亡事故的报告程序有哪些要求？
10. 《建筑施工安全检查标准》JGJ 59—2011 对安全生产标志的要求有哪些？

安全管理职业活动训练

活动一：分组讨论书中所述安全管理制度的目的与意义
1. 分组要求：全班分 6～8 个组，每组 5～7 人。
2. 讨论内容：书中所述安全管理制度的目的与意义。
3. 成果：以小组为单位写出讨论报告。

活动二：阅读工程安全教育资料
1. 分组要求：全班分 6～8 个组，每组 5～7 人。
2. 资料要求：选择 6～8 个不同建设工程项目安全教育管理档案资料，每组一套。
3. 阅读要求：学生在老师指导下阅读有关安全教育资料，注重学习安全教育的资料内容和安全教育的有关要求。
4. 成果：以小组为单位写出学习体会，并提出自己的见解。

活动三：模拟组织新工人的入场安全教育
1. 分组要求：全班分两个组，一个项目部级安全教育组和一个工人班组级安全教育组。
2. 教育组织：由项目部级安全教育组对工人班组级安全教育组进行项目部级安全教育；由工人班组级组对项目部级组进行工人班组级安全教育。
3. 成果：按要求填写有关教育登记表和考核表。

6.4　安全生产管理预案

建筑产品的生产不同于其他行业，有其特殊的生产特点，正是由于建筑产品自身的特点，使得建筑生产的安全管理工作不可能形成一套相对固定的行之有效的管理办法。在建筑施工这个特殊、复杂、因素多变的生产过程中存在着诸多的危险因素，因此，建筑业是一个事故多发的行业，据全国伤亡事故统计，建筑业伤亡事故率仅次于矿山行业。另外，建筑施工的对象是不同类型的工业、民用、公共建筑物或构筑物，而每个建筑物或构筑物的施工，从开工到完工都要历经诸如土方、打桩、砌筑、钢筋混凝土、吊装、装饰等若干个分部、分项工程，各个施工环节都具有不同的特点，各环节存在不同的安全隐患，这就需要在工程实施前，针对工程的现场情况和工程的具体特点进行危险源辨识、评价与控制策划，并在实际工作中组织、实施针对性的防范措施。所以，在具有一定形态建筑产品的生产过程中，既要合理安排相关人力、物力、材料、机具等因素，又要用科学的管理方法组织策划相关人力、物力、材料、机具等因素之间的相互关系，确保建筑产品生产者以及使用者的健康与安全，所以建筑施工必须事前进行安全施工组织设计、分部分项工程的安全措施或安全技术交底等安全预控措施才能确保产品的安全生产。

6.4.1　安全施工组织设计

6.4.1.1　安全施工组织设计的概念

为了加强建筑行业的安全生产《建设工程项目管理规范》GB/T 50326—2017 规定：项目经理部应根据项目特点，制定安全施工组织设计或安全技术措施。

安全施工组织设计是以施工项目为对象，用以指导工程项目管理过程中各项安全施工活动的组织、协调、技术、经济和控制的综合性文件；统筹计划安全生产，科学组织安全管理，采用有效的安全措施，在配合技术部门实现设计意图的前提下，保证现场人员人身安全及建筑产品自身安全、环保、节能、降耗。安全施工组织设计与项目技术部门、生产部门相关文件相辅相成，是用以规划、指导工程从施工准备贯穿到施工全过程直至工程竣工交付使用的全局性安全保证体系文件。安全施工组织设计要根据国家的安全方针和有关政策和规定，从拟建工程全局出发，结合工程的具体条件，合理组织施工，采用科学的管理办法，不断地革新管理技术，有效地组织劳动力、材料、机具等要素，安排好时间和空间，以期达到"零"事故、健康安全、文明施工的最优效果。安全施工组织设计应在施工前进行编制，并经过批准后实施。

6.4.1.2　安全施工组织设计的作用

安全施工组织设计是对综合性的大型的项目工程施工过程实行安全管理的全局策划，根据建筑工程的生产特点，从安全管理、安全防护、脚手架、现场料具、机械设备、施工用电、消防保卫等方面进行合理地安排，并结合工程生产进度，在一定的时间和空间内，实现有步骤、有计划地组织实施相应的安全技术措施，以期达到"安全生产、文明施工"的最终目的。

建筑工程施工前必须要有针对本工程的安全管理目标策划，有相应的安全管理部署和相应的实施计划，有相应的管理预控措施。安全施工组织设计是在充分研究工程的客观情况并辨识各类危险源及不利因素的基础上编制的，用以部署全部安全活动，制订合理的安全方案和专项安全技术组织措施。安全施工组织设计作为决策性的纲领性文件，直接影响施工现场的生产组织管理、工人施工操作、成本费用。从总的方面看，安全施工组织设计具有战略部署和战术安排的双重作用。从全局出发，按照客观的施工规律，统筹安排相应的安全活动，从"安全"的角度协调施工中各施工单位、各班组之间，资源与时间之间，各项资源之间，在程序、顺序上和现场部署的合理关系。

6.4.1.3　安全施工组织设计的编制与审批

1. 安全施工组织设计编制的要求

根据国务院《关于加强企业生产中安全工作的几项规定》的有关精神和《安全生产工作条例》"所有建筑工程的施工组织设计、施工方案，必须有安全技术措施"的规定，为了从技术上和管理上采取有效措施，防止各类事故发生，建筑施工企业、项目部应制订严格的施工组织设计编审制度并遵照执行。安全施工组织设计或安全技术措施的编制一般要注意以下几个方面：

（1）项目安全施工组织设计是项目施工组织总设计的组成部分，它应在施工图设计交底图纸会审后，开工前编制、审核、批准；专项施工方案的安全技术措施是专项施工方案内容之一，它必须在施工作业前编制、审核、批准。

（2）施工组织设计和专项施工方案，应当根据现行有关技术标准、规范、施工图设计文件，结合工程特点、企业实际技术水平编制。

（3）施工组织设计和专项施工方案要突出主要施工工序的施工方法和确保工程安全、质量的技术措施。措施要明确，要有针对性和可操作性，同时还要明确规定落实技术措施的各级责任人。

（4）对规模较大而图纸不能全面到位的工程，可预先编制施工组织总设计，在分阶段施工图到位并设计交底、图纸会审后编制施工组织设计。

（5）在编制施工组织设计的基础上，对技术要求高、施工难度大的分部分项工程须编制施工方案。较小单位工程可以直接编制施工方案。

2. 安全施工组织设计的主要内容

项目工程安全施工组织设计根据项目工程特点和施工阶段的不同，其内容不尽相同，一般项目工程安全施工组织设计包括以下内容：

（1）编制依据。

（2）工程概况。

（3）现场危险源辨识及安全防护重点。

1）现场危险源清单；

2）现场重大危险源及控制措施要点；

3）项目安全防护重点部位。

（4）安全文明施工控制目标及责任分解。

（5）项目部安全生产管理机构及相关安全职责。

（6）项目部安全生产管理计划。

1）项目安全管理目标保证计划；

2) 安全教育培训计划；

3) 安全防护计划；

4) 安全检查计划；

5) 安全活动计划；

6) 安全资金投入计划；

7) 季节性施工安全生产计划；

8) 特种作业人员管理计划。

(7) 项目部安全生产管理制度。

1) 安全生产责任制度；

2) 安全教育培训制度；

3) 安全事故管理制度；

4) 安全检查与验收制度；

5) 安全物资管理制度；

6) 安全设施资金管理制度；

7) 劳务分包安全管理制度；

8) 安全技术措施的编审制度；

9) 安全技术交底制度；

10) 班前教育活动制度。

(8) 施工安全事故的应急与救援。

3. 施工组织设计的审批

《建筑施工安全检查标准》JGJ 59—2011 对施工组织设计或施工方案的审批提出如下的要求：

(1) 施工组织设计必须经审批以后才能实施施工。工程技术人员编制的安全专项施工方案，由施工企业技术部门专业技术人员及专业监理工程师进行审核，审核合格，由施工企业技术负责人，监理单位的总监理工程师签字。无施工组织设计（方案）或施工组织设计（方案）未经审批的不能开始该项目的施工，文案实施过程中也不得擅自更改。

(2) 对专业性较强的项目，应单独编制专项施工组织设计（方案）。建筑施工企业应按规定对达到一定规模的危险性较大的分部、分项工程在施工前由施工企业专业工程技术人员编制安全专项施工方案，并附具安全验算结果，并由施工企业技术部门专业技术人员及专业监理工程师进行审核，审核合格，由施工企业技术负责人，监理单位的总监理工程师签字，由专职安全生产管理人员监督执行。对于特别重要的专项施工方案还应组织安全专项施工方案专家组进行论证、审查。

据此，项目工程施工组织设计或安全专项施工方案的审批程序一般为：

1) 规模较大、技术复杂的项目（重要项目或重要工程）由总公司审批；一般项目由分公司审批（报总公司技术质量部门备案）。

2) 重要项目或重要工程施工组织设计和专项施工方案，由分公司技术部门负责编制，经分公司总工审核后，送总公司技术质量部门会同安全生产部门审核最后报总公司总工程师批准。

3）对于高、大、难、深、新工程的施工组织设计和危险性较大工程技术（安全）专项施工方案，应当组织专家进行论证、审查安全专项施工方案，经审查批准后实施。

4）施工组织设计和专项施工方案的编制、审核和批准人要逐一签字负责。

5）施工组织设计及专项施工方案一旦批准必须严格执行，如有变更，必须根据审核程序，办理变更审批手续。

6.4.2 专项施工方案的安全技术措施

施工方案（或设计）是指导施工具体行动的纲领，其安全技术措施是施工方案中的重要组成部分。为强调在工程施工前必须制定安全技术措施，早在1983年建设部颁布的《国营建筑企业安全生产工作条例》中就规定："所有建筑工程的施工组织设计（或施工方案）必须有安全技术措施"。《建筑法》第三十八条则规定得更为具体："建筑施工企业在编制施工组织设计时，应当根据建筑工程的特点制定相应的安全技术措施"。因为每一项工程从开工到竣工的整个过程，都存在诸多不安全因素和安全隐患，如果预见不到，安全管理措施不善，将不同程度影响到施工进度和效益，乃至造成人身安全事故。为了确保施工过程中的安全，必须通过预先分析，从而更好地控制、消除工程施工过程中的安全隐患，消除危害，保证施工顺利进行。这就要求我们在编制工程组织设计时，必须认真地编制针对性较强的确实可行的安全技术措施。

1. 安全技术措施的概念

安全技术措施是指在施工项目生产活动中，针对工程特点、施工现场环境、施工方法、劳动组织、作业使用的机械、动力设备、变配电设施、架设工具以及各项安全防护设施等制定的确保安全施工，保护环境，防止工伤事故和职业病危害，从技术上采取的预防措施。

2. 安全技术措施是施工组织设计中的重要组成部分

安全技术措施是具体安排和指导工程安全施工的安全管理与技术文件，是针对每项工程在施工过程中可能发生的事故隐患和可能发生安全问题的环节进行预测，从而在技术上和管理上采取措施，消除或控制施工过程中的不安全因素，防范发生事故。

建筑施工企业在编制施工组织设计时，应当根据建筑工程的特点制定相应的安全技术措施。因此，施工安全技术措施是工程施工中安全生产的指令性文件，在施工现场管理中具有安全生产法规的作用，必须认真编制和贯彻执行。

3. 施工安全技术措施主要内容

由于建筑工程的结构复杂多变，各施工工程所处地理位置、环境条件不尽相同，无统一的安全技术措施，所以编制时应结合本企业的经验教训，工程所处位置和结构特点，以及既定的安全目标。施工安全技术措施应具有超前性、针对性、可靠性和可操作性，一般工程安全技术措施的编制主要考虑以下内容：

（1）进入施工现场的安全规定。

（2）地面及深坑作业的防护。

（3）高处及立体交叉作业的防护。

（4）施工用电安全。

（5）机械设备的安全使用。

（6）为确保安全，对于采用的新工艺、新材料、新技术和新结构，制订有针对性的、行之有效的专门安全技术措施。

（7）预防因自然灾害（防台风、防雷击、防洪水、防地震、防暑降温、防冻、防寒、防滑等）促成事故的措施。

（8）防火防爆措施。

4. 施工安全技术措施编制、审批

施工安全技术措施编制、审批参见本单元施工组织设计和专项施工方案的安全编审制度的有关规定。

6.4.3 分部、分项工程安全技术交底

安全技术交底制度是安全制度的重要组成部分。为贯彻落实国家安全生产方针、政策、规程规范、行业标准及企业各种规章制度，及时对安全生产、工人职业健康进行有效预控，提高施工管理、操作人员的安全生产管理、操作技能，努力创造安全生产环境。根据《中华人民共和国安全生产法》《建设工程安全生产管理条例》《施工企业安全检查标准》等有关规定，在进行工程技术交底的同时要进行安全技术交底。

6.4.3.1 安全技术交底的基本要求

1. 安全技术交底须分级进行

项目经理部必须实行逐级安全技术交底制度，纵向延伸到班组全体作业人员。根据安全措施要求和现场实际情况，各级管理人员需亲自逐级进行书面交底，职责明确，落实到人。

2. 安全技术交底必须贯穿于施工全过程，全方位

安全技术交底必须贯穿于施工全过程，全方位。分部（分项）工程的安全交底一定要细、要具体化，必要时画大样图。

对专业性较强的分项工程，要先编制施工方案，然后根据施工方案做针对性的安全技术交底，不能以交底代替方案，或以方案代替交底。

对特殊工种的作业、机械设备的安拆与使用，安全防护设施的搭拆等，必须由技术负责人、安全员等验收安全技术交底内容，验收合格后由工长对操作班组作书面安全技术交底。

安全技术交底应按工程结构层次的变化反复进行。要针对每层结构的实际状况，逐层进行有针对性的安全技术交底。

分部（分项）工程安全技术交底与验收，必须与工程同步进行。

3. 安全技术交底应实施签字制度

安全技术交底必须履行交底认签手续，由交底人签字，由被交底班组的集体签字认

可，不准代签和漏签，必须准确填写交底作业部位和交底日期，并存档以备查用。

安全技术交底的认签记录，施工员必须及时提交给安全台账资料管理员。安全台账资料管理员要及时收集、整理和归档。

施工现场安全员必须认真履行检查、监督职责。切实保证安全技术交底工作不流于形式，提高全体作业人员安全生产的自我保护意识。

6.4.3.2　安全技术交底主要内容

安全交底要全面、具体、明确、有针对性、符合有关安全技术规程的规定；应优先采用新的安全技术措施；安全技术交底使用范本时，应在补充交底栏内填写有针对性的内容，按分项工程的特点进行交底，不准留有空白。

（1）工程开工前，由公司环境安全监督部门负责向项目部进行安全生产管理首次交底。交底内容：

1）国家和地方有关安全生产的方针、政策、法律法规、标准、规范、规程和企业的安全规章制度。

2）项目安全管理目标、伤亡控制指标、安全达标和文明施工目标。

3）危险性较大的分部分项工程及危险源的控制、专项施工方案清单和方案编制的指导要求。

4）施工现场安全质量标准化管理的一般要求。

5）公司部门对项目部安全生产管理的具体措施要求。

（2）项目部负责向施工员或班组长进行书面安全技术交底。交底内容：

1）工程概况、施工方法、施工程序、项目各项安全管理制度、办法，注意事项、安全技术操作规程。

2）每一分部、分项工程施工安全技术措施、施工生产中可能存在的不安全因素以及防范措施等，确保施工活动安全。

3）特殊工种的作业、机电设备的安拆与使用、安全防护设施的搭设等，项目技术负责人均要对操作班组作安全技术交底。

4）两个以上工种配合施工时，项目技术负责人要按工程进度定期或不定期地向有关班组长进行交叉作业的安全交底。

（3）施工队长或班组长要根据交底要求，对操作工人进行针对性的班前作业安全交底，操作人员必须严格执行安全交底的要求。交底内容：

1）内容包括施工要求、作业环境、作业特点、相应的安全操作规程和标准。

2）现场作业环境要求本工种操作的注意事项，即危险点、针对危险点的具体预防措施、应注意的安全事项。

3）个人防护措施。

4）发生事故后应及时采取的避难和急救措施。

6.4.4　施工安全事故的应急救援预案

2002年11月1日起实施的《中华人民共和国安全生产法》第十七条明确规定生产

经营单位要制订并实施本单位的生产安全事故应急救援预案；第六十九条也要求建筑施工单位应当建立应急救援组织，生产经营规模较小的也应当指定兼职的应急救援人员等。自 2004 年 2 月 1 日起实行的《建筑工程安全生产条例》也规定施工单位应当根据建设工程的特点、范围，对施工现场容易发生重大事故的部位、环节进行监控，制定施工现场生产事故预案，建立应急救援组织。

为贯彻落实国家安全生产的法律法规，促进建筑企业依法加强对建筑安全生产的管理，执行安全生产责任制度；预防和控制施工现场、生活区、办公区潜在的事故、事件或紧急情况，做好事故、事件应急准备，以便发生紧急情况和突发事故、事件时能及时有效地采取应急控制，最大限度地预防和减少可能造成的疾病、伤害、损失和环境影响，建筑企业应根据自身特点，制定建筑施工安全事故应急救援预案。

重大事故安全预案由企业（现场）应急计划和场外的安全预案组成。现场应急计划由企业负责，场外应急计划由政府主管部门负责。现场应急计划和场外应急计划应分开，但应协调一致。

6.4.4.1　施工安全事故的应急与救援预案的编制步骤

编制施工安全事故的应急与救援预案一般分三个阶段进行，各阶段主要步骤和内容如下：

（1）准备阶段：明确任务和组建编制组（人员）→调查研究、收集资料→危险源识别与风险评价→应急救援力量的评估→提出应急救援的需求→协调各级应急救援机构。

（2）编制阶段：制定目标管理→划分应急预案的类别、区域和层次→组织编写→分析汇总→修改完善。

（3）演练评估阶段：应急救援演练→全面评估→修改完善→审查批准→定期评审。

6.4.4.2　建筑施工安全事故应急救援预案的基本要素

1. 基本原则与方针

建筑施工安全事故应急救援预案要本着"安全第一、安全责任重如泰山""预防为主、自救为主、统一指挥、分工负责"的原则；坚持优先保护人和优先保护大多数人，优先保护贵重财产的方针；保证建筑施工事故应急处理措施的及时性和有效性。

2. 工程项目的基本情况

（1）工程概况

介绍项目的工程建设概况、工程建筑结构设计概况；项目施工特点；项目所在的地理位置，地形特点；现场周边环境、交通和安全注意事项等；现场气候特点等。

（2）施工现场内及施工现场周边医疗设施及人员情况

说明现场及附近医疗机构的情况介绍，如医院（医务所）名称、位置、距离、联系电话等，并要说明施工现场医务人员名单，联系电话，有哪些常用医药和抢救设施。

（3）施工现场内及施工现场周边消防、救助设施及人员情况

介绍工地消防组成机构和成员，成立的义务消防队成员，消防、救助设施及其分布，消防通道等情况。应附施工消防平面布置图，画出消火栓、灭火器的设置位置，易燃易爆物的位置，消防紧急通道，疏散路线等。

3. 风险识别与评价

即分析可能发生的事故与影响。

根据施工特点和任务，分析可能发生的事故类型、地点；事故影响范围（应急区域范围划定）及可能影响的人数；按所需应急反应的级别，划分事故严重度；分析本工程可能发生安全控制设备失灵、特殊气候、突然停电等潜在事故或紧急情况和发生位置、影响范围（应急区域范围划定）等。列出工程中常见的事故：建筑质量安全事故、施工毗邻建筑坍塌事故、土方坍塌事故、气体中毒事故、架体倒塌事故、高空坠落事故、掉物伤人事故、触电事故等；对于土方坍塌、气体中毒事故等应分析和预知其可能对周围的不利影响和严重程度。

4. 应急机构及职责分工

（1）指挥机构、成员及其职责与分工

企业或工程项目部应成立重大事故应急救援"指挥领导小组"，由企业经理或项目经理，有关副经理及生产、安全、设备、保卫等负责人组成，下设应急救援办公室或小组，日常工作由治安部兼管负责。发生重大事故时，领导小组成员迅速到达指定岗位。以指挥领导小组为基础，成立重大事故应急救援指挥部，由经理为总指挥，有关副经理为副总指挥，负责事故的应急救援工作的组织和指挥。

（2）应急专业组、成员及其职责与分工

应急专业组如：义务消防小组、医疗救护应急小组、专业应急救援小组、治安小组、后勤及运输小组等。要列出各组的组织机构及人员名单。提醒注意的是：所有成员应由各专业部门的技术骨干、义务消防人员、急救人员和一些各专业的技术工人等组成。救援队伍必须由经培训合格的人员组成，明确各机构的职责。如写明指挥领导小组（部）的职责是负责本单位或项目预案的制订和修订；组建应急救援队伍，组织实施和演练；检查督促做好重大事故的预防措施和应急救援的各项准备工作；组织和实施救援行动；组织事故调查和总结应急救援工作，安全负责人负责事故的具体处置工作，后勤负责应急人员、受伤人员的生活必需品的供应工作。

5. 报警信号与通信

（1）有关部门、人员的联系电话或联系方式，各种救援电话

如写出消防报警：119，公安：110，医疗：120，交通：122，市县建设局、安监局电话：×××，市县应急机构电话：×××，工地应急机构办公室电话：×××，各成员联系电话：×××，可提供求援协助临近单位电话：×××，附近医疗机构电话：×××。

（2）施工现场报警联系地址及注意事项

报警者有时由于紧张而无法把地址和事故状况说明清楚，因此最好把施工现场的联系办法事先写明，如：××区××路××街××号（××大厦对面）。如果工地确实是不易找到的，还应派人到主要路口接应。并应把以上的报警信号与联系方式公示于办公室，方便紧急报警与联系。

6. 事故的应急与救援

（1）应急响应和解除程序

1）重大事故。发现者紧急大声呼救、同时可用手机或对讲机立即报告工地当班负责人→条件许可紧急施救→报告联络有关人员（紧急时立刻报警、打求助电话）→成立指挥部（组）→必要时向社会发出请求→实施应急救援、上报有关部门、保护事故现场等→善后处理。

2）一般伤害事故或潜在危害。发现者紧急大声呼救→条件许可紧急施救→报告联络有关人员→实施应急救援、保护事故现场等→事故调查处理。

3）应急救援的解除程序和要求。如写明决定终止应急、恢复正常秩序的负责人；确保不会发生未授权而进入事故现场的措施；应急取消、恢复正常状态的条件。

（2）事故的应急与救援措施

1）各有关人员接到报警救援命令后，应迅速到达事故现场。尤其是现场急救人员要在第一时间到达事故地点，以便能使伤者得到及时、正确的救治。

2）当医生未到达事故现场之前，急救人员要按照有关救护知识，立即救护伤员，在等待医生救治或送往医院抢救过程中，不要停止和放弃施救。

3）当事故发生后或发现事故预兆时，应立即分析事故的情况及影响范围，积极采取措施，并迅速组织疏散无关人员撤离事故现场，并组织治安队人员建立警戒，不让无关人员进入事故现场，并保证事故现场的救援道路畅通，以便救援的实施。

4）安全事故的应急和救援措施应根据事故发生的环境、条件、原因、发展状态和严重程度的不同，而采取相应合理的措施。在应急和救援过程中应防止二次事故的发生而造成救援人员的伤亡。

7. 有关规定和要求

如有关学习、救援训练、规章、纪律设施的保养维护等。要写明有关的纪律，救援训练，学习和应急设备的保管和维护，更新和修订应急预案等各种制度和要求。

8. 附有关常见事故的自救和急救常识等

因建筑施工安全事故的发生具有不确定性和多样性，因此全体施工人员掌握或了解常见的自救和急救的常识是非常必要的。因此，应急救援预案应根据本工程的具体情况附有关常见事故的自救和急救常识，方便大家学习了解。

复习思考题

1. 试述安全施工组织设计的编审要求。
2. 试述施工安全技术措施的主要内容。
3. 安全技术交底的基本要求是什么？
4. 安全技术交底的主要内容有哪些？
5. 安全事故应急救援措施的基本要求是什么？

安全管理职业活动训练

活动一：阅读实际工程施工组织设计的安全方案、专项施工方案的安全措施和安全技术交底资料

1. 分组要求：全班分 6～8 个组，每组 5～7 人。

2. 资料要求：选择 6～8 个不同建设工程项目施工组织设计的安全预案、专项施工方案的安全措施和安全技术交底资料。每组一套。

3. 阅读要求：学生在老师指导下阅读相关资料，注重学习的施工组织设计的安全预案、专项施工方案的安全措施、安全技术交底资料的内容以及安全预案、安全技术措施、安全技术交底的编制和实施的要求。

4. 成果：以小组为单位写出学习体会，并提出自己的见解。

活动二：阅读施工安全应急救援预案及工程工伤事故管理资料

1. 分组要求：全班分 6～8 个组，每组 5～7 人。

2. 资料要求：选择 6～8 个不同建设工程项目施工安全应急救援预案和有关工伤事故管理资料。每组一套。

3. 阅读要求：学生在教师指导下阅读施工安全应急救援预案及有关工伤事故管理资料，根据分析施工安全应急救援预案编制的内容、工伤的分类、类别和事故处理的有关要求，学生自行编写拟建工程的施工安全应急救援预案；填写某工伤事故的事故报告。

4. 成果拟建工程的施工安全应急救援预案；事故分析报告。

活动三：模拟组织安全技术交底

1. 分组要求：全班分 4 个组，两个项目部安全技术交底组和两个工人班组。

2. 交底组织：由项目部安全技术交底组对工人班组级进行安全技术交底，然后对调进行。

3. 成果：按要求编制某分项工程的安全技术交底书，并模拟履行签字手续。

活动四：对在建工程施工现场进行检查评分。

1. 分组要求：全班分 6～8 个组，每组 5～7 人。

2. 活动内容：选择一在建工程施工现场，按《建筑施工安全检查标准》JGJ 59—2011 中的安全检查评分表对该项目进行安全管理检查评分。

3. 成果：以小组为单位完成对项目的安全管理检查评分，并分析安全管理检查评分的扣分原因。

教学单元 7

施工安全技术措施

【教学目标】通过本单元的学习，学生应当理解各施工作业过程的相关概念；熟悉临边、洞口和作高处作业安全防护技术与要求；熟悉各施工作业过程的有关安全技术规定与要求；掌握各分部分项工程专项施工方案特别是"危险性较大的分部分项工程专项施工方案"编审的有关规定与要求；能根据《建筑施工安全检查标准》JGJ 59—2011 对各作业现场进行安全检查与评分。

7.1　土石方工程施工安全技术

7.1.1　土方开挖

7.1.1.1　土方工程施工方案（或安全措施）

土石方工程施工必须按照不同的环境条件、地下水位情况、不同土质、不同深度、不同的作业形式，制定不同的施工方案，采取不同的安全措施，确保施工安全。《建筑施工安全检查标准》JGJ 59—2011、《危险性较大的分部分项工程安全管理规定》和《建筑施工土石方工程安全技术规范》JGJ 180—2009 对基坑土方工程的施工方案提出了具体要求：

（1）土方工程施工方案或安全措施：在施工组织设计中，要有单项土方施工方案，如果土方工程具有大、特、新或特别复杂的特点则必须单独编制土石方工程施工方案，并按规定程序履行审批程序。土方工程施工，必须严格按批准的土方工程施工方案或安全措施进行施工，特殊情况需要变更的，要履行相应的变更手续。

（2）土方的放坡与支护：土方工程施工前必要时应进行工程施工地质勘探，根据土质条件、地下水位、开挖深度、周边环境及基础施工方案等制定基坑（槽）设置安全边坡或固壁施工支护方案（放坡应确定具体的放坡坡度，需要支护的应根据有关规范设计边坡支护形式并附设计计算书）。基坑（槽）施工支护方案必须经上级审批。基坑（槽）设置安全边坡或固壁施工支护的做法必须符合施工方案的要求。同时要制定对周边环境（如建筑物、构筑物、道路、各种管线等）的监测方案。

（3）土方开挖机械和开挖顺序的选择：在方案中应根据工程实际，选择适合的土方开挖机械，并确定合理的开挖顺序，要兼顾土方开挖效益与安全。

（4）施工道路的规划：运土道路应平整、坚实，其坡度和转弯半径应符合有关安全的规定。

（5）基坑周边防护措施：基坑防护措施，如基坑四周的防护栏杆，基坑防止坠落的警示标志，以及人员上下的专用爬梯等。

（6）人工、机械挖土的安全措施：土方工程施工中防止塌方、高处坠落、触电和机械伤害的安全防范措施。

（7）雨期施工时的防洪排涝措施：土方工程在雨期施工时，土方工程施工方案或安全措施应具有相应的防洪和排涝的安全措施，以防止塌方等灾害的发生。

（8）基坑降水：土方工程施工需要人工降低地下水位时，土方工程施工方案或安全措施应制定与降水方案相对应的安全措施，如防止塌方、管涌、喷砂冒水等措施以及对周边环境（如建筑物、构筑物、道路、各种管线等）的监测措施等。

（9）应急救援及相关措施等。

7.1.1.2 土方开挖的一般安全要求与技术

（1）施工前，应对施工区域内影响施工的各种障碍物，如建筑物、道路、各种管线、旧基础、坟墓、树木等，进行拆除、清理或迁移，确保安全施工。

（2）施工时必须按施工方案（或安全措施）的要求，设置基坑（槽）安全边坡或固壁施工支护措施，因特殊情况需要变更的，必须履行相应的变更手续。

（3）挖土前应根据安全技术交底了解地下管线、人防及其他构筑物的情况和具体位置，地下构筑物外露时，必须加以保护。作业中应避开各种管线和构筑物，在现场电力、通信电缆 2m 范围内和在现场燃气、热力、给水排水等管道 1m 范围内施工时，必须在其业主单位人员的监护下采取人工开挖。

（4）人工开挖槽、沟、坑深度超过 1.5m 的，必须根据开挖深度和土质情况，按安全技术措施或安全技术交底的要求放坡或支护（图 7-1），如遇边坡不稳或有坍塌征兆时，应立即撤离现场，并及时报告项目负责人，险情排除后，方可继续施工。

图 7-1　放坡

（5）人工开挖时，两个人横向操作间距应保持 2~3m，纵向间距不得小于 3m，并应自上而下逐层挖掘，严禁采用掏洞的挖掘操作方法。

（6）上下槽、坑、沟应先挖好阶梯或设木梯，不应踩踏土壁及其支撑上下，施工间歇时不得在槽沟坑、坡脚下休息。

（7）挖土过程中遇有古墓、地下管道、电缆或不能辨认的异物和液体、气体时，应立即停止施工，并报告现场负责人，待查明原因并采取措施处理后，方可继续施工。

（8）雨期深基坑施工中，必须注意排除地面雨水，防止倒流入基坑，同时注意雨水的渗入，土体强度降低，土压力加大造成基坑边坡坍塌事故。

（9）配合机械挖土清理槽底作业时严禁进入铲斗回转半径范围。必须待挖掘机停止作业后，方准进入铲斗回转半径范围内清土。

（10）夜间施工时，应合理安排施工项目，防止挖方超挖或铺填超厚。施工现场应根据需要安装照明设施，在危险地段应设置红灯警示。

（11）每日或雨后必须检查土壁及支撑的稳定情况，在确保安全的情况下方可施工，并且不得将土和其他物件堆放在支撑上，不得在支撑上行走或站立。

（12）深基坑内光线不足，不论白天还是夜间施工，均应设置足够的电器照明，电器照明应符合《施工现场临时用电安全技术规范》JGJ 46—2005 的有关规定。

（13）挖土时要随时注意土壁的变异情况，如发现有裂纹或部分塌落现象，要及时进行支撑或改缓放坡，并注意支撑的稳固和边坡的变化。

（14）在坑边堆放弃土、材料和移动施工机械，应与坑边保持一定距离；当土质良好时，要距坑边 1m 以外，堆放高度不能超过 1.5m。

（15）在靠近建筑物旁挖掘基槽或深坑，其深度超过原有建筑物基础深度时，应分段进行，每段不得超过 2m。

7.1.1.3　基坑（槽）及管沟工程防坠落的安全技术与要求

1. 深度超过 2m 的基坑施工，其临边应设置人及物体滚落基坑的安全防护措施。必要时应设置警示标志，配备监护人员。

2. 基坑周边应搭设防护栏杆，栏杆的规格、杆件连接、搭设方式等必须符合《建筑施工高处作业安全技术规范》JGJ 80—2016 的规定。

3. 人员上下基坑、基坑作业应根据施工设计设置专用通道，不得攀登固壁支撑上下。人员上下基坑作业，应配备梯子，作为上下的安全通道；在坑内作业，可根据坑的大小设置专用通道。

4. 夜间施工时，施工现场应根据需要安设照明设施，在危险地段应设置红灯警示。

5. 在基坑内无论是在坑底作业，或者攀登作业或是悬空作业，均应有安全的立足点和防护措施。

6. 基坑较深，需要上下垂直同时作业的，应根据垂直作业层搭设作业架，各层用钢、木、竹板隔开，或采用其他有效的隔离防护措施，防止上层作业人员、土块或其他工具坠落伤害下层作业人员。

7.1.2　基坑支护

基坑开挖是基础工程或地下工程施工的一个关键环节，尤其在软土地区的旧城改造项目、集中于市区的高层、超高层建筑等，为了节约用地，在工程建设中，业主总是需求充分利用地下建筑空间，尽可能扩大使用面积，使得基坑边紧靠临近建筑。周围环境要求深基坑施工对其的稳定要确保安全，这就使得深基坑施工的难度加大，所以基坑支护的设计与施工技术就显得尤为重要。国家有关部门提出深基坑支护要进行结构设计，深度大于 5m 的基坑安全度要通过专家论证。

7.1.2.1　基坑支护的一般要求

（1）支护结构的选型应考虑结构的空间效应和基坑特点，选择有利支护的结构形式或采用几种形式相结合。

（2）当采用悬臂式结构支护时，基坑深度不宜大于 6m。基坑深度超过 6m 时，可选用单支点和多支点的支护结构。地下水位较低的地区和能保证降水施工时，也可采用土钉支护。

（3）寒冷地区基坑设计应考虑土体冻胀力的影响。

（4）支撑安装必须按设计位置进行，施工过程严禁随意变更，并应切实使围檩与挡土桩墙结合紧密。挡土板或板桩与坑壁间的回填土应分层回填夯实。

（5）支撑的安装和拆除顺序必须与设计工况相符合，并与土方开挖和主体工程的施工顺序相配合。分层开挖时，应先支撑后开挖；同层开挖时，应边开挖边支撑。支撑拆除前，应采取换撑措施，防止边坡卸载过快。

（6）钢筋混凝土支撑其强度必须达设计要求（或达 75%）后，方可开挖支撑面以下土方；钢结构支撑必须严格材料检验和保证节点的施工质量，严禁在负荷状态下进行焊接。

（7）应合理布置锚杆的间距与倾角，锚杆上下间距不宜小于 2.0m，水平间距不宜小于 1.5m；锚杆倾角宜为 $15°\sim25°$，且不应大于 $45°$。最上一道锚杆覆土厚不得小于 4m。

（8）锚杆的实际抗拔力除经计算外，还应按规定方法进行现场试验后确定。可采取提高锚杆抗力的二次压力灌浆工艺。

（9）采用逆作法施工时，要求其外围结构必须有自防水功能。基坑上部机械挖土的深度，应按地下墙悬臂结构的应力值确定；基坑下部封闭施工，应采取通风措施；当采用电梯间作为垂直运输的井道时，对洞口楼板的加固方法应由工程设计确定。

（10）逆作法施工时，应合理的解决支撑上部结构的单柱单桩与工程结构的梁柱交叉及节点构造并在方案中预先设计，当采用坑内排水时必须保证封井质量。

7.1.2.2 基坑降水

在地下水位较高的地区进行基础施工，降低地下水位是一项非常重要的技术措施。当基坑无支护结构防护时，通过降低地下水位，以保证基坑边坡稳定，防止地下水涌入坑内，阻止流砂现象发生。但此时的降水会将基坑内外的局部水位同时降低，对基坑外周围建筑物、道路、管线会造成不利影响，编制专项施工方案时应充分考虑。当基坑有支护结构围护时，一般仅在坑内降水降低地下水位。有支护结构围护的基坑，由于围护体的降水效果较好，且隔水帷幕伸入透水性差的土层一定深度，在这种情况下的降水类似盆中抽水。封闭式的基坑内降水到一定的时间后，在降水深度范围内的土体中，几乎无水可降。此时降水的目的也已达到，方便了施工。但降水过程中应注意：

（1）土方开挖前保证一定时间的预抽水。

（2）降水深度必须考虑隔水帷幕的深度，防止产生管涌现象。

（3）降水过程中，必须与坑外观测井的监测密切配合，用观测数据来指导降水施工，避免隔水帷幕渗漏在降水过程中影响周围环境。

（4）注意施工用电安全。

7.1.2.3 基坑支护的施工监测

1. 监测内容

（1）挡土结构顶部的水平位移和沉降。

（2）挡土结构墙体变形的观测。

（3）支撑立柱的沉降观测。

（4）周围建（构）筑物的沉降观测。

（5）周围道路的沉降观测。

（6）周围地下管线的变形观测。

（7）坑外地下水位的变化观测。

2. 监测要求

（1）基坑开挖前应做出系统的开挖监控方案，监控方案应包括监控目的、监控项目、监控报警值、监控方法及精度要求、检测周期、工序管理和记录制度以及信息反馈系统等。

（2）监控点的布置应满足监控要求。从基坑边线以外一到二倍开挖深度范围内的需要保护物体应作为保护对象。

（3）监测项目在基坑开挖前应测得始值，且不应少于两次。基坑监测项目的监控报警值应根据监测对象的有关规范及支护结构设计要求确定。

（4）各项监测的时间可根据工程施工进度确定。当变形超过允许值，变化速率较大时，应加密观测次数。当有事故征兆时应连续监测。

（5）基坑开挖监测过程中应根据设计要求提供阶段性监测结果报告。工程结束时应提交完整的监测报告，报告内容应包括：工程概况、监测项目和各监测点的平面和立面布置图采用的仪器设备和监测方法；监测数据的处理方法和监测结果过程曲线，监测结果评价等。

复习思考题

1. 土方开挖时，为确保安全施工，挖土作业应遵守哪些规定？

2. 土方开挖时，为防止坠落事故，应采取哪些安全措施？

3. 为什么要进行支护监测？监测的内容和要求是什么？

安全管理职业活动训练

活动一：阅读土方工程施工专项施工方案

1. 分组要求：全班分6～8个组，每组5～7人。

2. 资料要求：无支护和有支护土方开挖施工方案各2～3套。

3. 学习要求：要求学生分组阅读土方开挖施工方案，了解土方开挖施工方案应包括内容。然后各组结对进行相互交流学习。

活动二：根据《建筑施工安全检查标准》JGJ 59—2011 的基坑支护安全检查评分表进行检查和评分

1. 分组要求：全班分4～6个组，每组7～9人。

2. 资料要求：选一深基坑工程施工的详细的影像及图文验收资料（有条件的可到施工现场）。

3. 学习要求：学生在教师指导下观看和阅读影像及图文资料（到施工现场的可实地观察），根据《建筑施工安全检查标准》JGJ 59—2011 的基坑支护安全检查评分表和验收资料进行检查和评分。

4. 成果：以小组为单位填写安全检查评分汇总表，并分析扣分原因。

土方开挖
练与考

基坑支护
练与考

基坑排水
练与考

基坑监测
练与考

7.2 脚手架工程施工安全技术措施

脚手架是建筑施工中必不可少的辅助设施，图 7-2 所示为建筑施工中安全事故多发的部位，是施工安全控制的重中之重。因此，要求脚手架搭设之前，应根据工程的特点和施工工艺确定脚手架专项搭设方案（并附设计计算书），专项方案必须经企业技术负责人审批并报监理工程师审批。脚手架施工方案内容应包括基础处理、搭设要求、杆件间距、连墙杆设置位置及连接方法，并绘制施工详图及大样图；还应包括脚手架的搭设时间以及拆除的时间和顺序等。脚手架工程安全专项施工方案编制程序如图 7-3 所示。

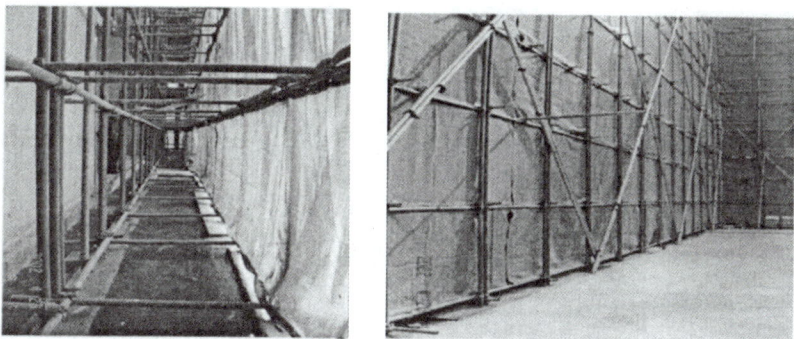

图 7-2 脚手架

脚手架和模板支架作业安全

施工现场的脚手架必须按照施工方案进行搭设，当现场因故改变脚手架类型时，必须重新修改脚手架施工方案并经审批后，方可施工。

7.2.1 脚手架工程安全技术与要求

（1）脚手架杆件

1）木脚手架。木脚手架立杆、纵向水平杆、斜撑、剪刀撑、连墙件应选用剥皮杉、落叶松木杆。横向水平杆应选用杉木、落叶松、柞木、水曲柳。不得使用折裂、扭裂、虫蛀、纵向严重裂缝以及腐朽等木杆。立杆有效部分的小头直径不得小于 70mm，纵向水平杆有效部分的小头直径不得小于 80mm。

2）竹脚手架。竹竿应选用生长期三年以上毛竹或楠竹，不得使用弯曲、青嫩、枯脆、腐烂、裂纹连通两节以上以及虫蛀的竹竿。立杆、顶撑、斜杆有效部分的小头直径不得小于 75mm，横向水平杆有效部分的小头直径不得小于 90mm，搁栅、栏杆的有效部分小头直径不得小于 60mm。对于小头直径在 60mm 以上不足 90mm 竹竿可采用双杆。

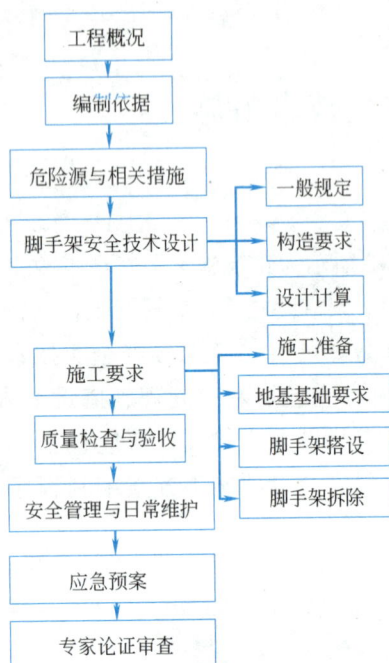

图 7-3　脚手架工程安全专项
施工方案编制程序

3）钢管脚手架。钢管材质应符合 Q235-A 级标准，不得使用有明显变形、裂纹、严重锈蚀材料。钢管规格宜采用 $\phi 48 \times 3.5$，也可采用 $\phi 51 \times 3.0$ 钢管。钢管脚手架的杆件连接必须使用合格的玛钢扣件，不得使用铅丝和其他材料绑扎。

4）同一脚手架中，不得混用两种材质，也不得将两种规格钢管用于同一脚手架中。

（2）脚手架绑扎材料

1）镀锌钢丝或回火钢丝严禁有锈蚀和损伤，且严禁重复使用。

2）竹篾严禁发霉、虫蛀、断腰、有大节疤和折痕，使用其他绑扎材料时，应符合其他规定。

3）扣件应与钢管管径相配合，并符合国家现行标准的规定。

（3）脚手架上脚手板

1）木脚手板厚度不得小于 50mm，板宽宜为 200～300mm，两端应用镀锌钢丝扎紧。材质不得低于国家Ⅱ等材标准的杉木和松木，且不得使用腐朽、劈裂的木板。

2）竹串片脚手板应使用宽度不小于 50mm 的竹片，拼接螺栓间距不得大于 600mm，螺栓孔径与螺栓应紧密配合。

3）各种形式金属脚手板，单块重量不宜超过 0.3kN，性能应符合设计使用要求，表面应有防滑构造。

（4）脚手架搭设高度

钢管脚手架中扣件式单排架不宜超过 24m，扣件式双排架不宜超过 50m。门式架不宜超过 60m，木脚手架中单排架不宜超过 20m，双排架不宜超过 30m。竹脚手架中不得搭设单排架，双排架不宜超过 35m。

（5）脚手架的构造要求

1）单双排脚手架的立杆纵距及水平杆步距不应大于 2.1m，立杆横距不应大于 1.6m，应按规定的间隔采用连墙件（或连墙杆）与主体结构连接，且在脚手架使用期间不得拆除。沿脚手架外侧应设剪刀撑，并与脚手架同步搭设和拆除。当双排扣件式钢管脚手架的搭设高度超过 24m 时，应设置横向斜撑。

2）门式钢管脚手架的顶层门架上部、连墙体设置层、防护棚设置处均必须设置水平架。

3）竹脚手架应设置顶撑杆，并与立杆绑扎在一起，顶紧横向水平杆。

4）脚手架高度超过 40m 且有风涡流作用时，应设置抗风涡流上翻作用的连墙措施。

5）脚手架必须按脚手架宽度铺满、铺稳，脚手架与墙面的间隙不应大于 200mm，作业层脚手架脚手板的下方必须设置防护层。作业层外侧，应按规定设置防护栏和挡脚板。

6）脚手架应按规定采用密目式安全网封闭。

7.2.2　脚手架工程安全生产的一般要求

（1）脚手架搭设前必须根据工程的特点按照规范、规定，制定施工方案和搭设的安全技术措施。

（2）脚手架搭设或拆除人员必须由符合劳动部颁发的《特种作业人员安全技术培训考核管理规定》经考核合格，领取《特种作业人员操作证》的专业架子工进行。

（3）操作人员应持证上岗。操作时必须佩戴安全帽、安全带、穿防滑鞋。

（4）脚手架搭设的交底与验收要求：

1）脚手架搭设前，现场施工员或安全员应根据施工方案要求以及外脚手架检查评分表检查项目及其扣分标准，并结合《建筑安装工人安全操作规程》相关的要求，编制书面交底资料，向持证上岗的架子工进行交底。

2）脚手架通常是在主体工程基本完工时才搭设完毕，即分段搭设、分段使用。脚手架分段搭设完毕，必须经施工负责人组织有关人员，按照施工方案及规范的要求进行检查验收。

3）经验收合格，办理验收手续，填写《脚手架底层搭设验收表》《脚手架中段验收表》《脚手架顶层验收表》，有关人员签字后，方准使用。

4）经验收不合格的应立即进行整改。对检查结果及整改情况，应按实测数据进行记录，并由检测人员签字。

（5）脚手架与高压线路的水平距离和垂直距离必须按照"施工现场对外电线路的安全距离及防护的要求"有关条文要求执行。

（6）大雾及雨、雪天气和 6 级以上大风时，不得进行脚手架上的高处作业。雨、雪天后作业，必须采取安全防滑措施。

（7）脚手架搭设作业时，应按形成基本构架单元的要求逐排、逐跨和逐步地进行搭设，矩形周边脚手架宜从其中的一个角部开始向两个方向延伸搭设，确保已搭部分稳定。

（8）门式脚手架以及其他纵向竖立面刚度较差的脚手架，在连墙点设置层宜加设纵向水平长横杆与连接件连接。

（9）搭设作业，应按以下要求做好自我保护和保护好现场作业人员的安全：

1）在架上作业人员应穿防滑鞋和佩挂好安全带。保证作业的安全，脚下应铺设必要数量的脚手板，并应铺设平稳，且不得有探头板。当暂时无法铺设落脚板时，用于落脚或抓握、把（夹）持的杆件均应为稳定的构架部分，着力点与构架节点的水平距离应不大于 0.8m，垂直距离应不大于 1.5m。位于立杆接头之上的自由立杆（尚未与水平杆连接者）不得用做把持杆。

2）作业人员应佩戴工具袋，工具用后装于袋中，不要放在架子上，以免掉落伤人。

3）架设材料要随上随用，以免放置不当时掉落。

4）每次收工以前，所有上架材料应全部搭设上，不要存留在架子上，而且一定要形成稳定的构架，不能形成稳定构架的部分应采取临时撑拉措施予以加固。

5）在搭设作业进行中，地面上的配合人员应避开可能落物的区域。

（10）钢管脚手架的高度超过周围建筑物或在雷暴较多的地区施工时，应安设防雷装置。其接地电阻应不大于 4Ω。

（11）架上作业应按规范或设计规定的荷载使用，严禁超载。

较重的施工设备（如电焊机等）不得放置在脚手架上。严禁将模板支撑、缆风绳、泵送混凝土及砂浆的输送管等固定在脚手架上及任意悬挂起重设备。

（12）架上作业时，不要随意拆除基本结构杆件和连墙件，因作业的需要必须拆除某些杆件和连墙点时，必须取得施工主管和技术人员的同意，并采取可靠的加固措施后方可拆除。

（13）架上作业时，不要随意拆除安全防护设施，未有设置或设置不符合要求时，必须补设或改善后，才能上架进行作业。

7.2.3 落地扣件式脚手架的搭设安全技术与要求

扣件式脚手架的设计计算与搭设应满足《建筑施工扣件式钢管脚手架安全技术规范》JGJ 130—2011 及有关规范标准的要求；《建筑施工安全检查标准》JGJ 59—2011 对扣件式脚手架的安全检查提出了具体要求。

1. 施工方案

（1）脚手架搭设之前，应根据工程特点和施工工艺确定脚手架搭设方案，脚手架必须经过企业技术负责人审批。脚手架的内容应包括：基础处理、搭设要求、杆件间距、连墙杆设置位置及连接方法，并绘制施工详图和大样图，同时还应包括脚手架搭设的时间、拆除时间及其顺序等。

（2）落地扣件式钢管脚手架的搭设尺寸应符合《建筑施工扣件式钢管脚手架安全技术规范》JGJ 130—2011 的有关设计计算的规定。

（3）落地扣件式钢管脚手架的搭设高度在 25m 以下应有搭设方案，绘制架体与建筑物拉接详图。

（4）搭设高度超过 25m 时，应采用双立杆及缩小间距等加强措施，绘制搭设详图及基础做法要求。

（5）搭设高度超过 50m 时，应有设计计算书及卸荷方法详图，设计计算书连同方案一起经企业技术负责人审批。

（6）施工现场的脚手架必须按施工方案进行搭设，因故需要改变脚手架的类型时，必须重新修改脚手架的施工方案并经审批后，方可施工。

2. 脚手架的搭设要求

（1）落地式脚手架的基础应坚实、平整，并应定期检查。立杆不埋设时，每根立杆底部应设置垫板或底座，并应设置纵、横向扫地杆。

（2）架体稳定与连墙件：

1）架体高度在 7m 以下时，可设抛撑来保证架体的稳定。

2）架体高度在 7m 以上，无法设抛撑来保证架体的稳定时，架体必须设连墙件。

3）连墙件的间距应符合下列要求：

① 扣件式钢管脚手架双排架高在 50m 以下或单排架高在 24m 以下，按不大于 40m² 设置一处；双排架高在 50m 以上，按不大于 27m² 设置一处，连墙件布置最大间距见表 7-1。

连墙件布置最大间距　　　　　　　　　　　　　表 7-1

脚手架高度（m）		竖向间距	水平间距	每根连墙件覆盖面积（m²）
双排	≤50	$3h$	$3l_a$	≤40
	>50	$2h$	$3l_a$	≤27
单排	≤24	$3h$	$3l_a$	≤40

注：h——步距；l_a——纵距。

② 门式钢管脚手架架高在 45m 以下，基本风压小于或等于 $0.55kN/m^2$，按不大于 48m² 设置一处；架高在 45m 以下，基本风压大于 $0.55kN/m^2$，或架高在 45m 以上，按不大于 24m² 设置一处。

③ 一字形、开口形脚手架的两端，必须设置连墙件。连墙件必须采用可承受拉力和压力的构造，并与建筑结构连接。

4）连墙件的设置方法、设置位置应在施工方案中确定，并绘制连接详图。连墙件应与脚手架同步搭设。

5）严禁在脚手架使用期间拆除连墙件。

（3）杆件间距与剪刀撑：

1）立杆、大横杆。小横杆等案件间距应符合《建筑施工扣件式钢管脚手架安全技术规范》JGJ 130—2011 的有关规定，并应在施工方案中予以确定，当遇到洞口等处需要加大间距时，应按规范进行加固。

2）立杆是脚手架的主要受力杆件，其间距应按施工规范均匀设置，不得随意加大。

3）剪刀撑及横向斜撑的设置应符合下列要求：

图 7-4　剪刀撑搭设

① 扣件式钢管脚手架应沿全高设置剪刀撑（图 7-4）。架高在 24m 以下时，可沿脚手架长度间隔不大于 15m 设置；架高在 24m 以上时应沿脚手架全长连续设置剪刀撑，并应设置横向斜撑，横向斜撑由架底至架顶呈之字形连续布置，沿脚手架长度间隔 6 跨设置一道。

② 碗扣式钢管脚手架，架高在 24m 以下时，于外侧框格总数的 1/5 设置斜杆；架高在 24m 以上时，按框格总数的 1/3 设置斜杆。

③ 门式钢管脚手架的内外两个侧面除应满设交叉支撑杆外，当架高超过 20m 时，还应在脚手架外侧沿长度和高度连续设置剪刀撑，剪刀撑钢管规格应与门架钢管规格一致。当剪刀撑钢管直径与门架钢管直径不一致时，应采用异形扣件连接。

满堂扣件式钢管脚手架除沿脚手架外侧四周和中间设置竖向剪刀撑外，当脚手架高于 4m 时，还应沿脚手架每两步高度设置一道水平剪刀撑。

④ 每道剪刀撑跨越立杆的根数宜按表 7-2 的规定确定。每道剪刀撑宽度不应小于 4 跨，且不应小于 6m，斜杆与地面的倾角宜在 45°~60°之间。

剪刀撑跨越立杆的最多根数　　　　　　　　表 7-2

剪刀撑斜杆与地面的倾角 α	45°	50°	60°
剪刀撑跨越立杆的最多根数 n	7	6	5

（4）扣件式钢管脚手架的主节点处必须设置横向水平杆，在脚手架使用期间严禁拆除。单排脚手架横向水平杆插入墙内长度不应小于 180mm。

（5）扣件式钢管脚手架除顶层外立杆杆件接长时，相临杆件的对接接头不应设在同步内。相邻纵向水平杆对接接头不宜设置在同步或同跨内。扣件式钢管脚手架立杆接长除顶层外应采用对接。木脚手架立杆接头搭接长度应跨两根纵向水平杆，且不得小于 1.5m。竹脚手架立杆接头的搭接长度应超过一个步距，并不得小于 1.5m。

（6）小横杆设置

1）小横杆的设置位置，应在与立杆与大横杆的交接点处。

2）施工层应根据铺设脚手板的需要增设小横杆。增设的位置视脚手板的长度与设置要求和小横杆的间距综合考虑。转入其他层施工时，增设的小横杆可同脚手板一起拆除。

3）双排脚手架的小横杆必须两端固定，使里外两片脚手架连成整体。

4）单排脚手架，不适用于半砖墙或 180mm 墙。

5）小横杆在墙上的支撑长度不应小于 240mm。

（7）脚手架材质

脚手架材质应满足有关规范、标准及脚手架搭设的材料要求。

（8）脚手板与护栏

1）脚手板必须按照脚手架的宽度铺满，板与板之间要靠紧，不得留有空隙，离墙面不得大于 200mm。

2）脚手板可采用竹、木或钢脚手板，材质应符合规范要求，每块质量不宜大于 30kg。

3）钢制脚手板应采用 2~3mm 的 A3 钢，长度为 1.5~3.6m，宽度为 230~250mm，肋高 50mm 为宜，两端应有连接装置，板面应钻有防滑孔。凡有裂纹、扭曲不得使用。

4）脚手木板应用厚度不小于 50mm 的杉木或松木板，不得使用脆性木材。脚手木板宽度以 200～300mm 为宜，凡是腐朽、扭曲、斜纹、破裂和大横节的不得使用。板的两端 80mm 处应用镀锌钢丝箍 2～3 圈或用铁皮钉牢。

5）竹脚手板应采用由毛竹或楠竹制作的竹串片板、竹笆板。竹板必须穿钉牢固，无残缺竹片。

6）脚手板搭接时不得小于 200mm；对头接时应架设双排小横杆，间距不大于 200mm。

7）脚手板伸出小横杆以外大于 200mm 的称为探头板，因其易造成坠落事故，故脚手架上不得有探头板出现。

8）在架子拐弯处脚手板应交叉搭接。垫平脚手板应用木块，并且要钉牢，不得用砖垫。

9）脚手架外侧随着脚手架的升高，应按规定设置密目式安全网，必须扎牢、密实。形成全封闭的护立网，主要防止砖块等物坠落伤人。

10）作业层脚手架外侧以及斜道和平台均要设置 1.2m 高的防护栏杆和 180mm 高的挡脚板，防止作业人员坠落和脚手板上物料滚落。

（9）杆件搭接

1）钢管脚手架的立杆需要接长时，应采用对接扣件连接，严禁采用绑扎搭接。

2）钢管脚手架的大横杆需要接长时，可采用对接扣件连接，也可采用搭接，但搭接长度不应小于 1m，并应等间距设置 3 个旋转扣件固定。

3）剪刀撑需要接长时，应采用搭接方法，搭接长度不小于 500mm，搭接扣件不少于 2 个。

4）脚手架的各杆件接头处传力性能差，接头应错开，不得设置在一个平面内。

（10）架体内封闭

1）施工层之下层应铺满脚手板，对施工层的坠落可起到一定的防护作用。

2）当施工层之下层无法铺设脚手板时，应在施工层下挂设安全平网，用于挡住坠落的人或物。平网应与水平面平行或外高里低，一般以 15°为宜，网与网之间要拼接严密。

3）除施工层之下层要挂设安全平网外，施工层以下每四层楼或每隔 10m 应设一道固定安全平网。

（11）交底与验收

1）脚手架搭设前，现场施工员或安全员应根据施工方案要求以及外脚手架检查评分表检查项目及其扣分标准，并结合《建筑安全工人安全操作规程》相关的要求，编制书面交底材料，向持证上岗的架子工进行交底。

2）脚手架通常是在主体工程基本完工时才搭设完毕，即分段搭设，分段使用。脚手架分段搭设完毕，必须经施工负责人组织有关人员，按照施工方案及规范的要求进行检查验收。

3）经验收合格，办理验收手续，填写《脚手架底层验收表》《脚手架中段验收表》

《脚手架顶层验收表》，有关人员签字后，方准使用。

4）经检查不合格的应立即进行整改。对检查结果及整改情况，应按实测数据进行记录，并由检测人员签字。

（12）通道

1）架体应设置上下通道，供操作工人和有关人员上下，禁止攀爬脚手架。通道也可作少量的轻便材料、构件运输通道。

2）专供施工人员上下的通道，坡度为1：3为宜，宽度不得小于1m；作为运输用的通道，坡度以1：6为宜，宽度不小于1.5m。

3）休息平台设在通道两端转弯处。

4）架体上的通道和平台必须设置防护栏杆、挡脚板及防滑条。

（13）卸料平台

1）卸料平台是高处作业安全设施，应按有关规范、标准进行单独设计，并绘制搭设施工详图。卸料平台的架设材料必须满足有关规范、标准的要求。

2）卸料平台必须按照设计施工图搭设，并应制作成定型化、工具化的结构。平台上脚手板要铺满，临边要设置防护栏杆和挡脚板，并用密目式安全网封严。

3）卸料平台的支撑系统经过承载力、刚度和稳定性验算，并应自成结构体系，禁止与脚手架连接。

4）卸料平台上应用标牌显著地标牌平台允许荷载值，平台上允许的施工人员和物料的总重量，严禁超过设计的允许荷载。

7.2.4 悬挑扣件式钢管脚手架搭设安全要求与技术

悬挑扣件式钢管脚手架设计计算和搭设，除满足落地扣件式脚手架的一般要求外，尚应满足下列要求。

（1）斜挑立杆应按施工方案的要求与建筑结构连接牢固，禁止与模板系统的立柱连接。

（2）悬挑式脚手架应按施工图搭设：

1）悬挑梁是悬挑式脚手架的关键构件，对悬挑式脚手架的稳定与安全使用起至关重要的作用，悬挑梁应按立杆的间距布置，设计图纸对此应明确规定。

2）当采用悬挑架结构时，支撑悬挑架架设的结构构件，应能足以承受悬挑架传给它的水平力和垂直力的作用。若根据施工需要只能设置在建筑结构的薄弱部位时，应加固结构，并设拉杆或压杆，将荷载传递给建筑结构的坚固部位。悬挑架与建筑结构的固定方法必须经计算确定。

（3）立杆的底部必须支撑在牢固的地方，并采取措施防止立杆底部发生位移。

（4）为确保架体的稳定，应按落地式外脚手架的搭设要求，将架体与建筑结构拉结牢固。

（5）脚手架施工荷载：结构架为$3kN/m^2$，装饰架为$2kN/m^2$，工具式脚手架为$1kN/m^2$。悬挑式脚手架施工荷载一般可按装饰架计算，施工时严禁超载使用。

（6）悬挑式脚手架操作层上，施工荷载要堆放均匀，不应集中，并不得存放大宗材料或过重的设备。

（7）悬挑式脚手架立杆间距、倾斜角度应符合施工方案的要求，不得随意更改，脚手架搭设完毕须经有关人员验收合格后，方可投入使用。

（8）悬挑式脚手架应分段搭设（图 7-5a），分段验收，验收合格并履行有关手续后分段可投入使用。

（9）悬挑式脚手架的操作层外侧，应按临边防护的规定设置防护栏杆和挡脚板。防护栏杆由栏杆柱和上下两道横杆组成，上杆距脚手板高度为 1.0～1.2m，下杆距脚手板高度为 0.5～0.6m。在栏杆下边设置严密固定的高度不低于 180mm 的挡脚板。

（10）作业层下应按规定设置一道防护层，防止施工人员或物料坠落。

（11）多层悬挑式脚手架应按落地式脚手架的要求，在作业层下原作业层上满铺脚手板，铺设方法应符合规程要求，不得有空当和探头板。

（12）单层悬挑式脚手架须在作业层脚手板下面挂一道安全平网作为防护层（图 7-5b）。

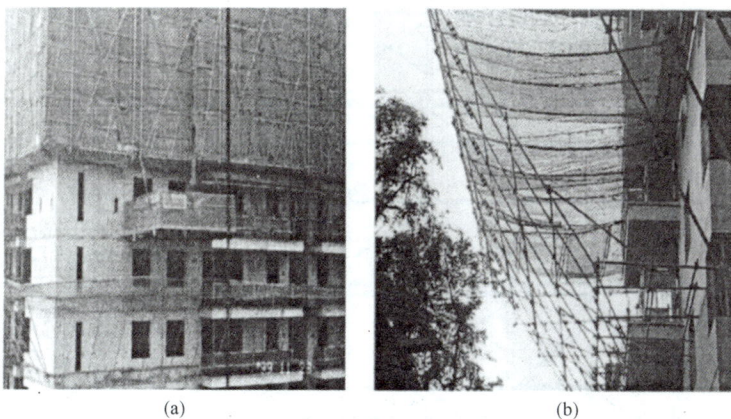

图 7-5 挑架和安全网

（13）作业层下搭设安全平网应每隔 3m 设一根支杆，支杆与地面保持 45°。网应外高内低，网与网之间必须拼接严密，网内杂物要随时清除。

（14）搭设悬挑式脚手架所用的各种杆件、扣件、脚手板等材料的材质、规格必须符合有关规范和施工方案的规定。

（15）悬挑梁、悬挑架的用材应符合钢结构设计规范的有关规定，并应有试验报告。

7.2.5 门式钢管脚手架工程安全技术

门式钢管脚手架的设计计算与搭设应满足《建筑施工门式钢管脚手架安全技术标准》JGJ/T 128—2019 及有关规范标准的要求；《建筑施工安全检查标准》JGJ 59—2011 对门式钢管脚手架的安全检查提出了具体要求。门架组成如图 7-6 所示，门式钢管脚手架的组成如图 7-7 所示。

1. 施工方案的编制要求

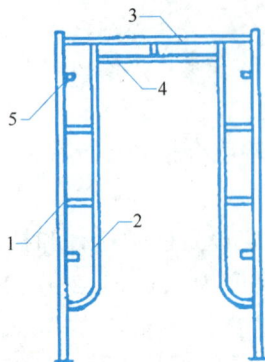

图7-6　门架

1—立杆；2—立杆加强杆；3—横杆；
4—横杆加强杆；5—锁销

（1）门式脚手架搭设之前，应根据工程特点和施工条件等编制脚手架施工方案，绘制搭设详图。

（2）门式脚手架搭设高度一般不超过45m，若降低施工荷载并缩小连墙杆的间距，则门式的脚手架的搭设高度可增至60m。

（3）门式脚手架施工方案必须符合《建筑施工门式钢管脚手架安全技术标准》JGJ/T 128—2019的有关规定。

（4）门式脚手架的搭设高度超过60m时，应绘制脚手架分段搭设结构图，并对脚手架的承载力、刚度和稳定性进行设计计算，编写设计计算书。设

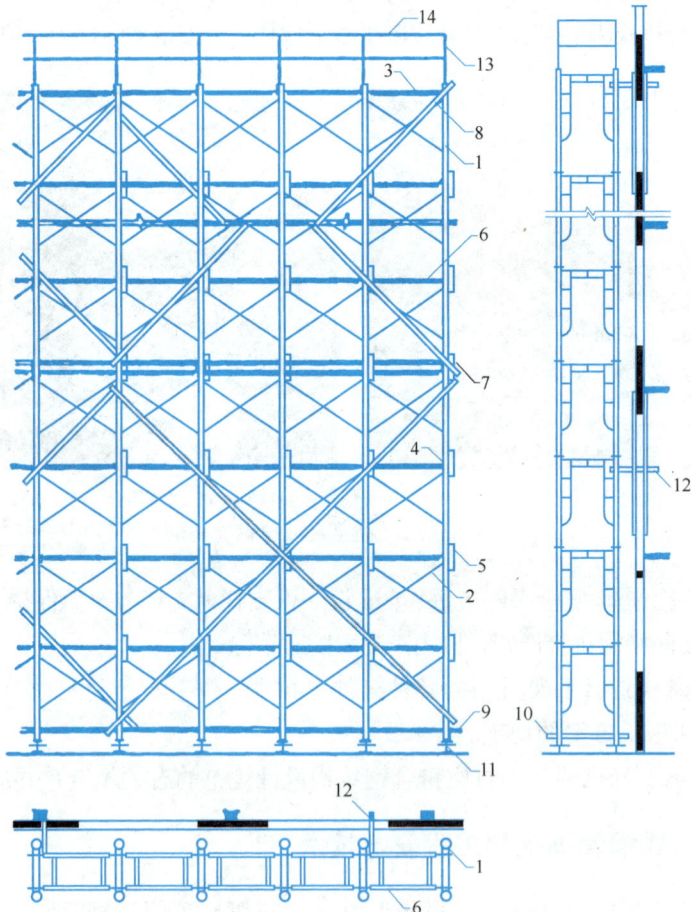

图7-7　门式钢管脚手架的组成

1—门架；2—交叉支撑；3—脚手板；4—连接棒；5—锁臂；6—水平架；7—水平加固杆；
8—剪刀撑；9—扫地杆；10—封口杆；11—底座；12—连墙件；13—栏杆；14—扶手

计计算书应报上级技术负责人审核批准。

2. 架体基础

（1）搭设高度在 25m 以下的门式脚手架，回填土必须分层夯实，铺上厚度不小于 50mm 的垫木，再于垫木上加设钢管底座，立杆立于底座上。

（2）架体搭设高度为 25～45m 时，应在施工方案中说明脚手架基础的施工方法，若地基为回填土，则应分层夯实，并在地基土上加铺 200mm 厚的道砟，再铺木垫板或 12～16 号槽钢。

（3）架体搭设高度超过 45m 时，应根据地基承载力对脚手架基础进行设计计算。

（4）门式脚手架底部应设置纵横向扫地杆，可减少脚手架的不均匀沉降。

3. 架体稳定

（1）门式脚手架应按规定间距与墙体拉结，防止架体变形。搭设高度在 45m 以下时，连墙杆竖向间距≤6m，水平方向间距≤8m；搭设高度在 45m 以上时，连墙杆竖向间距≤4m，水平方向间距≤6m。

（2）连墙杆的一端固定在门式框架横杆上，另一端伸过墙体，固定在建筑结构上，不得有滑动或松动现象。

（3）门式脚手架应设置剪刀撑，以加强整片脚手架的稳定性。当架体高度超过 20m 时，应在脚手架外侧每隔 4 步设置一道剪刀撑，沿高度方向与架体同步搭设。

（4）剪刀撑与地面夹角 45°～60°。需要接长时，应采用搭接方法，搭接长度不小于 1000mm，搭接扣件不少于 2 个，旋转扣件扣紧。

（5）门式脚手架，沿高度方向每隔一步加设一对水平拉杆；凡高度 10～15m 的要设一组缆风绳（4～6 根），每增高 10m 加设一组。缆风绳与地面的夹角应为 45°～60°，要单独牢固地挂在地锚上，并用花篮螺栓调节松紧。缆风绳严禁挂在树木、电杆上。

（6）门式脚手架搭设自由高度不超过 4m。

（7）严格控制门式脚手架的垂直度和水平度。首层门架立杆在两个方向的垂直偏差均在 2mm 以内，顶部水平偏差控制在 5mm 以内，上下门架立杆对中偏差不应大于 3mm。

4. 杆件、锁件

（1）应按说明书的规定组装脚手架，不得遗漏杆件和锁件。

（2）上、下门架的组装必须设置连接棒及锁臂。

（3）门式脚手架组装时，按说明书的要求拧紧各螺栓，不得松动。各部件的锁臂、搭钩必须处于锁住状态。

（4）门架的内外两侧均应设置交叉支撑，并应与门架立杆上的锁销锁牢。

（5）门架安装应自一端向另一端延伸，搭完一步架后，应及时检查、调整门架的水平度和垂直度。

5. 脚手板

（1）作业层应连续满铺脚手板，并与门架横梁扣紧或绑牢。

（2）脚手板材质必须符合规范和施工方案的要求。

（3）脚手板必须按要求绑牢，不得出现探头板。

6. 架体防护

（1）作业层脚手架外侧以及斜道和平台均要设置 1.2m 高的防护栏杆和 180mm 高的挡脚板，防止作业人员坠落和脚手板上物料滚落。

（2）脚手架外侧随着脚手架的升高，应按规定设置密目式安全网，必须扎牢、密实，形成全封闭的防护立网。

7. 材质

（1）门架及其配件的规格、性能和质量应符合现行行业标准《门式钢管脚手架》JG/T 13—1999 的规定，并应有出厂合格证明书及产品标志。

（2）门式脚手架是以定型的门式框架为基本构件的脚手架，其杆件严重变形将难以组装，其承载力、刚度和稳定性都将被削弱，隐患严重，因此，严重变形的杆件不得使用。

（3）杆件焊接后不得出现局部开焊现象。

（4）门架可根据质量检查按不同情况分为甲、乙、丙三类：

甲类——有轻微变形、损伤、锈蚀，经简单处理后，重新油漆保养可继续使用。

乙类——有一定轻度变形、损伤、锈蚀，但经矫直、平整、更换部件、修复、除锈油漆等处理后，可继续使用。

丙类——主要受力杆件变形较严重、锈蚀面积达 50％以上、有片状剥落、不能修复和经性能试验不能满足要求的，应报废处理。

8. 荷载

（1）门式脚手架施工荷载：结构架为 $3kN/m^2$，装饰架为 $2kN/m^2$。施工时严禁超载使用。

（2）脚手架操作层上，施工荷载要堆放均匀，不应集中，并不得存放大宗材料或过重的设备。

9. 通道

（1）门式脚手架必须设置供施工人员上下的专用通道，禁止在脚手架外侧随意攀登，以免发生伤亡事故；同时防止支撑杆件变形，影响脚手架的正常使用。

（2）通道斜梯应采用挂扣式钢梯，宜采用"之"字形式，一个梯段宜跨越两步或三步。

（3）钢梯应设栏杆扶手。

10. 交底与验收

（1）脚手架搭设前，项目部应按照脚手架搭设方案及有关规范、标准对作业班组进行安全技术交底。

（2）门式脚手架应分层、分段搭设，分层、分段验收，验收合格并履行完有关验收手续后，方可投入使用。

（3）交底和验收必须有相关记录。

7.2.6 挂脚手架工程安全技术

1. 交底与验收

（1）挂架必须按设计图纸进行制作或组装，制作、组装完成应按规定进行验收，验收合格后相关人员在验收单上签字，完备验收手续。

（2）挂架在使用前，要在近地面处按要求进行载荷试验（加载试验至少在 4h 以上），载荷试验应有记录，试验合格并履行相关手续后，方可使用。

（3）挂架每次移挂完成使用前，应进行检查验收，验收人员要在验收单上签署验收结论，验收合格方可使用。

（4）挂架安装或使用前，施工员应对操作人员进行书面交底，交底要有记录，交底双方应在交底记录上签字，手续齐全。

2. 安装人员

（1）挂架组装、安装人员应专业技术培训，考试合格，取得上岗证，持证上岗。

（2）挂架的安装和脚手板的铺设属高处作业，安装人员应戴好安全帽，系好安全带。

7.2.7 吊篮脚手架工程安全技术

吊篮脚手架（图 7-8），必须按《高处作业吊篮》GB/T 19155—2017 及有关规范、标准进行设计、制作、安装、验收与使用，并按《建筑施工安全检查标准》JGJ 59—2011 对吊篮脚手架的安全检查要求进行检查。

1. 施工方案的编制

（1）吊篮脚手架应编制施工方案，施工方案中必须有吊篮和挑梁的设计。挑梁是确保施工安全的重要构件，其材质、固定点、连接点、几何

图 7-8 吊篮脚手架

尺寸及悬挑长度均应进行计算，对挑梁的固定方式应有详细说明，并绘制详图。施工方案和设计计算书均应经上级技术部门审批。

（2）吊篮脚手架若为工厂生产，则应有产品合格证，并应附有安装和使用说明书。

（3）施工方案应详细具体，对建筑物阳台、阴阳角等特殊部位的挑梁和吊篮的设置应有详细的详图和相应的说明。

2. 制作与组装

（1）挑梁一般用工字钢或槽钢制成，用 U 形锚环或预埋螺栓固定在屋顶上。

（2）挑梁必须按设计要求与主体结构固定牢靠。承受挑梁拉力的预埋吊环，应用直径不小于 16mm 的圆钢，埋入混凝土的长度不小于 360mm，并与主筋焊接牢固。挑梁的挑出端应高于固定端，挑梁之间纵向应用钢管或其他材料连接成一个整体。

（3）挑梁挑出长度应使吊篮钢丝绳垂直于地面。

（4）必须保证挑梁抵抗力矩大于倾覆力矩的三倍。

（5）当挑梁采用压重时，配重的位置和重量应符合设计要求，并采取固定措施。

（6）吊篮平台可采用焊接或螺栓连接进行组装，禁止使用钢管扣件连接。

（7）捯链必须有产品合格证和说明书，非合格产品不得使用。

（8）吊篮组装后应经加载试验，确认合格后，方可使用，有关参加试验人员在试验报告上签字。脚手架上标明允许载重量。

3. 安全装置

（1）使用手扳葫芦时应设置保险卡，保险卡要能有效地限制手扳葫芦的升降，防止吊篮平台发生下滑。

（2）吊篮组装完毕，经检查合格后，接上钢丝绳，同时将提升钢丝绳和保险绳分别插入提升机构及安全锁中，使用中必须有两根直径为 12.5mm 以上的钢丝绳做保险绳，接头卡扣不少于三个，不准使用有接头的钢丝绳。

（3）当使用吊钩时，应有防止钢丝绳滑脱的保险装置（卡子），将吊钩和吊索卡死。

（4）吊篮内作业人员，必须系安全带，安全带挂钩应挂在作业人员上方固定的物体上，不准挂在吊篮工作钢丝绳上，以防工作钢丝绳断开。

4. 脚手板

（1）脚手板必须满铺，按要求将脚手板与脚手架绑扎牢固。

（2）吊篮脚手架可使用木脚手板或钢脚手板。木脚手板应为 50mm 厚杉木或松木板，不得使用脆性木材，凡是腐朽、扭曲、斜纹、破裂和大横透节的不得使用；钢脚手板应有防滑措施。

（3）脚手板搭接时搭接长度不得小于 200mm，不得出现探头板。

5. 防护

（1）吊篮脚手架外侧应设高度 1.2m 以上的两道防护栏杆及 18cm 高挡脚板，内侧应设置高度不小于 80cm 的防护栏杆。防护栏杆及挡脚板材质要符合要求，安装要牢固。

（2）吊篮脚手架外侧应用密目式安全网整齐封闭。

（3）单片吊篮升降时，两端应加设防护栏杆，并用密目式安全网封闭严密。

6. 防护顶板

（1）当有多层吊篮进行上下立体交叉作业时，不得在同一垂直方向上操作。上下作业的位置，必须处于以上层高度确定的可能坠落范围半径之外。不符合以上条件时，应设置安全防护层，即防护顶板。

（2）防护顶板可用 5mm 厚木板，也可采用其他具有足够强度的材料。防护顶板应绑扎牢固、满铺，能承受坠落物的冲击，不会砸破贯通，起到防护作用。

7. 架体稳定

（1）为了保证吊篮安全使用，当吊篮脚手架升降到位后，必须将吊篮与建筑物固定牢固；吊篮内侧两端应装有可伸缩的附墙装置，使吊篮在工作时与结构面靠紧，以减少架体的晃动。确认脚手架已固定、不晃动以后方可上人作业。

（2）吊篮钢丝绳应随时与地面保持垂直，不得斜拉。吊篮内侧与建筑物的间距（缝隙）不得过大，一般为 100～200mm。

8. 荷载

（1）吊篮脚手架的设计施工荷载为 $1kN/m^2$，不得超载使用。

（2）脚手架上堆放的物料不得过于集中。

9. 升降操作应注意内容

（1）操作升降作业属于特种作业，作业人员应经培训，合格后颁发上岗证，持证上岗，且应固定岗位。

（2）升降时不超过二人同时作业，其他非升降操作人员不得在吊篮内停留。

（3）单片吊篮升降时，可使用手扳葫芦；两片或多片吊篮连在一起同步升降时，必须采用电动葫芦，并有控制同步升降的装置。

7.2.8　脚手架的拆除要求

（1）脚手架拆除作业前，应制订详细的拆除施工方案和安全技术措施，并对参加作业全体人员进行技术安全交底，在统一指挥下，按照确定的方案进行拆除作业。

（2）脚手架拆除时，应划分作业区，周围设围护或设立警戒标置，地面设专人指挥，禁止非作业人员入内。

（3）一定要按照先上后下、先外后里、先架面材料后构架材料、先辅件后结构件和先结构件后附墙件的顺序，一件一件地松开连接，取出并随即吊下（或集中到毗邻的未拆的架面上，扎捆后吊下）。

（4）拆卸脚手板、杆件、门架及其他较长、较重、有两端连接的部件时，必须要两人或多人一组进行。禁止单人进行拆卸作业，防止把持杆件不稳、失衡而发生事故。拆除水平杆件时，松开结后，水平托取下。拆除立杆时，在把稳上端后，再松开下端连接取下。

（5）架子工作业时，必须戴安全帽，系安全带，穿胶鞋或软底鞋，所用材料要堆放平稳，工具应随手放入工具袋，上下传递物件不能抛扔。

（6）多人或多组进行拆卸作业时，应加强指挥，并相互询问和协调作业步骤，严禁不按程序进行的任意拆卸。

（7）因拆除上部或一侧的附墙拉接而使架子不稳时，应加设临时撑拉措施，以防因架子晃动影响作业安全。

（8）严禁将拆卸下的杆部件和材料向地面抛掷。已吊至地面的架设材料应随时运出拆卸区域，保持现场文明。

（9）连墙杆应随拆除进度逐层拆除，拆抛撑前，应设立临时支柱。

（10）拆除时严禁碰撞附近电源线，以防事故发生。

（11）拆下的材料应采用机械或人工运至地面，严禁抛掷。

（12）在拆架过程中，不能中途换人，如需要中途换人时，应将拆除情况交接清楚后方可离开。

（13）脚手架具的外侧边缘与外电架空线路的边线之间的最小安全操作距离见表7-3。

最小安全操作距离　　　　　　　　　　　　　　　表 7-3

外电线路电压等级（kV）	<1	1～10	35～110	220	330～500
最小安全操作距离（m）	4	6	8	10	15

（14）拆除的脚手架或配件，应分类堆放保存进行保养。

7.3　模板工程施工安全技术

近年来，建筑施工的伤亡事故中，坍塌事故比例增大，现浇混凝土模板支撑没有经过设计计算，支撑系统强度不足、稳定性差，模板上堆物不均匀或超出设计荷载，混凝土浇筑过程中局部荷载过大等造成模板变形或坍塌，轻者造成混凝土构件缺陷，严重者模板坍塌，造成较大的事故，因此，必须加强对模板工程的安全管理。

7.3.1　模板的组成及其搭设的基本要求

模板坍塌
事故

模板工程具有工程量大、材料和劳动力消耗多的特点。正确选择模板形式、材料及合理组织施工对加速现浇钢筋混凝土结构施工、保证施工安全和降低工程造价具有重要作用。

1. 模板的组成

模板是混凝土成型的模具，混凝土构件类型不同模板的组成也有所不同，一般是由模板、支撑系统和辅助配件三部分构成。

（1）模板：又叫板面，根据其位置分为底模板（承重模板）和侧模板（非承重模板）两类。

（2）支撑系统：支撑是保证模板稳定及位置的受力杆件，分为竖向支撑（立柱）和斜撑。根据材料不同又分为木支撑、钢管支撑；根据搭设方式分为工具式支撑和非工具式支撑。

（3）辅助配件：辅助配件是加固模板的工具，主要有柱箍、对拉螺栓、拉条和拉带等。

2. 模板体系搭设的基本要求

模板体系设计与搭设应满足下列要求：

（1）保证工程结构各部分形状尺寸和相互位置的正确性；

（2）具有足够的承载能力、刚度和稳定性；

（3）构造简单，装拆方便，便于施工；

（4）接缝严密，不得漏浆；

（5）因地制宜，合理选材，用料经济，多次周转。

7.3.2 模板安装的安全要求与技术

1. 模板工程施工方案的编制

（1）各类工具式模板工程，包括滑模、爬模、大模板等水平混凝土构件模板支撑系统及特殊结构模板工程，施工前必须编制安全专项施工方案（以下简称方案）；对于水平混凝土构件模板支撑系统高度超过 8m 或跨度超过 18m，施工总荷载大于 $10kN/m^2$ 或集中线荷载大于 15kN/m 的模板支撑系统，建筑施工企业应当组织专家组进行论证审查。

（2）施工单位编制的方案应经编制、审核、审批程序，符合《危险性较大工程安全专项施工方案编制及专家论证审查办法》等相关规定，方可组织实施。

（3）根据《危险性较大工程安全专项施工方案编制及专家论证审查办法》规定必须经专家论证审查的方案，施工单位应当组织专家组进行论证审查。

（4）方案应当根据《建筑施工扣件式钢管脚手架安全技术规范》JGJ 130—2011 或《建筑施工门式钢管脚手架安全技术标准》JGJ/T 128—2019 的要求编写设计计算书，内容应包括：施工荷载（包含动力荷载）、支架系统、模板系统、支承地面或楼面承载力计算，以确保支架体系强度、刚度、稳定性、抗倾覆满足标准和规范的要求。

（5）方案应当按照施工图纸内容进行编制，并应当绘制高大模板支撑系统的平面图、立面图和剖面图及节点大样图。同时，还应编写方案实施说明书，方案应具有可操作性。

（6）方案应当具有针对性，根据工程结构、施工方法、选用的各类机械设备、施工场地及周围环境等特点编制安全技术措施。高大模板支撑系统的构造应当符合《建筑施工扣件式钢管脚手架安全技术规范》JGJ 130—2011 或《建筑施工门式钢管脚手架安全技术标准》JGJ/T 128—2019 的要求。

（7）方案应当有应急救援预案，对可能发生的事故采取的应急措施。

（8）方案编制完成后，施工企业的工程技术与安全管理部门应进行审核。

（9）对于应经专家论证的高大模板工程，施工单位应当组织不少于 5 人的专家组对方案进行论证，监理单位应派注册专业监理工程师参加方案论证，专家组成员不得与该工程的施工单位、监理单位有利害关系。

（10）施工单位应根据专家组论证意见，对方案进行修改和完善，由企业技术负责人审批，项目总监理工程师应根据专家论证意见以及《建筑施工扣件式钢管脚手架安全技术规范》JGJ 130—2011 和《建筑施工门式钢管脚手架安全技术标准》JGJ/T 128—2019 等有关技术规范进行审查。

2. 模板安装的安全要求

（1）搭设人员必须是经过按现行国家标准《特种作业人员安全技术培训考核管理规定》考核合格的专业架子工。上岗人员定期体检，合格者方可持证上岗。

（2）搭设人员必须戴安全帽、系安全带、穿防滑鞋。

（3）模板支架立柱、普通模板和其他模板的构造与安装均应符合《建筑施工模板安全技术规范》JGJ 162—2008 的规定；

（4）2m 以上高处支模或拆模要搭设脚手架，满铺架板，使操作人员有可靠的立足点，并应按高处作业、悬空和临边作业的要求采取防护措施。不准站在拉杆、支撑杆上操作，也不准在梁底模上行走操作。

（5）脚手架的构配件质量与搭设质量，应按安全技术规范规定进行检查验收，合格后方准许使用。

（6）作业层上的施工荷载应符合设计要求，不得超载。不得将模板支架、揽风绳、泵送混凝土和砂浆的输送管等固定在脚手架上，严禁悬挂起重设备。

（7）当有六级以及六级以上大风和雾、雨、雪天气，应停止脚手架的搭设与拆除作业。雪后架上作业应有防滑措施，并扫除积雪。

（8）脚手架的安全检查与维护，应按安全技术规范进行。安全网应按规定搭设和拆除。

（9）在脚手架使用期间，严禁拆除主节点处纵、横水平杆、连墙件、交叉支撑、水平架、加固栏杆和栏杆。

（10）不得在脚手架基础及邻近处进行挖掘作业，否则应采取安全措施，并报主管部门批准。

（11）临街搭设脚手架时，外侧应有防止坠物伤人的防护措施。

（12）在脚手架上进行电、气焊作业时，必须有防火措施和专人看守。

（13）工地临时用电线路的架设及脚手架接地、避雷措施等，应按现行行业标准《施工现场临时用电安全技术规范》JGJ 46—2005 的有关规定执行。

（14）搭拆脚手架时，地面应设围栏和警戒标志，并派专人看守，严禁非操作人员入内。

（15）楼层高度超过 4m 或二层及二层以上的建筑物，安装和拆除模板时，周围应设安全网或搭设脚手架和加固防护栏杆。在临街及交通要道地区，尚应设警示牌，并设专人维持安全，防止伤及行人。

（16）现浇多层房屋和构筑物，应采取分层分段支模方法，并应符合下列要求：

1）下层楼板混凝土强度达到 1.2MPa 以后，才能上料具。料具要分散堆放，不得过分集中。

2）下层楼板结构的强度达到能承受上层模板、支撑系统和新浇筑混凝土的重量时，方可进行上层模板支撑、浇筑混凝土。否则下层楼板结构的支撑系统不能拆除，同时上层支架的立柱应对准下层支架的立柱，并铺设木垫板。

（17）各工种进行上下立体交叉作业时，不得在同一垂直方向上操作。下层作业的位置必须处于上层高度确定的可能坠落范围半径外。不符合以上条件时，应设置安全防护隔离层。

7.3.3　模板拆除的安全要求与技术

（1）模板拆除应编制拆除方案或安全技术措施，并应经技术主管部门或负责人批准。

（2）模板拆除前要进行安全技术交底，确保施工过程的安全。

（3）现浇结构的模板及其支架拆除时的混凝土强度，应符合设计要求；当设计无具体要求时，应符合规范规定，现浇结构拆模时所需混凝土强度见表 7-4。

现浇结构拆模时所需混凝土强度   表 7-4

项次	构造类型	结构跨度（m）	按达到设计混凝土强度标准值的百分率计（%）
1	板	≤2	50
		>2、≤8	75
2	梁、拱、壳	≤8	75
		>8	100
3	悬臂构件	≤2	75
		>2	100

冬期混凝土施工的拆模，应符合专门规定。

（4）当混凝土未达到规定的强度或已达到设计给定的强度，需要提前拆模或承受部分超设计荷载时，必须经过计算和技术主管确认其强度能够承受此荷载后，方可拆除。

（5）大体积混凝土的拆模时间除应满足强度要求外，还应使混凝土内外温差降低到 25℃以下时方可拆除。否则应采取有效措施防止产生温度裂缝。

（6）后张预应力混凝土结构或构件模板的拆除，侧模应在预应力张拉前拆除，其混凝土强度达到侧模拆除条件即可，进行预应力张拉必须待混凝土强度达到设计规定值方可进行，底模必须在预应力张拉完毕时方能拆除。

（7）拆模前应检查所使用的工具必须有效可靠，扳手等工具必须装入工人工具袋或系挂在身上，并应检查拆除场所范围内的安全措施。

（8）模板的拆除工作应设专人指挥。作业区应设围栏，其内不得有其他作业，并应设专人负责监护。拆下的模板、零配件严禁抛掷。

（9）高处拆除模板时，应符合有关高处作业的规定。

（10）拆除模板应按方案规定的程序进行，先支的后拆，先拆非承重部分。拆除大跨度梁支撑柱时，先从跨中开始向两端对称进行。

（11）现浇梁柱侧模的拆除，要求拆模时要确保梁、柱边角的完整。

（12）模板及其支撑系统拆除时，应一次全部拆完，不得留有悬空模板，避免坠落伤人。

（13）大模板拆除前，要用起重机垂直吊牢，然后再进行拆除。

（14）当立柱水平拉杆超过两层时，应先拆两层以上的水平拉杆，最下一道水平杆与立柱模同时拆，以确保柱模稳定。

（15）木模板堆放、安装场地附近严禁烟火，须在附近进行电、气焊时，应有可靠的防火措施。

（16）模板及其支架立柱等的拆除顺序与要求应符合《建筑施工模板安全技术规范》JGJ 162—2008 的有关规定。

复习思考题

1. 试述模板安装的安全技术与要求。

2. 试述模板拆除的安全技术与要求。

3. 简要回答书中各类脚手架搭设的安全技术问题。

4. 脚手架搭设高度有哪些规定？

5. 脚手架投入使用时应注意哪些技术问题？

6. 脚手架拆除应注意哪些方面的问题？

安全管理职业活动训练

活动一：阅读模板工程专项施工方案

1. 分组要求：全班分 6～8 个组，每组 5～7 人。

2. 资料要求：模板工程施工方案 6～8 套。

3. 要求：学生在教师指导下阅读模板工程施工方案，了解模板工程施工方案应包括内容。

4. 成果：以小组为单位写出学习总结或提出自己的见解。

272

承插式
脚手架
考与练

活动二：模板的验收

1. 分组要求：全班分 6～8 个组，每组 5～7 人。

2. 资料要求：选一模板工程施工的详细的影像及图文验收资料。

3. 学习要求：学生在教师指导下阅读和观看相关验收资料及模板检查项目、检查内容及检查方法等。

落地式脚
手架考与
练（1）

4. 成果：检查验收表表格。

活动三：模板工程安全检查评分

1. 分组要求：全班分 6～8 个组，每组 5～7 人。

2. 资料要求：模拟一模板工程施工（有条件的可在实训基地或实训中心进行）。

落地式脚
手架考与
练（2）

3. 学习要求：根据《建筑施工安全检查标准》JGJ 59—2011 的模板支设安全检查评分表进行检查和评分。

4. 成果：以小组为单位填写安全检查评分汇总表，并分析扣分原因。

活动四：脚手架的验收

1. 分组要求：全班分 6～8 个组，每组 5～7 个人。

悬挑式
脚手架
考与练

2. 资料要求：选择某一工程基础、主体、装饰装修阶段脚手架工程施工。

3. 学习要求：学生在老师的指导下阅读脚手架施工方案，熟悉各类脚手架检查项目、检查内容及检查方法，并根据《建筑施工安全检查标准》JGJ 59—2011 的脚手架安全检查评分表和验收资料进行检查和评分。

模板规范
考与练

4. 成果：以小组为单位填写安全检查评分汇总表，并分析扣分原因。

7.4　拆除工程安全技术

拆除工程
安全技术

施工组织设计是指导爆破与拆除工程施工准备和施工全过程的技术文件，应由负责该项目拆除工程的项目总工程师组织有关技术、生产、安全、材料、机械、保卫等部门人员进行编制，报上级主管部门审批后执行。编制施工组织设计要从实际出发，在确保人身和财产安全的前提下，选择经济合理、扰民小的拆除方案，进行科学的组织，以实现安全、经济、进度快、扰民小的目标。

7.4.1　施工组织设计编制的依据

首先应掌握拟被爆破和拆除的建（构）筑物的竣工图，包括结构、水、电、设备及室外管线；施工现场勘察得来的资料和信息；爆破与拆除工程有关的施工验收规范、安全技术规范、安全操作规程和国家、地方有关安全技术规定；国家和地方有关爆破工程安全保卫的规定以及具体实施单位的技术装备条件等。

7.4.2　施工组织设计编制的内容

（1）被爆破与拆除建筑和周围环境的简介。

应着重介绍被拆除建筑物结构类型，各部分构件的受力情况，填充墙、隔断墙、装修做法、水、电、暖气、燃气设备情况，周围房屋、道路、管线有关情况，并用平面图表示。

（2）施工准备工作计划。

1）施工准备工作计划包括技术组织、现场、设备器材、劳动力等，均计划落实到人。同时把领导组织机构名单和分工情况明确列出。

2）详细叙述拆除方面的全面内容，采用控制爆破拆除的还要详细说明爆破与起爆的方法、安全距离、警戒范围、保护方法、破坏情况、倒塌方向与范围以及安全技术措施。

（3）施工布置和进度计划。

（4）施工平面图应包括下列内容：

1）被拆除与爆破建筑物和周围建筑、地上、地下的各种管线、障碍物、道路的平面布置和尺寸。

2）起重吊装设备的开行路线和运输道路。

3）爆破材料及其他危险临时库房的位置、尺寸和做法。

4）各种机械、设备材料以及拆除后的建筑材料、垃圾堆设的位置。

5）被拆除建筑物倾倒方向的范围警戒区的范围应标明位置和尺寸。

6）标明施工中的水、电、办公、安全设施、消火栓平面位置及尺寸。

（5）针对所选用的拆除方法和现场情况，编制全面的安全技术措施。

7.4.3　爆破与拆除作业安全控制

（1）拆除工程在开工前，应组织技术人员和工人学习安全操作规程和拆除工程施工组织设计。

（2）拆除工程的施工，应在项目负责人的统一指挥和监督下进行。项目负责人根据施工组织设计和安全技术规程向参加拆除的施工人员进行详细的安全技术交底。

（3）拆除工程在施工前，应将电线、输气管道、给水排水、采暖管道等干线、通往该建筑物的支线切断或迁移。

（4）工人从事拆除工作的时候，应该站在专门搭设的脚手架上或者其他稳固的结构构件上操作。

（5）拆除区周围应设立围栏，挂警示牌，并派专人监护，严禁无关人员逗留。

（6）拆除建筑物，应自上而下顺序进行，禁止数层同时拆除，当拆除某一部分的时候应防止其他部分倒塌。

（7）拆除过程中，现场照明不得使用被拆除建筑物中的配电线，应另外设置配电线路。

（8）拆除在利用的建筑物的栏杆，楼梯和楼板即施工人员的退路部分，应与整体程度相配合，不能先行拆除。建筑物的承重支柱和横梁，要待它承担的全部结构和荷重拆除后才可拆除。

（9）拆除建筑物一般不采取推倒方法，遇有特殊情况采用推倒方法的时候，应遵守下列规定。

1）砍切墙根的深度不能超过墙厚的1/3，墙的厚度小于两块半砖的时候，不得进行掏掘。

2）为了防止墙壁向掏掘方向倾倒，在掏掘前要用支撑撑牢。

3）建筑物推倒前，应发出信号，待所有人离开被拆物高度二倍以上的距离后，方可进行。

4）在建筑物推倒范围内，有其他建筑物时，严禁采取推倒方法。

（10）在高处进行拆除工程，应设置溜放槽，以使散碎废料顺槽溜下；拆下较大的沉重材料，应用吊绳或者起重机械及时吊下运走，禁止向下抛扔，拆卸下来的各种材料要及时清理。

（11）拆除易踩碎的石棉瓦等轻型结构屋面时，严禁施工人员直接踩踏，应加盖垫板作业，防止高空坠落。

（12）采用控制爆破拆除工程时，应执行下列规定：

1）严格遵守《土方与爆破工程施工及验收规范》GB 50201—2012有关拆除爆破的规定。

2）在人口密集、交通要道等地区爆破建筑物，应采取电力或导爆索起爆，不得采用火花起爆。当分段起爆时，应采用毫秒雷管起爆。

3）采用微量炸药的控制爆破，可减少飞石，但不能绝对控制飞石，仍应采用适当防护措施，如对低矮建筑物采取适当护盖，对高大建筑物爆破设一定安全区，避免对周围建筑物和人生的危害。

4）爆破时，对原有蒸汽锅炉和空压机房等高压设备，应将其压力降到0.1～0.2MPa。

5）爆破各道工序应认真操作、检查与处理，杜绝一切不安全事故发生。爆破应设临时指挥机构，便于分别负责爆破施工与起爆等安全工作。

6）用爆破方法拆除建筑物部分结构的时候，应保证其他结构部分的良好状态。爆破后，如发现保留的结构部分有危险征兆，应采取安全措施后再行施工。

（13）凡是采用爆破方法拆除的项目，施工前必须到公安机关民爆管理机构申请许可手续。批准后方可施工。这是保证安全的政府监督措施。

复习思考题

1. 拆除工程施工组织设计应包括哪些内容？
2. 简述爆破与拆除作业安全措施。

安全管理职业活动训练

活动：不安全因素的防范

1. 分组要求：全班分 6～8 个组，每组 5～7 个人。
2. 资料要求：选择某一拟拆除工程。
3. 学习要求：学生在老师的指导下，分析该工程的建筑结构及周围环境特点，分析其拆除作业中的不安全因素，并制订相应的安全技术措施。
4. 成果：（1）拆除施工的施工组织设计要点及安全技术措施；（2）分组进行讨论找出各组的不足和长处。

7.5 高处作业与安全防护

7.5.1 高处作业安全技术措施

1. 高处作业的概念

按照规范规定："凡在坠落高度基准面 2m 以上（含 2m）有可能坠落的高处进行的作业称为高处作业。"其含义有两个：一是相对概念，可能坠落的底面高度大于或等于 2m；也就是不论在单层、多层或高层建筑物作业，即使是在平地，只要作业处的侧面有可能导致人员坠落的坑、井、洞或空间，其高度达到 2m 及其以上，就属于高处作业；二是高低差距标准定为 2m，因为一般情况下，当人在 2m 以上的高度坠落时，就很可能会造成重伤、残废或甚至死亡。据统计，在建筑工程的职业伤害中，与高处坠落相关的伤亡人数占职业伤害约 39%，因此高处作业须按规定进行安全防护，如图 7-9 所示。

2. 高处作业安全防护技术

（1）悬空作业处应有牢靠的立足处，凡是进行高处作业施工的，应使用脚手架、平台、梯子、防护围栏、挡脚板、安全带和安全网等安全设施。

（2）凡从事高处作业人员应接受高处作业安全知识的教育；特殊高处作业人员应持

图 7-9 高处作业安全防护

证上岗，上岗前应依据有关规定进行专门的安全技术交底。采用新工艺、新技术、新材料和新设备的，应按规定对作业人员进行相关安全技术教育。

（3）悬空作业所用的索具、脚手板、吊篮、吊笼、平台等设备，均需经过技术鉴定或检证合格后方可使用。

（4）高处作业人员应经过体检，合格后方可上岗。施工单位应为作业人员提供合格的安全帽、安全带等必备的个人安全防护用具，作业人员应按规定正确佩戴和使用。

（5）施工单位应按高处作业类别，有针对性地将各类安全警示标志悬挂于施工现场各相应部位，夜间应设红灯示警。

（6）安全防护设施应由单位工程负责人验收，并组织有关人员参加。

（7）安全防护设施的验收，应具备下列资料：

1）施工组织设计及有关验算数据。

2）安全防护设施验收记录。

3）安全防护设施变更记录及签证。

（8）安全防护设施的验收，主要包括以下内容：

1）所有临边、洞口等各类技术措施的设置情况。

2）技术措施所用的配件、材料和工具的规格和材质。

3）技术措施的节点构造及其与建筑物的固定情况。

4）扣件和连接件的紧固程序。

5）安全防护设施的用品及设备的性能与质量是否合格的验证。

6）高处作业前，工程项目部应组织有关部门对安全防护设施进行验收，并作出验收记录，经验收合格签字后方可作业。需要临时拆除或变动安全设施的，应经项目技术负责人审批签字，并组织有关部门验收，经验收合格签字后方可实施。

（9）高处作业所用工具、材料严禁投掷，上下立体交叉作业确有需要时，中间须设隔离设施。

（10）高处作业应设置可靠扶梯，作业人员应沿着扶梯上下，不得沿着立杆与栏杆攀登。

(11) 在雨雪天应采取防滑措施,当风速在 10.8m/s 以上和雷电、暴雨、大雾等气候条件下,不得进行露天高处作业。

(12) 高处作业上下应设置联系信号或通信装置,并指定专人负责。

7.5.2 临边作业安全防护

1. 临边作业的概念

在建筑工程施工中,当作业工作面的边缘没有维护设施或维护设施的高度低于80cm 时,这类作业称为临边作业。临边与洞口处在施工过程中是极易发生坠落事故的场合,在施工现场,这些地方不得缺少安全防护设施。

2. 防护栏杆的设置场合

(1) 基坑周边、尚未装栏板的阳台、料台与各种平台周边、雨篷与挑檐边、无外脚手架的屋面和楼层边,以及水箱周边。

(2) 分层施工的楼梯口和楼段边,必须设防护栏杆(图 7-10);顶层楼梯口应随工程结构的进度安装正式栏杆或临时栏杆;楼梯休息平台上尚未堵砌的洞口边也应设防护栏杆。

图 7-10 临边作业安全防护

(3) 井架与施工用的电梯和脚手架与建筑物通道的两边,各种垂直运输接料平台等,除两侧设施防护栏杆外,平台口还应设置安全门或活动防护栏杆;地面通道上部应装设安全防护棚。双笼井架通道中间,应予分隔封闭。

3. 防护栏杆措施要求

临边防护用的栏杆是由栏杆立柱和上下两道横杆组成,上横杆称为扶手。栏杆的材料应按规范标准的要求选择,选材时除需满足力学条件外,其规格尺寸和连接方式还应符合构造上的要求,应紧固而不动摇,能够承受突然冲击,阻挡人员在可能状态下的下跌和防止物料的坠落,还要有一定的耐久性。

搭设临边防护栏杆时,上杆离地高度为 1.0~1.2m,下杆离地高度为 0.5~0.6m,坡度大于 1:2.2 的屋面,防护栏杆应高于 1.5m,并加挂安全立网;除经设计计算外,横杆长度大于 2m，必须加设栏杆立柱；防护栏杆的横杆不应有悬臂，以免坠落时横杆头撞击伤人；栏杆的下部必须加设挡脚板；栏杆柱的固定及其与横杆的连接，其整体构造应使防护栏杆在上杆任何处，能经受任何方向的 1000N 外力。当栏杆所处位置有发生人群拥挤，车辆冲击或物件碰撞等可能时，应加大横杆截面或加密柱距。防护栏杆必须自上而下用安全立网封闭。栏杆柱的固定应符合下列要求：

（1）当在基坑四周固定时，可采用钢管并打入地面 50～70cm 深。钢管离边口的距离，不应小于 50cm。当基坑周边采用板桩时，钢管可打在板桩外侧。

（2）当在混凝土楼面、屋面或墙面固定时，可用预埋件与钢管或钢筋焊牢。采用竹、木栏杆时，可在预埋件上焊接 30cm 长的∟50×5 角钢，其上下各钻一孔，然后用 10mm 螺栓与竹、木杆件拴牢。

（3）当在砖或砌块等砌体上固定时，可预先砌入规格相适应的 80×6 弯转扁钢作预埋铁的混凝土块，然后用上下方法固定。

7.5.3 洞口作业安全防护

1. 洞口作业的概念

施工现场，在建工程上往往存在着各式各样的洞口，在洞口旁的作业称为洞口作业。在水平方向的楼面、屋面、平台等上面短边小于 25cm（大于 2.5cm）的称为孔，但也必须覆盖（应设坚实盖板并能防止挪动移位）；短边尺寸等于或大于 25cm 称为洞。在垂直于楼面、地面的垂直面上，则高度小于 75cm 的称为孔，高度等于或大于 75cm，宽度大于 45cm 的均称为洞。凡深度在 2m 及 2m 以上的桩孔、人孔、沟槽与管道等孔洞边沿上的高处作业都属于洞口作业范围。进行洞口作业以及在因工程和工序需要而产生的，使人与物体有坠落危险和人身安全的其他洞口进行高处作业时，必须设置防护设施，如图 7-11 所示。

2. 洞口防护设施设置场合

（1）各种板与墙的洞口，按其大小和性质分别设置牢固的盖板、防护栏杆、安全网或其他防坠落的防护设施。

（2）电梯井口，根据具体情况设高度不低于 1.2m 防护栏或固定栅门与工具式栅门，电梯井内每隔两层或最多 10m 设一道安全平网（安全平网上的建筑垃圾应及时清除），也可以按当地习惯，在井口设固定的格栅或采取砌筑坚实的矮墙等措施。

（3）钢管桩、钻孔桩等桩孔口，柱基、条基等上口，未填土的坑、槽口，以及天窗和化粪池等处，都要作为洞口采取符合规范的防护措施。

（4）施工现场与场地通道附近的各类洞口与深度在 2m 以上的敞口等处除设置防护设施与安全标志外，夜间还应设红灯示警。

（5）物料提升机上料口，应装设有连锁装置的安全门，同时采用断绳保护装置或安全停靠装置；通道口走道板应平行于建筑物满铺并固定牢靠，两侧边应设置符合要求的防护栏杆和挡脚板，并用密目式安全网封闭两侧。

（6）墙面等处的竖向洞口，凡落地的洞口应设置防护门或绑防护栏杆，下设挡脚

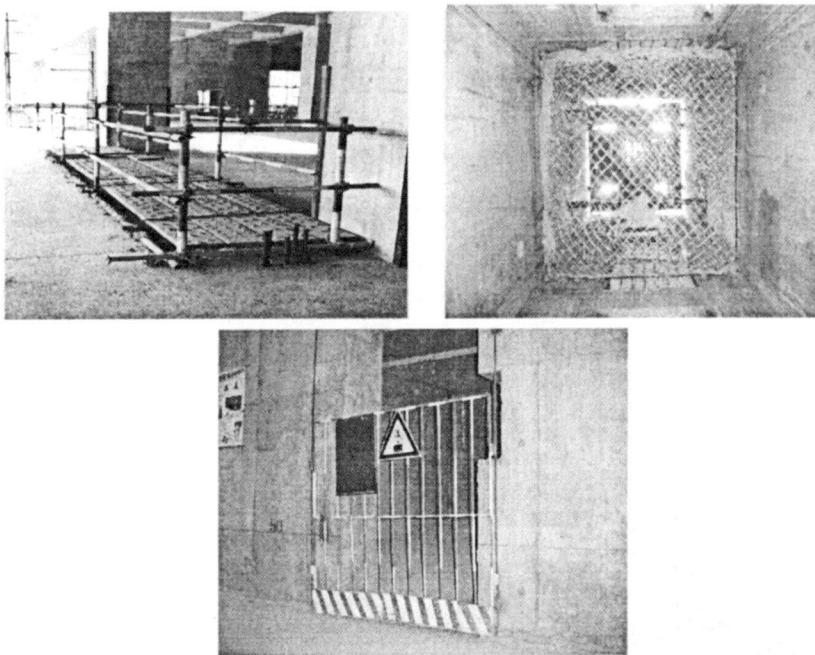

图 7-11　洞口作业

板。低于 80cm 的竖向洞口，应加设 1.2m 高的临时护栏。

3. 洞口安全防护措施要求

洞口作业时根据具体情况采取设置防护栏杆，加盖件，张挂安全网与装栅门等措施。

(1) 楼板面的洞口，可用竹、木等作盖板，盖住洞口。盖板须能保持四周搁置均衡，并有固定其位置的措施。

(2) 短边小于 25cm（大于 2.5cm）孔，应设坚实盖板并能防止挪动移位。

(3) 25cm×25cm～50cm×50cm 的洞口，应设置固定盖板，保持四周搁置均衡，并有固定其位置的措施。

(4) 短边边长为 50～150cm 的洞口，必须设置以扣件扣接钢管而成的网络，并在其上满铺竹笆或脚手板。也可采用贯穿于混凝土板内的钢筋构成防护网，钢筋网络间距不得大于 20cm。

(5) 1.5m×1.5m 以上的洞口，四周必须搭设围护架，并设双道防护栏杆，洞口中间支挂水平安全网，网的四周拴挂牢固、严密。

(6) 墙面等处的竖向洞口，凡落地的洞口应加装开关式、工具式或固定式的防护门，门栅网络的间距不应大于 15cm，也可采用防护栏杆，下设挡脚板（笆）。

(7) 下边沿至楼板或底面低于 80cm 的窗台等竖向的洞口，如侧边落差大于 2m 应加设 1.2m 高的临时护栏。

(8) 洞口应按规定设置照明装置的安全标识。

7.5.4　安全帽、安全带、安全网

建筑施工现场是高危险的作业场所，由于建筑行业的特殊性，高处作业中发生的高处坠落、物体打击事故的比例最大。许多事故案例都说明，由于正确佩戴了安全帽、安全带或按规定架设了安全网，从而避免了伤亡事故，所以要求进入施工现场人员必须戴安全帽，登高作业必须系安全带，安全防护必须按规定架设安全网。事实证明，安全帽、安全带、安全网是减少和防止高处坠落和物体打击这类事故发生的重要措施。建筑工人称安全帽、安全带、安全网为救命"三宝"，如图 7-12 所示，目前，这三种防护用品都有产品标准。在使用时，也应选择符合建筑施工要求的产品。

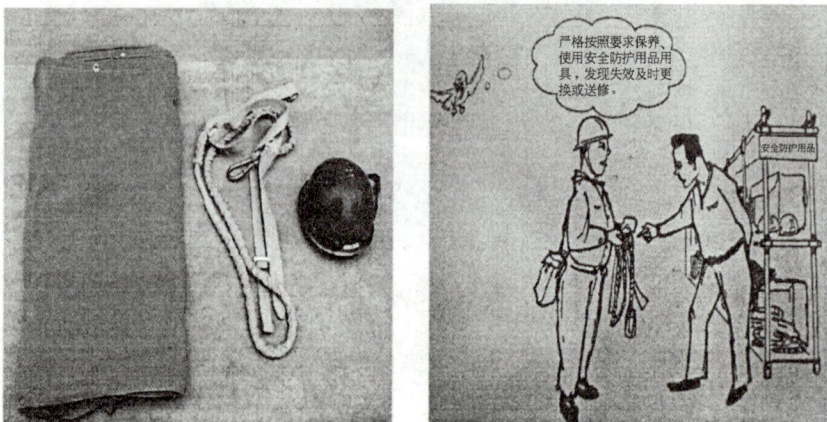

图 7-12　安全帽、安全带、安全网

7.5.4.1　安全帽

安全帽是对人体头部受外力伤害（如物体打击）起防护作用的帽子。使用时要注意：

（1）进入施工现场者必须戴安全帽，施工现场的安全帽应分色佩戴。

（2）正确使用安全帽，不准使用缺衬及破损的安全帽。

（3）安全帽应符合《头部防护 安全帽》GB 2811—2019 标准，选用经有关部门检验合格，其上有"安鉴"标志的安全帽。

（4）使用戴帽前先检查外壳是否破损，有无合格帽衬，帽带是否齐全，如果不符合要求立即更换。

（5）调整好帽箍、帽衬（4～5cm），系好帽带。

7.5.4.2　安全带

安全带是高处作业人员预防坠落伤亡的防护用品，建筑施工中的攀登作业、独立悬空作业如搭设脚手架、吊装混凝土构件、钢构件及设备等，都属于高空作业，操作人员都应系安全带。使用时要注意：

（1）选用经有关部门检验合格的安全带，并保证在使用有效期内。

（2）安全带严禁打结、续接。

（3）使用中，要可靠地挂在牢固的地方，高挂低用，且要防止摆动，安全带上的各种部件不得任意拆掉，避免明火和刺割。

（4）2m 以上的悬空作业，必须使用安全带。

（5）安全带使用两年以后，使用单位应按购进批量的大小，选择一定比例的数量，作一次抽检，用 80kg 的砂袋做自由落体试验，若未破断可继续使用，但抽检的样带应更换新的挂绳才能使用；若试验不合格，购进的这批安全带就应报废。

（6）安全带外观有破损或发现异味时，应立即更换。

（7）安全带使用 3～5 年即应报废。

（8）在无法直接挂设安全带的地方，应设置挂安全带的安全拉绳、安全栏杆等。

7.5.4.3 安全网

安全网是用来防止人、物坠落或用来避免、减轻坠落及物体打击伤害的网具。目前，建筑工地所使用的安全网，按形式及其作用可分为平网和立网两种。由于这两种网使用中的受力情况不同，因此它们的规格、尺寸和强度要求等也有所不同。平网，指其安装平面平行于水平面，主要用来承接人和物的坠落；立网，指其安装平面垂直于水平面，主要用来阻止人和物的坠落。

1. 安全网的构造和材料

安全网的材料，要求其相对密度小、强度高、耐磨性好、延伸率大和耐久性较强。此外还应有一定的耐候性，受潮受湿后其强度下降不大。目前，安全网以化学纤维为主要材料。同一张安全网上所有的网绳，都要采用同一材料，所有材料的湿干强度比不得低于 75%。通常，多采用维纶和尼龙等合成化纤作网绳。丙纶由于性能不稳定，禁止使用。此外，只要符合国家有关规定的要求，也可采用棉、麻、棕等植物材料做原料。不论用何种材料，每张安全平网的重量一般不宜超过 15kg，并要能承受 800N 的冲击力。

2. 密目式安全网

自《建筑施工安全检查标准》JGJ 59—2011 实施后，P3×6 的大网眼的安全平网就只能在电梯井里、外脚手架的跳板下面、脚手架与墙体间的空隙等处使用。

密目式安全网的目数为在网上任意一处的 10cm×10cm 的面积上，大于 2000 目。目前，生产密目式安全网的厂家很多，品种也很多，产品质量也参差不齐，为了能使用合格的密目式安全网，施工单位采购来以后，可以做现场试验，除外观、尺寸、重量、目数等以外，还要做以下两项试验：

（1）贯穿试验。将 1.8m×6m 的安全网与地面呈 30°夹角放好，四边拉直固定。在网中心的上方 3m 的地方，用一根 48×3.5 的 5kg 重的钢管，自由落下，网不贯穿，即为合格，网贯穿，即为不合格。

（2）冲击试验。将密目式安全网水平放置，四边拉紧固定。在网中心上方 1.5m 处，将一个 100kg 重的砂袋自由落下，网边撕裂的长度小于 200mm，即为合格。

用密目式安全网对在建工程外围及外脚手架的外侧全封闭，就使得施工现场从大网眼的平网作水平防护的敞开式防护，用栏杆或小网眼立网作防护的半封闭式防护，实现了全封闭式防护。

3. 安全网防护

（1）高处作业点下方必须设安全网。凡无外架防护的施工，必须在高度4～6m处设一层水平投影外挑宽度不小于6m的固定的安全网，每隔四层楼再设一道固定的安全网，并同时设一道随墙体逐层上升的安全网。

（2）施工现场应积极使用密目式安全网，架子外侧、楼层邻边井架等处用密目式安全网封闭栏杆，安全网放在杆件里侧。

（3）单层悬挑架一般只搭设一层脚手板为作业层，故须在紧贴脚手板下部挂一道平网作防护层，当在脚手板下挂平网有困难时，也可沿外挑斜立杆的密目网里侧斜挂一道平网，作为人员坠落的防护层。

（4）单层悬挑架包括防护栏杆及斜立杆部分，全部用密目网封严。多层悬挑架上搭设的脚手架，用密目网封严。

（5）架体外侧用密目网封严。

（6）安全网作防护层必须封挂严密牢靠，密目网用于立网防护，水平防护时必须采用平网，不准用立网代替平网。

（7）安全网应绷紧扎牢拼接严密，不使用破损的安全网。

（8）安全网必须有产品生产许可证和质量合格证，不准使用无证不合格产品。

（9）安全网若有破损、老化应及时更换。

（10）安全网与架体连接不宜绷得太紧，系结点要沿边分布均匀、绑牢。

7.5.5 职业卫生防护

在建筑施工中，存在的职业病的主要种类、危害工种及预防措施如下：

7.5.5.1 粉尘

在建筑施工中，材料的搬运使用、石材的加工、建筑物的拆除等均可产生大量的矿物性粉尘，长期吸入这样的粉尘可发生硅沉着肺病。施工现场粉尘主要是含游离的二氧化硅粉尘、水泥尘（硅酸盐）、石棉尘、木屑尘、电焊尘、金属粉尘引起的粉尘；主要受危害的工种有混凝土搅拌司机、水泥上料工、材料试验工、平刨机工、金属除锈工、石工、风钻工、电（气）焊等工种。

1. 作业场所防护措施

（1）水泥除尘措施　在搅拌机拌筒出料口处安装活动胶皮护罩，挡住粉尘外扬；在拌筒上方安装吸尘罩，将拌筒进料口飞起的粉尘吸走；在地面料斗侧向安装吸尘罩，将加料时扬起的粉尘吸走，通过风机将上述空气吸走的粉尘先后送入旋风滤尘器，再通货器内水浴将粉尘降落，再用水冲入蓄集池。

（2）木屑除尘措施　在每台加工机械尘源上方或侧向安装吸尘罩，通过风机作用，将粉尘吸入输送管道，再送到蓄料仓内，可将各作业点的粉尘浓度降至2mg/m³以下。

（3）金属除尘措施　用抽风机或通风机将粉尘抽至室外，净化处理后空气排放。

2. 个人防护措施

(1) 落实相关岗位的持证上岗，给施工作业人员提供扬尘防护口罩，杜绝施工操作人员的超时工作。

(2) 检查措施：在检查项目工程安全的同时，检查工人作业场所的扬尘防护措施的落实，检查个人扬尘防护措施的落实，每月不少于一次，并指导施工作业人员减少扬尘的操作方法和技巧。

7.5.5.2 生产性毒物

建筑施工过程中常接触到多种有机溶剂，如防水施工中常常接触到苯、甲苯、二甲苯、苯乙烯、铅、锰、二氧化硫、亚硝酸盐等。喷漆作业常常接触到苯、苯系物外，还可接触到醋酸乙酯、氨类、甲苯二氰酸等。这些有机溶剂的沸点低、极易挥发，在使用过程中挥发到空气中的浓度可以达到很高，极易发生急性中毒和中毒死亡事故。主要受危害的工种有防水工、油漆工、喷漆工、电焊工、气焊工等工种。主要预防措施如下。

1. 作业场所防护措施

(1) 防铅毒措施 允许浓度，铅烟 $0.03\text{mg}/\text{m}^3$，铅尘 $0.05\text{mg}/\text{m}^3$，超标者采取措施。采用抽风机或用鼓风机升压将铅尘、铅烟抽至室外，进行净化处理后空中排放；以无毒、低毒物料代替铅丹，消除铅源。

(2) 防锰中毒措施 集中焊接场所，用抽风机将锰尘吸入管道，过滤净化后排放；分散焊接点，可设置移动式锰烟除尘器，随时将吸尘罩设在焊接作业人员上方，及时吸走焊接时产生的锰烟尘；现场焊接作业区狭小，流动频繁，每次焊接作业时间短，难以设置移动排毒设备装置，焊接时应选择上风方向进行操作，以减少锰烟尘的危害。

(3) 防苯毒措施 允许浓度，苯为 $40\text{mg}/\text{m}^3$ 以下，甲苯和二甲苯为 $100\text{mg}/\text{m}^3$ 以下，超标者采取措施。喷漆，可采用密闭喷漆间，工人在喷漆间外操纵微机控制，用机械手自动作业，以达到质量好、对人无危害的目的；通风不良的地下室、污水池内涂刷各种防腐涂料等作业，必须根据场地大小，采取多台抽风机把苯等有害气体抽出室外，减少连续配料时间，防止苯中毒和铅中毒；涂刷冷沥青，凡在通风不良的场所和容器内涂刷冷沥青时，必须采取机械送风、送氧及抽风措施，不断稀释空气中的毒物浓度。

2. 个人防护措施

(1) 作业时佩戴有害气体防护口罩、眼睛防护罩，杜绝违章作业；采取轮流作业，杜绝施工操作人员的超时工作。

(2) 在检查项目工程安全的同时，检查落实工人作业场所的通风情况，个人防护用品的佩戴，及时制止违章作业。

(3) 指导提高中毒事故中职工救人与自救的能力。

7.5.5.3 噪声

建筑施工中使用的机械工具及一些动力机械可以产生较强的噪声和局部的振动，长期接触噪声可损害职工的听力，严重时可造成噪声性耳聋。施工现场噪声主要来源于如钻孔机、电锯、振动器、搅拌机、电动机、空压机、钢筋加工机械、木工加工机械等；主要受危害的工种有混凝土振动棒工、打桩工、推土机工、平刨工等工种等。

预防措施有在各种机械设备排气口安装消声器、在室内用多孔材料进行吸声或对发生的物体、场所与周围进行隔绝。

施工现场振动主要是有如钻孔机、电锯、振动器、混凝土振动棒、风钻、打桩机、推土机、挖掘机等；主要受危害的工程有混凝土振动棒工、风钻工、打桩机司机、推土机司机、挖掘机司机等。预防措施如下：

1. 作业场所防护措施

（1）作业场所防护措施：在作业区设置防职业病警示标志。

（2）在振源与需要防振的设备之间，安装具有弹性性能的隔振装置，使振源产生的大部分振动被隔振装置所吸收。

（3）改革生产工艺，降低噪声。

（4）有些手持振动工具的手柄，包扎泡沫塑料等隔振垫，工人操作时戴好专用防振手套，也可减少振动的危害。

2. 个人防护措施

（1）为施工操作人员提供劳动防护耳塞，采取轮流作业，杜绝施工操作人员的超时工作。

（2）直接操作振动机械引起的手臂振动病的机械操作工，要持证上岗，提供振动机械防护手套，采取延长换班休息时间，杜绝作业人员的超时工作。

（3）在检查工程安全的同时，检查落实警示标志的悬挂、检查落实作业场所的降噪声措施、工人佩戴防护耳塞、佩戴防振手套、工作时间不超时等情况。

7.5.5.4 高温中暑的预防控制措施

1. 作业场所防护措施

（1）调整作息时间，避免高温期间作业，对有条件的工作作业可搭设遮阳棚等防护措施。

（2）在高温期间，为职工备足饮用水或绿豆水、防中暑药品、器材。

2. 个人防护措施

（1）减少工人工作时间，尤其是延长中午休息时间。

（2）夏季施工，在检查工程安全的同时，检查落实饮水、防中暑物品的配备，工人劳逸适宜。

（3）指导并提高中暑情况发生时，职工救人与自救的能力。

复习思考题

1. 高处作业的定义是什么？高处作业如何分级？

2. 何为临边和洞口作业？它们的主要防护措施有哪些？

3. 试述安全"三宝"的使用要求。

4. 施工现场常见的职业伤害有哪几种？应如何防范？

高处作业隐患排查

洞口作业考与练

安全管理职业活动训练

活动：临边、洞口作业防护

1. 分组要求：全班分 6～8 个组，每组 5～7 人。

2. 训练场景：选择某一在建项目的某一楼层。

3. 学习要求：学生在教师和工程技术人员的指导下对现场的安全防护进行检查，并根据《建筑施工安全检查标准》JGJ 59—2011 的"三宝""四口"防护安全检查评分表和验收资料进行检查和评分。

4. 成果：以小组为单位填写安全检查评分汇总表，并分析扣分原因。

教学单元 8

施工机械与安全用电管理

【教学目标】通过本单元的学习，学生应当熟悉安全用电常识和安全用电防护技术；掌握常用起重吊装机械的验收与拆除以及其他施工用具的安全技术要求；掌握安全用电、起重吊装作业的安全管理知识；掌握各起重吊装专项施工方案特别是"危险性较大的分部分项工程专项施工方案"编审的有关规定与要求；能根据《建筑施工安全检查标准》JGJ 59—2011 对施工作业现场进行安全检查与评分。

8.1　垂直运输机械安全技术管理

垂直运输机械在建筑施工中担负施工现场垂直运（输）送材料设备和人员上下的重要工作，它是施工安全技术措施中不可缺少的重要环节。垂直运输设施种类繁多，一般归结为塔式起重机、施工电梯、物料提升架、混凝土泵和小型提升机械五大类。

8.1.1　塔式起重机

塔式起重机是一种塔身直立，起重臂铰接在塔帽下部，能够作 360° 回转的起重机，通常用于房屋建筑和设备安装的场所，具有适用范围广、起升高度高、回转半径大、工作效率高、操作简便、运转可靠等特点。

由于塔式起重机机身较高，其稳定性就较差，并且拆、装转移较频繁以及技术要求较高，也给施工安全带来一定困难，操作不当或违章装、拆极有可能发生塔机倾覆的机毁人亡事故，造成严重的经济损失和人身伤亡恶性事故。因此，机械操作、安装、拆卸人员和机械管理人员必须全面地掌握塔机的技术性能，从思想上引起高度重视、从业务上掌握正确的安装、拆卸、操作的技能，保证塔机的正常运行，确保安全生产。

8.1.1.1　塔式起重机的安全装置

（1）起重力矩限制器

起重力矩限制器主要作用是防止塔机超载的安全装置，避免塔机由于严重超载而引起塔机的倾覆或折臂等恶性事故。

（2）起重量限制器

起重量限制器是用以防止塔机的吊物重量超过最大额定荷载，避免发生机械损坏事故。

（3）起升高度限制器

起升高度限位器是用来限制吊钩接触到起重臂头部或与载重小车之前，或是下降到最低点（地面或地面以下若干米）以前，使起升机构自动断电并停止工作。

（4）幅度限位器

动臂式塔机的幅度限制器是用以防止臂架在变幅时，变幅到仰角极限位置时切断变幅机构的电源，使其停止工作，同时还设有机械止挡，以防臂架因起幅中的惯性而后翻。

小车运行变幅式塔机的幅度限制器用来防止运行小车超过最大或最小幅度的两个极限位置。一般小车变幅限位器是安装在臂架小车运行轨道的前后两端，用行程开关达到控制。

（5）塔机行走限制器

行走式塔机的轨道两端尽头所设的止挡缓冲装置，利用安装在台车架上或底架上的行程开关碰撞到轨道两端前的挡块切断电源来达到塔机停止行走，防止脱轨造成塔机倾覆事故。

（6）钢丝绳防脱槽装置

钢丝绳防脱槽装置，主要防止当传动机构发生故障时，造成钢丝绳不能够在卷筒上顺排，以致越过卷筒端部凸缘，发生咬绳等事故。

（7）回转限制器

有些上回转的塔机安装了回转不能超过 270°和 360°的限制器，防止电源线扭断，造成事故。

（8）风速仪

自动记录风速，当超过六级风速以上时自动报警，使操作司机及时采取必要的防范措施，如停止作业，放下吊物等。

（9）电器控制中的零位保护和紧急安全开关

所谓零位保护是指塔机操纵开关与主令控制器连锁，只有在全部操纵杆处于零位时，开关才能接通，从而防止无意操作。

紧急安全开关则是一种能及时切断全部电源的安全装置。

（10）夹轨钳

装设在台车金属结构上，用以夹紧钢轨，防止塔机在大风情况下被风吹动而行走造成塔机出轨倾翻事故。

（11）吊钩保险

吊钩保险是安装在吊钩挂绳处的一种防止起重千斤绳由于角度过大或挂钩不妥时，造成起吊千斤绳脱钩，吊物坠落事故的装置。

吊钩保险一般采用机械卡环式，用弹簧来控制挡板，阻止千斤绳的滑钩。

8. 1. 1. 2 塔式起重机的安装与拆卸

1. 施工方案与资质管理

特种设备（塔机、井架、龙门架、施工电梯等）的安拆必须编制具有针对性的施工方案，内容应包括：工程概况、施工现场情况、安装前的准备工作及注意事项、安装与拆卸的具体顺序和方法、安装和指挥人员组织、安全技术要求及安全措施等。

装拆塔式起重机的企业，必须具备装拆作业的资质，作业人员必须经过专门培训并取得上岗证。

安装调试完毕，还必须进行自检、试车及验收，按照检验项目和要求注明检验结果。检验项目应包括特种设备主体结构组合、安全装置的检测、起重钢丝绳与卷筒、吊物平台篮或吊钩、制动器、减速器、电器线路、配重块、空载试验、额定载荷试验、110%的载荷试验、经调试后各部位运转情况、检验结果等。塔机验收合格后，才能交付使用。

使用前必须制定特种设备管理制度，包括设备经理的岗位职责、起重机管理员的岗位职责、起重机安全管理制度、起重机驾驶员岗位职责、起重机械安全操作规程、起重机械的事故应急措施救援预案、起重机械安拆安全操作规程等。

2. 塔式起重机的基础

固定式塔式起重机的基础是确保塔机安全的必要条件。它担负着塔机的自重荷载和运行荷载，更重要的要考虑风荷载。一是基础所在地基的承载力是否能达到设计要求，是否需要进行地基处理；二是塔基基础的自重、配筋、混凝土强度等级是否满足相应型号塔机的技术指标。基础的形式和大小应根据施工现场土质差异而定。

3. 安装拆卸的安全注意事项

（1）对装拆人员的要求

1）参加塔式起重机装拆人员，必须经过专业培训考核，持有效的操作证上岗。

2）装拆人员严格按照塔式起重机的装拆方案和操作规程中的有关规定、程序进行装拆。

3）装拆作业人员严格遵守施工现场安全生产的有关制度，正确使用劳动保护用品。

（2）对塔式起重机装拆的管理要求

1）装拆塔式起重机的施工企业，必须具备装拆作业的资质，并按装拆塔式起重机资质的等级进行相对应的塔式起重机装拆。

2）施工企业必须建立塔式起重机的装拆专业班组并且配有起重工（装拆工）、电工、起重指挥、塔式起重机操纵司机和维修钳工等。

3）进行塔式起重机装拆，施工企业必须编制专项的装拆安全施工组织设计和装拆工艺要求，并经过企业技术主管领导的审批。

4）塔式起重机装拆前，必须向全体作业人员进行装拆方案和安全操作技术的书面和口头交底，并履行签字手续。

8.1.1.3　塔式起重机使用安全要求

（1）起重机的安装、顶升、拆卸必须按照原厂规定进行，并制订安全作业措施（图8-1），由专业队（组）在队（组）长负责统一指导下进行，并要有技术和安全人员在场监护。

图 8-1　安全作业措施
(a) 塔式起重机；(b)"十不准吊"

（2）起重机安装后，在无荷载情况下，塔身与地面的垂直度偏差值不得超过3/1000。

（3）起重机专用的临时配电箱，宜设置在轨道中部附近，电源开关应合乎规定要求。电缆卷筒必须运转灵活、安全可靠，不得拖缆。

（4）起重机应进行接地、接零。

（5）起重机必须安装行走、变幅、吊钩高度等限位器和力矩限制器等安全装置，并保证灵敏可靠。对有升降式驾驶室的起重机，断绳保护装置必须可靠。

（6）起重机的塔身上，不得悬挂标语牌。

（7）作业前重点检查：

1）机械结构的外观情况，各传动机构正常；各齿轮箱、液压箱的液位应符合标准；

2）主要部位连接螺栓应无松动；钢丝绳磨损情况及穿绕滑轮应符合规定；

3）供电电缆应无破损。

（8）在中波无线电广播发射天线附近施工时，起重机接触的人员，应穿戴绝缘手套和绝缘鞋。

（9）检查电源电压达到380V，其变动范围不得超过±20V，送电前启动控制开关应在零位。接通电源，检查金属结构部分无漏电方可上机。

（10）空载运转，检查行走、回转、起重、变幅等各机构的制动器、安全限位、防护装置等确认正常后，方可作业。

（11）提升重物后，严禁自由下降。重物就位时，可用微动机构或使用制动器使之缓慢下降。

（12）提升的重物平移时，应高出其跨越的障碍物0.5m以上。

（13）两台或两台以上塔式起重机靠近作业时，应保证两机之间的最小防碰安全距离：

1）移动塔式起重机：任何部位（包括起吊的重物）之间的距离不得不小于5m；

2）两台同是水平臂架的塔式起重机，臂架与臂架的高差至少应不小于6m；

3）处于高位的起重机（吊钩升至最高点）与低位的起重机之间，在任何情况下，其垂直方向的间距不得小于2m。

（14）当施工因场地作业条件的限制，不能满足要求时，应同时采取两种措施：

1）组织措施　对塔式起重机作业及行走路线进行规定，由专设的监护人员进行监督执行。

2）技术措施　应设置限位装置缩短臂杆、升高（下降）塔身等措施。防止塔式起重机因误操作而造成的超越规定的作业范围，发生碰撞事故。

（15）旋转臂架式起重机的任何部位或被吊物边缘于10kV以下的架空线路边线最小水平距离不得不小于2m，塔式起重机活动范围应避开高压供电线路，相距应不小于6m，当塔式起重机与架空线路之间小于安全距离时，必须采取防护措施，并悬挂醒目的警告标志牌。夜间施工应有36V彩泡（或红色灯泡），当起重机作业半径在架空线路上方经过时，其线路的上方也应有防护措施。

（16）作业后，起重机应停放在轨道中间位置，臂杆应转到顺风方向，并放松回转制动器。小车及平衡重应移到非工作状态位置。吊钩提升到离臂杆顶端2～3m处。

（17）将每个控制开关拨至零位，依次断开各路开关，关闭操作室门窗，下机后切断电源总开关，打开高空指示灯。

（18）锁紧夹轨器，使起重机与轨道固定，如遇8级大风时，应另拉缆风绳与地锚或建筑物固定。

（19）任何人员上塔帽、吊臂、平衡臂的高空部位检查或修理时，必须佩戴安全带。

（20）塔式起重机司机属特种作业人员，必须经过专门培训，取得操作证。司机学习塔型与实际操纵的塔型应一致。严禁未取得操作证的人员操作塔式起重机。

（21）指挥人员必须经过专门培训，取得指挥证。严禁无证人员指挥。

（22）高塔作业应结合现场实际改用旗语或对讲机进行指挥。

（23）塔式起重机司机必须严格按照操作规程的要求和规定执行，上班前例行保养、检查，一旦发现安全装置不灵敏或失效必须进行整改。符合安全使用要求后方可作业。

8.1.2　物料提升机

物料提升机包括井式提升架（简称"井架"）、龙门式提升架（简称"龙门架"）、塔式提升架（简称"塔架"）和独杆升降台等，它们的共同特点为：

（1）提升采用卷扬机，卷扬机设于架体外。

（2）安全设备一般只有防冒顶、防坐冲和停层保险装置，只允许用于物料提升，不得载运人员。

（3）用于 10 层以下时，多采用缆风绳固定；用于超过 10 层的高层建筑施工时，必须采取附墙方式固定，成为无缆风绳高层物料提升架，并可在顶部设液压顶升构造，实现井架或塔架标准节的自升接高。

塔架是一种采用类似塔式起重机的塔身和附墙构造、两侧悬挂吊笼或混凝土斗、可自升的物料提升架。此外，还有一种用于烟囱等高耸构筑物施工的、随作业平台升高的井架式物料提升机，同时供人员上下使用，在安全设施方面需相应加强，例如增加限速装置和断绳保护等，以确保人员上下的安全。

8.1.2.1　提升机的基本构造

井架和龙门架主要由架体、天梁、吊篮、导轨、天轮、电动卷扬机以及各类安全装置组成，如图 8-2～图 8-4 所示。

8.1.2.2　安全防护装置

1. 安全停靠装置

当吊篮运行到位时，该装置应能可靠地将吊篮定位，并能承担吊篮自重、额定荷载及运卸料人员和装卸物料时的工作荷载。此时起升钢丝绳应不受力。安全停靠装置的形式不一，有机械式、电磁式、自动或手动型等。

2. 断绳保护装置

吊篮在运行过程中发生钢丝绳突然断裂或钢丝绳尾端固定点松脱，吊篮会从高处坠落，严重的将造成机毁人亡的后果。断绳保护装置就是当上述情况发生时，此装置即刻动作，将吊篮卡在架体上，使吊篮不坠落，避免产生严重的事故。断绳保护装置的形式较多，最常见的是弹闸式，其他还有偏心夹棍式、杠杆式和挂钩式等。

无论哪种形式，都应能可靠地将吊篮在下坠时固定在架体上，其最大滑落行程，在吊篮满载时不得超过 1m。

3. 吊篮安全门

吊篮的上下料口处应装设安全门，此门应制成自动开启型。当吊篮落地或停层时，安全门能自动打开，而在吊篮升降运行中此门处于关闭状态，成为一个四边都封闭的"吊篮"，以防止所运载的物料从吊篮中滚落。

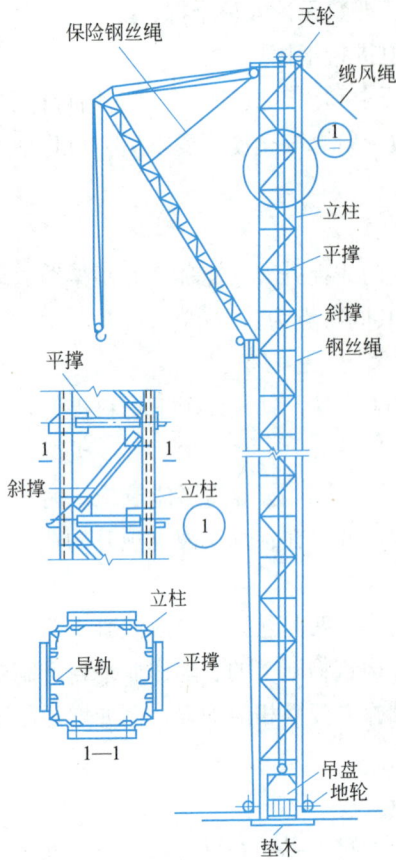

图 8-2　井架

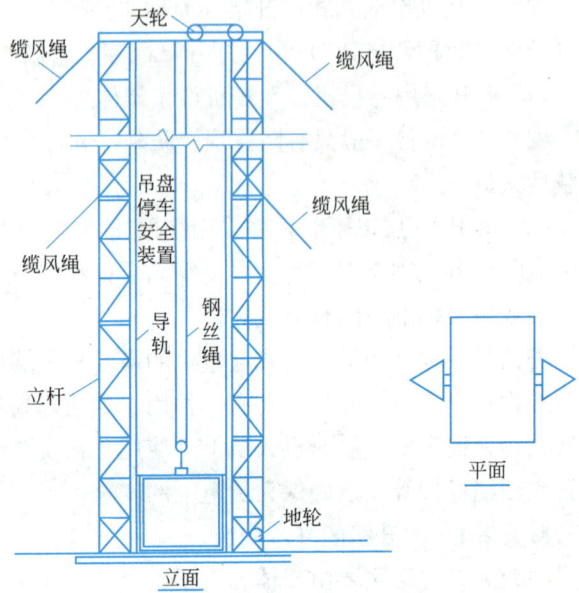

图 8-3　龙门架

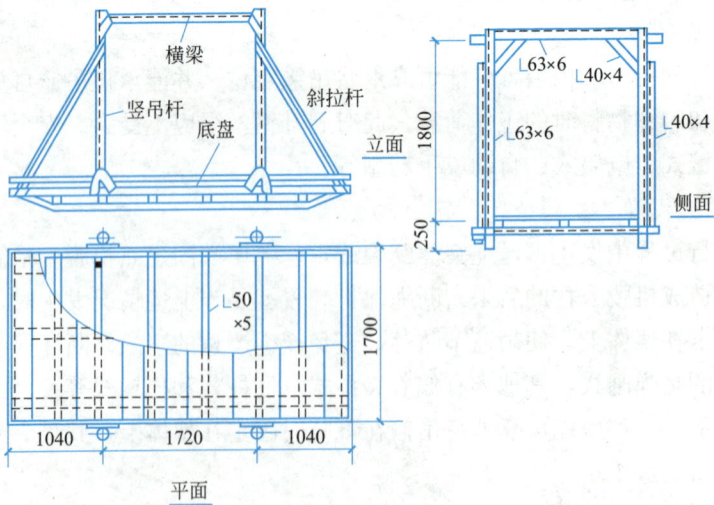

图 8-4　吊篮

4. 上极限限位器

为防止司机误操作或机械、电气故障而引起吊篮上升高度失控造成事故，而设置的安全装置。该装置应能有效地控制吊篮允许提升的最高极限位置，此极限位置应控制在天梁最低处以下。当吊篮上升达到极限位置时，限位器即行动作，切断电源，使吊篮只能下降，不能上升。

5. 紧急断电开关

应设在司机便于操作的位置，在紧急情况下，能及时切断提升机的总控制电源。

6. 信号装置

该装置由司机控制，能与各楼层进行简单的音响或灯光联络，以确定吊篮的需求情况。高架提升机除应满足上述安全装置外，还应满足以下要求：

（1）下极限限位器：该装置系控制吊篮下降最低极限位置的装置。在吊篮下降到最低限定位置时，即吊篮下降至尚未碰到缓冲器之前，此限位器自动切断电源，并使吊篮在重新启动时只能上升，不能下降。

（2）缓冲器：在架体底部坑内设置的，为缓解吊篮下坠或下极限限位器失灵时产生的冲击力的一种装置。该装置应能承受并吸收吊篮满载时和规定速度下所产生的相应冲击力。缓冲器可采用弹簧或弹性实体。

（3）超载限制器：此装置是为保证提升机在额定载重量之内安全使用而设置。当荷载达到额定荷载时，即发出报警信号、提醒司机和运料人员注意。当荷载超过额定荷载时，应能切断电源，使吊篮不能启动。

（4）通信装置：由于架体高度较高，吊篮停靠楼层数较多，司机不能清楚地看到楼层上人员需要或分辨不清哪层楼面发出信号时，必须装设通信装置。通信装置必须是一个闭路的双向电气通信系统，司机应能听到或看清每一站的需求联系，并能与每一站人员通话。

当低架提升机的架设是利用建筑物内部垂直通道，如采光井、电梯井、设备或管道井时，在司机不能看到吊篮运行情况下，也应该装设通信联络装置。

8.1.2.3 物料提升机的安全使用与管理

（1）提升机安装后，应由主管部门组织有关人员按规范和设计的要求进行检查验收，确定合格后发给使用证，方可交付使用。

（2）由专职司机操作。升降机司机应经专门培训，人员要相对稳定，每班开机前，应对卷扬机、钢丝绳、地锚、缆风绳进行检查，并进行空车运行，确认安全装置安全可靠后方能投入工作。

（3）每月进行一次定期检查。

（4）严禁人员攀登、穿越提升机架体和乘坐吊篮上下。

（5）物料在吊篮内应均匀分布，不得超出吊篮，严禁超载使用。

（6）设置灵敏可靠的联系信号装置，司机在通信联络信号不明时不得开机，作业中不论任何人发出紧急停车信号，均应立即执行。

（7）装设摇臂把杆的提升机，吊篮与摇臂把杆不得同时使用。

（8）提升机在工作状态下，不得进行保养、维修、排除故障等工作，若要进行则应切断电源并在醒目处挂"有人检修、禁止合闸"的标志牌，必要时应设专人监护。

（9）卷扬机应安装在平整坚实的位置上，宜远离危险作业区，视线应良好。因施工条件限制，卷扬机安装位置距施工作业区较近时，其操作棚的顶部应按规定的防护棚要求架设。

（10）作业结束时，司机应降下吊篮，切断电源，锁好控制电箱门，防止其他无证人员擅自启动提升机。

8.1.3 施工升降机

施工升降机是高层建筑施工中运送施工人员上下及建筑材料和工具设备必备的和重要的垂直运输设施。施工升降机又称为施工电梯，是一种使工作笼（吊笼）沿导轨作垂直（或倾斜）运动的机械。施工升降机在中、高层建筑施工中采用较为广泛，另外还可作为仓库、码头、船坞、高塔、高烟囱长期使用的垂直运输机械。

施工升降机按其传动形式可分为：齿轮齿条式、钢丝绳式和混合式三种。

8.1.3.1 施工升降机的安全装置

1. 限速器

齿条驱动的建筑施工升降机，为了防止吊笼坠落均装有锥鼓式限速器，并可分为单向和双向两种（图8-5），单向限速器只能沿吊笼下降方向起限速作用，双向限速器则可以沿吊笼的升降两个方向起限速作用。

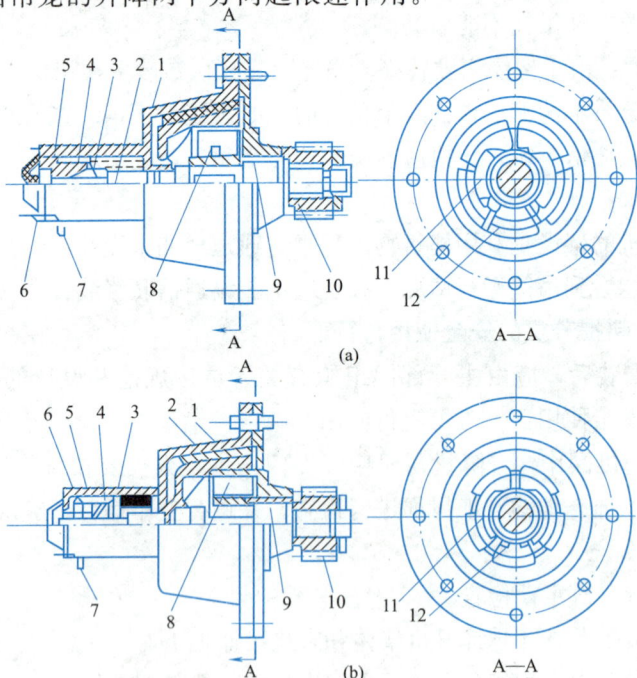

图 8-5 锥鼓式限速器

（a）单向限速器；（b）双向限速器

1—制动毂；2—锥形制动轮；3—碟形弹簧组；4—轴承；5—螺母；6—端盖；7—导板；
8—离心块支架；9—传动轴；10—从动齿轮；11—离心块；12—拉簧

当齿轮达到额定限制转速时，限速器内的离心块在离心力与重力作用下，推动制动轮并逐渐增大制动力矩，直到将工作笼制动在导轨架上为止。在限速器制动的同时，导向板切断驱动电动机的电源。限速器每次动作后，必须进行复位，即使离心块与制动轮的凸齿脱开，并确认传动机构的电磁制动作用可靠，方能重新工作（限速器应按规定期限进行性能检测）。

2．缓冲弹簧

在建筑施工升降机底笼的底盘上装有缓冲弹簧，以便当吊笼发生坠落事故时，减轻吊笼的冲击，同时保证吊笼和配重下降着地时呈柔性接触，缓冲吊笼和配重着地时的冲击。缓冲弹簧有圆锥卷弹簧和圆柱螺旋弹簧两种。一般情况下，每个吊笼对应的底架上装有两个圆锥卷弹簧（图 8-6）。也有采用四个圆柱螺旋弹簧的。

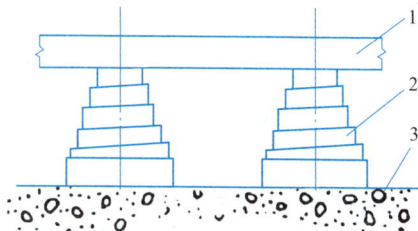

图 8-6　圆锥卷弹簧
1—吊笼底梁；2—圆锥卷弹簧；3—基础

3．上、下限位器

为防止吊笼上、下时超过需停位置，因司机误操作和电气故障等原因继续上行或下降引发事故而设置的装置，安装在吊轨架和吊笼上，属于自动复位型的。

4．上、下极限限位器

上、下极限限位器是在上、下限位器不起作用时，当吊笼运行超过限位开关和越程（越程是指限位开关与极限限位开关之间所规定的安全距离）后，能及时切断电源使吊笼停车。极限限位器是非自动复位型，动作后手动复位才能使吊笼重新启动。极限限位器安装在导轨器或吊笼上。

5．安全钩

安全钩是为防止吊笼到达预先设定位置，上限位器和上极限限位器因各种原因不能及时动作、吊笼继续向上运行，将导致吊笼冲击导轨架顶部而发生倾翻坠落事故而设置的。安全钩是安装在吊笼上部的重要也是最后一道安全装置，它能在吊笼上行到导轨架顶部的时候钩住导轨架，保证吊笼不发生倾翻坠落事故。

6．急停开关

当吊笼在运行过程中发生各种原因的紧急情况时，司机能在任何时候按下急停开关，使吊笼停止运行。急停开关必须是非自行复位的安全装置，安装在吊笼顶部。

7．吊笼门、底笼门连锁装置

施工升降机的吊笼门、底笼门均装有电气连锁开关，它们能有效地防止因吊笼或底笼门未关闭就启动运行而造成人员坠落和物料滚落，只有当吊笼门和底笼门完全关闭时才能启动运行。

8．楼层通道门

施工升降机与各楼层均搭设了运料和人员进出的通道，在通道口与升降机结合部必须设置楼层通道门。此门在吊笼上下运行时处于常闭状态，只有在吊笼停靠时才能由吊笼内的人打开。应做到楼层内的人员无法打开此门，以确保通道口处在封闭的条件下不出现危险的边缘。

楼层通道门的高度应不低于 1.8m，门的下沿离通道面不应超过 50mm。

9. 通信装置

由于司机的操作室位于吊笼内，无法知道各楼层的需求情况和分辨不清哪个层面发出信号，因此必须安装一个闭路的双向电气通信装置，司机应能听到或看到每一层的需求信号。

10. 地面出入口防护棚

升降机在安装完毕时，应及时搭设地面出入口的防护棚。防护棚搭设的材质要选用普通脚手架钢管、防护棚长度不应小于 5m，有条件的可与地面通道防护棚连接起来。宽度应不小于升降机底笼最外部尺寸。其顶部材料可采用 50mm 厚木板或两层竹笆，上下竹笆间距应不小于 600mm。

8.1.3.2　施工升降机的安装与拆卸

（1）施工升降机每次安装与拆卸作业之前，企业应根据施工现场工作环境及辅助设备情况编制安装拆卸方案，经企业技术负责人审批同意后方能实施。

（2）每次安装或拆除作业之前，应对作业人员按不同的工种和作业内容进行详细的技术、安全交底。参与装拆作业的人员必须持有专门的资格证书。

（3）升降机的装拆作业必须由经当地建设行政主管部门认可、持有相应的装拆资质证书的专业单位实施。

（4）升降机每次安装后，施工企业应当组织有关职能部门和专业人员对升降机进行必要的试验和验收。确认合格后应当向当地建设行政主管部门认定的检测机构申报，经专业检测机构检测合格后，才能正式投入使用。

8.1.3.3　施工升降机的安全使用和管理

（1）施工企业必须建立健全施工升降机的各类管理制度，落实专职机构和专职管理人员，明确各级安全使用和管理责任制。

（2）驾驶升降机的司机应为经有关行政主管部门培训合格的专职人员，严禁无证操作。

（3）司机应做好日常检查工作，即在电梯每班首次运行时，应分别作空载和满载试运行，将梯笼升高离地面设计高度处停车，检查制动器的灵敏性和可靠性，确认正常后方可投入使用。

（4）建立和执行定期检查和维修保养制度，每周或每旬对升降机进行全面检查，对查出的隐患按"三定"原则落实整改。整改后须经有关人员复查确认符合安全要求后，方能使用。

（5）梯笼乘人、载物时，应尽量使荷载均匀分布，严禁超载使用。

（6）升降机运行至最上层和最下层时，严禁以碰撞上、下限位开关来实现停车。

（7）司机因故离开吊笼及下班时，应将吊笼降至地面，切断总电源并锁上电箱门，以防止其他无证人员擅自开动吊笼。

（8）风力达 6 级以上，应停止使用升降机，并将吊笼降至地面。

（9）各停靠层的运料通道两侧必须有良好的防护。楼层门应处于常闭状态，其高度应符合规范要求，任何人不得擅自打开或将头伸出门外，当楼层门未关闭时，司机不得开动电梯。

（10）确保通信装置的完好，司机应当在确认信号后方能开动升降机。作业中无论任何人在任何楼层发出紧急停车信号，司机都应当立即执行。

（11）升降机应按规定单独安装接地保护和避雷装置。

（12）严禁在升降机运行状态下进行维修保养工作。若需维修，必须切断电源并在醒目处挂上"有人检修，禁止合闸"的标志牌，并有专人监护。

8.1.4　起重吊装安全技术

吊装作业是指建筑施工中的结构安装和设备安装工程。由于起重吊装作业是专业性较强且危险性较大的工作，稍为疏忽就易发生伤亡事故，因此在《建筑施工安全检查标准》JGJ 59—2011 中，增加了"起重吊装安全检查评分表"这一项内容，意在加强和重视吊装作业的安全工作。

8.1.4.1　施工方案

起重吊装包括结构吊装和设备吊装，其作业属高处危险作业，作业条件多变，专业性强，施工技术也比较复杂，施工前应根据工程实际编制专项施工方案。其内容应包括：现场环境、工程概况、施工工艺、起重机械的选型依据、起重扒杆的设计计算、地锚设计、钢丝绳及索具的设计选用、地基承载力及道路的要求、构件堆放就位图以及吊装过程中的各种安全防护措施以及应急救援预案等。

作业方案必须针对工程状况和现场实际具有指导性，并经上级技术部门审批确认符合要求。

8.1.4.2　起重机械

1. 起重机

（1）起重机械按施工方案要求选型，运到现场重新组装后，应进行试运转试验和验收，确认符合要求并有记录、签字。

（2）起重机经检测合格后，可以继续使用并持有关部门定期核发的准用证。

（3）经检查确认安全装置包括超高限位器、力矩限制器、臂杆幅度指示器及吊钩保险装置均符合要求。当该机说明书中尚有其他安全装置时应按说明书规定进行检查。

2. 起重扒杆

（1）起重扒杆的选用应符合作业工艺要求，扒杆的规格尺寸通过设计计算确定，其设计计算应按照有关规范标准进行，并经上级技术部门审批。

（2）扒杆选用的材料、截面以及组装形式，必须按设计图纸要求进行，组装后应经有关部门检验确认符合要求。

（3）扒杆与钢丝绳、滑轮、卷扬机等组合好后，应先进行检查、试吊，确认符合设计要求，并做好试吊记录。

8.1.4.3 钢丝绳与地锚

（1）钢丝绳其结构形式、规格、强度要符合机型要求。钢丝绳在卷筒上要连接牢固按顺序整齐排列，当钢丝绳全部放出时，筒上至少要留三圈以上。起重钢丝绳磨损、断丝超标按相关规范固定检查报废。

（2）扒杆滑轮及地面导向滑轮的选用，应与钢丝绳的直径相适应，其直径比值不应小于15，各组滑轮必须用钢丝绳牢靠固定，滑轮出现翼缘破损等缺陷时应及时更换。

（3）缆风绳应使用钢丝绳，其安全系数 $K=3.5$，规格应符合施工方案要求，缆风绳应与地锚牢固连接。

（4）地锚的埋设做法应经计算确定，地锚的位置及埋深应符合施工方案要求和扒杆作业时的实际角度。当移动扒杆时，也必须使用经过设计计算的正式地锚，不准随意拴在电杆，树木和构件上。

8.1.4.4 吊点

（1）根据重物的外形、重心及工艺要求选择吊点，并在方案中进行规定。

（2）吊点是在重物起吊、翻转、移位等作业中都必须使用的，吊点选择应与重物的重心在同一垂直线上，且吊点应在重心之上（吊点与重物重心的连线和重物的横截面成垂直），使重物垂直起吊，禁止斜吊。

（3）当采用几个吊点起吊时，应使各吊点的合力作用点在重物重心的位置之上。必须正确计算每根吊索的长度，使重物在吊装过程中始终保持稳定位置。当构件无吊鼻，需用钢丝绳捆绑时，必须对棱角处采取保护措施，防止切断钢丝。钢丝绳做吊索时，其安全系数 $K=6\sim8$。

8.1.4.5 司机、指挥

（1）起重机司机属特种作业人员应经正式培训考核并取得合格证书。合格证书或培训内容，必须与司机所驾驶起重机类型相符。

（2）汽车吊、轮胎吊必须由起重机司机驾驶，严禁同车的汽车司机与起重机司机相互替代（司机持有两种证的除外）。

（3）起重机的信号指挥人员应经正式培训考核并取得合格证书。其信号应符合国家标准《起重机 手势信号》GB/T 5082—2019 的规定。

（4）起重机在地面，吊装作业在高处作业的条件下，必须专门设置信号传递人员，以确保司机清晰准确地看到和听到指挥信号。

8.1.4.6 地基承载力

（1）起重机作业区路面的地基承载力应符合该机说明书要求，并应对相应的地基承载力报告结果进行审查。

（2）作业道路平整坚实，一般情况纵向坡度不大于 3‰，横向坡度不大于 1‰。行驶或停放起重机时，应与沟渠、基坑保持 5m 以外，且不得停放在斜坡上。

（3）当地面平整与地耐力不能满足要求时，应采用路基箱、道木等铺垫措施，以确保机车的作业条件。

8.1.4.7　起重作业

（1）起重机司机应对施工作业中所起吊重物重量切实清楚，并有交底记录。

（2）司机必须熟知该机车起吊高度及幅度情况下的实际起吊重量，并清楚机车中各装置正确使用，熟悉操作规程，做到不超载作业。

（3）作业面平整坚实。支脚全部伸出垫牢。机车平稳不倾斜。

（4）不准斜拉、斜吊。重物启动上升时应逐渐动作缓慢进行，不得突然起吊形成超载。

（5）不得起吊埋于地下和粘在地面与其他物体上的重物。

（6）多机台共同工作，必须随时掌握各起重机起升的同步性，单机负载不得超过该机额定起重量的 80%。

（7）起重机首次起吊或重物重量变换后首次起吊时，应先将重物吊离地面 200～300mm 后停住，检查起重机的工作状态，在确认起重机稳定、制动可靠、重物吊挂平衡牢固后，方可继续起升。

8.1.4.8　高处作业

（1）起重吊装于高处作业时，应按规定设置安全措施防止高处坠落。包括各洞口盖严盖牢，临边作业应搭设防护栏杆封挂密目网等。结构吊装时，可设置移动式节间安全平网，随节间吊装平网可平移到下一节间，以防护节间高处作业人员的安全。高处作业规范规定："屋架吊装以前，应预先在下弦挂设安全网，吊装完毕后，即将安全网铺设固定"。

（2）吊装作业人员在高处移动和作业时，必须系牢安全带。独立悬空作业人员除去有安全网的防护外，还应以安全带作为防护措施的补充。例如在屋架安装过程中，屋架的上弦不允许作业人员行走，当走下弦时，必须将安全带系牢在屋架上的脚手杆上（这些脚手杆是在屋架吊装之前临时绑扎的）；在行车梁安装过程中，作业人员从行车梁上行走时，其一侧护栏可采用钢索，作业人员将安全带扣牢在钢索上随人员滑行，确保作业人员移动安全。

（3）作业人员上下应有专用爬梯或斜道，不允许攀爬脚手架或建筑物上下。对爬梯的制作和设置应符合高处作业规范"攀登作业"的有关规定。

8.1.4.9　作业平台

（1）按照高处作业规范规定："悬空作业处应有牢靠的立足处，并必须视具体情况，配置防护栏网、栏杆或其他安全设施"。高处作业人员必须站在符合要求的脚手架或平台上作业。

（2）脚手架或作业平台应有搭设方案，临边应设置防护栏杆和封挂密目网。

（3）脚手架的选材和铺设应严密、牢固并符合脚手架的搭设规定。

8.1.4.10　构件堆放

（1）构件堆放应平稳，底部按设计位置设置垫木。楼板堆放高度一般不应超过 1.6m。

（2）构件多层叠放时，柱子不超过两层；梁不超过三层；大型屋面板、多孔板 6～8 层；钢屋架不超过三层。各层的支承垫木应在同一垂直线上，各堆放构件之间应留不小于 0.7m 宽的通道。

（3）重心较高的构件（如屋架、大梁等），除在底部设垫木外，还应在两侧加设支撑，或将几榀大梁以方木和钢丝将其连成一体，提高其稳定性，侧向支撑沿梁长度方向不得少于三道。墙板堆放架应经设计计算确定，并确保地面抗倾覆要求。

8.1.4.11 警戒

（1）起重吊装作业前，应根据施工组织设计要求划定危险作业区域，设置醒目的警示标志，防止无关人员进入。

（2）除设置标志外，还应视现场作业环境，专门设置监护人员，防止高处作业或交叉作业时造成的落物伤人事故。

8.1.4.12 操作工

（1）起重吊装作业人员包括起重工、电焊工等均属特种作业人员，必须经有关部门培训考核并发给合格证书方可操作。

（2）起重吊装工作属专业性强、危险性大的工作，其工作应由有关部门认证的专业队伍进行，工作时应由有经验的人员担任指挥。

8.1.4.13 常用起重机械的使用安全

1. 起重机械安全使用的一般要求

（1）司机和指挥人员要经过专业培训，考核合格后持证上岗。

（2）操作人员对起吊的构件重量不明时要进行核实，不能盲目起吊。

（3）起重机在输电线路近旁作业时，应采取安全保护措施。起重机与架空输电导线间的安全距离应符合施工现场外电线路的安全距离的要求。

（4）一般起重机司机设有两个人，一人在机上进行操作，一人在机车周围监护。在进行构件安装时可设高空和地面两个指挥人员。

（5）起重机使用的钢丝绳，其结构、形式、规格和强度要符合该机型的要求。

2. 履带式起重机的安全使用要求

（1）当履带起重机在接近满负荷作业时，要避免将起重机的臂杆回转至与履带成垂直方向的位置，以防失稳，造成起重机倾覆。

（2）在满负荷作业时，不得行车。如需短距离移动，吊车所吊的负荷不得超过允许起重量的 70%，同时所吊重物要在行车的正前方，重物离地不大于 500mm，并拴好溜绳，控制重物的摆动，缓慢行驶，方能达到安全作业。

（3）履带式起重机作业时的臂杆仰角，一般不超过 78°，臂杆的仰角过大，易造成起重机后倾或发生将构件拉斜的现象。

（4）起重作业后应将臂杆降至 40°～60°，并转至顺风方向，以防遇大风将臂杆吹向后仰，发生翻车和折杆的事故。

（5）正确安装和使用安全装置。履带式起重机的安全装置有：重量限位器、超高限位器、力矩限制器、防臂杆后仰装置和防背杆支架。

3. 轮胎式起重机的安全使用要求

（1）在不打支腿情况下作业或吊重行走，需减少起重量。

（2）道路需平整坚实，轮胎的气压要符合要求。

（3）荷载要按原机车性能的规定进行，禁止带负荷长距离行走。

（4）重物吊离地面不得超过 500mm，并拴好溜绳缓慢行驶。

轮胎式起重机的安全装置与履带式起重机相同。

4. 汽车式起重机使用的安全要求

（1）作业时利用水平气泡将支承回转面调平，若在地面松软不平或斜坡上工作时，一定要在支腿垫盘下面垫以木块或铁板，也可以在支腿垫盘下备有定型规格的铁板，将支腿位置调整好。

（2）一般情况下，汽车式起重机在车前作业区不允许吊装作业。

（3）操作中严禁侧拉，防止臂杆侧向受力。

（4）在吊装柱子作业时，不宜采用滑行法起吊。

（5）起重机在吊物时，若用于吊重物下降，其重量应小于额定负荷的 1/5～1/3。

汽车式起重机的主要安全装置有：力矩限制器、过卷扬装置、水平气泡等。

8.1.4.14　吊装作业的事故隐患及安全技术

1. 吊装作业的事故隐患及原因分析

（1）没有根据工程情况编制具有针对性的作业方案或虽有方案但过于简单不能具体指导作业，且无企业技术负责人的审批。

（2）对选用的起重机械或起重扒杆没有进行检查和试吊，使用中无法满足起吊要求，若强行起吊必然发生事故。

（3）司机、指挥和起重工未经培训、无证上岗，不懂专业知识。

（4）钢丝绳选用不当或地锚埋设不合理。

（5）高处作业时无防护措施，造成人员的高处坠落或落物伤人。

（6）吊装作业时违章作业，不遵守"十不吊"的要求。

2. 吊装作业的安全技术要求

（1）吊装作业前，应根据施工现场的实际情况，编制有针对性的施工方案，并经上级主管部门审批同意后方能施工；作业前，应向参与作业的人员进行安全技术交底。

（2）司机、指挥和起重人员必须经过培训，经有关部门考核合格后，方能上岗作业。高处作业时必须按高处作业的要求系好安全带，并做好必要的防护工作。

（3）对吊装区域不安全因素和不安全的环境，要进行检查、清除或采取保护措施。如对输电线路的妨碍，如何确保与高压线路的安全距离；作业周围是否涉及主要通道、警戒线的范围、场地的平整度；作业中如遇大风怎么采取措施等不利条件都要准备好对策措施。

（4）做好吊装作业前的准备工作是十分重要的，如检查起吊用具和防护设施；对辅助用具的准备、检查；确定吊物回转半径范围、吊物的落点等情况的准备工作。

（5）吊装中要熟悉和掌握捆绑技术，及捆绑的要点。应根据形状找中心、吊点的数目和绑扎点、捆绑中要考虑吊索间的夹角；起吊过程中必须做到"十不吊"的规定。各地区对"十不吊"的理解和提法不一样，但绝大部分是保证起重吊装作业的安全要求，参与吊装作业的指挥、司机要严格遵守。

（6）严禁任何人在已起吊的构件下停留或穿行，已吊起的构件不准长时间在空中停留。

（7）起重作业人员在吊装过程中要选择安全位置，防止吊物冲击、晃动、坠落伤人事故发生。

（8）起重指挥人员必须坚守岗位，准确、及时传递信号，司机要对指挥发的信号、吊物的捆绑情况、运行通道、起降的空间确认无误后才能进行操作。多人捆扎时，只能由一人负责指挥。

（9）采用桅杆吊装时，四周应不准有障碍物，缆风绳不准跨越架空线，如相距过近时，必须要搭设防护架。

（10）起吊作业前，应对机械进行检查，安全装置要完好，灵敏。起吊满载或接近满载时，应先将吊物吊起离地 500mm 处停机检查，检查起重设备的稳定性、制动器的可靠性、吊物的平稳性、绑扎的牢固性，确认无误后方可再行起吊。吊运中起降要平稳，不能忽快忽慢和突然制动。

（11）对自制或改装的起重机械、桅杆起重设备，在使用前，要认真检查和试验、鉴定，确认合格后方准使用。

8.1.5 常用施工机具

1. 平刨安全使用知识

（1）平刨在进入施工现场前，必然经过建筑安全管理部门验收，确认符合要求时，发给准用证或有验收手续方能使用。设备挂上合格牌。

（2）平刨、电锯、电钻等多用联合机械在施工现场严禁使用。

（3）手压平刨必须有安全装置，并在操作前检查机械各部件及安全防护装置是否松动或失灵，并检查刨刀锋利程度，经试车 1～3min 后，才能进行正式工作，如刨刃已钝，应及时调换。

（4）吃刀深度一般调为 1～2mm。

（5）操作时左手压住木料，右手均匀推进，不要猛推猛拉，切勿将手指按于木料侧面。刨料时，先刨大面当作标准面，然后再刨小面。

（6）在刨较短、较薄的木料时，应用推板去推压木料；长度不足 400mm 或薄而窄的小料不得用手压刨。

（7）两人同时操作时，须待料推过刨刃 150mm 以外，下手方可接拖。

（8）操作人员衣袖要扎紧，不准戴手套。

（9）施工用电必须符合规范要求，并定期进行检查。

2. 圆盘锯安全使用知识

（1）圆盘锯在进入施工现场前，必须经过建筑安全管理部门验收，确认符合要求，发给准用证或有验收手续方能使用。设备应挂上合格牌。

（2）操作前应检查机械是否完好，电器开关等是否良好，熔丝是否符合规格，并检查锯片是否有断、裂现象，并装好防护罩，运转正常后方能投入使用。

（3）操作人员应戴安全防护眼镜；锯片必须平整，不准安装倒顺开关，锯口要适当，锯片要与主动轴匹配、紧牢，不得有连续缺齿。

（4）操作时，操作者应站在锯片左面的位置，不应与锯片站在同一直线上，以防止木料弹出伤人。

（5）木料锯到接近端头时，应由下手拉料进锯，上手不得用手直接送料，应用木板推送。锯料时，不准将木料左右搬动或高抬；送料不宜用力过猛，遇木节要减慢进锯速度，以防木节弹出伤人。

（6）锯短料时，应使用推棍，不准直接用手推，进料速度不得过快，下手接料必须使用刨钩。剖短料时，料长不得小于锯片直径的 1.5 倍，料高不得大于锯片直径的 1/3。截料时，截面高度不准大于锯片直径的 1/3。

（7）锯线走偏，应逐渐纠正，不准猛扳。锯片运转时间过长，温度过高时，应用水冷却，直径 600mm 以上的锯片在操作中，应喷水冷却。

（8）木料若卡住锯片时，应立即停车后处理。

（9）用电应符合规范要求，采用三级配电二级保护，三相五线保护接零系统。定期进行检查，注意熔丝的选用，严禁采用其他金属丝作为代用品。

3. 搅拌机安全使用知识

（1）搅拌机在使用前，必须经过建筑安全管理部门验收，确认符合要求，发给准用证或有验收手续方能使用。设备应挂上合格牌。

（2）临时施工用电应做好保护接零，配备漏电保护器，具备三级配电两级保护。

（3）搅拌机应设防雨棚，若机械设置在塔吊运转作业范围内的，必须搭设双层安全防坠棚。

（4）搅拌机的传动部位应设置防护罩。

（5）搅拌机安全操作规程应上墙，明确设备责任人，定期进行安全检查、设备维修和保养。

4. 钢筋加工机械安全使用知识

钢筋工程包括钢筋基本加工（除锈、调直、切断、弯曲）、钢筋冷加工、钢筋焊接、绑扎和安装等工序。在工业发达国家的现代化生产中，钢筋加工则由自动生产线连续完成。钢筋机械主要包括：电动除锈机、机械调直机、钢筋切断机、钢筋弯曲机、钢筋冷加工机械（冷拉机具、拔丝机）、对焊机等。

（1）钢筋机械的种类及安全要求

1）钢筋除锈机械

a. 使用电动除锈机除锈，要先检查钢丝刷固定螺栓有无松动，检查封闭式防护罩装置及排尘设备的完好情况，防止发生机械伤害。

b. 使用移动式除锈机，要注意检查电气设备的绝缘及接地是否良好。

c. 操作人员要将袖口扎紧，并戴好口罩、手套等防护用品，特别是要戴好安全保护眼镜，防止圆盘钢丝刷上的钢丝甩出伤人。

d. 送料时，操作人员要侧身操作，严禁在除锈机的正前方站人，长料除锈需两人互相呼应，紧密配合。

2）钢筋调直机械

a. 人工拉伸调直

（a）用人工绞磨调直钢筋时，绞磨地锚必须牢固，严禁将地锚绳拴在树干、下水井及其他不坚固的物体或建筑物上。

（b）人工推转绞磨时，要步调一致，稳步进行，严禁任意撒手。

（c）钢筋端头应用夹具夹牢，卡头不得小于 100mm。

（d）钢筋产生应力并调直到预定程度后，应缓慢回车卸下钢筋，防止机械伤人。手工调直钢筋，必须在牢固的操作台上进行。

b. 机械调直

（a）用机械冷拉调直钢筋，必须将钢筋卡紧，防止断折或脱扣，机械的前方必须设置铁板加以防护。

（b）机械开动后，人员应在两侧各 1.5m 以外，不准靠近钢筋行走，以预防钢筋断折或脱扣弹出伤人。

3）钢筋切断机

a. 切断机切钢筋，料最短不得小于 1m，一次切断的根数，必须符合机械的性能，严禁超量进行切割。

b. 切断直径 12mm 以上的钢筋，须两人配合操作。人与钢筋要保持一定的距离，并要把稳钢筋。

c. 断料时料要握紧，并在活动刀片向后退时，将钢筋送进刀口，以防止钢筋末端摆动或钢筋蹦出伤人。

d. 不要在活动刀片已开始向前推进时，向刀口送料，这样常因措手不及，不能断准尺寸，往往还会发生机械或人身安全事故。

4）钢筋弯曲机

a. 在机械正式操作前，应检查机械各部件，并进行空载试运转正常后，方能正式操作。

b. 操作时注意力要集中，要熟悉工作盘旋转的方向，钢筋放置要和挡架、工作盘旋转方向相配合，不能放反。

c. 操作时，钢筋必须放在插头的中、下部，严禁弯曲超截面尺寸的钢筋，回转方向必须准确，手与插头的距离不得小于 200mm。

d. 机械运行过程中，严禁更换芯轴、销子和变换角度等，不准加油和清扫。

e. 转盘换向时，必须待停机后再进行。

5）钢筋对焊机

a. 焊工必须经过专门安全技术和防火知识培训，经考核合格，持证者方准独立操作；徒工操作必须有师傅带领指导，不准独立操作。

b. 焊工施焊时必须穿戴白色工作服、工作帽、绝缘鞋、手套、面罩等，要时刻预防电弧光伤害，并及时通知周围无关人员离开作业区，以防伤害眼睛。

c. 钢筋焊接工作房，应尽可能采用防火材料搭建，在焊接机械四周严禁堆放易燃物品，以免引起火灾。工作棚应备有灭火器材。

d. 遇六级以上大风天气时，应停止高处作业，雨、雪天应停止露天作业；雨雪后，应先清除操作地点的积水或积雪，否则不准作业。

e. 进行大量焊接生产时，焊接变压器不得超负荷，变压器升温不得超过 60℃，为此，要特别注意遵守焊机暂载率规定，以免过分发热而损坏。

f. 焊接过程中，如焊机有不正常响声、变压器绝缘电阻过小、导线破裂、漏电等，应立即停止使用，进行检修。

g. 对焊机断路器的接触点、电极（铜头），要定期检查修理。冷却水管应保持畅通，不得漏水和超过规定温度。

（2）钢筋加工机械安全事故的预防措施

① 钢筋加工机械在使用前，必须经过调试运转正常，并经建筑安全管理部门验收，确认符合要求，发给准用证或有验收手续后，方可正式使用。设备挂上合格牌。

② 钢筋机械应由专人使用和管理，安全操作规程上墙，明确责任人。

③ 施工用电必须符合规范要求，做好保护接零，配置相应的漏电保护器。

④ 钢筋冷作业区与对焊作业区必须有安全防护设施。

⑤ 钢筋机械各传动部位必须有防护装置。

⑥ 在塔式起重机作业范围内，钢筋作业区必须设置双层安全防坠棚。

5. 手持电动工具安全使用知识

建筑施工中，手持电动工具常用于木材加工中的锯割、钻孔、刨光、磨光、剪切及混凝土浇捣过程的振捣作业等。电动工具按其触电保护分为Ⅰ、Ⅱ、Ⅲ类。

（1）手持电动工具在使用前，必须经过建筑安全管理部门验收，确定符合要求，发给准用证或有验收手续方能使用。设备挂上合格牌。

（2）一般场所选用Ⅱ类手持式电动工具。并装设额定动作电流不大于 15mA，额定漏电动作时间小于 0.1s 的漏电保护器。若采用Ⅰ类手持电动工具还必须作保护接零。

露天、潮湿场所或在金属构架上操作时，必须选用Ⅱ类手持电动工具，并装设防溅的漏电保护器。严禁使用Ⅰ类手持电动工具。

狭窄场所（锅炉、金属容器、地沟、管道内等），宜选用带隔离变压器的Ⅲ类手持电动工具；若选用Ⅱ类手持电动工具，必须装设防溅的漏电保护器，把隔离变压器或漏电保护器装设在狭窄场所外面，工作时应有人监护。

（3）手持电动工具的负荷线必须采用耐气候型的橡皮护套铜芯软电缆，并不得有接头。

（4）手持电动工具的外壳、手柄、负荷线、插头、开关等必须完好无损，使用前必须做空载试验，运转正常方可投入使用。

（5）电动工具在使用中不得任意调换插头，更不能不用插头而将导线直接插入插座内。当电动工具不用或需调换工作头时，应及时拔下插头，但不能拉着电源线拔下插头。插插头时，开关应在断开位置，以防突然启动。

（6）使用过程中要经常检查，如发现绝缘损坏、电源线或电缆护套破裂、接地线脱落、插头插座开裂、接触不良以及断续运转等故障时，应立即修理，否则不得使用。移动电动工具时，必须握持工具的手柄，不能用拖拉橡皮软线来搬动工具，并随时注意防止橡皮软线擦破、割断和轧坏现象，以免造成人身事故。

（7）长期搁置未用的电动工具，使用前必须用 500V 兆欧表测定绕阻与机壳之间的绝缘电阻值，应不得小于 7MΩ，否则须进行干燥处理。

6. 打桩机械安全使用知识

（1）打桩机械在使用前，必须经过建筑安全管理部门验收，确认符合要求，发给准用证或有验收手续方能使用。设备挂上合格牌。

（2）临时施工用电应符合规范要求。

（3）打桩机应设有超高限位装置。

（4）打桩作业要有施工方案。

（5）打桩安全操作规程应上牌，并认真遵守，明确责任人。

（6）具体操作人员应经培训教育和考核合格，持证并经安全技术交底后，方能上岗作业。

7. 气瓶安全使用知识

（1）焊接设备的各种气瓶均应有不同的安全色标：氧气瓶（天蓝色瓶、黑字）、乙炔瓶（白色瓶、红字）、氢气瓶（绿色瓶、红字）、液化石油气瓶（银灰色瓶、红字）。

（2）不同类的气瓶，瓶与瓶之间的间距不小于 5m，气瓶与明火距离不小于 10m。当不满足安全距离要求时应用非燃烧体或难燃烧体砌成的墙进行隔离防护。

（3）乙炔瓶使用或存放时只能直立，不能平放。乙炔瓶瓶体温度不能过超过 40℃。

（4）施工现场的各种气瓶应集中存放在具有隔离措施的场所，存放环境应符合安全要求，管理人员应经培训存放处有安全规定和标志。班组使用过程中的零散存放，不能存放在住宿区和靠近油料和火源的地方。存放区应配备灭火器材。氧气瓶与其他易燃气瓶、油脂和其他易燃易爆物品分别存放，也不得同车运输。氧气瓶与乙炔瓶不得存放在同一仓库内。

（5）使用和运输应随时检查气瓶防振圈的完好情况，为保护瓶阀，应装好气瓶防护帽。

（6）禁止敲击、碰撞气瓶，以免损伤和损坏气瓶；夏季要防止阳光曝晒。

（7）冬天瓶阀冻结时，宜用热水或其他安全的方式解冻，不准用明火烘烤，以免气瓶材质的机械特性变坏和气瓶内压增高。

（8）瓶内气体不能用尽，必须留有剩余压力。可燃气体和助燃气体的余压宜留 0.49MPa(5kgf/cm²) 左右，其他气体气瓶的余压可低些。

（9）不得用电磁起重机搬运气瓶，以免失电时气瓶从高空坠落而致气瓶损坏和爆炸。

（10）盛装易起聚合反应气体的气瓶，不得置于有放射性射线的场所。

8. 电焊机安全使用知识

（1）交、直流电焊机应空载合闸启动，直流发电机式电焊机应按规定的方向旋转，带有风机的要注意风机旋转方向是否正确。

（2）电焊机在接入电网时须注意电压应相符，多台电焊机同时使用应分别接在三相电网上，尽量使三相负载平衡。

（3）电焊机需要并联使用时，应将一次线并联接入同一相位电路；二次侧也需同相相连，对二次侧空载电压不等的焊机，应经调整相等后才可使用，否则不能并联使用。

（4）焊机二次侧把线、地线要有良好的绝缘特性，柔性好，导电能力要与焊接电流相匹配，宜使用 YHS 型橡胶皮护套铜芯多股软电缆，长度不大于 30m，操作时电缆不宜成盘状，否则将影响焊接电流。

（5）多台焊机同时使用时，当需拆除某台时，应先断电后在其一侧验电，在确认无电后方可进行拆除工作。

（6）所有交、直流电焊机的金属外壳，都必须采取保护接地或接零。接地、接零电阻应小于 4Ω。

（7）焊接的金属设备、容器本身有接地、接零保护时，焊机的二次绕组禁止没有接地或接零。

（8）多台焊机的接地、接零线不得串接接入接地体，每台焊机应设独立的接地、接零线，其接点应用螺栓压紧。

（9）每台电焊机须设专用断路开关，并有电焊机相匹配的过流保护装置；一次线与电源接点不宜用插销连接，其长度不得大于 5m，且须双层绝缘。

（10）电焊机二次侧把、地线需接长使用时，应保证搭接面积，接点处用绝缘胶带包裹好，接点不宜超过两处；严禁使用管道、轨道及建筑物的金属结构或其他金属物体串接起来作为地线使用。

（11）电焊机的一次、二次接线端应有防护罩，且一次接线端需用绝缘带包裹严密；二次接线端必须使用线卡子压接牢固。

（12）电焊机应放置在干燥和通风的地方（水冷式除外），露天使用时其下方应防潮且高于周围地面；上方应设防雨棚和有防砸措施。

（13）焊接操作及配合人员必须按规定穿戴劳动防护用品。

（14）高空焊接或切割时，必须系好安全带，焊接周围和下方应采取防火措施，并有专人监护。

（15）施焊压力容器、密闭容器等危险容器时，应严格按操作规程执行。

9. 翻斗车安全使用知识

（1）行驶前，应检查锁紧装置，并将料斗锁牢，不得在行驶时掉斗。

（2）行驶时应从一挡起步，不得用离合器处于半结合状态来控制车速。

（3）上坡时，当路面不良或坡度较大时，应提前换入低挡行驶；下坡时严禁空挡滑行；转弯时应减速，急转弯时应换入低挡。

（4）翻斗制动时，应逐渐踏下制动踏板，并应避免紧急制动。

（5）在坑沟边缘卸料时，应设置安全挡块，车辆接近坑边时，应减速行驶，不得剧烈冲撞挡块。

（6）停车时，应选择合适地点，不得在坡道上停车。冬季应采取防止车轮与地面冻结的措施。

（7）严禁料斗内载人，料斗不得在卸料情况下行驶或进行平地作业。

（8）内燃机运转或料斗内载荷时，严禁在车底下进行任何作业。

（9）操作人员离机时，应将内燃机熄火，并摘挡拉紧手制动器。

（10）作业后，应对车辆进行清洗，清除砂土及混凝土等粘结在料斗和车架上的脏物。

10. 潜水泵安全使用知识

（1）潜水泵外壳必须做保护接零（接地），开关箱中装设漏电保护设施（15mA×0.1s），工作地点周围 30m 水面以内不得有人、畜进入。

（2）泵的保护装置应稳固灵敏。泵应放在坚固的篮筐里放入水中，或将泵的四周设立坚固的防护围网，泵应直立于水中，水深不得小于 0.5m，不得在含泥沙的混水中使用。泵放入水中或提出水面时，应先切断电源，严禁拉拽电缆或出水管。

塔式起重机考与练（1）

塔式起重机考与练（2）

人货两用施工升降机考与练（1）

人货两用施工升降机考与练（2）

钢筋加工机械安全检查考与练

复习思考题

1. 塔式起重机有哪些安全装置？
2. 简述塔式起重机的安装和拆卸注意点。
3. 井架与龙门架有哪些安全防护装置？
4. 简述井架与龙门架的常见安全隐患及原因。
5. 简述外用电梯的事故隐患及原因。
6. 一般钢丝绳的可用程度如何判断？
7. 简述地锚的埋设和正确使用。
8. 简述起重机械安全使用的一般要求。
9. 搅拌机械的安全使用注意事项有哪些？
10. 钢筋加工机械的安全使用注意事项有哪些？
11. 钢筋焊接机械的安全使用注意事项有哪些？
12. 简述打桩机械的安全要求与安全事故的预防措施。
13. 手持电动工具分为哪几类？
14. 简述手持电动工具的安全隐患、安全要求与安全事故的预防措施。
15. 简述吊装作业的事故隐患及安全技术。
16. 简述起重机械安全使用的一般要求。

安全管理职业活动训练

活动一：施工机具的安全检查与评分

1. 分组要求：全班分 6～8 个组，每组 5～7 个人。

2. 训练场景：选择设有各类施工机具所场。

3. 学习要求：学生在老师指导下，按《建筑施工安全检查标准》JGJ 59—2011 施工机具安全检查评分表的内容对现场的施工机具进行安全检查和评分。

4. 成果：填写施工机具的安全检查与评分表，并分析扣分原因，各组交换成果进行讨论。

活动二：阅读打桩工程的专项施工方案

1. 分组要求：全班分 6～8 个组，每组 5～7 个人。

2. 资料要求：选择 1～2 套打桩工程的专项施工方案。

3. 学习要求：学生在老师指导下，阅读打桩工程的专项施工方案，了解打桩工程的专项施工方案应包括的内容，熟悉打桩工程的专项施工方案的安全技术措施。

4. 成果：编制拟打桩工程的专项施工方案的编写提纲，写出该打桩工程的专项施工方案的安全技术措施。

活动三：物料提升机（龙门架、井架）的安全检查与评分

1. 分组要求：全班分 3 个组。

2. 训练场景：选择设有物料提升机（龙门架、井架）的场所及相关文件。

3. 学习要求：学生在老师指导下，按《建筑施工安全检查标准》JGJ 59—2011 物料提升机（龙门架、井架）检查评分表的内容对现场的物料提升机（龙门架、井架）进行安全检查和评分，并分析扣分原因，各组交换成果进行讨论。

活动四：物料提升机（龙门架、井架）的安全检查与评分

1. 分组要求：全班分 3 个组。

2. 训练场景：选择设有外用电梯（人货两用电梯）的场所及相关文件。

3. 学习要求：学生在老师指导下，按《建筑施工安全检查标准》JGJ 59—2011 外用电梯（人货两用电梯）检查评分表的内容对现场的外用电梯（人货两用电梯）进行安全检查和评分，并分析扣分原因，各组交换成果进行讨论。

活动五：起重吊装安全检查与评分

1. 分组要求：全班分 3 个组。

2. 训练场景：选择有起重吊装的场所及相关文件。

3. 学习要求：学生在老师指导下，按《建筑施工安全检查标准》JGJ 59—2011 起重吊装检查评分表的内容，对起重吊装进行安全检查和评分，并分析扣分原因，各组交换成果进行讨论。

8.2　施工安全用电管理

8.2.1　建筑施工安全用电管理的要求

（1）施工用电设备数量在 5 台及以上，或用电设备容量在 50kW 及以

图 8-7 临时用电施工组织设计

上时，根据《施工现场临时用电安全技术规范》JGJ 46—2005 的规定，施工现场必须按工程特点编制临时用电施工组织设计（图 8-7），并由主管部门审核后实施。临时用电施工组织设计的内容详见《施工现场临时用电安全技术规范》JGJ 46—2005。

（2）各施工现场必须设置一名电气安全负责人，电气安全负责人应由技术好、责任心强的电气技术人员或工人担任，其责任是负责该现场日常安全用电管理。

（3）施工现场的一切电气线路、用电设备的安装和维护必须由持证电工负责，并严格执行施工组织设计的规定。

（4）施工用电应建立用电安全技术档案，定期经项目负责人检验签字。

（5）施工现场应定期对电工和用电人员进行安全用电教育培训和技术交底。

（6）施工用电应定期检测。

8.2.2 施工现场临时用电检查与验收

临时用电安全技术

1. 外电防护

（1）在建工程不得在高、低压线路下方施工、搭设作业棚、搭设生活设施和堆放构件、材料等。在架空线路一侧施工时，在建工程（含脚手架）的外缘应与架空线路边线之间保持安全操作距离，安全操作距离不得小于表 8-1 的数值。

最小安全操作距离   表 8-1

架空线路电压等级(kV)	<1	1~10	35~110	220	330~500
最小安全操作距离(m)	4	6	8	10	15

注：上、下脚手架的斜道不宜设在有外电线路的一侧。

（2）起重机械严禁越过无防护设施的架空线路作业。在外电架空线路附近吊装时，起重机的任何部位或被吊物边缘在最大偏斜时与架空线路边线的最小安全距离应符合《施工现场临时用电安全技术规范》JGJ 46—2005 的规定。

（3）施工现场的机动车道与外电架空线路交叉时，架空线路的最低点与路面的最小垂直距离应符合《施工现场临时用电安全技术规范》JGJ 46—2005 的规定。

（4）施工现场开挖非热管道沟槽的边缘与埋地外电缆沟槽之间的距离不得小于 0.5m。

（5）施工现场不能满足条文中规定的最小距离时，必须按现行行业规范规定搭设防护设施并设置警告标志。在架空线路一侧或上方搭设或拆除防护屏障等设施时，必须停电后作业，并设监护人员。

（6）外电防护有关规定详见《施工现场临时用电安全技术规范》JGJ 46—2005 有关规定。

2. 配电线路

（1）架空线路必须采用绝缘铜线或铝线，且必须架设在电杆上，严禁架设在树木或脚手架上。架空导线截面应符合《施工现场临时用电安全技术规范》JGJ 46—2005 的规定。

（2）架空线路相序排列应符合下列规定：在同一横担架设时，面向负荷侧，从左起为 L1、N、L2、L3、PE；动力线、照明线在两个横担架设时，上层横担面向负荷侧，从左起为 L1、L2、L3；下横担从左起为 L1、（L2、L3）N、PE；架空敷设挡距详见《施工现场临时用电安全技术规范》JGJ 46—2005 的规定。

（3）架空线的挡距、线间距、横担间距等应符合《施工现场临时用电安全技术规范》JGJ 46—2005 的规定。

（4）施工用电电缆线路。电缆线路应采用埋地或架空敷设，电缆类型应根据敷设方式、环境条件选择（不得沿地面明设）。

（5）埋地敷设深度不应小于 0.7m，并应在电缆上下各均匀铺设不少于 50mm 厚的细砂，然后铺设砖等硬质保护层。

（6）穿越建筑物、构筑物、道路等易受机械损伤、介质腐蚀场所及引出地面从 2.0m 到地下 0.2m 处，必须加防护套管，套管的规格材料等应符合有关规定。

（7）架空电缆应沿电杆、支架或墙壁敷设，严禁沿脚手架、树木或其他设施敷设。电缆线路架空敷设高度、埋地电缆与其附近外电电缆（含管沟）的平行和交叉间距等均应符合《施工现场临时用电安全技术规范》JGJ 46—2005 的规定。

（8）室内配电线路应符合《施工现场临时用电安全技术规范》JGJ 46—2005 7.3 中的有关规定。

3. 施工现场临时用电的接地与防雷

（1）保护接地和保护接零

接地通常是用接地体与土壤接触来实现的。将金属导体或导体系统埋入土壤中，就构成一个接地体。工程上，接地体除专门埋设外，有时还利用兼作接地体的已有各种金属构件、金属井管、钢筋混凝土建（构）筑物的基础、非燃物质用的金属管道和设备等，这种接地称为自然接地体。用作连接电气设备和接地体的导体，例如电气设备上的接地螺栓、机械设备的金属构架，以及在正常情况下不载流的金属导线等称为接地线。接地体与接地线的总和称为接地装置。

（2）接地类别

1）工作接地：在电气系统中，因运行需要的接地（例如三相供电系统中，电源中性点的接地）称为工作接地。在工作接地的情况下，大地被作为一根导线，而且能够稳定设备导电部分对地电压。

2）保护接地：在电力系统中，因漏电保护需要，将电气设备正常情况下不带电的

合理设置重复接地

◆ 为了确保用电系统的安全可靠，故规定要求在TN-S系统中首、中、末端均需设置可靠的重复接地。

◆ 材质：标准钢钎和4×40镀锌扁铁

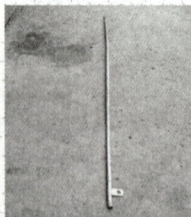

图 8-8　临电专用保护线

金属外壳和机械设备的金属构件（架）接地，称为保护接地。

3）重复接地：在中性点直接接地的电力系统中，为了保证接地的作用和效果，除在中性点处直接接地外，在中性线上的一处或多处再接地，称为重复接地（图 8-8、图 8-9）。

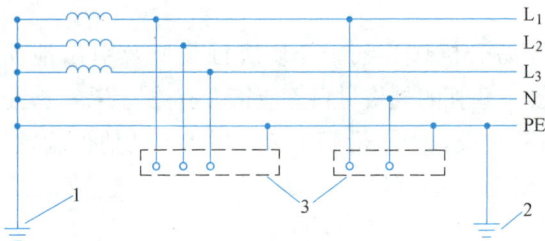

图 8-9　合理设置重复接地

1—工作接地；2—重复接地；3—电气设备外露导电部分；
L_1、L_2、L_3—相线；N—工作零线；PE—保护零线

4）防雷接地：防雷装置（避雷针、避雷器、避雷线等）的接地，称为防雷接地。防雷接地的设置主要作用是雷击防雷装置时，将雷击电流泄入大地。

（3）施工用电基本保护系统

施工用电应采用中性点直接接地的 380/220V 三相五线制低压电力系统，其保护方式应符合下列规定：施工现场由专用变压器供电时，应将变压器低压侧中性点直接接地，并采用 TN-S 接零保护系统。施工现场由专用发电机供电时，必须将发电机的中性点直接接地，并采用 TN-S 接零保护系统，且应独立设置。当施工现场直接由市电（电力部门变压器）等非专用变压器供电时，其基本接地、接零方式应与原有市电供电系统保持一致。在同一供电系统中，不得一部分设备做保护接零，另一部分设备做保护接地。

在供电端为三相五线供电的接零保护（TN）系统中，应将进户处的中性线（N 线）重复接地，并同时由接地点另引出保护零线（PE 线），形成局部 TN-S 接零保护系统。

（4）施工用电保护接零与重复接地

在接零保护系统中电气设备的金属外壳必须与保护零线（PE 线）连接（图 8-10）。保护零线应符合下列规定：保护零线应自专用变压器、发电机中性点处，或配电室、总配电箱进线处的中性线（N 线）上引出；保护零线的统一标志为绿/黄双色绝缘导线，

在任何情况下不得使用绿/黄双色线做负荷线；保护零线（PE 线）必须与工作零线（N 线）相隔离，严禁保护零线与工作零线混接、混用。保护零线上不得装设控制开关或熔断器；保护零线的截面不应小于对应工作零线截面。与电气设备相连接的保护零线截面不应小于 2.5mm^2 的多股绝缘铜线。保护零线的重复接地点不得少于三处，应分别设置在配电室或总配电箱处，以及配电线路的中间处和末端处。

图 8-10　保护零线接地系统示意图

（5）施工用电接地电阻

接地电阻包括接地电阻、接地体本身的电阻及流散电阻。由于接地线和接地体本身的电阻很小（因导线较短，接地良好）可忽略不计。因此，一般认为接地电阻就是散流电阻。它的数值等于对地电压与接地电流之比。接地电阻分为冲击接地电阻、直接接地电阻和工频接地电阻，在用电设备保护中一般采用工频接地电阻。

电力变压器或发电机的工作接地电阻值不应大于 4Ω。在 TN 接零保护系统中重复接地应与保护零线连接，每处重复接地电阻值不应大于 10Ω。

（6）施工现场的防雷保护

多层与高层建筑施工应充分重视防雷保护。由于多层与高层建筑施工其四周的起重机、门式架、井字架、脚手架突出建筑很高，材料堆积也多，万一遭受雷击，不但对施工人员造成生命危险，而且容易引起火灾，造成严重事故。

多层与高层建筑施工期间，应注意采取以下防雷措施：

1）由于建筑物的四周有起重机，起重机最上端必须装设避雷针，并应将起重机钢架连接于接地装置上。接地装置应尽可能利用永久性接地系统。如果是水平移动的塔式起重机，其地下钢轨必须可靠地接到接地系统上。起重机上装设的避雷针，应能保护整个起重机及其电力设备。

2）沿建筑物四角和四边竖起的木、竹架子上，做数根避雷针并接到接地系统上，针长最小应高出木、竹架子 3.5m，避雷针之间的间距以 24m 为宜。对于钢脚手架，应注意连接可靠并要可靠接地。如施工阶段的建筑物当中有突出高点，应如上述加装避雷针。在雨期施工应随脚手架的接高加高避雷针。

3）建筑工地的井字架、门式架等垂直运输架上，应将一侧的中间立杆接高，高出顶墙 2m，作为接闪器，并在该立杆下端设置接地线，同时应将卷扬机的金属外壳可靠接地。

4）应随时将每层楼的金属门窗（钢门窗、铝合金门窗）和现浇混凝土框架（剪力墙）的主筋可靠连接。

5）施工时应按照正式设计图纸的要求，先做完接地设备。同时，应当注意跨步电压的问题。

313

6）在开始架设结构骨架时，应按图纸规定，随时将混凝土柱子的主筋与接地装置连接，以防施工期间遭到雷击而被破坏。

7）应随时将金属管道及电缆外皮在进入建筑物的进口处与接地设备连接，并应把电气设备的铁架及外壳连接在接地系统上。

图 8-11　防雷接地

8）防雷装置的避雷针（接闪器）可采用 $\phi 20$ 钢筋（图 8-11），长度应为 $1\sim 2m$；当利用金属构架做引下线时，应保证构架之间的电气连接；防雷装置的冲击接地电阻值不得大于 30Ω。

4. 配电箱及开关箱

（1）电箱与开关的设置原则：施工现场应设配电柜或总配电箱，分配电箱、开关箱实行三级配电。

（2）总（分）配电箱的设置位置、分配电箱与开关箱距离以及开关与其控制的固定用电设备的水平距离应符合《施工现场临时用电安全技术规范》JGJ 46—2005 的有关规定。

（3）每台用电设备必须有各自专用的开关箱，严禁用同一个开关箱直接控制 2 台及 2 台以上用电设备（含插座）。

（4）配电箱的电器安装板上必须分设 N 线端子板和 PE 线端子板。N 线端子板必须与金属电器安装板绝缘；PE 线端子板必须与金属电器安装板做电器绝缘。

进出线中的 N 线必须通过 N 线端子板连接；PE 线必须通过 PE 线端子板连接。

（5）施工用分电配电箱应装设总隔离开关、分路隔离开关以及总断路器、分断路器或总熔断器、分路熔断器。其设置和选择应符合规范要求。

（6）开关箱中必须装设隔离开关、短路保护器或熔断器以及漏电保护器。

（7）施工用电移动式配电箱、开关箱应装设在坚固的支架上，严禁于地面上拖拉。

（8）施工用电开关箱应实行"一机一闸"制，不得设置分路开关。开关箱中必须设漏电保护器，实行"一漏一箱"制（图 8-12）。

（9）施工用电漏电保护器的额定漏电动作参数选择应符合下列规定：在开关箱（末级）

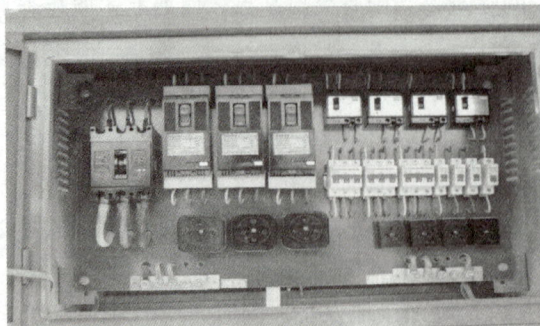

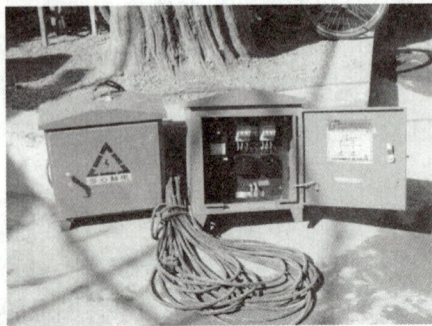

图 8-12　箱盘面布置

内的漏电保护器，其额定漏电动作电流不应大于 30mA，额定漏电动作时间不应大于
0.1s；使用于潮湿场所时，其额定漏电动作电流应不大于 15mA，额定漏电动作时间不
应大于 0.1s。总配电箱内的漏电保护器，其额定漏电动作电流应大于 30mA，额定漏电
动作时间应大于 0.1s。但其额定漏电动作电流（I）与额定漏电动作时间（t）的乘积
不应大于 30mA·s（$I \cdot t \leqslant 30mA \cdot s$）。

（10）配电箱、开关箱的电源线的进线端严禁采用插头和插座活动连接。

（11）对配电箱、开关箱进行定期维修、检查时必须将其前一级相应的电源隔离开
关分闸断电，并悬挂"禁止合闸，有人操作"停电标志，严禁带电作业。

（12）加强对配电箱、开关箱的管理，防止误操作造成危害，所有配电箱、开关箱
应在其箱门处标注编号、名称、用途和分路情况。

（13）电箱与开关的其他有关规定详见《施工现场临时用电安全技术规范》JGJ
46—2005 的有关规定。

5. 现场照明

（1）夜间施工、料具堆放及自然采光差等场所应设一般照明、局部照明或混合照
明。在一个作业场所不得只设局部照明；停电后，操作人员需及时撤离施工现场的必须
设自备电源的应急照明。

（2）照明灯具的金属外壳必须与 PE 线相连，照明开关箱内必须装设隔离开关、短
路与过载保护电器和漏电保护器，并应符合《施工现场临时用电安全技术规范》JGJ
46—2005 的有关规定。

（3）施工照明室外灯具距地面不得低于 3m，室内灯具距地面不得低于 2.5m。

（4）一般场所，照明电压应为 220V。隧道、人防工程、高温、有导电粉尘和狭窄
场所，照明电压不应大于 36V。

（5）潮湿和易触及照明线路场所，照明电压不应大于 24V。特别潮湿、导电良好的
地面、锅炉或金属容器内，照明电压不应大于 12V。

（6）手持灯具应使用 36V 以下电源供电。灯体与手柄应坚固绝缘良好并耐热和耐
潮湿。

（7）施工照明使用 220V 碘钨灯应固定
安装，其高度不应低于 3m，距易燃物不得
小于 500mm，并不得直接照射易燃物，不
得将 220V 碘钨灯做移动照明。

（8）施工用电照明器具的形式和防护
等级应与环境条件相适应（图 8-13）。

（9）夜间可能影响行人、车辆、飞机
等安全通行的施工部位或设施、设备，必
须设置红色警戒照明。

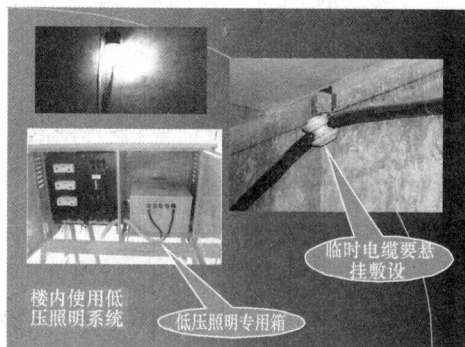

图 8-13 临电使用照明系统

6. 电器装置

（1）闸具、熔断器参数与设备容量应匹配。手动开关电器只许用于直接控制照明电

路和容量不大于 5.5kW 的动力电路。容量大于 5.5kW 的动力电路应采用自动开关电器或降压启动装置控制。各种开关的额定值应与其控制用电设备的额定值相适应。

（2）熔断器的熔体更换时，严禁使用不符合原规格的熔体代替。

7. 安全用电知识

（1）进入施工现场，不要接触电线、供配电线路以及工地外围的供电线路。遇到地面有电线或电缆时，不要用脚去踩踏，以免意外触电。

（2）看到下列标志牌时，要特别留意，以免触电：

1）当心触电（图 8-14）；

图 8-14　配电箱围栏安全标志

2）禁止合闸；

3）止步，高压危险。

（3）不要擅自触摸、乱动各种配电箱、开关箱、电气设备等，以免发生触电事故。

（4）不能用潮湿的手去扳开关或触摸电气设备的金属外壳。

（5）衣物或其他杂物不能挂在电线上。

（6）施工现场的生活照明应尽量使用荧光灯。使用灯泡时，不能紧挨着衣物、蚊帐、纸张、木屑等易燃物品，以免发生火灾。施工中使用手持行灯时，要用 36V 以下的安全电压。

（7）使用电动工具以前要检查外壳，导线绝缘皮，如有破损要请专职电工检修。

（8）电动工具的线不够长时，要使用电源拖板。

（9）使用振捣器、打夯机时，不要拖拽电缆，要有专人收放。操作者要戴绝缘手套、穿绝缘靴等防护用品。

（10）使用电焊机时要先检查拖把线的绝缘好坏，电焊时要戴绝缘手套、穿绝缘靴等防护用品。不要直接用手去碰触正在焊接的工件。

（11）使用电锯等电动机械时，要有防护装置，防止受到机械伤害。

（12）电动机械的电缆不能随地拖放，如果无法架空只能放在地面时，要加盖板保护，防止电缆受到外界的损伤。

（13）开关箱周围不能堆放杂物，拉合闸刀时，旁边要有人监护。收工后要锁好开关箱。

（14）使用电器时，如遇跳闸或熔丝熔断时，不要自行更换或合闸，要由专职电工进行检查。

复习思考题

1. 临时用电的施工组织设计应包括哪些内容？

2. 什么是保护接地？什么是保护接零？

3. 施工用电的接地电阻是如何规定的？

4. 何谓"三级配电两级保护"？何谓"一漏一箱"？

5. 施工临时用电的配电箱和开关箱应符合哪些要求？

6. 施工照明用电的供电电压是如何规定的？

7. 临时用电定期检查制度的基本内容是什么？

8. 施工用电检查评分表包括哪些保证项目？

9. 选择一施工现场，要求列出施工现场电动施工机具明细表（表 8-2），要求填写内容齐全。

电动施工机具明细表　　　　　　　　　　　　　　　表 8-2

序号	设备名称	数量（台）	设备数据					总容量（kW）	备注
			容量/台（kW）	相数（相）	功率因数（V）	电压（V）	暂载率（%）		
合计总容量		kW	施工单位负责人签名：				日期：　　年　　月　　日		

安全管理职业活动训练

接地防雷
考与练

活动一：临时用电方案

1. 分组要求：全班分 6～8 个组，每组 5～7 个人。

2. 资料要求：选择某一工程临时用电方案。

3. 学习要求：学生在老师的指导下阅读临时用电方案，了解临时用电方案的内容。

4. 成果：编制拟建工程临时用电方案的编写提纲。

配电线路
考与练

活动二：临时用电安全检查与评分

1. 分组要求：全班分 6～8 个组，每组 5～7 个人。

2. 训练场景：选择某一施工现场。

3. 学习要求：学生在老师和安全员的指导下，按《建筑施工安全检查标准》JGJ 59—2011 临时用电安全检查评分表的内容对现场的临时用电进行检查和评分。

4. 成果：填写临时用电安全检查与评分表，并分析扣分原因。

三级配电
规范考
与练

施工用电
安全检查
隐患排查
（1）

施工用电
安全检查
隐患排查
（2）

教学单元 9

安全文明施工

【教学目标】通过本单元的学习，学生应当了解治安保卫工作的主要内容、责任和各项治安管理制度；掌握施工现场管理与文明施工的主要内容；熟悉施工现场污染的种类和相应的防治技术与要求；熟悉施工现场环境卫生与防疫管理知识；熟悉施工现场消防安全防护技术与要求，掌握消防安全管理的知识；能根据《建筑施工安全检查标准》JGJ 59—2011 对施工现场进行安全检查与评分。

9.1 文 明 施 工

文明施工是指在建设工程施工过程中以一定的组织机构为依托，建立文明施工管理系统，采取相应措施，保持施工现场良好的作业环境、卫生环境和工作秩序，避免对作业人员身心健康及周围环境产生不良影响的活动过程。为了规范建设工程施工现场的文明施工，改善作业人员的工作环境和生活条件，防止和减少安全事故的发生，防止施工过程对环境造成污染和各类疾病的发生，保障建设工程的顺利进行，现行法律法规要求建筑施工企业，必须建立健全文明施工管理及监督检查制度，切实抓好安全文明施工的各项工作。

1. 文明施工专项方案

工程开工前，施工单位须将文明施工纳入施工组织设计，编制文明施工专项方案，制订相应的文明施工措施，并确保文明施工措施费的投入；文明施工专项方案应由工程项目技术负责人组织人员编制，送施工单位技术部门的专业技术人员审核，报施工单位技术负责人审批，经项目总监理工程师（建设单位项目负责人）审查同意后执行。

2. 文明施工专项方案的内容

建筑工程开工前编制文明的施工专项方案一般应包括以下内容：

（1）施工现场平面布置图，包括临时设施、现场交通、现场作业区、施工设备机具、安全通道、消防设施及通道的布置、成品、半成品、原材料的堆放等。

大型工程平面布置因施工其变动较大，可按基础、主体、装修三阶段进行施工平面图设计。

（2）施工现场围挡的设计。

（3）临时建筑物、构筑物、道路场地硬地化等单体的设计。

（4）现场污水排放、现场给水（含消防用水）系统设计。

（5）粉尘、噪声控制措施。

（6）现场卫生及安全保卫措施。

（7）施工区域内及周边地上建筑物、构造物及地下管网的保护措施。

（8）制订并实施防高处坠落、物体打击、机械伤害、坍塌、触电、中毒、防台风、防雷、防汛、防火灾等应急救援预案（包括应急网络）。

3. 文明施工保证体系

文明施工是施工企业、建设单位、监理单位、材料供应单位等参建各方的共同目标和共同责任，建筑施工企业是文明施工的主体，也是主要责任者。要想搞好文明施工工作，除开始施工前做好周密的计划工作外，还必须做好以下工作以保证文明施工计划的实施。

（1）施工单位应当根据不同施工阶段和周围环境及季节、气候的变化，在施工现场采取相应的文明施工措施。施工现场暂时停止施工的，施工单位应做好现场的封闭管理，所需费用由责任方承担，或照合同约定执行。

（2）建设单位组织监理单位、施工单位对围挡、临建设施进行验收，验收合格后方可使用，并建立巡查制度和验收、巡查档案。恶劣天气条件下必须进行重点检查，确保围挡、临建设施的稳固安全。

（3）施工现场应悬挂质量管理、安全生产和文明施工标语，危险区域须设置明显的安全警示标志。标语要规范、整齐、美观，安全警示标志须符合国家标准。

（4）施工现场应设置宣传栏、读报栏、黑板报，及时更换宣传内容。设置报栏应牢固美观，并有防雨措施。

（5）建设工程完工后，施工单位应在 1 个月内拆除工地围墙、安全防护设施和其他临时设施，并将工地及四周环境清理整洁，做到工完、料净、场地洁。

9.2　施工现场场容管理

施工现场场容是体现文明施工的一个重要方面，做好场容管理要与施工相结合，只有这样才能确保场容整洁，保证施工井然有序，改变过去脏乱差的面貌，对提高投资效益和保证工程质量也具有深远意义。

9.2.1　现场场容管理

1. 施工现场的平面布置与划分

施工现场的平面布置图是施工组织设计的重要组成部分，必须科学合理地规划，绘制出施工现场平面布置图，在施工实施阶段按照施工总平面图要求，设置道路、组织排水、搭建临时设施、堆放物料和设置机械设备等。

施工现场按照功能可划分为施工作业区、辅助作业区、材料堆放区和办公生活区。施工现场的办公生活区应当与作业区分开设置，并保持安全距离。办公生活区应当设置于在建建筑物坠落半径之外，与作业区之间设置防护措施，进行明显的划分隔离，以免人员误入危险区域；办公生活区如果设置在建筑物坠落半径之内时，必须采取可靠的防砸措施。功能区的规划设置时还应考虑交通、水电、消防和卫生、环保等因素。

2. 场容场貌

（1）施工场地

1）施工现场的场地应当整平，清除障碍物，无坑洼和凹凸不平，雨季不积水，暖季应适当绿化。

2）施工现场应具有良好的排水系统，设置排水沟及沉淀池，不应有跑、冒、滴、漏等现象，现场废水不得直接排入市政污水管网和河流。

3）现场存放的油料、化学溶剂等应设有专门的库房，地面应进行防渗漏处理。

4）地面应当经常洒水，对粉尘源进行覆盖遮挡。

5）施工现场应设置密闭式垃圾站，建筑垃圾、生活垃圾应分类存放，并及时清运出场。

6）建筑物内外的零散碎料和垃圾渣土应及时清理。

7）楼梯踏步、休息平台、阳台等处不得堆放料具和杂物。

8）建筑物内施工垃圾的清运必须采用相应容器或管道运输，严禁凌空抛掷。

9）施工现场严禁焚烧各类垃圾及有毒有害物质。

10）禁止将有毒、有害废弃物作土方回填。

11）施工机械应按照施工总平面图规定的位置和线路布置，不得侵占场内外道路，保持车容机貌整洁，及时清理油污和施工造成的污染。

12）施工现场应设吸烟处，严禁在现场随意吸烟。

（2）道路

1）施工现场的道路应畅通，应当有循环干道，满足运输、消防要求。

2）主干道应当平整坚实，且有排水措施，硬化材料可以采用混凝土、预制块或用石屑、焦渣、砂土等压实整平，保证不沉陷，不扬尘，防止泥土带入市政道路。

3）道路应当中间起拱，两侧设排水设施，主干道宽度不宜小于3.5m，载重汽车转弯半径不宜小于15m，如因条件限制，应当采取措施。

4）道路的布置要与现场的材料、构件、仓库等料场、吊车位置相协调、配合。

5）施工现场主要道路应尽可能利用永久性道路，或先建好永久性道路的路基，在土建工程结束之前再铺路面。

（3）现场围挡

1）施工现场必须设置封闭围挡，围挡高度不得低于1.8m，其中各地级市区主要路段和市容景观道路及机场、码头、车站广场的工地围挡的高度不得低于2.5m。

2）围挡须沿施工现场四周边连续设置，不得留有缺口，做到坚固、平直、整洁、美观。

3）围挡应采用砌体、金属板材等硬质材料，禁止使用彩条布、竹笆、石棉瓦、安全网等易变形材料。

4）围挡应根据施工场地地质、周围环境、气象、材料等进行设计，确保围挡的稳定性、安全性。围挡禁止用于挡土、承重，禁止依靠围挡堆放物料、器具等。

5）砌筑围墙厚度不得小于180mm，应砌筑基础大放脚和墙柱，基础大放脚埋地深度不小于500mm（在混凝土或沥青路上有坚实基础的除外），墙柱间距不大于4m，墙顶应做压顶。墙面应采用砂浆抹面、涂料刷白。

6）板材围挡底里侧应砌筑300mm高、不小于180mm厚砖墙护脚，外立压型钢板或镀锌钢板通过钢立柱与地面可靠固定，并刷上与周围环境协调的油漆和图案。围挡应横不留隙、竖不留缝，底部用直角扣牢。

7）施工现场设置的防护栏杆应牢固、整齐、美观，并应涂上红白或黄黑相间警戒油漆。

8）雨后、大风后以及春融季节应当检查围挡的稳定性，发现问题及时处理。

（4）封闭管理

1）施工现场应有一个以上的固定出入口，出入口应设置大门，门高度不得低于 2m。

2）大门应庄重美观，门扇应做成密闭不透式，主门口应立门柱，门头设置企业标志。

3）大门处应设门卫室，实行人员出入登记和门卫人员交接班制度，禁止无关人员进入施工现场。

4）施工现场人员均应佩戴证明其身份的证卡，管理人员和施工作业人员应戴（穿）分颜色区别的安全帽（工作服）。

（5）临建设施

施工现场的临时设施较多，这里主要指施工期间临时搭建、租赁的各种房屋临时设施。临时设施必须合理选址、正确用材，确保使用功能和安全、卫生、环保、消防要求。临时设施的种类主要有办公设施、生活设施、生产设施、辅助设施，包括道路、现场排水设施、围墙、大门、供水处、吸烟处。临时房屋的结构类型可采用活动式临时房屋，如钢骨架活动房屋、彩钢板房；固定式临时房屋，主要为砖木结构、砖石结构和砖混结构。

1）临时设施的选址

办公生活临时设施的选址首先应考虑与作业区相隔离，保持安全距离，其次位置的周边环境必须具有安全性，例如不得设置在高压线下，也不得设置在沟边、崖边、河流边、强风口处、高墙下以及滑坡、泥石流等灾害地质带上和山洪可能冲击到的区域。

安全距离是指在施工坠落半径和高压线防电距离之外。建筑物高度 2～5m，坠落半径为 2m；高度 30m，坠落半径为 5m（如因条件限制，办公和生活区设置在坠落半径区域内，必须有防护措施）。1kV 以下裸露输电线，安全距离为 4m；330～550kV，安全距离为 15m（最外线的投影距离）。

2）临时设施的布置方式

① 生活性临时房屋布置在工地现场以外，生产性临时设施按照生产的需要在工地选择适当的位置，行政管理的办公室等应靠近工地或是工地现场出入口；

② 生活性临时房屋设在工地现场以内时，一般布置在现场的四周或集中于一侧；

③ 生产性临时房屋，如混凝土搅拌站、钢筋加工厂、木材加工厂等，应全面分析比较确定位置。

3）临时设施搭设的一般要求

① 施工现场的办公区、生活区和施工区须分开设置，并采取有效隔离防护措施，保持安全距离；办公区、生活区的选址应符合安全性要求。尚未竣工的建筑物内禁止用于办公或设置员工宿舍。

② 施工现场临时用房应进行必要的结构计算，符合安全使用要求，所用材料应满足卫生、环保和消防要求。宜采用轻钢结构拼装活动板房，或使用砌体材料砌筑，搭建层数不得超过二层。严禁使用竹棚、油毡、石棉瓦等柔性材料搭建。装配式活动房屋应具有产品合格证，应符合国家和本省的相关规定要求。

③ 临时用房应具备良好的防潮、防台风、通风、采光、保温、隔热等性能。室内净高不得低于 2.6m，墙壁应用砂浆抹面刷白，顶棚应抹灰刷白或吊顶，办公室、宿舍、食堂等窗地面积比不应小于 1∶8，厕所、淋浴间窗地面积比不应小于 1∶10。

④ 临建设施内应按《施工现场临时用电安全技术规范》JGJ 46—2005 要求架设用电线路，配线必须采用绝缘导线或电缆，应根据配线类型采用瓷瓶、瓷（塑料）夹、嵌绝缘槽、穿管或钢索敷设，过墙处应穿管保护，非埋地明敷干线距地面高度不得小于 2.5m，低于 2.5m 的必须采取穿管保护措施，室内配线必须有漏电保护、短路保护和过载保护，用电应达到"三级配电两级保护"，未使用安全电压的灯具距地高度应不低于 2.4m。

⑤ 生活区和施工区应设置饮水桶（或饮水器），供应符合卫生要求的饮用水，饮水器具应定期消毒。饮水桶（或饮水器）应加盖、上锁、有标志，并由专人负责管理。

9.2.2 临时设施的搭设与使用管理

1. 办公室

办公室应建立卫生值日制度，保持卫生整洁、明亮美观，文件、图纸、用品、图表摆放整齐。

2. 职工宿舍

（1）不得在尚未竣工建筑物内设置员工集体宿舍。

（2）宿舍应当选择在通风、干燥的位置，防止雨水、污水流入。

（3）宿舍在炎热季节应有防暑降温和防蚊虫叮咬措施，设有盖垃圾桶，保持卫生清洁。房屋周围道路平整，排水沟涵畅通。

（4）宿舍必须设置可开启式窗户，设置外开门。

（5）宿舍内应保证有必要的生活空间，室内净高不得小于 2.4m，通道宽度不得小于 0.9m，每间宿舍居住人员不应超过 16 人。

（6）宿舍内的单人铺不得超过 2 层，严禁使用通铺，床铺应高于地面 0.3m，人均床铺面积不得小于 1.9m×0.9m，床铺间距不得小于 0.3m。

（7）宿舍内应设置生活用品专柜，有条件的宿舍宜设置生活用品储藏室；宿舍内严禁存放施工材料、施工机具和其他杂物。

（8）宿舍周围应当搞好环境卫生，应设置垃圾桶、鞋柜或鞋架，生活区内应为作业人员提供晾晒衣物的场地，房屋外应道路平整，晚间有充足的照明。

（9）寒冷地区冬季宿舍应有保暖措施、防煤气中毒措施，火炉应当统一设置、管理。

（10）应当制订宿舍管理使用责任制，轮流负责卫生和使用管理或安排专人管理。

（11）宿舍区内严禁私拉乱接电线，严禁使用电炉、电饭锅、热得快等大功率设备和使用明火。

3．食堂

（1）食堂应当选择在通风、干燥的位置，防止雨水、污水流入，应当保持环境卫生，远离厕所、垃圾站、有毒有害场所等污染源的地方，装修材料必须符合环保、消防要求。

（2）食堂应设置独立的制作间、储藏间。

（3）食堂应配备必要的排风设施和冷藏设施，安装纱门纱窗，室内不得有蚊蝇，门下方应设不低于0.2m的防鼠挡板。

（4）食堂的燃气罐应单独设置存放间，存放间应通风良好并严禁存放其他物品。

（5）食堂制作间灶台及其周边应贴瓷砖，瓷砖的高度不宜小于1.5m。地面应做硬化和防滑处理，按规定设置污水排放设施。

（6）食堂制作间的刀、盆、案板等炊具必须生熟分开，食品必须有遮盖，遮盖物品应有正反面标识，炊具宜存放在封闭的橱柜内。

（7）食堂内应有存放各种作料和副食的密闭器皿，并应有标识，粮食存放台距墙和地面应大于0.2m。

（8）食堂外应设置密闭式潜水桶，并应及时清运，保持清洁。

（9）应当制订并在食堂张挂食堂卫生责任制，责任落实到人，加强管理。

4．厕所

（1）厕所大小应根据施工现场作业人员的数量设置。

（2）高层建筑施工超过8层以后，每隔4层宜设置临时厕所。

（3）施工现场应设置水冲式或移动式厕所，厕所地面应硬化，门窗齐全。蹲坑间宜设置隔板，隔板高度不宜低于0.9m。

（4）厕所应设置三级化粪池，化粪池必须进行抗渗处理，污水通过化粪池后方可接入市政污水管线。

（5）施工现场应保持卫生，不准随地大小便。

（6）厕所卫生应有专人负责清扫、消毒，化粪池应及时清掏。

（7）厕所应设置洗手盆，厕所的进出口处应设有明显标志。

5．淋浴间

（1）施工现场应设置男女淋浴间与更衣间，淋浴间地面应做防滑处理，淋浴喷头数量应按不少于住宿人员数量的5%设置，排水、通风良好，寒冷季节应供应热水。更衣间应与淋浴间隔离，设置挂衣架、橱柜等。

（2）淋浴间照明器具应采用防水灯头、防水开关，并设置漏电保护装置。

（3）淋浴室应专人管理，经常清理，保持清洁。

6．料具管理

料具是材料和周转材料的统称。材料的种类繁多，按其堆放的方式分为露天堆放、库棚存放，露天堆放的材料又分为散料、袋装料和块料；库棚存放的材料又分为单一材料库和混用库。施工现场料具存放的规范化、标准化，是促进场容场貌的科学管理和现场文明施工的一个重要方面。

料具管理应符合下列要求要求：

（1）施工现场外临时存放施工材料，必须经有关部门批准，并应按规定办理临时占地手续。

（2）建设工程现场施工材料（包括料具和构配件）必须严格按照平面图确定的场地码放，并设立标志牌。材料码放整齐，不得妨碍交通和影响市容，堆放散料时应进行围挡，围挡高度不得低于 0.5m。

（3）施工现场各种料具应分规格码放整齐、稳固，做到一头齐、一条线。砖应成丁、成行，高度不得超过 1.5m；砌块材码放高度不得超过 1.8m；砂、石和其他散料应成堆，界限清楚，不得混杂。

（4）预制圆孔板、大楼板、外墙板等大型构件和大模板存放时，场地应平整夯实，有排水措施，并设 1.2m 高的围栏进行防护。

（5）施工大模板需要搭插放架时，插放架的两个侧面必须做剪刀撑。清扫模板或刷隔离剂时，必须将模板支撑牢固，两模板之间有不少于 60cm 的走道。

（6）施工现场的材料保管，应依据材料性能采取必要的防雨、防潮、防晒、防冻、防火、防爆、防损坏等措施。贵重物品、易燃、易爆和有毒物品应及时入库，专库专管，加设明显标志，并建立严格的领退料手续。

（7）施工中使用的易燃易爆材料，严禁在结构内部存放，并严格以当日的需求量发放。

（8）施工现场应有用料计划，按计划进料，使材料不积压，减少退料。同时做到钢材、木材等料具合理使用，长料不短用，优材不劣用。

（9）材料进、出现场应有查验制度和必要手续。现场用料应实行限额领料，领退料手续齐全。

（10）施工组织设计（方案）应有节约能源技术措施。施工现场应节约用水用电，消灭长流水和长明灯。

（11）施工现场剩余料具、包括容器应及时回收，堆放整齐并及时清退。水泥库内外散落灰必须及时清用，水泥袋认真打包、回收。

（12）砖、砂、石和其他散料应随用随清，不留料底。工人操作应做到活完料净脚下清。

（13）搅拌机四周、拌料处及施工现场内无废弃砂浆和混凝土。运输道路和操作面落地料及时清用。砂浆、混凝土倒运时，应用容器或铺垫板。浇筑混凝土时，应采取防撒落措施。

（14）施工现场应设垃圾站，及时集中分拣、回收、利用、清运。垃圾清运出现场必须到批准的消纳场地倾倒，严禁乱倒乱卸。

（15）施工现场料具应按如下方法存放：

1）大堆材料的存放要求

① 机砖码放应成丁（每丁为 200 块）、成行，高度不超过 1.5m；加气混凝土块、空心砖等轻质砌块应成垛、成行，堆码高度不超过 1.8m；耐火砖不得淋雨受潮；各种水泥方砖及平面瓦不得平放。

② 砂、石、灰、陶粒等存放成堆，场地平整，不得混杂；色石渣要下垫上盖，分档存放。

2）水泥的存放要求

① 库内存放：水泥库要具备有效的防雨、防水、防潮措施；库门上锁，专人管理；分品种型号堆码整齐，离墙不少于 10cm，严禁靠墙。垛底架空垫高，保持通风防潮，垛高不超过 10 袋；抄底使用，先进先出。

② 露天存放：临时露天存放必须具备可靠的盖、垫措施，下垫高度不低于 30cm，做到防水、防雨、防潮、防风。

③ 散灰存放：应存放在固定容器（散灰罐）内，没有固定容器时应设封闭的专库存放，并具备可靠的防雨、防水、防潮等措施。

④ 袋装粉煤灰、白灰粉应存放在料棚内，或码放整齐后搭盖以防雨淋。

3）钢材及金属材料的存放要求

① 须按规格、品种、型号、长度分别挂牌堆放，底垫不小于 20cm。

② 有色金属、薄钢板、小口径薄壁管应存放在仓库或料棚内，不得露天存放。

③ 码放要整齐，做到一头齐一条线。盘条要靠码整齐，成品半成品及剩余料应分类码放，不得混堆。

4）油漆涂料及化工材料的存放要求

① 按品种、规格，存放在干燥、通风、阴凉的仓库内，严格与火源、电源隔离，温度应保持在 5℃至 30℃之间。

② 保持包装完整及密封，码放位置要平稳牢固，防止倾斜与碰撞；应先进先发，严格控制保存期；油漆应每月倒置一次，以防沉淀。

③ 应有严格的防火、防水、措施，对于剧毒品，危险品（电石、氧气等），须设专库存放，并有明显标志。

5）其他轻质装修材料的存放要求

① 应分类码放整齐，底垫木不低于 10cm，分层码放时高度不超过 1.8m。

② 应具备防水、防风措施，应进行围挡、上盖；石膏制品应存放在库房或料棚内，竖立码放。

6）周转料具的存放要求

应随拆、随整、随保养，码放整齐。组合钢模板应扣放（或顶层扣放）；大模板应对面立放，倾斜角不小于 70°；钢脚手管应有底垫，并按长短分类，一头齐码放；钢支撑、钢跳板分层颠倒码放成方，高度不超过 1.8m；各种扣件、配件应集中堆放，并设有围挡。

9.2.3　施工标牌与安全标志

1. 施工标牌（六牌二图与两栏一报）

（1）施工现场在明显处，应有必要的安全内容的标语。六牌两图（即工程概况牌、管理人员名单及监督电话牌、消防保卫牌、安全生产牌、文明施工牌、入场须知牌，施工现场平面图、施工现场立面图）。工程概况牌要标明工程规模、性质、用途、发包人、设计人、承包人、监理单位名称和开竣工日期、施工许可证批准文号。施工现场周围设围挡，围挡并涂刷宣传画或标语。

（2）工地内要设立"两栏一报"（宣传栏、读报栏、黑板报），针对施工现场情况，适当更换内容，确实起到鼓舞士气，表扬先进的作用。

2. 安全标志及其设置与悬挂

（1）安全标志

1）安全警示标志是指提醒人们注意的各种标牌、文字、符号以及灯光等。一般来说，安全警示标志包括安全色和安全标志；

2）安全色分为红、黄、蓝、绿四种颜色，分别表示禁止、警告、指令和提示；

3）安全标志分禁止标志、警告标志、指令标志和提示标志。安全标志的图形、尺寸、颜色、文字说明和制作材料等，均应符合国家标准规定。

（2）安全标志的设置与悬挂

根据国家有关规定，施工现场入口处、施工起重机械、临时用电设施、脚手架、出入通道口、楼梯口、电梯井口、孔洞口、桥梁口、隧道口、基坑边沿、爆破物及有害危险气体和液体存放处等属于危险部位，应当设置明显的安全标志。安全标志的类型、数量应当根据危险部位的性质不同而不同。安全标志设置后应当进行统计记录，并填写施工现场安全标志登记表。

9.3　施工现场消防安全管理

9.3.1　施工现场的防火要求

（1）各单位在编制施工组织设计时，施工总平面图、施工方法和施工技术均要符合消防安全要求。

（2）施工现场应明确划分用火作业、易燃可燃材料堆场、仓库、易燃废品集中站和生活区等区域。

（3）施工现场夜间应有照明设备；保持消防车通道畅通无阻，并要安排力量加强值班巡逻。

（4）施工作业期间需搭设临时性建筑物，必须经施工企业技术负责人批准，施工结束应及时拆除。不得在高压架空下面搭设临时性建筑物或堆放可燃物品。

（5）施工现场应配备足够的消防器材，指定专人维护、管理、定期更新，保证完整好用。

（6）在土建施工时，应先将消防器材和设施配备好，有条件的，应敷设好室外消防水管和消火栓。

（7）焊、割作业点与氧气瓶、电石桶和乙炔发生器等危险物品的距离不得少于10m，与易燃易爆物品的距离不得少于30m；如达不到上述要求的，应执行动火审批制度，并采取有效的安全隔离措施。

（8）乙炔发生器和氧气瓶的存放之间距离不得小于2m；使用时，二者的距离不得小于5m。

（9）氧气瓶、乙炔发生器等焊割设备上的安全附件应完整有效，否则不准使用。

（10）施工现场的焊、割作用，必须符合防火要求，严格执行"十不烧"规定。

（11）冬期施工采用保温加热措施时，应符合以下要求：

1）采用电热器加温，应设电压调整器控制电压；导线应绝缘良好，连接牢固，并在现场设置多处测量点。

2）采用锯末生石灰蓄热，应选择安全配方比，并经工程技术人员同意后方可使用。

3）采用保温或加热措施前，应进行安全教育；施工过程中，应安排专人巡逻检查，发现隐患及时处理。

（12）施工现场的动火作业，必须执行审批制度。

1）一级动火作业由所在单位行政负责人填写动火申请表，编制安全技术措施方案，报公司保卫部门及消防部门审查批准后，方可动火。

2）二级动火作业由所在工地、车间的负责人填写动火申请表，编制安全技术措施方案，报本单位主管部门审查批准后，方可动火。

3）三级动火作业由所在班组填写动火申请表，经工地、车间负责人及主管人员审查批准后，方可动火。

4）古建筑和重要文物单位等场所动火作业，按一级动火手续上报审批。

9.3.2　施工现场平面布置的消防安全要求

建筑施工企业须严格依照有关建设工地消防管理的法律法规和规范性文件，建立和执行施工现场防火管理制度，建立健全消防管理组织，制订防火应急预案及消防平面布置图，明确各区域消防责任人，定期组织消防培训及消防演习。

临时设施搭设和电气设备的安装使用必须符合消防要求，合理配备消防设施，并保持完好的备用状态。

1. 防火间距要求

施工现场的平面布局应以施工工程为中心，要明确划分出用火作业区、禁火作业区（易燃、可燃材料的堆放场地）、仓库区和现场生活区、办公区等区域。设立明显的标志，将火灾危险性大的区域布置在施工现场常年主导风向的下风侧或侧风向，各区域之间的防火间距应符合消防技术规范和有关地方法规的要求。具体要求为以下几点：

（1）禁火作业区距离生活区应不小于 15m，距离其他区域应不小于 25m。

（2）易燃、可燃材料的堆料场及仓库距离修建的建筑物和其他区域应不小于 20m。

（3）易燃废品的集中场地距离修建的建筑物和其他区域应不小于 30m。

（4）防火间距内，不应堆放易燃、可燃材料。

（5）临时设施最小防火间距，要符合现行《建筑设计防火规范》GB 50016 和国务院《关于工棚或临时宿舍防火和卫生设施的暂行规定》的要求。

2. 现场道路及消防要求

（1）施工现场的道路，夜间要有足够的照明设备。

（2）施工现场必须建立消防车通道，其宽度应不小于 3.5m，禁止占用场内通道堆放材料，在工程施工的任何阶段都必须通行无阻。施工现场的消防水源处，还要筑有消防车能驶入的道路，如果不可能修建通道时，应在水源（池）一边铺砌停车和回车空地。

（3）临时性建筑物、仓库以及正在修建的建（构）筑物的道路旁，都应该配置适当种类和一定数量的灭火器，并布置在明显和便于取用的地点。冬期施工还应对消防水池、消火栓和灭火器等做好防冻工作。

3. 临时设施要求

作业棚和临时生活设施的规划和搭建，必须符合下列要求：

（1）临时生活设施应尽可能搭建在距离正在修建的建筑物 20m 以外的地区，禁止搭设在高压架空电线的下面，距离高压架空电线的水平距离不应小于 6m。

（2）临时宿舍与厨房、锅炉房、变电所和汽车库之间的防火距离应不小于 15m。

（3）临时宿舍等生活设施，距离铁路的中心线以及小量易燃品贮藏室的间距不小于 30m。

（4）临时宿舍距离火灾危险性大的生产场所不得小于 30m。

（5）为贮存大量的易燃物品、油料、炸药等所修建的临时仓库，与永久工程或临时宿舍之间的防火间距应根据所贮存的数量，按照有关规定来确定。

（6）在独立的场地上修建成批的临时宿舍时，应当分组布置，每组最多不超过 2 幢，组与组之间的防火距离，在城市市区不小于 20m，在农村应不小于 10m。作为临时宿舍的简易楼房的层高应当控制在两层以内，且每层应当设置两个安全通道。

（7）生产工棚包括仓库，无论有无用火作业或取暖设备，室内最低高度一般不应小于 2.8m，其门的宽度要大于 1.2m，并且要双扇向外。

4. 消防用水要求

施工现场要设有足够的消防水源（给水管道或蓄水池），对有消防给水管道设计的工程，应在施工时，先敷设好室外消防给水管道与消火栓。

现场应设消防水管网，配备消火栓。进水干管直径不小于 100 mm。较大工程要分区设置消火栓；施工现场消火栓处日夜要设明显标志，配备足够水带，周围 3m 内，不准存放任何物品。消防泵房应用非燃材料建造，设在安全位置，消防泵专用配电线路，应引自施工现场总断路器的上端，要保证连续不间断供电。

9.3.3　消防设施、器材的布置

建筑施工现场根据灭火的需要，必须配置相应种类、数量的消防器材、设备、设施，如消防水池（缸）、消防梯、砂箱（池）、消火栓、消防桶、消防锹、消防钩（安全钩）以及灭火器等，如图 9-1 所示。

1. 消防器材的配备

（1）一般临时设施区域内，每 $100m^2$ 配备 2 只 10L 灭火器。

（2）大型临时设施总面积超过 $1200m^2$，应备有专供消防用的积水桶（池）、黄砂池等器材、设施，上述设施周围不得堆放物品，并留有消防车道。

图 9-1　消防设施

（3）临时木工间、油漆间，木、机具间等每 $25m^2$ 配备 1 只种类合适的灭火器，油库、危险品仓库应配备足够数量、种类合适的灭火器。

（4）仓库或堆料场内，应根据灭火对象的特征，分组布置酸碱、泡沫、清水、二氧化碳等灭火器，每组灭火器不应少于 4 个，每组灭火器之间的距离不应大于 30m。

（5）24m 高度以上高层建筑施工现场，应设置具有足够扬程的高压水泵或其他防火设备和设施。

（6）施工现场的临时消火栓应分设于各明显且便于使用的地点，并保证消火栓的充实水柱能达到工程内任何部位。

（7）室外消火栓应沿消防车道或堆料场内交通道路的边缘设置，消火栓之间的距离不应大于 50m。

（8）采用低压给水系统，管道内的压力在消防用水量达到最大时，不低于 0.1MPa；采用高压给水系统，管道内的压力应保证两支水枪同时布置在堆场内最远和最高处的要求，水枪充实水柱不小于 13m，每支水枪的流量不应小于 5L/s。

2. 灭火器的设置地点

灭火器不得设置在环境温度超出其使用温度范围的地点，其使用温度范围见表 9-1。

3. 消防器材的日常管理

（1）各种消防梯经常保持完整完好。

（2）水枪经常检查，保持开关灵活，畅通，附件齐全无锈蚀。

（3）水带冲水防骤然折弯，不被油脂污染，用后清洗晒干，收藏时单层卷起，竖直放在架上。

331

灭火器类型	使用温度范围（℃）	灭火器类型		使用温度范围（℃）
清水灭火器	+4～+55	干粉灭火器	贮气瓶式	−10～+55
酸碱灭火器	+4～+55		贮压式	−20～+55
化学泡沫灭火器	+4～+55	卤代烷式灭火器		−20～+55
二氧化碳灭火器	−10～+55			

（4）各种管接头上和阀盖应接装灵便，松紧适度，无渗漏，不得与酸碱等化学品混放，使用时不得撞压。

（5）消火栓按室内外（地上、地下）的不同要求定期进行检查和及时加注润滑液，消火栓上应经常清理。

（6）工地设有火灾探测和自动报警灭火系统时，应设专人管理，保持处于完好状态。

（7）消防水池与建筑物之间的距离，一般不得小于 10m，在水池的周围留有消防车道。在冬季或寒冷地区，消防水池应有可靠的防冻措施。

9.3.4 施工防火、灭火

1. 特殊工种防火

（1）电焊工

1）电焊工在操作前，要严格检查所用工具（包括电焊机设备、线路敷设、电缆线的接点等），使用的工具均应符合标准，保持完好状态。

2）电焊机应有单独开关，装在防火、防雨的闸箱内，电焊机应设防雨棚（罩）。开关的保险丝容量应为该机的 1.5 倍。保险丝不准用铜丝或铁丝代替。

3）焊割部位必须与氧气瓶、乙炔瓶、乙炔发生器及各种易燃、可燃材料隔离，二瓶之间不得小于 5m，与明火之间不得小于 10m。

4）电焊机必须设有专用接地线，直接放在焊件上，接地线不准接在建筑物、机械设备、各种管道、避雷引下线和金属架上借路使用，防止接触火花，造成起火事故。

5）电焊机一、二次线应用线鼻子压接牢固，同时应加装防护罩，防止松动、短路放弧，引燃可燃物。

6）严格执行防火规定和操作规程，操作时采取相应的防火措施，与看火人员密切配合，防止引起火灾。

（2）气焊工

1）乙炔发生器、乙炔瓶、氧气瓶和焊割具的安全设备必须齐全有效。

2）乙炔发生器、乙炔瓶、液化石油气罐和氧气瓶在新建、维修工程内存放，应设置专用房间单独分开存放并有专人管理，要有灭火器材和防火标志。

3）乙炔发生器和乙炔瓶等与氧气瓶应保持距离。在乙炔发生器旁严禁一切火源。夜间添加电石时，应使用防爆手电筒照明，禁止用明火照明。

4）乙炔发生器、乙炔瓶和氧气瓶不准放在高低压架空线路下方或变压器旁。在高空焊割时，也不要放在焊割部位的下方，应保持一定的水平距离。

5）乙炔瓶、氧气瓶应直立使用，禁止平放卧倒使用，以防止油类落在氧气瓶上；油脂或沾油的物品，不要接触氧气瓶、导管及其零部件。

6）氧气瓶、乙炔瓶严禁曝晒、撞击，防止受热膨胀。开启阀门时要缓慢开启，防止升压过速产生高温、产生火花，引起爆炸和火灾。

7）乙炔发生器、回火阻止器及导管发生冻结时，只能用蒸汽、热水等解冻，严禁使用火烤或金属敲打。测定气体导管及其分配装置有无漏气现象时，应用气体探测仪或用肥皂水等简单方法测试，严禁用明火测试。

8）操作乙炔发生器和电石桶时，应使用不产生火花的工具，在乙炔发生器上不能装有纯铜的配件。加入乙炔发生器的水，不能含油脂，以免油脂与氧气接触发生反应，引起燃烧或爆炸。

9）防爆膜失去作用后，要按照规定的规格型号进行更换，严禁任意更换防爆膜规格、型号，禁止使用胶皮等代替防爆膜。浮桶式乙炔发生器上面不准堆压其他物品。

10）电石应存放在电石库内，不准在潮湿场所和露天存放。

11）焊割时要严格执行操作规程和程序。焊割操作时先开乙炔气点燃，然后再开氧气进行调火。操作完毕时按相反程序关闭。瓶内气体不能用尽，必须留有余气。

12）工作完毕，应将乙炔发生器内电石、污水及其残渣清除干净，倒在指定的安全地点，并要排除内腔和其他部分的气体。禁止电石、污水到处乱放乱排。

（3）木工操作间及木工的防火要求

1）操作间建筑应采用阻燃材料搭建。

2）操作间冬季宜采用暖气（水暖）供暖，如用火炉取暖时，必须在四周采取挡火措施；不应燃烧劈柴、刨花代煤取暖。每个火炉都要有专人负责，下班时要将余火彻底熄灭。

3）电气设备的安装要符合要求。抛光、电锯等部位的电气设备应采用密封式或防爆式。刨花、锯末较多部位的电动机，应安装防尘罩。

4）操作间内严禁吸烟和用明火作业。

5）操作间只能存放当班的用料，成品及半成品要及时运走。木工应做到活完场地清，刨花、锯末每班都打扫干净，倒在指定地点。

6）严格遵守操作规程，对旧木料一定要经过检查，启出铁钉等金属后，方可上锯锯料。

7）配电盘、刀闸下方不能堆放成品、半成品及废料。

8）工作完毕应拉闸断电，并经检查确无火险后方可离开。

（4）电工的防火要求

1）电工应经过专门培训，掌握安装与维修的安全技术，并经过考试合格后，方准独立操作。

2）施工现场暂设线路、电气设备的安装与维修应执行《施工现场临时用电安全技术规范》JGJ 46—2005。

3）新设、增设的电气设备，必须由主管部门或人员检查合格后，方可通电使用。

4）各种电气设备或线路，不应超过安全负荷，并要牢靠、绝缘良好和安装合格的保险设备，严禁用铜丝、铁丝等代替保险丝。

5）放置及使用易燃液体、气体的场所，应采用防爆型电气设备及照明灯具。

6）定期检查电气设备的绝缘电阻是否符合"不低于 1kΩ/V"（如对地 220V 绝缘电阻应不低于 0.22MΩ）的规定，发现隐患，应及时排除。

7）不可用纸、布或其他可燃材料做无骨架的灯罩，灯泡距可燃物应保持一定距离。

8）变（配）电室应保持清洁、干燥。变电室要有良好的通风。配电室内禁止吸烟、生火及保存与配电无关的物品（如食物等）。

9）施工现场严禁私自使用电炉、电热器具。

10）当电线穿过墙壁或与其他物体接触时，应当在电线上套有磁管等非燃材料加以隔绝。

11）电气设备和线路应经常检查，发现可能引起火花、短路、发热和绝缘损坏等情况时，必须立即修理。

12）各种机械设备的电闸箱内，必须保持清洁，不得存放其他物品，电闸箱应配锁。

13）电气设备应安装在干燥处，各种电气设备应有妥善的防雨、防潮设施。

14）每年雨季前要检查避雷装置，避雷针接点要牢固，电阻不应大于 10Ω。

（5）油漆工的防火安全要求

油漆作业所使用的材料都是易燃、易爆的化学材料。因此，无论是在油漆的作业场地还是临时存放的库房，都要严禁动用明火。室内作业时，一定要有良好的通风条件，照明电气设备必须使用防爆灯头，严禁吸烟，周围的动火作业要距离 10m 以外。

油漆作业防火还应做到以下几个方面：

1）各类油漆和其他易燃、有毒材料，应存放在专用库房内，不得与其他材料混放。挥发性油料应装入密闭容器内妥善保管。

2）库房应通风良好，不准住人，并设置消防器材和"严禁烟火"明显标志。库房与其他建筑物应保持一定的安全距离。

3）使用煤油、汽油、松香水、丙酮等调配油料时，应戴好防护用品，严禁吸烟。用过的油棉纱、油布、纸等废物，应收集存放在带盖的金属容器内，及时处理。

4）在室内或在容器内喷漆，要保持通风良好，喷漆作业周围不准有火种。

5）调油漆或对稀释料应在单独的房间进行，室内应通风，在室内和地下室油漆时，通风应良好，任何人不得在操作时吸烟，防止气体燃烧伤人。

6）随领随用油漆溶剂、禁止乱倒剩余漆料溶剂，剩料要及时加盖，注意储存安全，不准到处乱放。

7）清理随用的小油漆桶时，应办理用火手续，按申请地点用火烧，并设专人看火，配备消防器材，防止发生火灾。

8）掌握防火灭火知识，熟练使用灭火器材。

9）工作时应穿不易产生静电的服装、鞋，所用工具以不打火花为宜。

10）喷漆设备必须接地良好。禁止乱拉乱接电线和电气设备，下班时要拉闸断电。

11）禁止与焊工同时间、同部位的上下交叉作业。

12）在维修工程施工中，使用脱漆剂时，应采用不燃性脱漆剂。

2．高层建筑防火

高层建筑施工有其人员多而复杂、建筑材料多、电气设备多且用电量大、交叉作业动火点多，以及通信设备差、不易及时救火等特点，一旦发生火灾，其造成的经济损失和社会影响都非常大。因此施工中必须从实际出发，始终贯彻"预防为主，防消结合"的消防工作方针，因地制宜地进行科学的管理。

（1）施工单位各级领导应重视施工防火安全，始终将防火工作放在首要位置，按照"谁主管谁负责"的原则，从上到下建立多层次的防火管理网络，成立义务消防队，并每月召开一次安全防火会议。

（2）每个工地都应制订《消防管理制度》《施工材料和化学危险品仓库管理制度》；建立各工种的安全操作责任制，明确工程各部位的动火等级，严格动火申请和审批手续。

（3）对参加高层建筑施工的外包队伍，要同每支队伍领队签订防火安全协议书，并对其进行安全技术措施的交底。

（4）严格控制火源和执行动火过程中的安全技术措施，施工现场应严格禁止吸烟，并且设置固定的吸烟点。焊割工要持操作证和动火证上岗；监护人员要持动火证，在配有灭火器材的情况下进行监护，并严格执行相应的操作规程和"十不烧"规定。

（5）施工现场应按规定配置消防器材，并有醒目防火标志。20层（含20层）以上的高层建筑应设置专用的高压水泵，每个楼层应安装防火栓和消防水龙带，大楼底层设蓄水池（不小于20m³）。当因层次高而水压不足时，在楼层中间应设接力泵，并且每个楼层按面积每100m²设两个灭火器，同时备有通信报警装置，便于及时报告险情。

（6）工程技术人员在制订施工组织设计时，要考虑防火安全技术措施，及时征求防火管理人员的意见，尽量做到安全、合理。

3．地下工程防火

地下工程施工中除遵守正常施工中的各项防火安全管理制度和要求，还应遵守以下防火安全要求：

（1）施工现场的临时电源线不宜直接敷设在墙壁或土墙上，应用绝缘材料架空安装。配电箱应采取防水措施，潮湿地段或渗水部位照明灯具应采取相应措施或安装防潮灯具。

（2）施工现场应有不少于两个出入口或坡道，施工距离长，应适当增加出入口的数量。施工区面积不超过50m²，且施工人员不超过20人时，可只设一个直通地上的安全出口。

（3）安全出入口、疏散走道和楼梯的宽度应按其通过人数每100人不小于1m的净宽计算。每个出入口的疏散人数不宜超过 250 人。安全出入口、疏散走道、楼梯的最小净宽不应小于 1m。

（4）疏散走道、楼梯及坡道内，不宜设置突出物或堆放施工材料和机具。

（5）疏散走道、安全出入口、疏散马道（楼梯）、操作区域等部位，应设置火灾事故照明灯。火灾事故照明灯在上述部位的最低照度应不低于 5lx（勒克斯）。

（6）疏散走道及其交叉口、拐弯处、安全出口处应设置疏散指示标志灯。疏散指示标志灯的间距不易过大，距地面高度应为 1~1.2m，标志灯正前方 0.5m 处的地面照度不应低于 1lx。

（7）火灾事故照明灯和疏散指示灯工作电源断电后，应能自动工作。

（8）地下工程施工区域应设置消防给水管道和消火栓，消防给水管道可以与施工用水管道合用。特殊地下工程不能设置消防用水时，应配备足够数量的轻便消防器材。

（9）大面积油漆粉刷和喷漆应在地面施工，局部的粉刷可在地下工程内部进行，但一次粉刷的量不宜过多，同时在粉刷区域内禁止一切火源，加强通风。

（10）禁止中压式乙炔发生器在地下工程内部使用及存放。

（11）制订应急的疏散计划。

4. 施工现场灭火

（1）灭火现场的组织工作

如果发生火灾，现场灭火的组织工作十分重要。有时往往由于组织不力和灭火方法不当，而蔓延成重大火灾。因此，必须认真做好灭火现场的组织工作。

1）发现起火时，首先判明起火的部位和燃烧的物质，组织迅速扑救。如火势较大，应立即用电话等快速方法向消防队报警。报警时应详细说明起火的确切地点、部位和燃烧的物质。目前各城市通常采用的火警电话号码是"119"。

2）在消防队没有到达前，现场人员应根据不同的起火物质，采用正确有效的灭火方法，如切开电源，撤离周围的易燃易爆物质，根据现场情况，正确选择灭火用具。

3）灭火现场必须指定专人统一指挥，并保持高度的组织性、纪律性，行动必须统一、协调、一致，防止现场混乱。

4）灭火时应注意防止发生触电、中毒、窒息、倒塌、坠落伤人等事故。

5）为了便于查明起火原因，认真吸取教训，在灭火过程中，要尽可能地注意观察起火的部位、物质、蔓延方向等特点。在灭火后，要特别注意保护好现场的痕迹和遗留的物品，以利查找失火原因。

（2）主要的灭火方法

起火必须具备的三个条件：存在能燃烧的物质，不论固体、液体、气体，凡能与空气中的氧或其他氧化剂起剧烈反应的物质，一般都称为可燃物质，如：木材、汽油、酒精等；要有助燃物，凡能帮助和支持燃烧的物质都叫助燃物，如：空气、氧气等；有能使可燃物燃烧的着火源，如：明火焰、火星、电火花等。只有这三个条件同时具备，并相互作用才能起火。

1）窒息灭火法

各种可燃物的燃烧都必须在其最低氧气浓度以上进行，否则燃烧不能持续进行。窒息灭火法就是阻止空气流入燃烧区，或用不燃物质（气体）冲淡空气，降低燃烧物周围的氧气浓度，使燃烧物质断绝氧气的助燃作用而使火熄灭。

这种灭火方法，仅适用于扑救比较密闭的房间、地下室和生产装置设备等部位发生的火灾。在现场运用窒息法扑灭火灾时，可采用石棉布和浸湿的棉被、帆布、海草席等不燃或难燃材料来覆盖燃烧物或封闭孔洞；可采用水蒸气、惰性气体或二氧化碳、氮气充入燃烧区域内；可利用建筑物原有的门、窗以及生产储运设备上的部件，封闭燃烧区，阻止新鲜空气流入，以降低燃烧区内氧气的含量，从而达到窒息灭火的目的。此外，在万不得已且条件又允许的情况下，也可采用水淹没（灌注）的方法来扑灭火灾。

2）冷却灭火法

对一般可燃物来说，能够持续燃烧的条件之一就是它们在火焰或热的作用下达到了各自的着火温度。冷却灭火法是扑救火灾常用的方法，即将灭火剂直接喷洒在燃烧物体上，使可燃物质的温度降低到燃点以下，从而终止燃烧。

在火场上，除了用冷却灭火法扑灭火灾外，在必要的情况下，可采用冷却剂冷却建筑构件、生产装置、设备容器等方法，防止建筑结构变形而造成更大的损失。

3）隔离灭火法

隔离灭火法就是将燃烧物体与附近的可燃物质与火源隔离或疏散开，使燃烧失去可燃物质而停止。这种方法适用于扑救各种固体、液体或气体火灾。

隔离灭火法的具体措施有：将燃烧区附近的可燃、易燃、易爆和助燃物质，转移到安全地点；关闭阀门，阻止气体、液体流入燃烧区；设法阻拦流散的易燃、可燃气体或扩散的可燃气体；拆除与燃烧区相毗邻的可燃建筑物，形成防止火势蔓延的间距等。

4）抑制灭火法

抑制灭火法与前三种灭火方法不同，它使灭火剂参与燃烧反应过程，并使燃烧过程中产生的游离基消失，从而形成稳定分子或低活性的游离基，这样燃烧反应就将停止。目前抑制法灭火常用的灭火剂有 1211、1202、1301 灭火剂。

上述四种灭火方法所采用的具体灭火措施是多种多样的。在实际灭火中，应根据可燃物质的性质、燃烧特点、火场具体条件以及消防技术装备性能情况等，选择不同的灭火方法。

5. 灭火器的性能、用途和使用方法

几种灭火器的性能、用途和使用方法见表 9-2。

水的灭火范围较广，但不得用于：非水溶性可燃易燃物体火灾；与水反应产生可燃气体，可引起爆炸的物质起火；水不得用于带电设备和可燃粉尘处的火灾，贮存大量浓硫酸，硝酸场所的火灾。

6. 电气、焊接设备火灾的扑灭

（1）电气火灾的扑灭

扑灭电气火灾时，首先应切断电源，及时用适合的灭火器材灭火。充油的电气设备灭火时，应采用干燥的黄砂覆盖住火焰，使火熄灭。

扑灭电气火灾时，应使用绝缘性能良好的灭火剂，如干粉灭火器、二氧化碳灭火器、1211 灭火器等，严禁采用直接导电的灭火剂进行喷射，如使用喷射水流、泡沫灭火器等。

几种灭火器的性能、用途和使用方法   表 9-2

灭火器种类	二氧化碳灭火器	四氯化碳灭火器	干粉灭火器	1211 灭火器
规格	2kg 以下 2～3kg 5～7kg	2kg 以下 2～3kg 5～8kg	8kg 50kg	1kg 2kg 3kg
药剂	液态二氧化碳	四氯化碳液体，并有一定压力	钾盐或钠盐干粉并有盛装压缩气体小钢瓶	二氟一氯一溴甲烷，并充填压缩氮
用途	不导电 扑救电气精密仪器、油类和酸类火灾；不能扑救钾、钠、镁、铝引起的火灾	不导电 扑救电气设备火灾；不能扑救钾、钠、镁、铝、乙炔、二硫化碳引起的火灾	不导电 扑救电气设备火灾，石油产品、油漆、有机溶剂、天然气火灾；不宜扑救电机火灾	不导电 扑救电气设备、油类、化工化纤原料初起火灾
效能	射程 3m	3kg，喷射时间 30s，射程 7m	8kg，喷射时间 4～6s，射程 4.5m	1kg，喷射时间 6～8s，射程 2～3m
使用方法	一手拿喇叭筒对着火源，另一手打开开关	只要打开开关，液体就可喷出，使用时应特别注意防毒	提起圈环，干粉就可喷出	拔下铅封或横销，用力压下压把
检查方法	每 3 个月测量一次，当减少原重 1/10 时，应充气	每 3 个月试喷少许，压力不够时应充气	每年抽查一次干粉是否受潮结块；小钢瓶的气压压力每半年检查一次，如重量减少 10% 应换气	每 3 个月要检查一次氮气压力，每半年要检查一次药剂重量、压力，药剂重量若减少 10% 时，应重新充气、灌药

（2）焊接设备火灾的扑灭

电石桶、电石库房着火时，只能用干砂、干粉灭火器和二氧化碳灭火器进行扑灭，不能用水或含有水分的灭火器（如泡沫灭火器）来灭火，也不能用四氯化碳灭火器来灭火。

乙炔发生器着火时，首先要关闭出气管阀门，停止供气，使电石与水脱离接触，再用二氧化碳灭火器或干粉灭火器扑灭，不能用水、泡沫灭火器和四氯化碳灭火器来灭火。

电焊机着火时，首先要切断电源，然后再扑灭。在未切断电源前，不能用水或泡沫灭火器来灭火，只能用干粉灭火器、二氧化碳灭火器、四氯化碳灭火器或 1211 灭火器进行扑灭，因为用水或泡沫灭火器扑灭时容易触电伤人。

9.4 环境卫生与环境保护

9.4.1 施工现场的卫生与防疫

1. 卫生保健

（1）施工现场应设置保健卫生室，配备保健药箱、常用药及绷带、止血带、颈托、担架等急救器材，小型工程可以用办公用房兼作保健卫生室。

（2）施工现场应当配备兼职或专职急救人员，处理伤员和职工保健，对生活卫生进行监督和定期检查食堂、饮食等卫生情况。

（3）要利用板报等形式向职工介绍防病的知识和方法，做好对职工卫生防病的宣传教育工作，针对季节性流行病、传染病等。

（4）当施工现场作业人员发生法定传染病、食物中毒、急性职业中毒时，必须在2小时内向事故发生所在地建设行政主管部门和卫生防疫部门报告，并应积极配合调查处理。

（5）现场施工人员患有法定的传染病或病源携带者时，应及时进行隔离，并由卫生防疫部门进行处置。

2. 保洁

办公区和生活区应设专职或兼职保洁员，负责卫生清扫和保洁，应有灭鼠、蚊、蝇、蟑螂等措施，并应定期投放和喷洒药物。

3. 食堂卫生

（1）食堂必须有卫生许可证。

（2）炊事人员必须持有身体健康证，上岗应穿戴洁净的工作服、工作帽和口罩，并应保持个人卫生。

（3）炊具、餐具和饮水器具必须及时清洗消毒。

（4）必须加强食品、原料的进货管理，做好进货登记，严禁购买无照、无证商贩经营的食品和原料，施工现场的食堂严禁出售变质食品。

4. 社区服务

施工现场应当建立不扰民措施，有责任人管理和检查。应当与周围社区定期联系，听取意见，对合理意见应当及时采纳处理。工作应当有记录。

9.4.2　环境保护

1. 环境保护

环境保护是我国的一项基本国策。环境，是指影响人类生存和发展的各种天然的和经过人工改造过的自然因素的总体。目前，防治环境污染、保护环境已成为世界各国普遍关注的问题。为了保护和改善生产环境与生态环境，防治污染和其他公害，保障人体健康，促进社会主义现代化建设的发展，我国于1989年颁布了《环境保护法》，正式把环境保护纳入法制轨道。

在建筑工程过程中，由于使用的设备大型化、复杂化，往往会给环境造成一定的影响和破坏，特别是大中城市，由于施工对环境造成影响而产生的矛盾尤其突出。为了保护环境，防止环境污染，按照有关法规规定，建设单位与施工单位在施工过程中都要保护施工现场周围的环境，防止对自然环境造成不应有的破坏；防止和减轻粉尘、噪声、振动对周围居住区的污染和危害。建筑业企业应当遵守有关环境保护和安全生产方面的法律、法规的规定，采取控制施工现场的各种粉尘、废气、废水、固体废弃物以及噪声、振动对环境的污染和危害的措施，包括如下 6 个方面：①妥善处理泥浆水，未经处理不得直接排入城市排水设施和河流；②除设有符合规定的装置外，不得在施工现场熔融沥青或者焚烧油毡、油漆以及其他会产生有毒有害烟尘和恶臭气体的物质；③使用密封式的圈筒或者采取其他措施处理高空废弃物；④采取有效措施控制施工过程中的扬尘；⑤禁止将有毒有害废弃物用作土方回填；⑥对产生噪声、振动的施工机械，应采取有效控制措施，减轻噪声扰民。

2. 防治大气污染

（1）施工现场宜采取措施硬化，其中主要道路、料场、生活办公区域必须进行硬化处理，土方应集中堆放。裸露的场地和集中堆放的土方应采取覆盖、固化或绿化等措施。

（2）使用密目式安全网对在建建筑物、构筑物进行封闭，防止施工过程扬尘；拆除旧有建筑物时，应采用隔离、洒水等措施防止扬尘，并应在规定期限内将废弃物清理完毕；不得在施工现场熔融沥青，严禁在施工现场焚烧含有有毒、有害化学成分的装饰废料、油毡、油漆、垃圾等各类废弃物。

（3）从事土方、渣土和施工垃圾运输应采用密闭式运输车辆或采取覆盖措施。

（4）施工现场出入口处应采取保证车辆清洁的措施。

（5）施工现场应根据风力和大气湿度的具体情况，进行土方回填、转运作业。

（6）水泥和其他易飞扬的细颗粒建筑材料应密闭存放，砂石等散料应采取覆盖措施。

（7）施工现场混凝土搅拌场所应采取封闭、降尘措施。

（8）建筑物内施工垃圾的清运，应采用专用封闭式容器吊运或传送，严禁凌空抛撒。

（9）施工现场应设置密闭式垃圾站，施工垃圾、生活垃圾应分类存放，并及时清运出场。

（10）城区、旅游景点、疗养区、重点文物保护地及人口密集区的施工现场应使用清洁能源。

（11）施工现场的机械设备、车辆的尾气排放应符合国家环保排放标准要求。

3. 防治水污染

（1）施工现场应设置排水沟及沉淀池，现场废水不得直接排入市政污水管网和河流。

（2）现场存放的油料、化学溶剂等应设有专门的库房，地面应进行防渗漏处理。

（3）食堂应设置隔油池，并应及时清理。

（4）厕所的化粪池应进行抗渗处理。

（5）食堂、盥洗室、淋浴间的下水管线应设置隔离网，并应与市政污水管线连接，保证排水通畅。

4. 防治施工噪声污染

（1）施工现场应按照现行国家标准《建筑施工场界环境噪声排放标准》GB 12523—

2011 制订降噪措施，并应对施工现场的噪声值进行监测和记录。

（2）施工现场的强噪声设备宜设置在远离居民区的一侧。

（3）控制强噪声作业的时间：凡在人口稠密区进行强噪声作业时，须严格控制作业时间，一般晚 10 点到次日早 6 点之间停止强噪声作业。确系特殊情况必须昼夜施工时，尽量采取降低噪声措施，并会同建设单位找当地居委会、村委会或当地居民协调，出安民告示，求得群众谅解。

（4）夜间运输材料的车辆进入施工现场，严禁鸣笛，装卸材料应做到轻拿轻放。

（5）对产生噪声和振动的施工机械、机具的使用，应当采取消声、吸声、隔声等有效控制和降低噪声的措施。

5．防治施工照明污染

（1）根据施工现场情况照明强度要求选用合理的灯具，"越亮越好"并不科学，也减少不必要的浪费。

（2）建筑工程尽量多采用高品质、遮光性能好的荧光灯。其工作频率在 20kHz 以上，使荧光灯的闪烁度大幅度下降，改善了视觉环境，有利于人体健康。少采用黑光灯、激光灯、探照灯、空中玫瑰灯等不利光源。

（3）施工现场应采取遮蔽措施，限制电焊眩光、夜间施工照明光、具有强反光性建筑材料的反射光等污染光源外泄，使夜间照明只照射施工区域而不影响周围居民休息。

（4）施工现场大型照明灯应采用俯视角度，不应将直射光线射入空中。利用挡光、遮光板，或利用减光方法将投光灯产生的溢散光和干扰光降到最低的限度。

（5）加强个人防护措施，对紫外线和红外线等这类看不见的辐射源，必须采取必要的防护措施。如电焊工要佩戴防护眼镜和防护面罩。光污染的防护镜有反射型防护镜、吸收型防护镜、反射—吸收型防护镜、光电型防护镜、变色微晶玻璃型防护镜等。可依据防护对象选择相应的防护镜。例如可佩戴黄绿色镜片的防护眼镜来预防雪盲和防护电焊发出的紫外光。绿色玻璃既可防护 UV（气体放电），又可防护可见光和红外线，而蓝色玻璃对 UV 的防护效果较差，所以在紫外线的防护中要考虑到防护镜的颜色对防护效果的影响。

（6）此外，对有红外线和紫外线污染以及应用激光的场所制订相应的卫生标准并采取必要的安全防护措施，注意张贴警告标志，禁止无关人员进入禁区内。

6．防治施工固体废弃物污染

施工车辆运输砂石、土方、渣土和建筑垃圾，采取密封、覆盖措施，避免泄露、遗撒，并按指定地点倾卸，防止固体废物污染环境。

复习思考题

1．试述文明施工的含义。

2．文明施工专项方案的内容有哪些？

3．简述施工现场临时设施的搭设与使用要求。

4．施工现场的场容管理包括哪些主要内容？

5．简述施工现场防治大气污染的措施。

6. 简述施工现场噪声的控制措施。

7. 固体废物对环境有哪些危害？

8. 简述环境卫生管理标准。

9. 常用的灭火剂和灭火器有哪些？

10. 简述消防设施、器材的布置。

11. 简述灭火现场的组织工作。

12. 常用的灭火方法有哪几种？试说明原理。

安全管理职业活动训练

活动：文明施工检查评分

1. 分组要求：全班分 3 个组。

2. 训练场景：选择一施工现场，调阅其相关文档资料。

3. 学习要求：学生在现场安全管理人员和老师指导下，按《建筑施工安全检查标准》JGJ 59—2011 检查评分表的内容对现场进行文明施工检查和评分，并分析扣分原因，各组交换成果进行讨论。

4. 成果：文明施工检查评分表。

施工现场
安全管理
隐患排查

施工消防
隐患排查